日本落叶松
人工林养分与凋落物分解特征研究

Nutrient Characteristics and Litter Decomposition
of *Larix kaempferi* Plantation

张守攻 等 著

中国林业出版社
China Forestry Publishing House

参与写作人员

张守攻　孙晓梅　王宏星　王文波

牛小云　陈东升

图书在版编目（CIP）数据

日本落叶松人工林养分与凋落物分解特征研究 / 张守攻等
著. -- 北京：中国林业出版社, 2024.3
ISBN 978-7-5219-2185-4

Ⅰ. ①日… Ⅱ. ①张… Ⅲ. ①落叶松—人工林—研究—日本
Ⅳ. ①S791.22

中国国家版本馆CIP数据核字(2023)第083626号

策划编辑：孙　瑶
责任编辑：孙　瑶
封面设计：刘临川
封面摄影：张世平

出版发行：中国林业出版社
　　（100009，北京市西城区刘海胡同7号，电话010-83143629）
电子邮箱：cfphzbs@163.com
网址：www.forestry.gov.cn/lycb.html
印刷：北京博海升彩色印刷有限公司
版次：2024年3月第1版
印次：2024年3月第1次
开本：787mm×1092mm 1/16
印张：22.5
字数：430千字
定价：128.00元

内容简介

本书系统研究了我国温带低山区、暖温带中山区和北亚热带亚高山区日本落叶松人工林生态系统不同发育阶段、不同经营措施下乔木层、林下植被层、凋落物层和土壤层养分含量、积累与分配特征、凋落物养分释放与分解过程中微生物作用机制，以及养分在植物 – 土壤 – 凋落物之间的流动规律，重点揭示了日本落叶松与檫木混交林凋落物分解中微生物群落结构、木质纤维素和氮代谢途径的变化特征及针阔混交加速林下凋落物分解的机制，为维护落叶松人工林长期生产力、生态系统稳定及其可持续经营提供理论指导。

本书可供森林培育、森林土壤、森林生态等学科的科研人员和高等院校有关专业师生、林业行政管理人员及从事林业生产的技术人员参考。

作者简介

张守攻，男，中国林业科学研究院研究员，首席科学家，博士生导师，中国工程院院士。1957年7月1日出生于安徽省淮南市，籍贯安徽省怀远县。中共"十七大"代表，第十三届和第十四届全国人大代表，第十四届全国人大常务委员会委员。1982年1月毕业于安徽农学院林学专业，同年留校任教，讲授森林培育学、测树学。1990年获北京林学院森林经理专业农学博士学位，同年至中国林业科学研究院林业研究所工作，先后任林业研究所副所长、所长，中国林业科学研究院副院长、院长等职务。"973项目"首席科学家，"863计划"农业领域专家组成员。曾任国际林联执委、中国林学会副理事长、森林培育分会理事长、中国治沙暨沙业学会副会长等职，现任中国林学会自然与文化遗产分会理事长。

长期从事落叶松、云杉等树种遗传改良与高效培育技术研究，在落叶松生态育种、良种产业化、用材林定向培育等方面取得多项创新性成果，为我国人工林培育、森林可持续经营理论与技术发展做出了重要贡献。完成了落叶松生态育种区和栽培区协同划分，创立了良种良法配套、模式目标协调的人工林资源定向培育技术体系，突破落叶松有性和无性规模化繁殖技术瓶颈，创新性地提出生长模拟和动态经济评价模型一体化方法，为营林措施复合效益分析和经营方案全过程优化提供高效的解决方案。获国家科技进步二等奖3项，省部级科技进步一等奖2项。育成林木良种24个，获授权发明专利14件，主持制定国家标准3项、行业标准8项，发表学术论文300余篇。获中国青年科技奖、"百千万人才工程"国家级人选、全国杰出专业技术人才荣誉奖章等。

序

FOREWORD

　　人工林的稳定性与长期生产力的维护问题，是一个世界性难题，如何解决，国内外均在进行相关研究探索。

　　中国人工林大面积快速发展，虽然对我国森林资源的增加和生态环境的改善做出了贡献，但由于对人工林的生态系统管理认识不足，在营造与经营人工林时未能按照生态系统管理要求采取科学而先进的技术措施，有不少人工林，特别是针叶人工林多采取纯林栽培，林分和森林群落结构单一，引起了人工林生长的不稳定，并导致地力退化，长期生产力难以保持，影响了人工林可持续经营和森林质量的提高。上述情况在我国杉木人工林、落叶松人工林等都存在。如本书作者总结以往长白落叶松林和华北落叶松林的研究认为，落叶松纯林，由于树种单一化、针叶化，使凋落物易于积累而分解缓慢，养分吸收与实际归还失调，土壤养分下降，酸化板结严重，存在地力退化的趋势，但受研究方法与技术手段的限制，缺乏对植被、土壤、凋落物整个生物循环的系统性和动态研究，同时对凋落物分解过程作用机制尚不清楚。

　　在国家"十一五"科技支撑课题"落叶松速生生产技术研究与示范"（2006BAD24B06）、国家自然科学基金重点项目"落叶松人工林长期生产力形成与维护机制研究"（31430017）和国家"十三五"重点研发计划项目"落叶松高效培育技术研究"（2017YFD0600400）的资助下，中国林业科学研究院林业研究所以张守攻院士和孙晓梅研究员为首的落叶松科研团队，带领项目协作单位在北亚热带、暖温带、温带和寒温带主产区开展了持续研究。

　　日本落叶松原产日本本州岛中部山区，最早于1884年引入我国山东崂山，现已成为我国温带、暖温带及中北亚热带亚高山区主要用材树种和生态树种，生长优势十分明显，材质优良，适应性广。作者调研了大量参考文献，采用先进的研究方法和良好的试验设计，实验研究有广度和深度，取得许多研究成果。日本落叶松人工林养分特征系统研究了三个生态气候区幼龄林、中龄林、近熟林、成熟林4个发育阶段乔木层、林下植被层、凋落物层及土壤层养分含量的积累与分配，发现土壤层从中龄林到近熟林阶段，土壤养分含量是下降的，土壤物理性质变差，但到成熟林阶段，土壤理化性质得到恢复。

此外，凋落物现存量在不同生态气候区表现出明显差异，温带4个森林发育阶段凋落物现存量，分别为暖温带的5.8倍、2.3倍、2.1倍和1.9倍。以上不同气候区不同森林发育阶段林分养分特征，解释了养分在植被 – 土壤 – 凋落物循环中的流动规律。

关于如何提高落叶松人工林凋落物的分解速率，作者根据研究结果，提出了4条符合生态系统管理需求的、科学性和实践性很强的合理化经营建议：

①通过人工林密度控制，即中龄林、近熟林适当间伐（适时适度），改善林内小气候条件（光照、湿度、温度等），促进林下植被发育；

②适当延长轮伐期至成熟林阶段，主伐时采用树干收获，尽量将枝叶留在林地以减少林地养分的损失；

③培育短轮伐期人工林应根据需要给予施肥；

④提倡发展混交林（针阔混交），如混交檫木、核桃楸等。

本书的创新之处，在于作者针对落叶松人工林地力退化和长期生产力的维护问题，对日本落叶松林养分特征与凋落物分解，按生态系统管理要求，进行有层次（包括森林乔木层、林下植被层、凋落物层和土壤层）、有广度（包括4个生态气候区域，以及幼龄林、中龄林、近熟林和成熟林四个森林生长发育阶段）、有深度（包括养分生物循环、土壤酶和微生物以及林分密度和林分结构）的全面系统研究，研究内容与人工林具体存在的要解决的问题紧密结合。因此作者提出的许多建议，都很符合实际，能直接指导营林实践。

本书是研究日本落叶松人工林实施生态系统管理的一本好书，是理论性与实践性均强的新书。我盼其早日付梓，以飨读者。

盛炜彤

2023 年 3 月 1 日

7

前言
PREFACE

　　人工林的快速发展在很大程度上满足人类对林产品需求的同时，由于未按生态系统管理而采取科学措施也带来了树种单一、生态系统失衡、生产力下降等问题，并逐渐引起各国对其长期生产力和地力维持的普遍关注。人工林生态系统中，由于人类经营活动的影响，大量的养分随着周期性采伐木材或收获其他器官而被移出，导致系统养分的净消耗，特别是短轮伐期速生丰产林收获时更会带走大量的养分，因此了解人工林养分特征和凋落物分解对于深入理解人工林养分循环和长期生产力维持至关重要。落叶松（*Larix* spp.）是我国东北、内蒙古林区以及华北、西南高山针叶林的主要森林组成树种，具有适应性强、早期速生、成林快、病虫害少、材质优良等特点，是我国重要的速生用材和生态造林树种。日本落叶松［*Larix kaempferi*（Lamb.）Carr.］原产于日本本州岛中部山区，最早于1884年引入我国山东崂山，现已成为温带、暖温带及中北亚热带亚高山区主要用材和生态树种，也是我国引种最为成功的树种之一。与乡土落叶松树种相比，日本落叶松的生长优势十分明显，且随着引种区域的南移，其生长优势越大，暖温带中山区和中北亚热带亚高山区正成为新的速生丰产林基地。以往对适生于我国长白山区的长白落叶松（*L. olgensis*）、燕山和太行山区的华北落叶松（*L. principis-rupprechtii*）以及大、小兴安岭林区的兴安落叶松林（*L. gmelinii*）的研究认为，落叶松纯林由于树种单一化、针叶化，导致凋落物分解缓慢、养分吸收与实际归还失调，土壤养分含量下降，土壤板结和酸化严重，存在着地力衰退的趋势，但受研究方法与技术手段的限制，缺乏对植被、土壤、凋落物整个生物循环的系统性和动态性研究，同时对凋落物分解过程中微生物的作用机制尚不清楚。

　　在国家"十一五"科技支撑课题"落叶松速生丰产林培育关键技术研究与示范"（2006BAD24B06）的资助下，中国林业科学研究院林业研究所落叶松科研团队带领课题协作单位在北亚热带、暖温带、温带和寒温带落叶松主产区新建固定样地304块，开展了包括林分生长量、树冠动态、林下植被多样性、凋落物和林地土壤等的综合性调查，获取699株解析木数据和生物量数据，采集落叶松干、枝、皮、叶和根样品1584份、林下植被样品

337 份、土壤和凋落物样品 4833 份。在此基础上，"十二五"和"十三五"期间科研团队继续在 4 个生态气候区密集布设和复测固定样地，加大植被、土壤和凋落物样品的采集和测定的强度与深度，系统地开展了落叶松人工林生态系统生物量、养分生物循环及长期生产力的持续研究。本书是以国家自然科学基金重点项目"落叶松人工林长期生产力形成与维护机制研究"（31430017）和国家"十三五"重点研发计划项目"落叶松高效培育技术研究"（2017YFD0600400）的部分研究内容为主题撰写而成。

本书以引种在我国温带低山区（辽宁清原）、暖温带中山区（甘肃小陇山）和北亚热带亚高山区（湖北建始）日本落叶松人工林为研究对象，对不同生态气候区、不同发育阶段人工林养分含量、积累与分配特征、土壤性质、凋落物量与分解速率以及凋落物分解过程中微生物群落特征变化与养分释放、酶活性进行测定与分析，重点研究了日本落叶松、檫木人工林及其混交林凋落物分解过程中微生物群落结构和代谢功能途径、凋落物养分含量、木质纤维素各组分含量、有机碳氮降解功能相关微生物类群和功能基因及分解酶活性的变化特征以揭示养分在植物－土壤－凋落物的流动规律，探寻凋落物分解过程中微生物作用机制及影响凋落物分解过程的关键因子，尤其是针阔混合凋落物对凋落物分解过程中微生物群落结构、木质纤维素和有机氮代谢功能微生物类群及降解途径的影响，为阐明人工林长期生产力的机理和生态过程、物质循环、能量交换等研究提供基础，也为维持日本落叶松人工林生态系统的稳定及其可持续经营提供理论依据。

本书共分为 3 个部分 12 章。第一部分共 6 章，第 1 章综述了国内外人工林养分特征和凋落物分解的相关研究进展；第 2 章概述了研究区和样地设置以及研究的技术路线和方法；第 3～6 章综合分析了我国温带低山区、暖温带中山区和北亚热带亚高山区日本落叶松人工林生态系统乔木层、林下植被层、凋落物层、土壤层养分含量、积累与分配随年龄的变化规律，并以暖温带日本落叶松人工林为例估算了生物循环系数，研究发现落叶松人工林土壤质量从幼龄林至近熟林阶段呈下降趋势，在中龄林或近熟林时最差，至成熟林阶段有所恢复，中林龄至近熟林阶段，凋落物积累量高而分解缓慢，林分养分的吸收与归还失衡，导致土壤质量变差。第二部分共 2 章，第 7、8 章以日本落叶松中龄林和近熟林为研究对象，采用埋置分解袋法，系统研究了不同生态气候区、凋落物类型、林分密度对凋落物分解的影响，发现日本落叶松凋落物分解随着生态气候区南移而加速，北亚热带分解率最快，温带最慢；温带和暖温带地区随着林分密度的降低，促进了林下植被的发育，改善了凋落物的分解环境，增加了各类酶活性和微生物的数量，加速凋落物的分解；凋落物的 C/N 比、C/P 比和 pH 值是影响凋落物分解中微生物组成的主要变量，针阔混合凋落物的分解速率、分解中的各类酶活性和真菌与细菌数量显著高于针叶凋落物。第三部分共 4 章，第 9～11 章以日本落叶松人工林、檫木人工林及其混交林三种林分类型为研究对象，基于宏基因组测序和色谱技术研究了不同凋落物类型自然分解过程中微生物群落结构、木质纤维素和有机氮代谢功能的差异，发现针阔混合凋落物改变了微生物群落结构和木质纤维素降解基因组成，提高了优势菌群β-变形菌、座囊菌和木质纤维素降解相关基因家族（GH3、AA2、AA3、AA5、AA7）的丰度，促进了木质纤维素的降解，同时通过上调细菌有机氮降解与真菌硝态氮同化作用的功能基因丰度，提高了鞘氨醇单胞菌和紫色杆菌的氮代谢功能潜力，促进了铵态氮的生成，揭示了针阔混交加速林下凋落物分解的微生物机制；第12章在总结本书主要研究结论的基础上，提出了落叶松人工林可持续经营的合理建议：①在中龄林和近熟林阶段适时适度间伐，降低林分密度，改善林内光照和温湿度，促进林下植被生长发育和林内凋落物的分解与养分归还；②适当延长轮伐期至成熟林阶段，主伐时采用树干收获，避免全株利用，尽量将枝、叶等采伐剩余物归还于林地内，以减轻采伐对养分循环和林地生产力造成的负面影响；③以培育短轮伐期、全树收获、集约经营的工业人工林为目标的林分，则需根据立地营养条件采取适当施肥的营林措施，以平衡采伐带走大量生物量的营养损失，这对于凋落物分解相对缓慢的温带地区更为重要；④提倡适度发展日本落叶松与檫木或核桃楸等乡土阔叶树种的混交林，以提高落叶松人工林养分循环效率。落叶松人工林随林分发育至中龄林和近熟林阶段存在潜在地力退化的趋势，但通过合理的营林措施能够达到维持林地土壤质量和长期生产力的目的。

　　本书的完成得到了有关机构和人员的大力支持与协助。在此特别感谢甘肃省小陇山林业实验局林业科学研究所、湖北省林业科学研究院、辽宁省林业科学研究院、甘肃省小陇山林业实验局林业科学研究所李子林场、湖北省建始县国有长岭岗林场、辽宁省清原满族自治县大孤家林场的各位领导和技术人员在样地布设、数据调查和试验取样等工作中给予的支持与提供的便利，以及为试验研究的顺利完成所付出的艰辛与努力。特别感谢中国林业科学研究院林业研究所盛炜彤研究员在本书撰写中给予的帮助，还要感谢中国科学院微生物所郭良栋研究员和中国林业科学研究院林业研究所张倩副研究员对第三部分微生物相关试验设计与数据分析过程中给予的指导与建议。

　　落叶松人工林养分循环和长期生产力维持是一个永恒的研究主题，受限于研究时间以及著者水平，书中不足之处在所难免，恳请各位读者不吝赐教。

张守攻

2023年1月1日

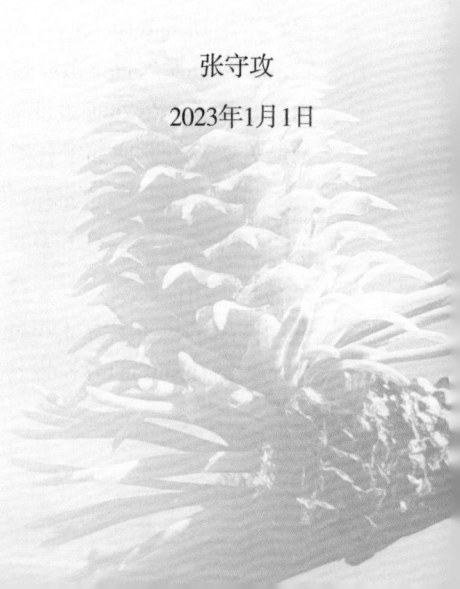

PREFACE

The rapid development of plantations has greatly satisfied human demand for forest products. Meanwhile, the over-intensive cultivation has brought about the problems like the monoculture of tree species, the imbalance of ecosystem, the decline of productivity etc., which has gradually received universal concerns over the maintenance of its long-term productivity and land capability in many countries. In the plantation ecosystem, with the influence of human activities, a large amount of nutrients are removed with the periodic harvesting of wood or other organs, which has resulted in a net depletion of nutrients in ecosystem. For harvest of the short-rotation, fast-growing and high-yielding plantations, even more nutrients are taken away. Therefore, understanding the nutrient characteristics and litter decomposition of plantations is essential for a deep comprehension of nutrient cycling and long-term productivity maintenance of plantations. *Larix* spp. is the main forest species in the forest area of Northeast China and Inner Mongolia, as well as the alpine coniferous forest in North and Southwest China. It has the characteristics of strong adaptability, fast growth in the early stage, rapid growing into forest, less plant diseases and insect pests, excellent material quality etc. It is an important fast-growing timber and ecological afforestation tree species in China. *Larix kaempferi* (Lamb.) Carr. is native to the central mountainous area of Honshu Island, Japan and was first introduced to Laoshan Mountain in Shandong Province in 1884. It has now become the main timber and ecological tree species in the temperate, warm temperate and mid-northern subtropical and subalpine zones, and it is also one of the most successful tree species introduced into China. Comparing with the native larch species, the growth advantage of *L. kaempferi* is significantly obvious, and with the introduction area moving southwards, its growth advantage becomes more obvious. The warm-temperate middle-mountain areas and the mid-northern subtropical and subalpine areas are becoming the new base for fast-growing and high-yielding forest. Previous studies on *L. olgensis* suitable for growing in Changbai Mountain, *L. principis-rupprechtii* in Yanshan and Taihang Mountains, and *L. gmelinii* in Great Xingan Mountains and Xiaoxing'an Mountains forest area suggest that the simplification and needle-leafing of pure larch forests lead to the slow litter decomposition, the imbalanced nutrient absorption and actual return, the decrease of soil nutrient content and, the seriousness of soil compaction and acidification, and the forest land capability has a trend of declining. However, due to the limitation of research methods and technical means, there lacks systematic and dynamic research on the entire biological cycle of vegetation, soil and litter, meanwhile, the mechanism of microorganisms in the decomposition of litter still remains unclear.

With the financial support of the 11th Five-Year national science and technology support project "Research and Demonstration of Key Technology of Fast-growing and High-yielding Larch Forest Cultivation" (2006BAD24B06), the larch research team from Forestry Research Institute of Chinese Academy of Forestry and the collaboration units newly established 304 permanent sample plots in larch main production regions in the north subtropical, warm temperate, temperate and cold temperate zones, carried out the comprehensive investigation, including stand growth, canopy dynamics, understory vegetation diversity, litter, forest soil etc., obtained the analytic tree data and biomass data of 699 trees, and collected 1584 samples of larch stems, branches, barks, leaves and roots, 337 samples of understory vegetation and 4833 samples of soil and litter. On this basis, during the 12th Five Year and 13th Five Year, the research team continued the dense layout and retest of the permanent sample plots in the 4 ecological and climatic zones, enhanced the collection of samples of plants, soil and litter, increased the strength and depth in measurement, and systematically conducted the continuous research on ecosystem biomass, nutrient bio-cycle and long-term productivity of larch plantations. The book was written with part of research contents of the key project "Research on Long-term Productivity Formation and Maintenance Mechanism of Larch Plantation" (31430017) of the National Natural Science Foundation and the 13th Five-Year National Key R&D Program "Research on High-Efficiency Cultivation Technology of Larch" (2017YFD0600400) as the theme.

The research object of the book is *L. kaempferi* plantations introduced in the temperate low mountain and hill region (Qingyuan, Liaoning Province), the warm-temperate middle mountain areas (Xiaolongshan, Gansu Province), and northern subtropical and subalpine region (Jianshi, Hubei Province) in China. In the book, the nutrient content, its accumulation and distribution characteristics, soil properties, litter amount and its decomposition rate, and changes in microbial community characteristics, nutrient release, and enzyme activities in the process of litter decomposition in different ecological climate zones and different development stages have been determined and analyzed. The research focuses on the microbial community structure, the litter nutrient content, the lignocellulose component content, the functional microbial groups and genes related to organic carbon and nitrogen degradation and the variation law of degrading enzyme activities in the process of litter decomposition of *L. kaempferi*, *Sassafras tzumu* plantations and their mixed plantations. The aim is to reveal the flow law of nutrients among plants, soil and litter, and explore the mechanism of microbial action in the process of litter decomposition and the key factors affecting the decomposition process of litter, especially the influence of mixed coniferous and broadleaved litter on the microbial community composition, the lignocellulose and the organic nitrogen metabolism, functional microbial groups and degradation pathways during the litter decomposition process. It provides abasis for clarifying the research on the mechanism of long-term productivity, the ecological process, the material cycle and the energy exchange of plantations, and also provides a theoretical basis for maintaining the stability of the *L. kaempferi* plantation ecosystem and its sustainable management.

This book is composed of 3 parts and 12 chapters. The first part consists of 6 chapters. Chapter 1 comprehensively describes the related researches and progress of the plantations' nutrient characteristics and litter decomposition both home and abroad. Chapter 2 summarizes the setting of the study area and the sample plots, the methodological roadmap and the methods for the research. Chapter 3 to 6 comprehensively analyze the change law with ages for nutrient content, accumulation and distribution of *L. kaempferi* plantations in the temperate low mountain area, warm temperate middle mountain area and northern subtropical and sub-alpine area in China, and calculate the biological cycle coefficient of *L. kaempferi* plantation in the warm temperate zone. It finds that the soil quality of larch plantations has a trend of declining from the young forest stage to the near-mature forest stage, with the poorest quality at the middle-age and the near-mature forest stages and recovering at the mature forest stage. From the middle-age stage to the near-mature forest stage, it has high litter accumulation and slow decomposition and unbalanced absorption and return of forest nutrient, which results in poor soil quality.

The second part of the book consists of 2 chapters. Chapter 7 and Chapter 8 take middle-aged and near-mature *L. kaempferi* plantations as the research objects, and systematically study, with litter bag embedded, the effects of different ecological climate zones, litter composition types and forest density on litter decomposition. It finds that the decomposition of *L. kaempferi* litter is accelerated as the eco-climatic regions move southwards, with the fastest decomposition rate in the northern subtropics and the slowest in the temperate zone. As the density of forest stands decreases in the temperate and warm temperate regions it promotes the growth of understory vegetation, improves the litter decomposition environment, enhances enzymes activities and microbial amount and accelerates the decomposition of litter. C/N ratio, C/P ratio and pH of litter are the main variables influencing the microbial composition during the litter decomposition, and the decomposition rate, the enzymes activities during the decomposition and the amount of fungus and bacteria of the coniferous and broadleaved mixed litter are obvious higher than those of coniferous litter.

The third part of the book consists of 4 chapters. Chapter 9 to Chapter 11 take *L. kaempferi* plantations, *sassafras* plantations and their mixed plantations as the research objects. After studying the differences in microbial community structure, lignocellulose and organic N metabolic functions in the decomposition process of different litter types with metagenome sequencing and chromatographic technology, it has found that the microbial community and lignocellulose degradation and nitrogen metabolism genes composition are changed by mixed litter. By up-regulating the abundance of functional β-Proreobacteria, Dothideomycetes and gene families for lignocellulose degradation (GH3, AA2, AA3, AA5, AA7), bacterial organic nitrogen degradation and fungal nitrate nitrogen assimilation, it promotes the degradation of lignocelluse and production of ammonium nitrogen. It has revealed the microbial mechanism of accelerated degradation of understory coniferous and broadleaved mixed litter. Chapter 12 summarizes the main conclusions and thus proposes the reasonable operation suggestions for *L. kaempferi* plantations, including: ① conduct appropriate thinning at half mature forest stage and near-mature stand stage to lower the stands density, improve light, temperature and humidity of the forest and promote the growth of understory vegetation and the litter decomposition and nutrient return in the forest. ② appropriately prolong the rotation to mature stand stage, and adopt trunk harvesting for final felling to avoid whole-tree utilization and return the logging residue like branches, leaves and so on to the forest land in order to reduce the negative impact of harvesting on nutrient cycle and forest soil productivity. ③ for the aim of cultivating the industrial plantations with short-rotation, whole tree harvesting and by intensive management, take the silvicultural measures by appropriate fertilizer applying to balance the nutrients loss with a large amount of biomass taken away by harvesting, which is more important for the temperate regions where litter decomposition is comparatively slow. and ④ encourage the mixed forest of *L. kaempferi* with walnut, *sassafras* and local broadleaved trees to improve the nutrient cycle efficiency of *L. kaempferi* plantation. With the growth of *L. kaempferi* to the stages of half mature and near mature, there exists the trend of potential soil degrading, however, with reasonable silvicultural measures, it can achieve the targets of maintaining forest soil quality and long-term productivity. The completion of this book has received much support and assistance from the related organizations and personnel, and we are grateful to the leaders and technicians from Research Institute of Forestry, Xiaolong Mountain Forestry Experiment Bureau of Gansu Province, Hubei Academy of Forestry, Liaoning Academy of Forest Science, Lizi Forest Farm of Research Institute of Forestry, Xiaolong Mountain Forestry Experiment Bureau of Gansu Province, Changlinggang State-owned Forest Farm in Jianshi County, Hubei Province and Dagujia State-owned Forest Farm, Qingyuan Manchu Autonomous County, Liaoning Province. They have provided much support and convenience in sample plot design, data investigation and test sampling and made a lot of efforts for the successful completion of the experiment and research. Our special thanks are given to the Prof. Sheng Weitong, a researcher from Research Institute of Forestry of Chinese Academy of Forestry, for his help and revision in writing this book. Our thanks is also given to Guo Liangdong, a researcher from Institute of Microbiology of Chinese Academy of Sciences, and Zhang Qian, an associate researcher from Institute of Forestry of Chinese Academy of Forestry, for their guidance and suggestions on the third part of the microbiological-related experiment design and data analysis process.

Nutrient cycling and long-term productivity maintenance in larch plantations is an eternal research topic. Limited by the study time and the authors' level, the inadequacies in the book are inevitable, we shall appreciate for the readers' criticism and comments.

Shougong Zhang
Jan.1, 2023

目录
CONTENTS

18

CONTENTS

1

Introduction

绪　论

1.1 / 研究背景
Research background

随着天然林减少，木材采伐量大幅度下降，大力发展人工林是缓解木材供需矛盾、保护天然林资源的有效途径。根据第九次全国森林资源清查报告，我国人工林面积 7954.28 万 hm²，占世界人工林面积的 27%，居世界首位。人工林的快速发展在很大程度上满足了人类对林产品的需求，但由于过分重视和追求短期生产力与经济利益，以及传统不合理的经营措施，也出现了如树种单一化、针叶化、纯林多代连作等问题，带来了生物多样性下降、森林生态系统失衡、地力衰退、生产力下降等日益严重的生态问题，逐渐引起人们对人工林长期生产力的普遍关注（盛炜彤，2014；杨承栋，2016；朱教君和张金鑫，2016；Mason and Zhu，2014）。自 20 世纪 70 年代起，我国学者对人工林地力衰退和维护问题进行了广泛的研究和探讨，主要集中在杉木、马尾松、落叶松、桉树、杨树等人工林，研究发现集中连片、数代连作、短轮伐期集约经营的人工纯林普遍存在土壤质量衰退、林分生产力下降、生物多样性减少等生态问题（刘世荣，1992；陈立新 等，1998；余雪标 等，1999；杨承栋 等，2003；刘福德 等，2005；盛炜彤 等，2005）。如何维持人工林地力和长期生产力，已成为人工林培育中重点关注的问题。

落叶松（*Larix* spp.）是我国东北、内蒙古林区以及华北、西北、西南高山针叶林的主要森林组成树种（王战，1992），是北方广袤的寒冷地带广泛分布的树种，形成浩瀚林海。我国落叶松人工林面积达 316 万 hm²，占全国人工林面积的 5.54%；蓄积量 2.37 亿 m³，占全国人工林蓄积量的 7.01%，是我国排名第四的人工用材树种，在我国林业产业中占有极其重要的地位。落叶松也是少数秋季落叶的针叶树种，年凋落量大（3314kg/hm²）而针叶凋落物分解缓慢，致使养分吸收与实际归还量不协调，生物循环的非平衡变化导致土壤养分含量下降、土壤物理性质恶化、生物学活性减弱，我国北方落叶松纯林经营也存在着地力衰退的趋势（阎德仁 等，1997；Liu et al.，1998）。日本落叶松 [*Larix kaempferi*（Lamb.）Carr.] 原产于日本本州岛中部山区，在欧亚和北美广泛引种，在我国引种已有 100 多年的历史，也是我国引种最为成功的树种之一，现已成为温带、暖温带及中北亚热带亚高山区主要营造用材林和生态林树种。了解日本落叶松人工林养分特征和凋落物分解对于深入理解人工林养分生物循环和长期生产力维持至关重要，前期研究受研究方法与技术手段的限制，缺乏对植被、土壤、凋落物整个生物循环的系统性和动态性研究，而且对凋落物分解中微生物的作用机制也不清楚。

2010 年以来，以引种在我国温带低山区（辽宁清原）、暖温带中山区（甘肃小陇山）和北亚热带亚高山区（湖北建始）日本落叶松人工林为研究对象，对比分析了不同生态气候区幼龄林、中龄林、近熟林、成熟林 4 个发育阶段人工林生态系统中乔木层、林下植被层、凋落物层、土壤层的养分含量、养分积累与分配规律以及养分利用效率；在中龄林或近熟林内采用埋置凋落物分解袋法，研究不同林分密度及不同类型凋落物分解过程与养分释放动态变化，综合采用实时荧光定量 PCR（qPCR）技术和末端限制性酶切片段长度多态性（T–RFLP）技术研究不同生态气候区、不同凋落物类型及林分密度对凋落物分解过程中酶活性与微生物群落结构的影响；采用宏基因组测序技术重点研究了日本落叶松人工林、檫木人工林及其混交林凋落物自然分解过程中微生物群落结构和功能途径、凋落物养分含量、木质纤维素各组分含量、有机碳氮降解功能相关微生物类群和功能基因及分解酶活性的变化特征，揭示养分在植物 – 土壤 – 凋落物的流动规律，探寻凋落物分解过程中微生物作用机制及影响凋落物分解过程的关键因子，尤其是针阔混合凋落物分解过程中微生物群落结构、木质纤维素和有机氮代谢功能微生物类群及降解途径，为维护日本落叶松人工林长期生产力、生态系统的稳定及其可持续经营提供理论依据。

1.2 / 人工林养分特征研究

Research on characteristics of nutrients of planted forest

19 世纪，Liebig 等（1840）最早分析了土壤营养元素与植物生长的关系，提出了养分最小定律。1876 年，Ebermayer 测定了德国巴伐利亚地区阔叶林和针叶林的养分含量，首次阐述了森林凋落物在养分循环中的重要性。Bazilevich 等（1967）根据森林生物量、凋落物组成分解速率等特征对世界植被类型进行分类，推动了矿质循环研究从植物养分学扩展到生物地球化学领域。Bormann 和 Likens（1979）利用小流域方法开展了系统水平的水文循环和养分循环的定量测定，由此推动了矿质循环从生物循环向生物地球化学循环的方向发展。森林生态系统养分循环的研究内容主要涉及森林各组分养分含量的静态分布、动态特征、养分生物循环等（于拔，1974；Turner and Lambert，1986；Vitousek，1984；Vitousek et al.，1995；Berger et al.，2009）。近几十年来，随着森林生态系统养分循环的研究方法日渐成熟和研究成果的累积，精确估算土壤有效养分库和养分的输出、凋落物层养分延迟归还（精确估算养分的吸收和转移）以及预测氮（N）为限制因子的森林生态系统对 N 沉降的响应成为新的研究热点（Johnson and Turner，2019）。

我国开展养分特征与养分循环方面的研究相对较晚，20 世纪 50 年代侯学煜等作过一些植物元素地球化学研究（侯学煜 等，1957）。潘维俦等（1981）、陈楚莹等（2000）、杨玉盛（1997）等对杉木（*Cunninghamia lanceolata*），沈国舫等（1985）、董世仁等（1986）、聂道平等（1986）对油松（*Pinus tabulaeformis*）人工林的养分含量特征和生物循环进行了较为深入的研究。随后，对桉树（余雪标 等，1999；廖观荣 等，2003a；2003b）、毛竹（傅懋毅 等，1989；夏传格 等，2020）、杨树（杨世桦 等，2013）、落叶松（刘世荣，1992；刘世荣和李春阳，1993）等用材树种也开展了相关研究，主要概括为生态系统（植被层、凋落物层、土壤层）营养元素的含量、积累和生物循环特征等几个方面。

1.2.1 植被养分特征

林木的养分特征因树种和遗传特性的不同而存在较大的差异，同时与立地等环境因素也有很大的关系。同一树种不同器官的养分含量也有很大的差异，即使是相同的器官，其养分含量也随季节、生理等的不同而发生变化。美国北部鹅掌楸（*Liriodendron tulipifera*）和铅笔柏（*Juniperus virginiana*）的叶片钙（Ca）、磷（P）、钾（K）含量较多，而红果云杉（*Picea rubens*）和铁杉（*Tsuga heterophylla*）的叶片 Ca 含量相对较低（斯波尔，1982）。生长在不同土质上的火炬松（*Pinus taeda*）的叶片 N 含量相差 2 倍，镁（Mg）和 P 含量相差 3 倍（于拔，1974）。对马尾松（*Pinus massoniana*）、油松、杉木、侧柏（*Platycladus orientalis*）等树种各器官养分含量研究发现，针叶的养分含量最高，干材的养分含量最低，枝、根的养分含量居中；N、P、K 含量随林龄的增加而呈逐渐减少的趋势（项文化 等，2002；赵广亮 等，2006；肖洋 等，2008）。

林木营养元素的积累，取决于生物量的积累以及各器官中营养元素的含量。由于各器官担负的功能不同，所吸收的营养元素优先分配到同化器官或生理活性强而较年幼的部位，使得养分的分配与生物量的占比存在很大的不同（McDonald et al., 2000）。林分生长初期，由于枝、叶的生物量占比较大，同时养分含量也较高，因此这两个器官的养分积累量也最高；生长后期随着树干和树皮生物量占比的增加，虽然其养分含量不高，但其养分积累量却逐渐占据主导地位（Turner and Lambert, 2008）。不同养分（N、P、K、Ca、Mg）积累的占比在不同林分类型也有很大差异。欧洲主要森林树种均以 Ca 的积累量最大，特别是落叶树种。中国东部的多数松林 N 的积累量占总积累量的 25%~40%，而樟子松（*Pinus sylvestris* var. *mongolica*）林 Ca 的积累量占总积累量高达 40%~50%（严昌荣 等，1999）。这是因为养分积累量一方面与树种特性有关，另一方面与土壤条件紧密相关，樟子松生长在土壤 Ca 含量高的立地上，并对 Ca 有较强的富集能力。

林下植被虽然在森林总生物量中所占比重很小（Welch et al., 2007），但其养分循环的周转率却远高于林木，因此其在森林养分循环中的地位远胜于生物量的贡献，这在结构简单的人工林生态系统中表现更为突出（Gilliam, 2007）。对不列颠哥伦比亚海岸的 3 种亚高山森林生态系统的养分特征研究表明，虽然林下植被的凋落物仅占总凋落物的 3%~11%，但其养分积累量却占了很高的比例，其中 N 占 16%~38%、P 占 14%~35%、Ca 占 5%~31%、Mg 占 19%~55%，而 K 占 32%~90%（Yarie, 1980）。湖南会同杉木人工林中，灌木层和草本层的营养元素积累量分别为 34.46kg/hm^2 和 166.91kg/hm^2，若以 lt 干物质中的营养元素加以比较，则呈现出草本层 > 灌木层 > 乔木层，表明林下植被在养分积累上的重要性（冯宗炜 等，1985）。灌木层和草本层比乔木层有着更快的生物量周转速率和养分循环速率，林下植被层养分周转率为 34.4%，而乔木层仅为 2%~5%（杜忠 等，2016；田大伦 等，2011；杨玉盛 等，2002）。林下植被层归还的养分量占到整个落叶松人工林生态系统归还量的 35%，而且养分释放直接转变为植物可利用的无机态，参与养分再循环，这充分体现了林下植被对维持生物循环持续平衡和长期稳定地力所发挥的巨大作用（刘世荣和李春阳，1993）。

1.2.2　凋落物养分特征

凋落物生物量也是森林生态系统生物量的组成部分，分为凋落物产量和凋落物积累量（现存量）（刘强和彭少鳞，2010）。当凋落物产量大于凋落物分解量时，凋落物在地表积聚起来，构成了森林生态系统垂直结构中的乔木层、林下植被层之下的地被层（Martius et al.，2004）。凋落物层 C 储量约占森林生态系统 C 储量的 5%，生态系统中植物所吸收的养分，90% 以上的 N 和 P、60% 以上的矿质元素都来自植被归还土壤养分的再循环（Chapin et al.，2002）。凋落物层养分积累量与现存量和养分含量有关。

凋落物现存量取决于凋落量产量和凋落物分解率。凋落物产量受生态系统的气候条件、森林类型、林龄等多因素影响。凋落物产量一般趋向于随纬度的上升而降低、凋落物现存量则有随纬度的上升而升高的趋势（刘强和彭少鳞，2010）。全球范围内凋落物的分解速率相差很大，湿润的热带森林年分解速率一般为 40%～90%，是温带森林的 6～10 倍，而极地、高山或干旱区森林凋落物的分解速率最低，针叶完全分解需要 40 年以上（邱明红 等，2017；斯波尔，1982）。因此，不同区域或者不同林型凋落物的现存量也存在很大的差异。湿润的热带森林地上部凋落量很大，但凋落物层却很薄甚至没有，而寒带森林地上部凋落量相对较少，但凋落物层却异常深厚（Kimmins，2005；Silver et al.，2014）。凋落物层现存量是凋落物产量和分解量动态平衡的结果，过多凋落物积累于地表，不利于养分循环，还会导致林地生产力的衰退，因此如何促进凋落物分解是人工林管理的一个重要方向（郑路和卢立华，2012）。

凋落物中养分含量除了与树种特性及自身生理功能、调节及迁移有关外，还受土壤养分含量的影响（林波 等，2004；巫志龙 等，2007）。因树叶养分在凋落前已发生植物体内转移，一般情况下凋落物层的养分含量会低于植物叶中的含量（杨玉盛 等，2004）。凋落物层 N、Ca 含量明显高于 P、K、Mg 含量，如针叶林凋落物中平均 N 含量为 6.7mg/g，P 含量为 0.6mg/g（陈金磊 等，2020；Kang et al.，2010）。阔叶林凋落物中的 N 储量一般大于 Ca 储量，针叶林因树种不同而异，如杉木林凋落物 N 储量大于 Ca 储量，侧柏林凋落物 N 储量则小于 Ca 储量。

我国热带次生林凋落物层现存量为 4.02～5.17t/hm²，平均养分总储量为 117.6kg/hm²，而北方和高山针叶林凋落物现存量可高达 68.90t/hm²，平均养分总储量为 767.7kg/hm²（郑路和卢立华，2012），例如寒温带落叶松林因凋落物中 N 含量相对较低而 C 含量较高，因此分解率较低，20a 生时凋落物层积累量为 23～28t/hm²（Liu，1995）。同一气候区，因树种不同凋落物层现存量和养分积累量也有很大不同，秦岭西部5种针叶林的凋落物层储量最少为8.46t/hm²，最大为29.81t/hm²，养分Ca储量平均为357.7kg/hm²，N储量平均为175.7kg/hm²（常雅军 等，2011）。4种亚热带人工林中，凋落物层C和N储量占土壤层（0～100cm）的17%～22%，且凋落物层的养分含量显著影响表层土壤养分含量（N'Dri et al.，2018；Zhou et al.，2017）。养分元素在凋落物不同层（未分解层、半分解层、腐殖质层）自上而下的含量变化特征也不一致，总体趋势是南方森林易于淋洗，凋落物层养分含量随分解程度的增加而降低；北方森林易于积累，凋落物层养分含量随分解程度的增加而逐渐升高（张德强 等，2000；杨玉盛 等，2004；钟国辉和辛学兵，2004；尹宝丝 等，2019）。

1.2.3 土壤养分特征

土壤养分是影响林木生长、林下植被生物多样性和生态系统净生产力的重要因素，也是森林土壤生产潜力的主要评价指标（李清雪，2014；Liechty et al.，1986）。土壤中N、P、K含量是衡量土壤养分潜在供应能力的重要指标，水解N、有效P、速效K则反映了土壤短期内可被植物吸收利用的有效养分状况（Korb et al.，2004）。人工林土壤养分的研究可归纳为两个方面：一方面集中在不同发育阶段或栽植代数（不同栽植代数、不同林龄或不同演替阶段等）土壤养分的变化，探讨人工林长期经营是否存在地力衰退的问题；另一方面聚焦在不同营林措施（抚育间伐、混交、采伐方式等）对土壤养分的影响，期望通过合理的营林措施达到维持人工林长期生产力的目的。

杉木连栽会导致土壤有机质、N、P、K含量的下降，第3代杉木林土壤N、P、K含量与第1代相比分别下降77%、85%和68%（俞新妥和张其水，1989；陈楚莹 等，1990；杜国坚 等，2001；盛炜彤 等，2005）。杨树人工林土壤有机质、水解N、有效P和速效K含量也呈现出逐代下降的趋势，第2代杨树林与1代相比土壤有机质含量降低4.65%，土壤全N和全P含量分别下降9.64%和5.00%，土壤有效P和速效K含量分别下降2.88%和7.69%（唐万鹏 等，2009）。人工林土壤养分含量随林龄的变化呈现出不一致的研究结论，体现一定的种间差异性。有研究认为人工林土壤养分随林龄的增加而呈逐渐下降的趋势，也有研究认为土壤质量随林龄的增加在近熟林时达到最差，而在成熟林阶段又有所恢复。5a生和28a生杨树人工林土壤有效P含量分别比对照（无林地）下降了32.05%和29.79%，有效铁含量分别降低了30.31%和31.79%，有效锌含量分别降低了24.48%和26.50%（贠超，2011）。不同发育阶段（幼、中、近、成）华北落叶松人工林土壤养分指标综合得分分别为0.945、0.069、–0.50、–0.509，表明幼龄林土壤肥力最好，成熟林最差（于楠楠 等，2019）。对不同发育阶段杉木人工林土壤养分特征研究发现，土壤全N含量随林龄的增加有着先降低后增加的趋势（曹娟 等，2015；王丹 等，2016；李惠通 等，2017）。落叶松人工林、马尾松人工林和油松人工林土壤养分含量也都表现出随林龄的增加先降低后增加的趋势，在近熟林阶段最差，至成熟林阶段又有所恢复（李国雷 等，2008；王宏星 等，2012；崔宁洁 等，2014；赵海燕 等，2015；雷丽群 等，2017；邱新彩 等，2018）。

抚育间伐显著提高了林地土壤有机质、全N含量（刘勇 等，2008；马芳芳 等，2017），这是因为间伐降低了林冠覆盖度和蒸腾，改变了林地小气候，增加光照、温度，促进林下植被发育，同时对土壤微生物产生有利影响，进而促进土壤酶活性，增加土壤养分的有效性（Gebhardt et al.，2014；Zhou et al.，2016；Zhao et al.，2019a；Zhou et al.，2020），但这些变化还会受到间伐强度、间伐次数和间伐间隔期等因素的影响。在针叶纯林中引入阔叶树种，能够加快凋落物分解，促进养分循环速率，从而使林地养分水平得到提高；与固N树种混交可加快土壤养分循环速率，改善土壤肥力和提高林分生产力，因此，营造混交林被认为是维持人工林土壤质量较好途径之一（盛炜彤和杨承栋，1997；沈国舫 等，1998；高成杰 等，2014；盛炜彤，2014；高敏 等，2017；王博 等，2020；Lucas-Borja et al.，2012）。此外，森林收获时土壤输出的养分量随着主伐强度的增加而增加，收获方式的不同必然会导致土壤性质的改变，普遍认为择伐优于皆伐方式，树干利用优于全树利用方式（Vangansbeke et al.，2015；Nieminen et al.，2017）。

合理的经营措施，如调整林分结构、营造混交林、合理轮作、保护林下植被、改变炼山和火烧等人工林经营制度、减少皆伐和全树利用的采伐方式、适当延长轮伐期等，可以在一定程度上改善人工林土壤环境，减少土壤养分的流失，缓解不合理的人工林栽培造成的地力衰退的趋势（胡延杰，2002；盛炜彤和范少辉，2002；杨承栋，2009；2016；刘慧敏 等，2021；Seidl et al.，2011；Uri et al.，2014；Guo et al.，2018）。

1.2.4 生物循环特征与养分利用效率

循环系数、利用系数和周转时间是描述和评价生物循环过程的重要参数（于拔，1982；陈日升 等，2018；夏传格 等，2020；Ma et al.，2007）。循环系数是植物归还量与吸收量之比，反映了养分元素在循环过程中残留量的大小，该系数越大，表明元素循环的速率越快，流动性越大（于拔，1982；聂道平 等，1986）。利用系数为吸收量与现存量之比，反映了养分元素在生态系统中存贮速率的大小，该系数越大，表明元素在植物体的贮存能力越强，而利用效率越低（聂道平，1991；Ma et al.，2007）。周转时间是植物总养分储量与归还量之比，反映了养分元素经历一个循环周期所需的时间，周转时间越长，表明养分在植物体内停留时间越长，植物所需要的养分也越多（温肇穆和梁樛，1991；Aerts，1990）。不同树种养分吸收量与归还量的差异，使得养分循环参数也存在很大差异。对黄土丘陵区刺槐（*Robinia pseudoacacia*）人工林、油松人工林、辽东栎（*Quercus liaotungensis*）林等养分循环研究发现，循环系数依次为辽东栎林＞刺槐林＞油松林，辽东栎林和刺槐林对林地的养分需求高于油松林，且养分循环速率也快于油松林；油松人工林的循环系数随着林龄的增加表现为先增后降的趋势（张希彪和上官周平，2005；2006；夏菁 等，2010）。栓皮栎人工林的循环系数和周转时间随着龄级的增加而升高，利用系数则呈下降趋势，即幼龄栓皮栎的养分元素利用率高、循环系数低，而高龄级栓皮栎的养分元素循环系数相应提高，周转时间变长（赵勇 等，2009）。第 2 代杉木人工林较第 1 代林的养分利用系数增大，循环系数减小，循环速度减慢，养分周转时间增长，不利于林地土壤养分的积累（潘维俦 等，1983；冯宗炜 等，1985；温肇穆 等，1991；聂道平，1993）。

养分利用效率是植物生产力的重要指标之一，包括吸收效率、运输效率和利用效率。由于学科之间研究角度和范畴的不同，养分利用效率在文献中有多种理解和定义（Vitousek，1982）。在森林养分研究中应用较多的是 Chapin 指数，即以植物生物量与植物养分储量的比值表示养分利用效率，实质上就是植物体养分平均含量的倒数（拜得珍 等，2007；Chapin，1980）。Vitousek（1982）和 Aerts（1990）提出以林木凋落叶质量与凋落叶中养分含量的比值表示养分利用效率。盛炜彤等（2005）提出以干材每吸收 1kg 养分所能生产的干材生物量，或乔木层每吸取 1kg 养分所能生产的干材生物量表示杉木人工林干材的养分利用效率。刘增文（2009）认为林木所积累的干物质以木质部为主，且林木整个生长过程是一个养分循环利用的过程，提出以树干养分利用效率，即林木干材生物量与林木全株养分积累量的比值来描述养分利用效率。目前尚无统一的标准来衡量养分利用效率。

在植物进化过程中，不同的植物种、生活型、乃至同株植物的不同器官为了适应不同的生长环境形成了各自不同的养分利用效率（Alongi et al.，2005）。杉木不同种源间、不同无性系间，无论是全树还是干材养分利用效率均存在着较大差异（蒋建，2006）。不同器官间，树干和大枝的 N、P、K、Ca、Mg 养分利用效率最高，其次是小枝、树皮，然后是叶片（王希华 等，2004）。随着年龄的增加、植株的增大，树木的养分利用效率也逐步提高，树木生长周期越长，其养分利用率也越高，反之，养分利用效率则低（Wang et al.，1991）。多年生草本植物的 N 利用效率随林地有效养分的提高而增大，而当养分增加到一定水平后，N 利用效率又有所下降（Vitousek，1984）。因此，研究人工林的养分循环特征和养分利用效率及其影响因素，揭示不同树种的养分适应策略，对于人工林的可持续经营具有重要意义。

1.3 / 人工林凋落物分解研究
Research on litter decomposition of planted forest

在植物 – 凋落物 – 土壤森林生态系统的养分循环中，植物群落作为主动因子，从土壤中吸收养分形成有机体，然后养分随死亡的有机体以凋落物的形式回落到地表，进一步分解归还土壤。凋落物在养分循环中是连接植物与土壤的"纽带"（Hättenschwiler et al.，2005），在维持土壤肥力、促进森林生态系统正常的物质循环和养分平衡方面，有着重要的作用（Berg et al.，2000）。凋落物分解是森林生态系统自肥的重要机制之一，凋落物分解的本质是养分元素逐渐释放的过程（Yang et al.，2004）。凋落物积累与分解一直被认为是控制植被结构和生态系统功能的一个复杂而重要的因素，凋落物分解的速率在一定程度上决定着土壤养分有效性的高低（Berg and Mcclaugherty，2003）。

凋落物的研究最早始于 19 世纪，Ebermayer（1876）在其经典著作《森林凋落物产量及其化学组成》中阐述了凋落物在养分循环中的重要作用，到 20 世纪 30 年代开始了凋落物分解的系统研究，并提出了 C/N 值的设想；至 20 世纪 60 年代，不断拓宽凋落物分解机理的深度和广度，并论证了 N 含量及 C/N 值对凋落物分解的重要性；20 世纪 70 年代，趋向于将凋落物分解置于养分循环的大背景下开展研究，20 世纪 90 年代开始了与全球气候变化的关联性研究。近年来，凋落物分解的混合效应以及 N 沉降、气候变化等多因子交互作用对凋落物分解驱动机制的研究正成为凋落物分解研究的热点。

1.3.1 凋落物分解过程的影响因素

凋落物分解过程会受到包括生物因素、气候因素及凋落物性质等多种因素的影响，气候条件和凋落物性质在大空间尺度上起作用，而土壤生物在小尺度上起作用（García-Palacios et al.，2013；Chen et al.，2018）。

（1）生物因素对凋落物分解过程的影响

土壤动物的活动促进凋落物分解（Bradford et al.，2002）。土壤动物影响凋落物的分解动态与养分释放，一方面体现在对凋落物取食、破碎和混合等的直接作用，另一方面通过消化分解改变凋落物形态影响土壤微生物种类、数量与活性和自身迁移、搬运、吞噬等改变土壤物理性质等间接作用（Anderson，1973；Davidson and Grieve，2006；Yang and Chen，2009；Frouz，2018）。普遍认为，热带森林土壤动物的作用要大于温带森林、亚高山森林生态系统等（Gonzalez and Seastedt，2001；Schmidt et al.，2008）。微节肢动物对凋落物质量损失的贡献率在热带雨林大于40%，在温带森林为20%（Seastedt and Crossley，1980；Heneghan et al.，1999），而在同一气候区，又因凋落物质量的差异，土壤动物的贡献率也有很大的差异（Yang and Chen，2009）。

微生物在凋落物分解过程中扮演着重要角色，参与凋落物分解的各种酶主要由真菌和细菌产生（杨万勤和王开运，2002）。研究发现，参与降解凋落物中纤维素、半纤维素和木质素的酶主要由真菌类群中的部分子囊菌和担子菌产生（Sariaslani and Dalton，1989），降解木质素和腐殖质的漆酶、锰过氧化物酶和木质素过氧化物酶主要由放线菌产生（Simoes et al.，1997）。微生物数量的下降会导致凋落物分解酶活性的降低（齐泽民 等，2004）。土壤酶活性的研究也证实了微生物丰度与土壤磷酸酶、淀粉酶、蛋白酶、几丁质酶活性显著相关，土壤微生物丰度越高，有机质分解速率越快（胡海波 等，2001）。

（2）气候因素对凋落物分解过程的影响

凋落物分解速率在全球不同气候带尺度上存在显著的差异，通常表现为热带＞温带＞寒带。不同气候带间梯度差异最明显的指标是温度和湿度，而温度和湿度的变化能显著影响凋落物分解速率（Singh et al.，1999；He et al.，2010）。海拔则主要通过改变温度间接调控凋落物的分解进程和速率（宋新章 等，2008）。Fioretto 等（2000）认为空气湿度是导致岩蔷薇（Cistus incanus）和香桃木（Myrtus communis）两种类型凋落物分解速率差异的主导因子。张鹏等（2007）对亚热带森林凋落物层酶活性的季节动态研究表明：温度通过影响酶活性而影响凋落物分解，季节变化引起的气温波动会影响不同凋落物层中的 β- 葡萄糖糖苷酶、几丁质酶和纤维素酶的活性，进而导致不同凋落物层分解程度的差异。

（3）凋落物性质对凋落物分解过程的影响

凋落物性质不仅会影响凋落物中的微生物群落组成和功能特征，同时也会对微生物的分解微环境和酶活性产生影响，进而改变凋落物的分解速率（佘婷和田野，2020）。在一定地域范围内，凋落物的性质是导致不同类型凋落物分解速率差异的主导因素（严海元 等，2010）。凋落物性质主要通过调控微生物的群落组成，进而改变参与凋落物分解酶的种类和活性，最终影响凋落物的分解进程（Zhang et al.，2019a）。相同条件下不同类型凋落物的分解速率在其分解过程中差异明显，Kourtev 等（2002）研究了美国东北落叶林中 4 种植物类型的凋落物分解过程，发现植物种类是导致凋落物分解速率差异的主导因子。Carreiro 等

（2000）也证实森林凋落物自身化学组成的差异是影响酶活性的主要因素。针叶和阔叶凋落物在化学和物理性质上存在很大的不同，阔叶树凋落物通常比针叶树凋落物含有更多的 N 元素和更少的木质素，而针叶凋落物中木质素、单宁和莽草酸等难分解或抑制分解物质含量高，这也是阔叶树种比针叶树种凋落物分解更快的原因（Tripathi et al.，2006；Zhou et al.，2007）。

　　（4）混合凋落物对凋落物分解过程的影响

　　早期的研究多关注单一凋落物的分解，但绝大多数森林生态系统中的凋落物都是以混合的形式出现的，即使是纯林也会与林下的草灌混合，因此混合凋落物的研究已成为目前关注的热点（Chapman et al.，2013）。针阔混合凋落物的分解模式通常不能通过单一凋落物的分解动态进行预测，混合凋落物的分解速率整体上高于单一凋落物（Gartner and Cardon，2004；Wardle et al.，2003）。混合凋落物分解产生的混合效应可分为加性效应（Additive effect）和非加性效应（Non-additive effects）。当混合凋落物的实际分解速率等于期望分解速率时表现为加性效应，实际分解速率偏离期望分解速率时表现为非加性效应（李宜浓 等，2016；Wardle et al.，1997）。非加性效应又进一步分为正效应（即混合凋落物的实际分解速率大于期望分解速率）和负效应（即混合凋落物的实际分解速率低于期望分解速率）（李宜浓 等，2016；Wardle et al.，1997；Salamanca et al.，1998；Nilsson et al.，1999）。近年的研究热点主要集中在解析混合凋落物主要成分的分解速率以及是否具有加性效应。Hoorens 等（2003）测定了一系列不同初始化学性质的两两混合凋落物，发现多数混合凋落物存在非加性效应。Zhang 等（2019b）研究了日本落叶松凋落物与 4 种阔叶树种凋落物混合的分解发现，日本落叶松 – 色木槭（*Acer pictum*）和日本落叶松 – 蒙古栎（*Quercus mongolica*）的混合物分解中存在着协同的非加性效应。李英花等（2017）采用凋落物网袋法研究了日本落叶松与红松和赤杨（*Alnus japonica*）两种混合凋落物类型、不同混合比例的凋落物的分解速率，发现两种组合类型在分解时均产生了非加性效应。混合凋落物中的组分越多样其分解过程越复杂，但混合凋落物对分解速率产生的混合效应的机制还不清楚，需要进一步开展不同物种多样性梯度和物种组合凋落物分解的深入研究。

1.3.2　凋落物分解过程中的养分释放特征

　　森林凋落物分解是养分归还土壤的重要途径（Xu et al.，2006；Yang，2006）。森林每年通过凋落物分解归还土壤的总 N 量占森林生长所需总 N 量的 70%～80%，总 P 量占 65%～80%，总 K 量占 30%～40%（Gholz et al.，1985）。凋落物化学特性，即 C/N 值和木质素含量是影响凋落物养分释放的重要因子（郭剑芬 等，2006；Semmartin et al.，2004；Luo et al.，2010；Mooshammer et al.，2014）。凋落物中 N、P 含量高，C 含量低（低 C/N）可加速凋落物的分解（Wang et al.，2008；Jacob et al.，2009），这是由于凋落物中的 N 含量越高，C/N 值越低，耐分解化合物的含量就越少，凋落物分解得就越快（刘颖 等，2009；Garibaldi et al.，2007；Vaieretti et al.，2013）。

（1）凋落物分解中的养分释放模式

由于森林植被类型的差异及各养分元素在植物体中的功能差异，不同的养分元素在凋落物分解中呈现出不同的养分释放模式，大体可归纳为淋溶 - 释放、富集 - 释放和淋溶 - 富集 - 释放 3 种模式。

淋溶 - 释放模式是指该类养分元素在分解初期快速淋溶，后期缓慢释放。K 是这一类养分元素的典型代表。由于 K 在凋落物中以非结构组分存在，具有较大的流动性，在分解中容易被淋溶，这在亚热带常绿阔叶林、青冈常绿阔叶林、滨海沙地吊丝单竹林及华北落叶松的凋落物分解研究中均得到证实（赵谷风 等，2006；李海涛 等，2007；张梅和郑郁善，2008；郭晋平 等，2009）。但也有研究发现，K 元素的含量在凋落物分解后期又逐渐升高（张浩和庄雪影，2008；Osono and Takeda，2004）。一些 N、P 含量比较高的阔叶树种，如重阳木（*Bischofia polycarpa*）、蚊母树（*Distylium racemosum*）和白辛树（*Pterostyrax psilophyllus*）凋落物中的 Ca、Mg、N 和 P 元素的释放规律也符合此种模式（许晓静 等，2007；Berg et al.，2003；Xu and Hirata，2005）。

淋溶 - 富集 - 释放模式是指该类养分元素在凋落物分解中养分含量表现为先下降、后上升再下降的趋势。养分淋溶阶段多为分解初期的 2 个月，随后呈现出明显的富集特征。N、P 在多雨高湿的分解环境中（如海南尖峰岭及地中海沿岸）表现为此种释放模式（刘强 等，2005；Moro and Domingo，2000）。

富集 - 释放模式是指该类养分元素在凋落物分解中养分含量表现为先上升后下降的趋势。符合该变化规律的养分元素在凋落物分解中不出现物理性淋溶过程，富集时间因分解环境及凋落物性质而异，但受限于凋落物分解研究时间，仅能观察到富集现象。一些 N、P 较低的针叶凋落物或者阔叶中的分解中的 N 释放常表现为此种模式（林开敏 等，2006）。大部分针叶树（落叶松、杉木、马尾松等）和一些初始 N 含量较低的阔叶树（如五角枫、锐齿栎等）凋落物中的 N、P 元素释放符合此种模式（刘强 等，2005；樊后保 等，2005；林开敏 等，2006；刘广路 等，2011；吴明 等，2015）。此外，多数树种凋落物分解中 Ca、Mg、Fe、Cu、Zn、Mn 等金属元素也多表现为这一模式（黄建辉 等，2000；齐泽民和王开运，2010）。

（2）混合凋落物的养分释放特征

通常认为不同类型的凋落物混合后其凋落物的养分组成会发生改变进而影响分解过程中的养分释放规律。杉木针叶中混合桤木（*Alnus cremastogyne*）、火力楠（*Michelia macclurei*）的凋落叶，火炬松针叶中混入北美鹅掌楸（*Liriodendron tulipifera*）、美国榆（*Ulmus americana*）和枫香（*Liqudambar styraciflua*）的凋落叶，提高了 N 含量，从而加快了凋落物的分解速率和养分释放（Liao et al.，2000；Polyakova and Billor，2007）。Gartner 和

Cardon（2004）通过对数十篇混合凋落物分解实验的统计发现，混合凋落物的质量损失比单一物种凋落物的质量损失高 65%。与单纯针叶凋落物相比，添加阔叶的混合凋落物增加了凋落物中 N 和 P 等养分含量，降低了凋落物中木质素含量，从而有利于凋落物的分解（李雪峰 等，2008），使得土壤微生物量明显增加、土壤理化性质得到有效改善（胡亚林 等，2005），初始 N、P 含量较高的凋落物类型对初始 N、P 含量较低的凋落物产生诱导作用，在不降低自身分解速率的情况下，加速低质量凋落物分解（Liao et al.，2000）。

　　混合凋落物中，不同类型凋落物之间的养分含量差异是导致养分转移现象发生的根本原因，且两种单一类型间的凋落物质量差别越大转移强度越高。国内外学者对混合凋落物分解特征以及不同物种之间的养分流动现象进行了研究。McTiernan 等（1997）在研究实验室可控条件下混合凋落物养分释放时发现，不同类型的凋落物组合总 N 损失量显著不同，混合凋落物改变了分解中 N 释放的时间和速率，影响 N 矿化过程。此外，混合凋落物分解过程中，一种凋落物养分浓度的上升往往伴随着其他凋落物养分浓度的下降，通常低质量凋落物的养分浓度上升，而高质量凋落物中的养分浓度下降（Briones and Ineson，1996）。混合凋落物分解过程中养分元素顺着养分梯度的转移现象增加了微生物可利用 N 的有效性，加快了混合凋落物早期的分解速率。由于真菌菌丝的作用，使得混合凋落物产生养分转移现象，从而加快了凋落物的分解。低质量凋落物中的真菌通过从高质量凋落物中获取养分，且高质量凋落物的存在促使微生物产酶量增加，共同作用于低质量凋落物的分解（Gartner and Cardon，2004）。此外，混合凋落物在不同分解时期，其养分元素释放规律也不同（蒋云峰 等，2013），前期主要受凋落物养分含量及水溶性碳水化合物含量的影响，后期则主要受分解中间产物酚酸类物质和木质素含量的限制（Xu and Hirata，2005）。因此，混合凋落物分解过程的养分释放受凋落物组合类型、单一凋落物性质及分解时期的影响显著。

1.3.3　凋落物分解过程中的酶活性变化特征

　　凋落物分解是在一系列酶的综合作用下完成的（杨万勤和王开运，2004；张瑞清 等，2008；Sinsabaugh et al.，1993；Andersson et al.，2004；Waring，2013）。凋落物分解中酶活性的研究始于 19 世纪 70 年代，直到 20 世纪 80 年代以后才逐渐受到广泛关注，近年来由于生物化学、分子生物学技术的飞速发展，酶活性检测技术也取得了长足的进步，荧光微型板酶检测技术、土壤酶活性测试盒等被广泛用于酶活性的检测。此外，超声波降解法、超速离心技术和高压液相色谱等也应用于酶活性的测定（张咏梅 等，2004；Criquet et al.，2000；Fioretto et al.，2000；Yang et al.，2007）。

　　凋落物分解中的酶大体分为纤维素分解酶类、木质素分解酶类、淀粉水解酶类及磷酸水解酶类，依据它们各自的功能特征分别在凋落物分解的不同阶段起作用。淀粉酶主要分解简单的有机质，一般在分解初期起作用；纤维素、木质素降解酶在分解的中后期起主导作用。在岩蔷薇及香桃木凋落物分解过程中，α- 淀粉酶在分解初期活性迅速降低，β- 淀粉酶在整个试验过程中活性都很低（Fioretto et al.，2000）。马尾松凋落物前期降解速率主要由羧甲基纤维素酶和滤纸糖酶活性决定，后期则由木质素酶和纤维素酶协同作用（郝杰杰等，2006）。热带森林凋落物分解初期主要由转化酶和淀粉酶起作用，伴随分解的进行酸性磷酸酶与氨基肽酶活性呈下降趋势，而纤维素水解酶活性呈递增趋势（张瑞清 等，2008；Waring，2013）。

与凋落物分解密切相关的酶活性受生物因素、非生物因素及凋落物本身性质等多因素综合影响（Andersson et al.，2004；Waring，2013）。酶活性与温度和湿度等非生物因素有关（Baldrian et al.，2013）。岩蔷薇和香桃木凋落物分解过程中纤维素酶和几丁质酶活性与凋落物含水率呈正相关（Fioretto et al.，2000）。针叶树凋落物分解过程中降水量是控制许多酶活性的最重要因素，酸性磷酸酶与凋落物的含水率及温度有关，而碱性磷酸酶只与温度有关；纤维素酶、木聚糖酶和 β- 葡聚糖酶活性与凋落物含水率有关（Criquet et al.，2002；2004）。酶活性与生物因素，尤其是微生物密切相关（杨万勤和王开运，2002）。担子菌纲真菌分泌的酶对木质素、纤维素降解有重要作用（Sariaslani et al.，1989），放线菌则释放降解腐殖质和木质素的过氧化物酶、酯酶和氧化酶等（Sariaslani and Dalton，1997）。土壤细菌、放线菌、真菌的数量与土壤磷酸酶、蔗糖酶、蛋白酶活性显著相关（胡海波等，2001）。

酶活性与凋落物的性质密切相关，是因为凋落物中养分含量与微生物活性有关，从而引起酶活性的变化（肖慈英 等，2002；邓仁菊 等，2009；Carreiro et al.，2000；Kourtev et al.，2002；Saiya-Cork et al.，2002；Sinsabaugh et al.，2002）。北京低山区栓皮栎林、油松林及其混交林凋落物分解过程中 β- 糖苷酶、多酚氧化酶、几丁质酶、酸性磷酸酶和碱性磷酸酶活性呈现不同的变化趋势（孔爱辉 等，2013）。混合凋落物分解中产生的多种中间产物及多样的微生物类群决定了分解酶的种类和活性的不同（佘婷和田野，2020）。相比于单特异性凋落物，混合凋落物能够显著提高纤维素酶、半纤维素酶、几丁质酶、淀粉酶、蛋白水解酶和木质素过氧化酶的活性（Hu et al.，2006；Wang et al.，2008）。不同类型的凋落物混合后对酶活性影响有明显差异，多数研究发现混合凋落物较单一凋落物更有助于提高 C、N 循环水解酶活性，但也有负向抑制效应的报道（梁晓兰 等，2008）。凋落物混合类型、混合比例和凋落物性质对酶活性有显著影响，其中凋落物混合类型是影响酶活性的主导因子，凋落物性质次之（袁亚玲 等，2018）。

1.4 / 微生物在凋落物分解及 C、N 代谢中的作用

Functions of microorganisms in litter decomposition and C and N metabolism

微生物参与凋落物的分解进程（Manzoni et al.，2008；Whitham et al.，2008）和植物养分的生物化学循环（Fuhrman，2009；Harris，2009）是陆地生态系统的基础。微生物的群落组成和功能特征在调节植物营养物质的有效性（Wardle et al.，2004）和土壤腐殖质的形成中起到关键作用（Harris，2009；Eichlerová et al.，2015）。受限于研究方法，微生物群落结构研究是整个生态系统研究中最薄弱的环节之一（李香真 等，2016）。从 19 世纪末建立的传统分离培养方法到 20 世纪 70 年代以磷脂脂肪酸（PLFA）方法和 BIOLOG 微量分析法，再到近 20 年发展起来的以分子技术为基础的 DNA 指纹图谱技术以及高通量测序技术，为全面认识微生物群落结构提供了新的契机（陈慧清 等，2018）。传统分离培养方法，仅能对可培养的微生物开展形态判别和涂板计数研究，但自然界中可培养的微生物占比不到微生物总数的 1%，限制了该方法的应用。末端限制性酶切片段长度多态性分析（T–RFLP）技术和变性梯度凝胶电泳（DGGE）技术具有灵敏、准确、快速的特点，可以实现大量样品同时检测，且成本较低，在微生物生态学研究领域应用较多。宏基因组学是从尚未培养的微生物中发掘基因组潜力用于生态学和生物技术研究的关键技术（Handelsman et al.，1998），极大地改变了人们对微生物生态学、群落生物学和微生物组学等领域的认知，促进了新的生物分子快速鉴定技术的出现。因此，利用生物技术方法开展凋落物分解过程中微生物群落特征和功能的研究，揭示凋落物分解过程中的微生物作用机理，解析凋落物分解中的关键因子，是当前凋落物分解和人工林地生产力维持的一个重点研究方向。

1.4.1　微生物在凋落物分解中的作用

微生物通过自身的分解代谢作用，将凋落物中的有机物质分解为无机物质，改变了凋落物的化学物质组成，最终形成土壤腐殖质层（许晓静 等，2007；Berg，2000；

McTiernan et al., 2003）。微生物是森林凋落物分解过程的重要参与者，凋落物中丰富的营养基质为细菌和真菌的生长繁殖提供了物质基础。微生物类群对凋落物化学基质的利用具有偏向性，真菌和细菌通过代谢作用主导着凋落物的分解过程，但它们对凋落物分解的作用方式不尽相同。真菌主要降解凋落物中的木质纤维素、果胶和淀粉等物质，通过菌丝分泌相关降解酶获取满足自身生长繁殖所需的碳源，同时酶解反应产生的中间产物又为其他菌群的定植提供营养来源。细菌则主要负责降解凋落物中的含氮类物质，通过 N 代谢作用分解利用凋落物中的蛋白质、几丁质和氨基酸等物质，同时也为其他腐生微生物的生长和繁殖提供条件（Findlay et al., 2000；Gulis and Suberkropp, 2003）。真菌和细菌协同作用是加速凋落物分解的因素之一（Wright and Covich, 2005）。

真菌是引起凋落物质量损失的主要分解者（于淑玲，2003），也是国内外凋落物分解微生物研究的主体。森林凋落物的主要组分是木质纤维素，包括纤维素、半纤维素和木质素，占总干重的 70% 左右。其中，纤维素主要由粪壳菌（Sordariomycetes）、锤舌菌（Leotiomycetes）和座囊菌（Dothideomycetes）等真菌参与分解（董爱荣等，2004；Zhang et al., 2017）。由于部分纤维素酶也能酶解半纤维素，因此能够利用纤维素的微生物类群大多也能分解半纤维素。木质素是凋落物中最难分解的一类物质，其分解主要依赖于真菌作用，能够分解木质素的真菌大部分来自子囊菌门（Ascomycota）和担子菌门（Basidiomycota）（李慧蓉，2005）。研究发现部分细菌，如假单胞菌（Pseudomonas）、鞘氨醇单胞菌（Sphingomonas）和芽孢杆菌（Bacillus）也能够分泌参与木质素降解的多种氧化酶分解利用木质素（Masai et al., 2007；Raj et al., 2007）。凋落物中的果胶类物质虽然细菌和放线菌也能够分解利用，但其分解利用强度仍以霉菌为主（Sánchez, 2009）。

1.4.2 凋落物分解中的微生物群落演替

微生物群落演替是微生物生物特性与外界环境因子综合作用的结果。凋落物分解过程中微生物群落伴随着凋落物性质的变化而发生演替，在分解的不同阶段微生物群落的结构和功能存在显著差异（严海元 等，2010；Peltoniemi et al., 2012）。河谷潮湿条件下凋落物分解的不同阶段真菌、细菌及放线菌群落结构都存在明显差异（Das et al., 2007；Xu et al., 2013），分解初期细菌以变形菌门为主，真菌以曲霉菌属和格孢菌属为主。欧洲山毛榉（Fagus sylvatica）在落叶期、分解初期、分解后期叶片表面优势微生物存在显著差异（Peršoh et al., 2013）。

微生物群落的演替也体现在凋落物分解层间，不同分解层的优势菌也不相同，这种现象在真菌中表现更为明显。森林凋落物中的微生物多为腐生类群，根据凋落物的腐烂程度可将其分为凋落物层（L 层）、发酵层（F 层）和腐殖质层（H 层）3 个分解层（Kanerva and Smolander, 2007）。不同分解层可对应分解的 3 个时期：①分解前期，这一时期以弱寄生真菌和土壤腐生菌，如曲霉（Aspergillus）、毛霉（Mucor）、交链孢（Alternaria）等为优势群，主要分解利用凋落物中的小分子糖类、氨基酸和淀粉等物质；②分解中期，这一时期纤维素分解菌为主导菌群，如链格孢霉（*Alternaria*）、木霉（*Trichoderma*）、拟盘多毛孢菌（*Pestalotiopsis*）等，它们能够产生多种纤维素和半纤维素分解酶，主要利用凋落物中的纤维素和半纤维素；③分解后期，这一时期以拥有较强木质素分解能力的子囊菌类和担子菌类如青霉（*Penicillium*）、假裸囊菌（*Pseudogymnoascus*）、杯伞菌（*Clitocybe*）等为主体，它们通过产生漆酶、木质素过氧化物酶和锰过氧化物酶等分解利用凋落物中的木质素。对凋落物不同分解层中真菌群落的多样性研究发现，L 层和 F 层间的真菌群落结构差异不显著，但与 H 层相似性较低，且 L 层的真菌多样性和数量较高，H 层的细菌数量较高（姚拓和杨俊秀，1997；范晓旭，2010）。

微生物群落结构的演替受凋落物的性质、分解的中间产物及环境因素影响显著。通过分析凋落物中腐生真菌的演替规律发现，真菌在不同凋落物分解层中的分布特征与凋落物的化学组成密切相关（于淑玲和赵静，2006）。阔叶林凋落物分解中的真菌种类及数量略优于针阔混交林，而显著优于针叶林（Hättenschwiler et al.，2005；Peltoniemi et al.，2012）。混合凋落物中真菌和细菌的生物量比单特异性凋落物高（Malosso et al.，2004），且不同类型的凋落物混合后对微生物生物量影响不同（刘增文，2009），并可能引起微生物群落的主导功能发生改变。混合凋落物通常比单特异性凋落物拥有更高的真菌多样性和更快的分解速率，不同类型的凋落物混合后能够为微生物提供更多的生态位，多种微生物的存在提高了基质的利用效率，促进了凋落物的分解（Kubartová et al.，2009；Steinwandter et al.，2019）。此外，不同微生物类间复杂的相互作用对群落演替的过程也有显著影响。Osono（2005）利用传统分离培养的方法对灯台树（*Bothrocaryum controversum*）叶片分解过程中真菌群落的演替进行了研究，表明叶片化学物质的改变导致微生物群落组成发生变化，真菌间的相互作用与真菌群落的演替表现出明显的相关性。凋落物分解过程有多种微生物参与，不同种类的微生物为了争夺生长空间和营养物质产生竞争，处在相同或相似生态位的微生物类群竞争更为激烈，从而导致演替现象的出现。

1.4.3　微生物在凋落物 C、N 代谢中的作用

森林生态系统中的 C、N 循环是由微生物驱动的。凋落物中的木质纤维素和有机 N 等组分是在多种微生物的酶解作用下被分解释放的。微生物对 C、N 的分解代谢过程可分为 3 个步骤：①将木质纤维素、蛋白质及脂类等大分子物质降解成多聚糖、多肽及脂肪酸等小分子物质；②将中间产物进一步降解成二糖、氨基酸以及能进入微生物细胞内的中间产物；③在细胞内将第二阶段产物完全氧化或酶解生成二氧化碳（CO_2）、水（H_2O）、铵态氮（NH_4^+-N）和硝态氮（NO_3^--N）（王鄂生，1990；张克旭，1998；沈萍，2000；Cotrufo et al.，2013）。凋落物中木质纤维素等含碳类物质最终经过微生物的代谢作用彻底氧化生成

CO_2 和 H_2O，为微生物的生长繁殖提供能量。微生物 C 代谢途径实质是将大分子纤维素、半纤维素和木质素等物质降解为小分子的单糖和醇类物质的过程。微生物利用自身的 N 代谢作用将凋落物中的蛋白质、几丁质等物质矿化为 NH_4^+-N 和 NO_3^--N 后释放到土壤中供林木和植被吸收利用（李海涛 等，2007；Berg，2000；Koukol et al.，2006）。微生物能够广泛利用有机物和矿物质中的 N 元素，其利用方式主要通过硝化、反硝化、异化硝酸盐还原、同化硝酸盐还原、固 N 和有机 N 降解等代谢作用。

由于 C、N 代谢过程主导的功能微生物类群不同，代谢途径也必然存在差异。在 N 代谢过程中，微生物通过合成相关的转化酶调控不同形态 N 素的转换，微生物通过分泌细胞外酶将凋落物中的有机 N 分解成 NH_4^+-N，供植物吸收利用，同时不同形态的 N 素在胞内酶的作用下可以相互转换（Geisseler et al.，2010）。此外，部分微生物同时含有 C、N 代谢的关键基因，在森林生态系统 C、N 养分循环中起重要作用（Tang et al.，2018）。Andreote 等（2012）研究了红树林沉积物中微生物的代谢过程，发现伯克霍尔德氏菌科、扁平苔藓科的微生物在 C 代谢过程中扮演着重要角色，伯克霍尔德氏菌科、扁平苔藓科和红细菌科的微生物也参与了硝酸盐异化还原、N 固定和反硝化有关的代谢过程。

混合凋落物理化性质的改变导致主导分解者类群的差异，也会影响真菌类群对含 C 有机物（Guggenberger et al.，1999；McMahon et al.，2005）和细菌类群对含 N 有机物的分解利用（Six et al.，2002），进而引起微生物 C、N 代谢特征的差异。混合凋落物的真菌和细菌丰度及微生物群落的多样性通常高于单一凋落物，且两者间的微生物群落组成显著不同（孙海 等，2018；Pereira et al.，2019；Zhang et al.，2019b），可能会导致微生物群落代谢功能的改变（Li et al.，2015）。混合凋落物为微生物提供多样化的 C 源和 N 源，致使微生物能够通过互补效应提高对 C 源和 N 源的利用效率，形成多样化的微生物代谢途径和较高的微生物分解活性，加速凋落物的分解（严海元 等，2010；陈法霖 等，2011a；2011b；宋蒙亚 等，2014）。此外，混合凋落物也会对微生物 C、N 代谢途径中不同基因的种类及相对丰度产生影响，进而影响微生物的 C、N 代谢功能（刘继明 等，2013）。董志颖 等（2017）利用 Biolog 生态板和 PICRUSt 功能基因预测技术研究了 N 含量对细菌群落 N 代谢功能潜力的影响，发现 N 含量的增加对细菌群落的 C、N 代谢功能潜力均有显著影响，且功能基因的种类和丰度受亚硝酸盐、铵盐和 pH 值的显著影响。Erick 等（2015）利用宏基因组测序技术研究了林下生物量对土壤层和凋落物层微生物 C 降解功能潜力的影响，发现包括参与木质素、纤维素、半纤维素和果胶降解的 41 个碳水化合物活性酶基因家族的相对丰度受到不同程度的影响，凋落物层和土壤层在微生物降解功能潜力方面差异显著，凋落物层更易受到影响。森林凋落物主要由木质纤维素和蛋白质组成，凋落物分解本质是微生物降解这两类物质中 C、N 元素的代谢过程，因此研究凋落物分解过程中微生物 C、N 代谢功能类群、降解途径、功能基因和丰度及其影响因素，对揭示森林生态系统的养分释放具有重要意义。

1.4.4 宏基因组学和基因组学在微生物群落功能方面的应用

宏基因组学是从尚未培养的微生物中发掘潜力基因组用于生态学和生物技术研究的关键技术（Handelsman et al.，1998；Baldrian and López-Mondéjar，2014；Cai et al.，2018）。自"宏基因组"概念提出以来，极大地改变了人们对微生物生态学、群落生物学和微生物组学等领域的认知，促进了基因芯片等生物分子快速鉴定技术的出现，广泛应用于开发新型酶和基因功能。宏基因组测序技术可以直接对环境微生物样本中的 DNA 进行测序，揭示微生物群落组成和功能性状特征，快速发现编码具有新特性酶的功能基因，现已在草原、森林、海洋、土壤等生态系统中广泛应用（强慧妮 等，2009；Delmont et al.，2011；2012；Fierer et al.，2012；Uroz et al.，2013）。Cardenas 等（2015）利用宏基因组测序技术研究了森林采伐方式对土壤微生物群落结构和功能潜力的影响，确定了受采伐显著影响的 41 个基因家族，表明采伐对木质纤维素降解功能基因家族丰度具有潜在的影响。Tu 等（2017）利用宏基因组测序技术对草原生态系统中微生物介导的氮循环过程进行研究，揭示了微生物氮循环功能基因的变化规律，为复杂生态系统参与氮循环关键过程的微生物研究奠定了基础。

微生物基因组测序通过分析基因结构来认识微生物的完整生物学功能，对于揭示目标物种的基因组信息和代谢途径、开发其功能潜力具有重要意义。微生物 C、N 代谢途径是代谢调控的研究热点。Tyson 等（2004）通过测序拼接了钩端螺旋菌（*Leptospirillum*）和铁原体菌（*Ferroplasma*）的基因组草图，揭示了 C、N 固定和能量产生的途径，并提供了在极端环境下菌株的代谢调控策略。Valdés 等（2008）对 3 株酸性硫杆菌的 11 个代谢过程、电子传递途径和其他表型特征的预测基因开展了比较基因组学研究，揭示了酸性硫杆菌在极端环境中生存和增殖策略。Pinchuk 等（2010）通过构建希瓦氏菌（*Shewanella*）的全基因组代谢途径模型，用来分析实验数据和预测细胞表型，并将实验结果用于优化乳酸生长的代谢通量。根据微生物基因组注释结果，综合代谢途径中存在的代谢路径、功能基因及物质载体绘制菌株的代谢路径图，系统地研究目标菌株的代谢模式，开发其功能潜力应用价值是当前研究的趋势（贺纪正 等，2012）。

在微生物生态学方面，应用多组学测序（宏基因组、基因组、转录组和蛋白质组等）技术，结合色谱技术、荧光定量 PCR 技术和稳定同位素等实验新技术，可以更好地揭示微生物代谢功能和作用机制（Bankevich et al.，2012）。Bertin 等（2011）利用宏基因组、蛋白质组数据以及逆转录酶的统计分析，建立了一个完整的代谢互作模型以阐明生物体矿化作用、氨基酸和维生素代谢的关键机制。此外，微生物生态学中的微生物共存网络分析或冗余分析可以用于研究生物地球化学循环中的元素耦合问题（Gruber and Galloway，2008），C、N 代谢相关基因的定量关系及变化规律有助于了解 C、N 循环耦合的关系，解释微生物群落间 C/N 比的变化，并进一步理清元素循环的库和流。

2

Study area general situation and research contents

研究区域概况与研究
内容

2.1 / 研究区域概况
General situation of study area

　　试验样地分别选设在温带低山丘陵区的辽宁省国营清原满族自治县大孤家林场、暖温带中山区的甘肃省小陇山林业实验局林业科学研究所沙坝试验基地和甘肃省小陇山林业实验局李子林场及北亚热带亚高山区的湖北省建始县国有长岭岗林场。

　　辽宁省清原满族自治县大孤家林场（124°47′～125°12′E，42°16′～42°22′N），地处长白山系千山山脉龙岗支脉北坡，海拔300～1000m。该区属中温带季风气候区，年均气温3.9～5.4℃，最低气温–37.6℃，最高气温36.7℃，全年无霜期120～139d，年降水量650mm，降水集中在6～9月，相对湿度46%～55%。林地土壤为典型棕色森林土，土层厚度达50cm，pH值为5.5～6.5；枯枝落叶层厚度为3.5～6.0cm，pH为4.8～5.6。天然阔叶树主要为核桃楸（*Juglans mandshurica*）、水曲柳（*Fraxinus mandschurica*）、黄檗（*Phellodendron amurense*）、色木槭（*Acer mono*）、白桦（*Betula platyphylla*）、椴树（*Tilia tuan*）等，林下灌木主要有平榛（*Corylus heterophylla*）、五味子（*Schisandra chinensis*）、绣线菊（*Spiraea salicifolia*）、胡枝子（*Lespedeza bicolor*）、忍冬（*Lonicera japonica*）等，林下草本主要为白屈菜（*Chelidonium majus*）、蝙蝠葛（*Menispermum dauricum*）、野豌豆（*Vicia sepium*）、莎草（*Cyperus glomeratus*）等。

　　甘肃省小陇山林业实验局林业科学研究所沙坝试验基地（105°51′～105°54′E，34°07′～34°10′N）和小陇山林业实验局李子林场（105°42′～106°27′E，34°09′～34°23′N），地处秦岭西部，海拔1400～2019m。该区处于我国暖温带南缘与北亚热带的过渡地带，气候温暖湿润，大多数地域属于暖温带–中温带半湿润大陆性季风气候类型，年均气温7～12℃，极端最高气温39.2℃，极端最低气温–23.2℃，无霜期154～185d，年降水量700～900mm，春秋降水量占年降水量的70%～80%，相对湿度68%～78%。小陇山属于中深度切割的中山地貌类型，山体陡峭严峻，坡度平均在30°左右，土壤类型为山地褐色森林土。天然阔叶树主要为锐齿槲栎（*Quercus aliena* var. *acuteserrata*）、漆树（*Toxicodendron vernicifluum*）、三桠乌药（*Lindera obtusiloba*）、青榨槭（*Acer davidii*）、兴山榆（*Ulmus bergmanniana*）、鹅耳枥（*Carpinus turczaninowii*）等，林下灌木主要有平榛（*Corylus heterophylla*）、栓翅卫矛（*Euonymus phellomanus*）、疏刺悬钩子（*Rubus pileatus*）等，林下草本主要有黄蒿（*Artemisia annua*）、牡蒿（*Artemisia eriopoda*）、草木樨（*Melilotus officinalis*）、羊胡子草（*Eriophorum scheuchzeri*）等。

湖北省建始县国有长岭岗林场（110°12′～110°32E，30°06～30°54′N），地处云贵高原东缘、巫山山脉余脉，海拔 1500～1920m。该区属于亚热带季风气候，年均气温 11.7℃，极端最低气温 –10℃，极端最高气温 28.8℃，无霜期 206d 左右，相对湿度 75%～85%，年降水量 1500～1800mm，相对空气湿度 85% 以上。土壤为山地棕壤，土壤厚 60～90cm，pH 值为 5.3～6.0。该区天然阔叶树主要以檫木（*Sassafras tzumu*）、锥栗（*Castanea henryi*）、毛梾（*Cornus walteri*）、茅栗（*Castanea seguinii*）和大叶杨（*Populus iasiocarpa*）为主，林下灌木以天然盐麸木（*Rhus chinensis*）、箬竹（*Indocalamus tessellatus*）、宜昌木姜子（*Litsea ichangensis*）、栓翅卫矛（*Euonymus phellomanes*）、卵果蔷薇（*Rosa helenae*）等，林下草本主要有大丁草（*Gerbera anandria*）、薹草（*Carex tristachya*）、金星蕨（*Parathelypteris glanduligera*）等。

2.2 / 样地设置
Setting of sample plots

2.2.1　分区固定样地设置

　　暖温带固定样地设置在甘肃省小陇山林业实验局林业科学研究所沙坝试验基地和甘肃省小陇山林业实验局李子林场。共设置固定样地 33 块，样地面积为 0.06hm²（20m×30m），其中幼龄林（6a 生）样地 9 块、中龄林（15a 生）样地 12 块、近熟林（23a 生）和成熟林（35a 生）样地各 6 块，样地基本情况见表 2-1。幼龄林造林前为灌丛，中龄林、近熟林和成熟林造林前为阔叶混交林、低产林采伐迹地。造林前采用穴状整地，2a 生日本落叶松播种苗人工植苗造林，初植密度为 3300 株 /hm²。中龄林进行透光伐 1 次，近熟林抚育间伐 3 次，成熟林抚育间伐 4 次，近熟林和成熟林抚育间伐间隔期为 4～5a。

表2-1　暖温带不同发育阶段样地概况

Tab.2-1　General situation of different development plots in warm temperate zone

样地号 Plot Num.	龄组 Age classes（a）	平均胸径 Average DBH（cm）	平均树高 Average height（m）	郁闭度 Canopy density	密度 Density（株 /hm²）	坡向 Aspect	海拔 Altitude（m）	土壤厚度 Soil depth（cm）	坡度 Slope（°）
N1	幼龄林（6）	3.0	3.6	0.35	2900	西北	1606	45	34
N2	幼龄林（6）	3.0	3.7	0.35	3017	北	1633	45	19
N3	幼龄林（6）	3.0	3.5	0.40	3217	西北	1639	45	25
N4	幼龄林（6）	4.0	3.9	0.40	3233	西北	1617	65	22
N5	幼龄林（6）	3.0	3.4	0.35	2733	西北	1593	65	19
N6	幼龄林（6）	3.4	4.1	0.35	2933	西北	1603	65	18
N7	幼龄林（6）	3.2	3.3	0.40	2983	西	1417	66	24

（续）

样地号 Plot Num.	龄组 Age classes（a）	平均胸径 Average DBH （cm）	平均树高 Average height （m）	郁闭度 Canopy density	密度 Density （株/hm²）	坡向 Aspect	海拔 Altitude （m）	土壤厚度 Soil depth （cm）	坡度 Slope （°）
N8	幼龄林（6）	3.0	3.8	0.40	3450	东	1429	66	20
N9	幼龄林（6）	4.2	4.7	0.40	3167	西	1438	66	20
N10	中龄林（15）	9.7	9.6	0.85	2433	西	1698	70	16
N11	中龄林（15）	10.2	11.1	0.85	2317	北	1702	70	19
N12	中龄林（15）	9.4	10.2	0.80	2133	西北	1736	70	24
N13	中龄林（15）	10.8	10.0	0.90	2535	南	1700	68	29
N14	中龄林（15）	11.4	11.5	0.85	2083	西	1715	68	28
N15	中龄林（15）	12.1	11.9	0.85	1917	西	1731	68	28
N16	中龄林（15）	11.2	12.2	0.90	2267	西北	1786	70	17
N17	中龄林（15）	9.5	11.1	0.90	2783	东北	1783	70	21
N18	中龄林（15）	10.9	11.2	0.80	2400	东北	1790	70	20
N19	中龄林（15）	9.1	9.8	0.80	2217	西南	1791	70	26
N20	中龄林（15）	8.2	9.2	0.80	2100	西南	1807	54	37
N21	中龄林（15）	9.4	10.2	0.80	2483	东	1774	50	34
N22	近熟林（23）	14.8	14.9	0.65	633	南	1692	39	21
N23	近熟林（23）	16.1	15.8	0.75	917	东	1644	45	27
N24	近熟林（23）	17.9	15.7	0.70	567	西北	1655	73	16
N25	近熟林（23）	19.2	18.9	0.80	667	西南	1587	69	17
N26	近熟林（23）	17.5	16.9	0.75	750	西南	1587	73	18
N27	近熟林（23）	17.4	15.6	0.65	650	南	1568	76	22
N28	成熟林（35）	20.6	21.6	0.65	483	北	1646	35	36
N29	成熟林（35）	21.4	19.7	0.75	633	西	1618	45	33
N30	成熟林（35）	21.8	20.3	0.75	583	西	1620	45	31
N31	成熟林（35）	18.9	16.2	0.75	667	东	1604	70	30
N32	成熟林（35）	18.7	16.5	0.70	633	西	1589	70	35
N33	成熟林（35）	24.3	18.6	0.75	417	西北	1561	70	22

　　温带固定样地设置在辽宁省清原满族自治县大孤家林场。共设置固定样地36块，样地面积为0.08hm²（28.2m×28.2m），其中幼龄林样地（7a生）9块、中龄林样地（16a和17a生）9块、近熟林样地（29a和30a生）9块、成熟林样地（40a生）9块，样地基本情况见表2-2。造林地为天然次生林采伐迹地。造林前采用穴状整地，2a生日本落叶松播种苗人工植苗造林，初植密度为3300株/hm²。

表2-2 温带不同发育阶段样地概况

Tab.2-2 General situation of different development plots in temperate zone

样地号 Plot Num.	龄组 Age classes（a）	平均胸径 Average DBH （cm）	平均树高 Average height （m）	郁闭度 Canopy density	密度 Density （株/hm²）	坡向 Aspect	海拔 Altitude （m）	土壤厚度 Soil depth （cm）	坡度 Slope （°）
W1	幼龄林（7）	9.3	9.1	0.6	1688	东	405	45	10
W2	幼龄林（7）	8.7	8.0	0.8	2225	东	421	45	15
W3	幼龄林（7）	9.2	8.8	0.7	1775	东	401	40	8
W4	幼龄林（7）	9.3	9.3	0.7	1763	东	353	50	5
W5	幼龄林（7）	9.3	9.2	0.7	1875	东	369	50	18
W6	幼龄林（7）	9.5	9.9	0.8	2313	东	366	45	8
W7	幼龄林（7）	8.1	6.6	0.5	1250	东	343	50	8
W8	幼龄林（7）	8.4	7.3	0.6	1638	东	356	50	8
W9	幼龄林（7）	8.4	7.3	0.6	1413	东	356	45	8
W10	中龄林（16）	13.5	15.0	0.7	1263	北	313	60	5
W11	中龄林（16）	12.4	15.0	0.8	1600	北	327	62	5
W12	中龄林（16）	12.8	15.1	0.8	1588	北	368	58	8
W13	中龄林（17）	13.3	14.5	0.8	1625	北	300	60	2
W14	中龄林（17）	12.0	13.9	0.9	2450	北	319	55	2
W15	中龄林（17）	12.5	16.2	0.8	1713	北	319	55	8
W16	中龄林（17）	12.3	13.6	0.7	1375	北	303	55	2
W17	中龄林（17）	12.9	14.6	0.8	1613	北	346	53	5
W18	中龄林（17）	12.6	14.6	0.8	1600	北	348	50	5
W19	近熟林（29）	23.2	23.0	0.7	413	东	440	45	8
W20	近熟林（29）	22.6	23.6	0.7	475	东	441	47	8
W21	近熟林（29）	20.0	20.4	0.7	625	东	433	48	8
W22	近熟林（29）	19.3	22.0	0.9	1012	东	436	50	8
W23	近熟林（29）	21.7	24.1	0.8	550	北	468	45	8
W24	近熟林（29）	18.0	20.9	0.7	475	北	486	45	8
W25	近熟林（30）	19.4	20.1	0.9	837	东	437	45	8
W26	近熟林（30）	18.9	17.7	0.9	925	东	469	45	8
W27	近熟林（30）	17.0	18.0	0.9	1175	西	470	45	8
W28	成熟林（42）	24.2	26.5	0.8	488	西北	429	62	8
W29	成熟林（42）	25.2	27.5	0.9	613	西北	459	60	8
W30	成熟林（42）	29.1	26.8	0.7	325	西北	435	60	8

（续）

样地号 Plot Num.	龄组 Age classes（a）	平均胸径 Average DBH （cm）	平均树高 Average height （m）	郁闭度 Canopy density	密度 Density （株/hm²）	坡向 Aspect	海拔 Altitude （m）	土壤厚度 Soil depth （cm）	坡度 Slope （°）
W31	成熟林（42）	25.6	21.3	0.8	475	西	252	45	8
W32	成熟林（42）	23.0	21.1	0.9	625	西	262	45	8
W33	成熟林（42）	23.4	23.4	0.8	425	西南	277	45	8
W34	成熟林（42）	25.1	22.9	0.8	400	西	389	55	8
W35	成熟林（42）	25.6	19.8	0.7	325	西	391	50	20
W36	成熟林（42）	22.4	19.4	0.9	638	西	407	50	20

　　北亚热带固定样地设置在湖北省建始县国有长岭岗林场。共设置固定样地24块，样地面积为0.08hm²（28.2m×28.2m），其中幼龄林样地6块（8a生）、中龄林样地6块（16a生）、近熟林样地6块（26a生）、成熟林样地6块（36a生），样地基本情况见表2-3。造林地为低产林采伐迹地。造林前采用穴状整地，2a生日本落叶松播种苗人工植苗造林，初植密度为3300株/hm²。

表2-3　北亚热带不同发育阶段样地概况

Tab.2-3　General situation of different development plots in north subtropical zone

样地号 Plot Num.	龄组 Age classes（a）	平均胸径 Average DBH （cm）	平均树高 Average height （m）	郁闭度 Canopy density	密度 Density （株/hm²）	坡向 Aspect	海拔 Altitude （m）	土壤厚度 Soil depth （cm）	坡度 Slope （°）
B1	幼龄林（8）	7.9	7.3	0.8	725	西	1725	50～80	<5
B2	幼龄林（8）	7.2	7.2	0.8	825	西	1701	50～80	<5
B3	幼龄林（8）	8.5	7.7	0.8	888	西	1706	50～80	<5
B4	幼龄林（8）	12.7	11.3	0.8	925	南	1731	50～80	<5
B5	幼龄林（8）	11.7	9.4	0.8	925	西南	1740	50～80	<5
B6	幼龄林（8）	13.1	11.0	0.8	1188	东南	1815	50～80	5～15
B7	中龄林（16）	15.8	17.2	0.85	1000	全坡	1630	50～80	<5
B8	中龄林（16）	13.9	16.3	0.8	1200	全坡	1631	50～80	<5
B9	中龄林（16）	14.4	15.3	0.9	988	南	1650	50～80	5～15
B10	中龄林（16）	14.6	15.8	0.9	1063	东南	1674	50～80	<5
B11	中龄林（16）	15.3	16.0	0.9	1113	东南	1673	50～80	<5
B12	中龄林（16）	16.0	17.8	0.9	1000	东南	1561	50～80	<5
B13	近熟林（25）	16.7	17.6	0.8	825	东	1623	50～80	<5
B14	近熟林（25）	19.2	19.1	0.8	625	东	1645	50～80	5～15

（续）

样地号 Plot Num.	龄组 Age classes（a）	平均胸径 Average DBH （cm）	平均树高 Average height （m）	郁闭度 Canopy density	密度 Density （株/hm²）	坡向 Aspect	海拔 Altitude （m）	土壤厚度 Soil depth （cm）	坡度 Slope （°）
B15	近熟林（25）	19.3	20.4	0.8	438	东北	1640	30～50	5～15
B16	近熟林（25）	19.4	20.6	0.8	463	东北	1638	30～50	5～15
B17	近熟林（25）	19.4	19.8	0.8	488	北	1621	30～50	5～15
B18	近熟林（25）	19.4	20.0	0.8	538	东北	1627	30～50	5～15
B19	成熟林（36）	26.9	27.5	0.7	400	东南	1692	50～80	＜5
B20	成熟林（36）	28.3	28.1	0.7	413	东南	1695	50～80	＜5
B21	成熟林（36）	26.2	26.8	0.7	363	东南	1697	50～80	＜5
B22	成熟林（36）	25.8	29.4	0.7	375	东南	1700	50～80	＜5
B23	成熟林（36）	25.1	27.9	0.7	513	东南	1684	50～80	＜5
B24	成熟林（36）	27.5	27.0	0.7	438	东南	1682	50～80	＜5

2.2.2　不同栽植代数样地设置

不同栽植代数样地设置在温带辽宁省清原满族自治县大孤家林场。辽宁省是我国引种栽培日本落叶松较早的地区之一，至今已有 70 余年的栽培历史，自 20 世纪 60 年代开始开展低产天然次生林的改造，陆续营建了大面积的日本落叶松人工林。生产上日本落叶松的主伐年龄为 40a 以上，目前已有近 2 代的栽培周期。因此本研究采用时序法，选择了 16a、30a、47a 生 3 个 1 代日本落叶松林分和 8a、16a、30a 生 3 个 2 代林分，并以天然次生林为对照林分。在每个林分内设置 3 个 0.08hm²（28.2m×28.2m）样地。1 代林造林前为天然次生林采伐迹地，2 代林造林前为 1 代落叶松人工林皆伐迹地，样地详情见表 2-4。造林前采用穴状整地，2a 生日本落叶松播种苗人工植苗造林，初植密度为 3300 株/hm²，其他经营措施基本一致。

表2-4　不同栽植代数样地概况

Tab.2-4　Sample plots in successive rotations of larch plantations

林分 Stand	林分密度 Density （N/hm²）	平均胸径 Average DBH （cm）	坡向 Aspect	海拔 Altitude （m）	郁闭度 Canopy density	坡度 Slope （°）	凋落物层生物量 Litter biomass （t/hm²）	林下植被生物量 Understroy biomass （t/hm²）	林下植被丰富度 Understory richness
SF	921	15.9±2.3	西北	360	0.6	16	3.1±0.1	4.69±0.16	32.3±0.68
1R-16Y	2010	12.8±0.8	北	355	0.9	13	19.1±1.1	0.49±0.07	13.33±1.67

（续）

林分 Stand	林分 密度 Density （N/hm²）	平均胸径 Average DBH （cm）	坡向 Aspect	海拔 Altitude （m）	郁闭度 Canopy density	坡度 Slope （°）	凋落物层 生物量 Litter biomass （t/hm²）	林下植被 生物量 Understroy biomass （t/hm²）	林下植被 丰富度 Understory richness
1R-30Y	927	21.3±1.0	东北	322	0.7	10	28.7±1.0	4.29±0.35	27.33±1.74
1R-47Y	412	30.2±1.4	北	389	0.6	14	11.2±0.5	2.87±0.25	37.03±2.17
2R-8Y	2250	8.3±0.5	西北	371	0.7	10	11.7±0.5	2.51±0.19	35.37±2.14
2R-16Y	1900	14.0±1.5	东北	363	0.9	15	21.1±0.9	0.29±0.05	11.37±1.18
2R-30Y	1105	19.1±1.2	北	394	0.7	16	30.4±1.0	4.19±0.19	26.33±2.44

SF，天然次生林；1R-16Y，1代16年生日本落叶松人工林；1R-30Y，1代30年生日本落叶松人工林；1R-47Y，1代47年生日本落叶松人工林；2R-8Y，2代8年生日本落叶松人工林；2R-16Y，2代16年生日本落叶松人工林；2R-30Y，2代30年生日本落叶松人工林。以下同

SF stands for secondary forests；1R-16Y stands for 16-year-old first rotation；1R-30Y stands for 30-year-old first rotation；1R-47Y stands for 47-year-old first rotation；2R-8Y stands for 8-year-old second rotation；2R-16Y stands for 16-year-old second rotation；2R-30Y stands for 30-year-old second rotation. The same below

2.2.3 不同间伐强度样地设置

不同间伐强度样地设置在温带辽宁省清原满族自治县大孤家林场。2019 年 4 月实施不同强度间伐处理，按间伐株数占比设 3 种间伐强度：未间伐（CK，2000 株 /hm²）、30% 间伐强度（T30，保留 1404 株 /hm²）、45% 间伐强度（T45，保留 1106 株 /hm²），间伐方式为下层疏伐法。采用完全随机区组设计，设置 5 个区组，每个区组有 3 个 28.3m×28.3m 样地，随机安排 3 个间伐处理，总计 15 块样地，间伐后样地基本信息见表 2–5。

表2–5 不同间伐强度样地概况

Tab. 2-5 Sample plots in different thinning intensity

间伐强度 Thinning intensity	平均胸径 Average DBH（cm）	平均树高 Average Height（m）	郁闭度 Canopy Density	保留密度 Density（N/hm²）	坡向 Aspect	海拔 Altitude （m）	坡度 Slope （°）
对照（CK）	12.0±0.2	15.5±0.2	0.89±0.02	2000±32	西北	375	8
间伐强度30%（T30）	13.0±0.2	16.3±0.4	0.78±0.02	1404±41	西北	379	10
间伐强度45%（T45）	13.7±0.2	16.7±0.3	0.69±0.01	1106±41	西北	391	11

2.2.4 凋落物分解试验样地设置

在 2.2.1 不同生态气候区设置的固定样地的基础上，暖温带选取中龄林（15a 生）、温带选取近熟林（29a 生和 30a 生）、北亚热带选取近熟林（26a 生）固定样地中林分密度相差较大（高密度和低密度）的样地开展凋落物分解对比试验，样地详情见表 2-6。

表2-6 不同林分密度凋落物分解试验样地概况

Tab.2-6 Plot information of litter decomposition in different stand density

生态气候区 Ecoclimatic zone	样地 Resrarch site	林分密度 Density （株 /hm²）	龄组 Age classes （a）	海拔 Altitude （m）	坡度 Slope （°）	坡向 Aspect	林下植被生物量 Understory vegetation biomass （t/hm²）
暖温带 Warm temperate zone	N13/ 高密度	2535	15	1700	29	南	5.94
	N12/ 低密度	2130	15	1736	24	西北	6.69
温带 Temperate zone	W26/ 高密度	925	29	469	8	东	2.56
	W21/ 低密度	625	30	433	8	北	7.29
北亚热带 North subtropical zone	B25/ 高密度	1083	26	1805	20	西北	2.01
	B26/ 低密度	550	26	1749	30	东南	8.65

2.2.5 混合凋落物分解试验样地设置

混合凋落物分解试验样地设置在北亚热带亚高山区的湖北省建始县国有长岭岗林场。选择立地条件相似的日本落叶松人工林、檫木人工林和日本落叶松与檫木混交林 3 种林分类型，每个林分类型分别设置 3 块样地，总计 9 块独立的人工林样地（图 2-1）。样地面积 0.06hm²（20m×30m），样地详情见表 2-7 和表 2-8。在每个样地内，固定温湿度仪在单木上记录样地气候信息（表 2-9）。

表2-7 混合凋落物分解试验样地概况

Tab.2-7 Plot information of litter decomposition in three litter types

林分类型 Stand type	样地坐标 Location	海拔 Altitude（m）	坡向 Aspect	土壤类型 Soil type	土壤 pH Soil pH	优势灌木和草本群落 Dominant community of shrubs and herbs
LP-1	30°48′07.00″N 110°00′38.86″E	1808				
LP-2	30°48′31.29″N 110°01′03.25″E	1788	西北 Northwest	棕黄壤 Yellowish brown soil	5.3±0.7	箬竹（*Indocalamus tessellatus*）、大丁草（*Gerbera anandria*）、金星蕨（*Parathelypteris glanduligera*）
LP-3	30°48′39.17″N 110°01′28.62″E	1771				

（续）

林分类型 Stand type	样地坐标 Location	海拔 Altitude（m）	坡向 Aspect	土壤类型 Soil type	土壤 pH Soil pH	优势灌木和草本群落 Dominant community of shrubs and herbs
SP-1	30°48′00.28″N 110°01′15.76″E	1725				
SP-2	30°48′02.27″N 110°01′54.27″E	1798	西北 Northwest	棕黄壤 Yellowish brown soil	6.4±0.5	箬竹（*Indocalamus tessellatus*）、卵果蔷薇（*Rosa helenae*）、金星蕨（*Parathelypteris glanduligera*）
SP-3	30°48′35.08″N 110°01′53.62″E	1787				
MP-1	30°48′07.86″N 110°00′52.55″E	1837				
MP-2	30°48′12.43″N 110°01′33.12″E	1764	西北 Northwest	棕黄壤 Yellowish brown soil	6.1±0.4	盐麸木（*Rhus chinensis*）、箬竹（*Indocalamus tessellatus*）、大丁草（*Gerbera anandria*）、金星蕨（*Parathelypteris glanduligera*）
MP-3	30°48′47.88″N 110°01′34.96″E	1748				

LP：落叶松人工林；SP：檫木人工林；MP：混交林；数值代表平均值±标准差。以下同

LP stands for Larch plantation；SP stands for *Sassafras* plantation；MP stands for Mixed plantation；Values are means ± standard deviation. The same below

表2-8　三种林分类型样地林木生长指标

Tab.2-8　Plantation growth index in three stand types

林分类型 Stand type	林龄 Stand age （a）	林分密度 Stand density （株 /hm²）	平均树高 Average height （m）	平均胸径 Average DBH （cm）	平均冠幅 Average crown diameter（m）	郁闭度 Canopy density
LP-1		898	18.2	18.0	3.2	0.7
LP-2	32	786	17.1	17.6	3.4	0.7
LP-3		815	18.6	19.0	3.3	0.7
SP-1		429	22.7	27.0	3.6	0.7
SP-2	35	446	19.0	24.0	3.5	0.7
SP-3		475	20.7	26.7	3.5	0.7
MP-1		857	19.7	18.3	3.2	0.7
			19.5	22.1	3.4	
MP-2	32	788	19.6	20.8	3.3	0.7
			20.8	21.4	3.3	
MP-3		914	18.2	18.2	3.1	0.8
			19.8	20.9	3.3	

表2-9 三种林分类型样地的温度和湿度

Tab.2-9 Air temperature (T) and humidity (H) in three stand types

林分类型 Stand type	温度 Temperature				湿度 Humidity			
	冬季 T_{Win}（℃）	春季 T_{Spr}（℃）	夏季 T_{Sum}（℃）	秋季 T_{Aut}（℃）	冬季 H_{Win}（%）	春季 H_{Spr}（%）	夏季 H_{Sum}（%）	秋季 H_{Aut}（%）
LP-1	-3.6	14.4	24.7	10.2	76.8	90.4	63.2	87.3
LP-2	-2.3	16.2	25.1	8.9	80.3	88.7	64.9	84.9
LP-3	-2.9	13.9	26.8	9.7	79.2	91.2	68.1	86.7
SP-1	-2.7	15.6	25.8	10.7	78.1	85.1	64.7	82.7
SP-2	-2.9	16.5	26.9	9.1	77.4	87.8	68.1	83.1
SP-3	-3.6	14.2	27.5	10.3	75.7	84.9	65.4	86.5
MP-1	-3.0	14.6	27.2	9.9	78.4	88.6	67.4	85.5
MP-2	-2.8	15.3	24.8	12.1	76.9	92.9	66.7	84.7
MP-3	-2.1	12.9	25.5	11.4	78.4	88.5	64.2	82.8

Win，Spr，Sum和Aut分别为冬、春、夏、秋季的缩写。每季收集3个月的气候数据，计算出平均气温和湿度。

Win stands for Winter; Spr stands for Spring; Sum stands for Summer; Aut stands for Autumn. Climatic data were collected over a 3 months time period. Mean air temperature and humidity were calculated by averaging the climatic data of this period.

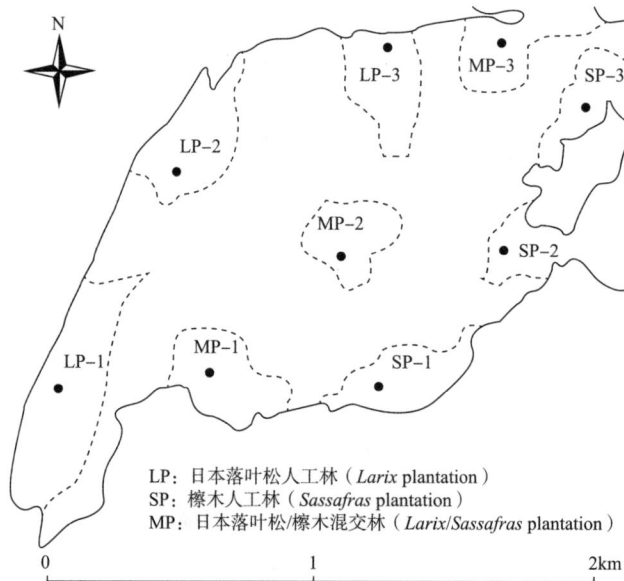

LP：日本落叶松人工林（*Larix* plantation）
SP：檫木人工林（*Sassafras* plantation）
MP：日本落叶松/檫木混交林（*Larix/Sassafras* plantation）

图2-1 取样点的地理位置

Fig.2-1 Geographical location of sampling sites

2.3 / 植被层生物量测定
Biomass measurement of vegetation layers

2.3.1 乔木层生物量测定

采用全株收获法测定乔木层生物量。在样地内每木测定树高和胸径的基础上，根据等断面积分级法计算优势木、平均木和劣势木，在样地周围（林分条件相同）选取生长正常、冠幅均匀的优势木、平均木和劣势木各一株进行全株解析和生物量测定。样木采伐前准确测定胸径、树高及东、南、西、北4个方向的冠幅（m），与相邻木的距离、方位及相邻木的胸径、树高、冠幅、枝下高。样木伐倒后用皮尺准确测量树高和枝下高。采用"分层切割法"测定样木地上部分（树干、树枝、树皮、树叶）的鲜重，采用全根挖掘法测定地下部分（根系）的鲜重。

干材和树皮生物量（鲜重）的测定：采用全干称重法，砍去全部枝条后测量树干鲜重。在树干0m、1m、2m、3m、4m……处将树干锯断，称量各段鲜重，并锯取3～5cm厚圆盘，作为样品称其鲜重。将圆盘的树皮剥下，作为树皮样品，再称其鲜重，计算各段树皮和干材所占比值，得出各段干材和树皮的鲜重。将去皮圆盘和皮样品80℃烘干至恒重后称干重，并计算各样品含水率和干重，得出干材和树皮生物量。

树枝和树叶生物量（鲜重）的测定：将树冠分上、中、下3层，分层称量枝叶总鲜重。从每层枝条中选取生长良好、长度居中、叶量中等的3个标准枝，将标准枝摘叶，分别称其枝重和叶重。根据每层标准枝的枝叶比例和各层枝叶总鲜重，推算每层的枝、叶鲜重。将每层标准枝的树枝混合后，选取500g左右的样品，准确称其鲜重；同在每层标准枝的树叶混合选取500g左右的样品，准确称其鲜重。将枝和叶样品置于烘箱烘干至恒重后称重，并计算各层枝和叶的含水率和干重，得出枝和叶生物量。

树根生物量（鲜重）的测定：将树根全部挖出（不含2mm以下的细根），分别测定根桩（≥5cm）、粗根（2～5cm）、细根（≤2cm）的鲜重。分别取根桩、粗根、细根代表性样品500g左右，准确称其鲜重。将样品置于烘箱烘干至恒重后称其干重，并计算各自的含水率和干重，得出树根生物量。

根据固定样地内每木检尺结果共解析样木204株，其中暖温带解析样木54株、温带解析样木60株、北亚热带解析样木90株。各生态气候区不同发育阶段乔木层各器官生物量估算结果见表2-10。

表2-10　乔木层各器官生物量及其分配

Tab.2-10　Organ biomass and its distribution in the trees layer

生态气候区 Ecoclimatic zone	龄组 Age classes	单木生物量 Tree biomass（kg/N）						林分生物量 Stand biomass（t/hm²）					
		枝 Branch	叶 Needle	干 Stem	皮 Bark	根 Root	总计 Total	枝 Branch	叶 Needle	干 Stem	皮 Bark	根 Root	总计 Total
暖温带 Warm temperate zone	幼龄林（6a）	0.8	0.5	1.3	0.3	0.6	3.6	2.0	1.2	2.7	0.8	1.4	8.1
	中龄林（15a）	4.3	1.1	14.9	2.8	6.7	29.9	9.5	2.9	32.0	5.7	14.4	64.6
	近熟林（23a）	9.3	3.4	53.8	8.2	14.3	89.0	8.4	3.1	53.6	7.9	12.5	85.6
	成熟林（35a）	14.4	4.7	93.0	12.5	29.3	154.0	10.3	3.0	63.6	8.5	31.0	116.5
温带 Temperate zone	幼龄林（7a）	5.8	3.0	9.8	2.1	4.3	16.2	11.5	5.9	19.3	4.1	8.4	49.2
	中龄林 （16～17a）	7.8	3.2	40.6	5.9	10.0	56.5	13.3	5.4	37.3	5.1	17.3	78.3
	近熟林 （29～30a）	16.4	5.4	162.9	16.6	31.7	211.2	10.1	3.1	93.6	9.6	18.5	135.0
	成熟林（42a）	19.6	5.5	194.4	19.6	53.8	267.8	10.3	2.9	104.4	10.7	29.4	157.6
北亚热带 North subtropical zone	幼龄林（8a）	4.8	1.9	12.0	1.8	4.2	24.6	6.4	2.5	16.4	2.5	5.7	33.4
	中龄林（16a）	10.0	3.4	66.6	8.1	13.7	101.7	14.9	5.0	99.7	12.0	20.5	152.1
	近熟林（25a）	20.3	5.7	136.6	17.1	30.2	210.1	15.5	4.9	121.5	14.9	28.5	187.3
	成熟林（36a）	15.1	4.9	358.6	37.5	74.6	490.8	8.4	2.7	199.8	21.0	42.0	274.0

2.3.2　林下植被生物量测定

采用样方收获法测定林下植被生物量。在每个样地内设置5个2m×2m的灌木样方和10个1m×1m的草本样方，记录每个样方内的植物种类，灌木层分为枝、叶和根系，草本层分为地上部分和地下部分，将样方内灌木和草本齐地面收割，并挖取地下部分所有根系，分别称重。依据每个样方内植被种类的组成比例，分别采集草本层地上和地下部分、灌木层的枝、叶和根系样品，将其编号装入袋内，带回实验室，80℃烘干至恒重后称重，求得样品含水率，通过样品含水率与各部分总鲜重即可得到草本层地上和地下部分、灌木层各组分的干重，各生态气候区不同发育阶段林下植被生物量和物种丰富度见表2-11。

表2-11 林下植被层生物量及物种丰富度

Tab.2-11 Characteristics of understory vegetation

生态气候区 Ecoclimatic zone	龄组 Age classes	生物量 Biomass（t/hm²）			物种丰富度 Richness		
		灌木层 Shurb	草本层 Herb	合计 Sum	灌木层 Shurb	草本层 Herb	合计 Sum
暖温带 Warm temperate zone	幼龄林（6a）	6.82±4.56	6.00±3.20	12.1±4.3	20.7±2.7	12.2±4.7	32.8±4.8
	中龄林（15a）	5.86±2.24	0.69±0.99	7.2±2.1	16.0±4.2	7.5±3.7	23.5±7.0
	近熟林（23a）	6.71±3.37	0.95±0.47	8.2±2.7	18.8±3.7	6.4±3.4	24.2±3.8
	成熟林（35a）	9.17±1.98	1.07±0.85	10.9±2.2	22.3±3.7	10.0±4.4	29.3±3.2
温带 Temperate zone	幼龄林（7a）	0.77±0.46	0.38±0.10	1.14±0.4	4.3±1.5	6.7±0.6	11±1
	中龄林（16~17a）	—	0.54±0.12	0.54±0.12	—	5.6±0.6	5.6±0.6
	近熟林（29~30a）	0.56±0.21	0.42±0.27	0.99±0.45	4.7±1.5	7.7±2.1	12.3±3.2
	成熟林（42a）	1.80±0.73	0.47±0.12	2.30±0.80	4.6±1.5	7.4±1.0	14.7±2.5
北亚热带 North subtropical zone	幼龄林（8a）	3.90±0.40	0.40±0.04	4.3±0.5	12.3±1.5	12.3±3.1	24.7±4.0
	中龄林（16a）	1.64±0.50	0.39±0.10	1.9±0.5	17.0±1.0	13.7±1.5	30.7±2.3
	近熟林（25a）	3.20±0.30	1.20±0.20	4.3±0.2	19.7±1.5	18.0±1.0	37.7±2.5
	成熟林（36a）	6.70±1.80	0.30±0.10	7.0±1.8	8.7±2.5	8.3±2.5	17.0±4.4

2.4 / 研究目标与技术路线

Research objectives and technical roadmap

2.4.1 研究目标

植被养分特征与凋落物分解的研究数据取自中国温带低山区、暖温带中山区和北亚热带亚高山区的不同发育阶段日本落叶松人工林，涵盖了中国日本落叶松主要栽培区，整体代表性较强。全面分析了人工林植被层养分含量、积累及分配特征和土壤层理化性质、酶活性及微生物群落特征，同时对凋落物分解过程中养分特征、酶活性特征及微生物群落结构特征等开展研究，探寻影响凋落物分解过程的关键因子，揭示养分在植物－土壤－凋落物之间的流动规律；基于宏基因组分析技术，对日本落叶松、檫木、日本落叶松和檫木混合凋落物分解中微生物群落结构和 C、N 代谢功能及其与凋落物养分含量、木质纤维素各组分含量和有机物分解酶活性进行分析，明确混合凋落物对微生物群落 C、N 代谢功能的影响，阐明针阔混合凋落物加速分解和养分释放的微生物机制，为维护日本落叶松人工林长期生产力和人工林生态系统的稳定与可持续经营提供理论依据。

2.4.2 研究内容

（1）日本落叶松人工林植被养分特征

分析不同生态气候区、不同发育阶段日本落叶松人工林乔木层不同器官（树干、树皮、树叶、树枝、树根）、灌木层和草本层地上和地下部分各营养元素（N、P、K、Ca、Mg）的含量、积累和分配规律。

（2）日本落叶松人工林土壤养分与生物学特征

分析不同生态气候区、不同发育阶段、不同经营措施下日本落叶松人工林土壤 pH 值，有机质，全N，水解N，全P，有效P，全K，速效K、Ca、Mg含量的变化规律，以及表层土壤主要酶活性及微生物群落结构的变化规律。

（3）日本落叶松人工林凋落物层储量、养分及生物学特征

研究日本落叶松人工林不同生态气候区、不同发育阶段年凋落量和组成的变化规律，以及地表凋落物层储量、养分含量和生物学特征。

（4）日本落叶松人工林凋落物分解过程及养分特征

在暖温带、温带和北亚热带3个生态气候区的日本落叶松人工林布置试验，采用埋置凋落物分解袋法，利用Olson指数衰减模型模拟凋落物分解过程，计算凋落物养分的半衰期和周转期，比较不同生态气候区、不同林分密度及不同凋落物组成的分解速率、养分含量及养分释放速率的差异。

（5）日本落叶松人工林养分生物循环特征及养分利用效率

以暖温带为例，根据林分养分存留量、吸收量、归还量计算养分的循环特征参数及养分利用效率，分析暖温带不同发育阶段日本落叶松人工林的养分循环规律。

（6）日本落叶松人工林凋落物分解的酶活性与微生物特征

比较不同生态气候区、不同林分密度及不同凋落物组成分解过程中主要酶活性的差异，采用T-RFLP技术和qPCR技术相结合的方法，研究凋落物分解过程中微生物群落结构，比较不同生态气候区、不同林分密度以及不同凋落物组成分解过程中真菌、细菌类群与数量的差异。

（7）凋落物类型对微生物群落结构和功能途径的影响

基于宏基因组测序技术，分析日本落叶松、檫木、日本落叶松与檫木混合凋落物分解中微生物群落结构、功能分类和养分含量的变化特征，明确导致不同凋落物类型中微生物群落结构和功能途径差异的主导因子。

（8）凋落物类型对细菌和真菌木质纤维素降解功能的影响

研究不同类型凋落物中木质纤维素降解功能微生物类群、木质纤维素降解功能基因丰度、木质纤维素各组分含量和分解酶活性的差异，揭示混合凋落物对细菌和真菌木质纤维素功能微生物类群及降解途径的影响，阐明混合凋落物加速木质纤维素降解的微生物机制。

（9）凋落物类型对细菌和真菌N代谢功能的影响

研究不同类型凋落物中N代谢功能微生物类群、N代谢功能基因丰度、凋落物中N素含量特征和有机N分解酶活性的差异，揭示分解过程中N代谢功能微生物类群、功能基因和N代谢途径对混合凋落物的响应机制。

2.4.3　技术路线

本研究以引种在我国温带低山区（辽宁清原）、暖温带中山区（甘肃小陇山）和北亚热带

亚高山区（湖北建始）的日本落叶松人工林为研究对象，对幼龄林阶段、中龄林阶段、近熟林阶段和成熟林阶段日本落叶松人工林的乔木层、灌木层、草本层中养分（N、P、K、Ca、Mg）积累与分配，土壤理化性质、土壤层主要酶活性及微生物群落结构变化，年凋落物量、凋落物分解速率及养分归还与养分积累进行研究，同时采用分子生物学技术对不同林分密度及不同凋落物类型分解过程中酶活性和微生物群落特征变化进行测定，了解养分在土壤层、植被层、凋落层三分室的分配与流动规律，分析林分的养分利用效率，探寻凋落物分解过程中微生物作用机制，为维持日本落叶松人工林长期生产力和可持续经营提供科学依据（图2-2）。

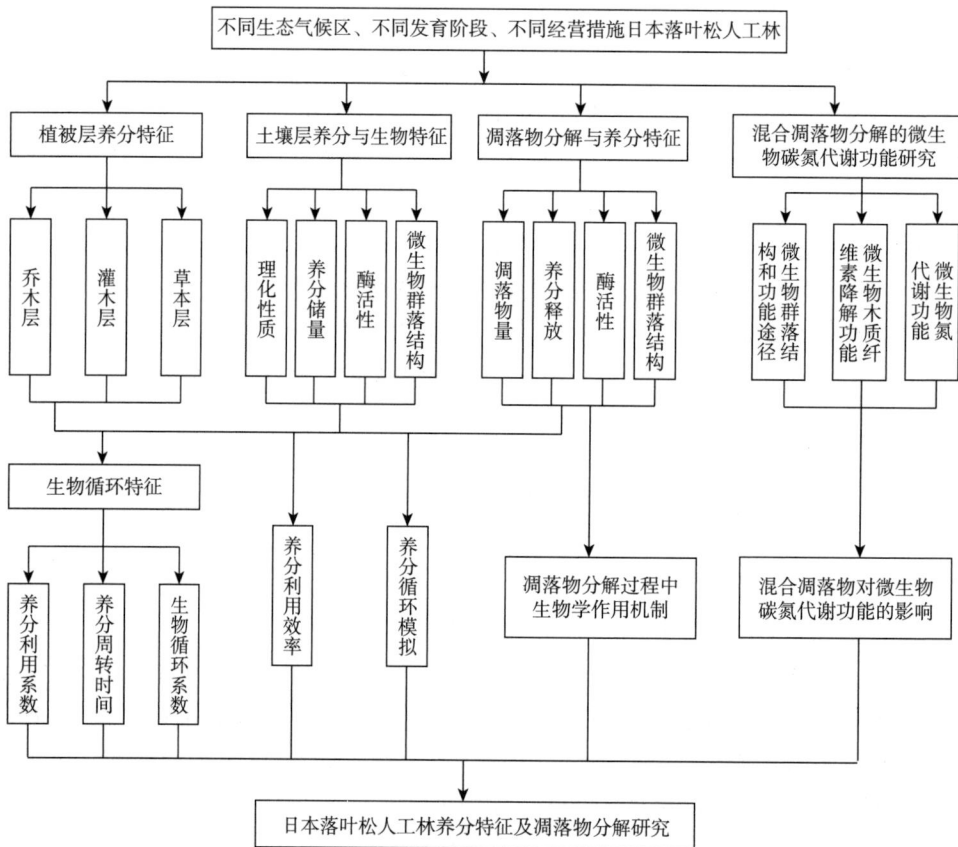

图2-2　研究技术路线

Fig. 2-2　Research technical roadmap

3

Nutrient characteristics of vegetation layers in
Larix kaempferi plantation

日本落叶松人工林
植被层养分特征

森林生态系统的初级生产，既是能量的固定过程，亦是营养元素的积累过程。植物的种类、生长发育时期、生存环境、群落的组成和结构、土壤的特性等都直接或间接地影响着植物营养元素的含量（张希彪和上官周平，2005）。人工林生态系统中，大量的养分随着周期性木材及其他器官的收获而移出，导致系统养分的净消耗，影响林地的养分循环，从而会引起土壤质量的下降（Laclau et al.，2010；Hytönen，2018）。由于林木各器官担负的功能不同，会造成养分分配与生物量分配上的不同（陈灵芝 等，1997）。林龄也是影响林木各器官生物量和养分积累与分配的重要因子。假山毛榉（*Nothofagus antarctica*）幼龄林阶段生物量（60.8t/hm^2）与成熟林阶段生物量（64.7t/hm^2）相差不大，但幼龄林养分积累量较成熟林高30%（Peri et al.，2008）；马尾松人工林从17a生至51a生物量和养分积累量分别增加了20.7%和89.1%，说明生物量积累与养分积累的不同步，林分生长后期对养分的消耗降低，以少量的养分生产更多的干物质（杨会侠 等，2010）。因此，研究森林生态系统养分积累与分配特征，对评价不同经营措施（采伐、间伐、炼山等）对森林生态系统地力的影响、维持森林生态系统土壤质量提供养分管理策略具有重要意义（杨明 等，2010；Yan et al.，2017；Wang et al.，2019a）。本章对温带、暖温带和北亚热带3个生态气候区不同发育阶段日本落叶松人工林的乔木层、灌木层和草本层6种元素（C、N、P、K、Ca和Mg）含量、积累与分配规律进行研究，以期为日本落叶松人工林生态系统的物质循环与稳定性研究奠定基础，同时也为高效森林培育提供科学依据。

3.1 / 研究方法
Research methods

3.1.1　样地设置与植被层生物量测定

温带、暖温带和北亚热带3个生态气候区固定样地设置见2.2.1，植被层生物量测定见2.3。

3.1.2　植被层取样和养分含量测定

在进行样地乔木层生物量测定时，分别对乔木层日本落叶松根、干、枝、皮、叶各器官取样，对灌木层枝、叶和根系取样，以及对草本层地上部分和地下部分取样。植物样品在80℃烘干后，磨碎过筛，进行C、N、P、K、Ca、Mg的测定。C、N采用元素分析仪（PE2400 Series II CHNOS Analyzer）通过干燃烧法测定；P、K、Ca、Mg，采用电感耦合等离子体（ICP）光发射光谱法（ICP-OES）测定（李培芝 等，1991；陈法霖 等，2011c）。在中国科学院植物研究所植被与环境变化重点实验室完成植被层C和各营养元素的测定。

3.1.3　养分与积累量计算

林分某一发育阶段养分积累量采用下式计算：

$$M_l = W_{li} \times L_{li}$$

式中：M_l、W_{li}、L_{li} 分别表示林分某一发育阶段养分积累量（kg/hm^2）、林木某器官或林下植被生物量（t/hm^2）、林木某器官或林下植被的养分含量（g/kg）；l=1，2，3，4（幼龄林、中龄林、近熟林、成熟林）；i=1，2，3，4，5，6，7，8，9，10（干、皮、枝、叶、根、灌木叶、灌木枝、灌木根、草本层地上部分、草本层地下部分）。

3.2 / 植被层养分含量
Nutrient content of vegetation layers

3.2.1 暖温带植被层养分含量

由表3-1可知，C作为构成植物体的主要元素，在日本落叶松不同器官中含量差异不大，维持在458.5～507.1g/kg之间，其中针叶中C含量最高，平均为494.9g/kg；根中最低，平均为469.9g/kg。N、P、K、Ca和Mg含量在不同器官中差别很大，N和Mg含量在各个器官表现依次为叶＞枝＞皮＞根＞干，P和K含量为叶＞皮＞枝＞根＞干，Ca含量依次为叶＞皮＞干＞枝＞根。与其他器官相比，针叶的养分含量较高，N、P、K、Ca和Mg平均含量分别为22.52g/kg、3.49g/kg、8.15g/kg、7.53g/kg和1.71g/kg；树干的养分含量相对较低（Ca元素除外），N、P、K、Ca和Mg平均含量分别为0.53g/kg、0.24g/kg、0.49g/kg、3.67g/kg和0.34g/kg；枝、皮和根中的养分含量居中，且根中养分含量低于枝和皮。

随着林分的生长发育，各器官C含量表现平稳，而N、P、K、Ca和Mg含量中表现各异。针叶中的N和K含量表现出随着林分的生长发育先升后降的趋势，P含量呈总体下降的趋势，Ca和Mg含量变化不大；树干中N、P和K含量表现出随林分的生长发育而降低的趋势，而Ca和Mg则呈增加的趋势；枝中N和Ca含量表现出随林分的生长发育而增加的趋势，而P和K含量则呈下降的趋势，Mg含量变化不大；皮中除Ca表现为先降后升的趋势，其余4种元素含量比较平稳；根中P、K和Mg总体表现为下降趋势，N和Ca元素呈先降后升的趋势。总体上，N、P和K含量随着林分的生长发育呈下降的趋势，而Ca含量则呈升高的趋势，Mg含量变化不大。

C、Ca和Mg含量在不同生长级林木各器官中变化幅度不大，但N、P和K在干、皮和根中含量表现为优势木＞平均木＞劣势木，说明林木间的竞争除了体现在空间上，也体现在对N、P和K的吸收上。

3 Nutrient characteristics of vegetation layers in *Larix kaempferi* plantation

表3-1　暖温带乔木层各器官养分含量（g/kg）

Tab.3-1　Nutrient concentration of different organs in the trees layer in warm temperate zone

龄组 Age classes	林木生长级 Tree classes	叶 Needle C	N	P	K	Ca	Mg	干 Stem C	N	P	K	Ca	Mg	枝 Branch C	N	P	K	Ca	Mg	皮 Bark C	N	P	K	Ca	Mg	根 Root C	N	P	K	Ca	Mg
幼龄林 Young stand	优势木 Dominant tree	486.9	17.61	4.71	5.48	8.54	1.65	478.2	0.95	0.50	1.33	3.67	0.28	482.4	4.36	1.29	4.05	3.55	0.62	483.9	4.08	1.52	4.10	6.71	0.63	458.5	2.99	1.1	2.52	1.6	0.66
	平均木 Average tree	495.8	20.02	3.71	5.18	8.56	1.61	473.4	1.01	0.44	0.93	2.51	0.24	483.8	4.82	1.27	3.86	3.79	0.62	484.1	3.94	1.38	4.99	7.00	0.58	463.5	2.52	0.92	2.35	1.49	0.61
	劣势木 Inferior tree	482.6	17.91	4.07	7.10	8.98	1.77	478.7	0.47	0.27	0.48	3.59	0.23	478.1	4.66	1.31	3.80	4.02	0.64	491.0	3.79	1.39	3.30	6.60	0.56	476.1	2.76	0.84	1.93	1.78	0.47
	平均值 Average	488.4	18.51	4.16	5.92	8.69	1.68	476.7	0.81	0.40	0.91	3.26	0.25	481.4	4.62	1.29	3.90	3.78	0.63	486.4	3.94	1.43	4.13	6.77	0.59	466	2.76	0.95	2.27	1.62	0.58
中龄林 Middle-aged stand	优势木 Dominant tree	492.4	22.89	3.71	9.68	7.69	1.71	478.0	0.70	0.32	0.79	3.52	0.24	486.4	4.42	1.18	4.38	3.60	0.73	491.1	3.98	1.35	4.49	5.45	0.58	466.6	2.95	0.77	3.24	1.55	0.73
	平均木 Average tree	493.8	23.65	3.77	9.70	8.68	1.66	477.5	0.63	0.35	0.87	3.22	0.28	486.7	4.71	1.13	3.92	3.13	0.72	493.3	3.95	1.27	4.01	5.93	0.63	473	2.41	0.91	2.88	1.42	0.52
	劣势木 Inferior tree	492.3	21.56	3.61	9.79	8.33	1.67	476.3	0.46	0.24	0.69	3.42	0.23	479.8	4.95	1.13	3.75	4.23	0.77	487.4	3.94	1.22	3.58	6.24	0.64	472	2.24	0.58	2.34	1.44	0.47
	平均值 Average	492.8	22.70	3.70	9.72	8.23	1.68	477.3	0.60	0.30	0.78	3.39	0.25	484.3	4.69	1.15	4.01	3.65	0.74	490.6	3.96	1.28	4.03	5.87	0.62	470.5	2.53	0.75	2.82	1.47	0.58
近熟林 Pre-mature stand	优势木 Dominant tree	498.4	24.74	2.76	8.33	8.27	2.04	480.9	0.45	0.21	0.29	3.86	0.30	479.9	4.64	1.13	3.89	3.56	0.96	489.0	4.12	1.11	3.71	6.52	0.61	472.4	2.91	0.66	3.08	2.09	0.58
	平均木 Average tree	494.5	27.66	2.79	8.37	8.65	1.65	480.9	0.46	0.21	0.48	3.67	0.29	484.9	5.08	0.99	4.22	3.57	0.79	494.4	4.51	1.24	4.38	5.30	0.73	464.3	3.09	0.79	3.31	2.45	0.72
	劣势木 Inferior tree	497.9	25.51	2.88	7.51	8.67	1.83	479.2	0.37	0.23	0.37	3.98	0.32	479.9	4.70	0.84	3.69	3.53	0.32	485.9	3.96	1.24	3.86	6.32	0.78	468.3	2.88	0.56	2.17	2.08	0.56
	平均值 Average	496.9	25.97	2.81	8.07	8.53	1.84	480.3	0.43	0.21	0.38	3.84	0.31	481.5	4.81	0.99	3.94	3.55	0.82	489.8	4.20	1.20	3.98	6.05	0.71	468.3	2.96	0.67	2.85	2.21	0.62
成熟林 Mature stand	优势木 Dominant tree	507.1	26.86	2.64	8.82	7.55	1.57	483.4	0.55	0.36	0.48	3.47	0.28	486.2	4.94	1.00	3.31	4.44	0.68	491.9	4.32	1.25	4.37	6.23	0.66	478.2	2.87	0.32	1.49	2.02	0.38
	平均木 Average tree	495.9	22.40	2.80	7.19	7.99	1.69	479.8	0.36	0.22	0.32	4.11	0.44	477.3	5.02	1.12	3.21	4.68	0.73	486.5	3.75	1.25	4.44	6.29	0.84	478.2	3.35	0.66	1.86	2.09	0.6
	劣势木 Inferior tree	494.8	24.64	2.56	6.82	8.19	1.90	482.6	0.39	0.24	0.24	3.58	0.32	474.8	5.11	1.08	2.82	3.76	0.70	489.2	3.69	1.30	4.10	6.91	0.60	468.2	3.12	0.53	1.69	2.19	0.58
	平均值 Average	499.3	24.63	2.67	7.61	7.91	1.72	481.9	0.43	0.27	0.35	3.72	0.35	479.4	5.02	1.06	3.11	4.29	0.71	489.2	3.92	1.27	4.30	6.48	0.70	474.9	3.11	0.5	1.68	2.1	0.52

（2）灌木层养分含量变化

该区日本落叶松人工林林下灌木以平榛、栓翅卫矛、疏刺悬钩子等为主。由表3-2可知，不同发育阶段日本落叶松人工林林下灌木的 C 含量在 406.4～465.1g/kg 之间，其中叶的 C 含量略低于根和枝。叶和根中的养分含量排序为 N＞Ca＞K＞Mg＞P，枝为 Ca＞N＞K＞Mg＞P。灌木叶中 5 种养分含量均大于枝和根。根中 N、P 含量大于枝，而 Ca 含量小于枝。随林分的生长发育，N 含量表现出先降后升的趋势，P 和 K 含量则呈先升后降的趋势，Ca 和 Mg 含量呈持续增加的趋势。

表3-2　暖温带灌木层养分含量（g/kg）

Tab.3-2　Nutrient concentration of the shrub layer in warm temperate zone

龄组 Age classes	器官 Organs	C	N	P	K	Ca	Mg
幼龄林 Young stand	灌木叶 Shrub leaf	451.8	29.10	2.40	9.37	14.39	2.58
	灌木枝 Shrub branch	458.2	7.04	0.60	3.80	7.20	0.75
	灌木根 Shrub root	444.7	14.65	1.11	3.91	4.96	1.36
	平均值 Average	451.6	16.93	1.37	5.69	8.85	1.56
中龄林 Middle-aged stand	灌木叶 Shrub leaf	406.4	27.29	1.74	8.90	21.11	6.31
	灌木枝 Shrub branch	456.9	5.69	0.81	4.26	10.38	0.58
	灌木根 Shrub root	463.9	9.55	0.55	3.57	8.51	1.17
	平均值 Average	442.4	14.18	1.03	5.58	13.33	2.69
近熟林 Pre-mature stand	灌木叶 Shrub leaf	428.9	23.32	2.38	14.12	19.51	4.32
	灌木枝 Shrub branch	451.8	5.86	1.61	5.29	7.02	1.09
	灌木根 Shrub root	443.1	7.03	0.62	3.94	6.73	1.00
	平均值 Average	441.3	12.07	1.54	7.78	11.09	2.14
成熟林 Mature stand	灌木叶 Shrub leaf	435.2	26.06	2.95	14.29	16.11	3.52
	灌木枝 Shrub branch	462.6	6.13	0.76	3.74	6.23	0.67
	灌木根 Shrub root	465.1	9.79	0.97	4.18	6.64	1.09
	平均值 Average	454.3	13.99	1.56	7.40	9.66	1.76

（3）草本层养分含量变化

该区日本落叶松人工林林下草本植物以草木樨、羊胡子草为主，C 含量在 339.3～413.2g/kg 之间（表3-3）。草本层地上部分 5 种养分含量排序均为 K＞N＞Ca＞P＞Mg，地下部分养分含量幼龄林和中龄林排序为 Ca＞N＞K＞P＞Mg，近熟林和成熟林排序为 N＞Ca＞P＞K＞Mg。N 和 K 含量表现为地上部分大于地下部分，P、Ca 和 Mg 含量则表现为地下部分高于地上部分。随着林分的生长发育，N、P 和 K 含量呈先降后升的趋势，Ca 和 Mg 含量则没有明显的规律，在成熟林阶段达到最高值。

表3-3 暖温带草本层养分含量（g/kg）

Tab.3-3 Nutrient concentration of the herb layer in warm temperate zone

龄组 Age classes	组分 Components	C	N	P	K	Ca	Mg
幼龄林 Young stand	地上部分 Above-ground	412.0	13.67	2.46	17.58	12.02	2.53
	地下部分 Below-ground	357.5	7.65	7.83	7.29	12.37	7.59
中龄林 Middle-aged stand	地上部分 Above-ground	363.2	19.00	2.14	18.60	6.53	2.56
	地下部分 Below-ground	384.5	12.74	5.59	6.38	12.89	6.33
近熟林 Pre-mature stand	地上部分 Above-ground	413.2	18.24	1.44	23.06	5.55	2.04
	地下部分 Below-ground	408.7	12.89	6.00	5.53	10.95	3.78
成熟林 Mature stand	地上部分 Above-ground	339.3	21.06	3.93	27.96	8.40	3.11
	地下部分 Below-ground	361.1	19.22	8.10	8.00	15.18	5.96

3.2.2 温带植被层养分含量

（1）乔木层养分含量变化

温带日本落叶松不同器官中 C 含量差异不大，在 464.2～488.1g/kg 之间，平均为 477.3g/kg，其中叶中含量最高为 488.1g/kg，根中含量最低为 464.2g/kg。不同器官中 5 种养分含量差异很大，P、Ca、K 含量在各个器官的排序依次为叶＞皮＞枝＞根＞干，N、Mg 含量为叶＞枝＞皮＞根＞干。与其他器官相比，针叶的养分含量最高，其平均 N、P、K、Ca 和 Mg 含量分别为 24.80g/kg、2.36g/kg、6.00g/kg、4.43g/kg、1.40g/kg；树干的养分含量最低，N、P、K、Ca 和 Mg 含量分别为 1.70g/kg、0.37g/kg、0.94g/kg、0.92g/kg、0.21g/kg；树枝、树皮和树根的养分含量居中（表 3-4）。

各器官 5 种（N、P、K、Ca、Mg）养分含量随着林分的生长发育表现各异。针叶中 Ca 含量表现出持续升高的趋势，P 含量呈总体下降的趋势，N 和 K 含量表现出先升后降的趋势，Mg 含量变化不大；树皮中除 N 含量表现出随林龄下降的趋势外，其他元素含量表现出与针叶相同的趋势；树干中各养分元素含量均呈现出随林分的生长发育而降低的趋势；树枝中 Ca 含量随林分的生长发育而增加，N、K 和 Mg 含量表现为先降后升的趋势，而 P 含量总体呈下降趋势；树根中除 P 表现为持续下降的趋势外，其他元素含量均表现为先降后升的趋势。总体上，Ca 含量表现出随林龄持续升高，P 含量则表现为持续下降的趋势，N、K、Mg 元素含量呈现出随林分的生长发育先降后升的趋势，在近熟林阶段达到最低值。

日本落叶松各器官中的 C、Ca、Mg 含量在不同生长级间变化不大，但 N、P、K 在干、皮、根中含量表现为优势木＞平均木＞劣势木。

表3-4 温带乔木层各器官养分含量（g/kg）

Tab.3-4　Nutrient concentration of different organs in the trees layer in temperature zone

龄组 Age classes	林木生长级 Tree classes	叶 Needle						干 Stem						枝 Branch						皮 Bark						根 Root					
		C	N	P	K	Ca	Mg	C	N	P	K	Ca	Mg	C	N	P	K	Ca	Mg	C	N	P	K	Ca	Mg	C	N	P	K	Ca	Mg
幼龄林 Young stand	优势木 Dominant tree	487.3	25.3	2.68	6.78	4.29	1.39	477.7	2.2	0.57	1.91	0.98	0.25	480.7	6.4	1.36	3.86	4.17	0.71	487.3	25.3	2.68	6.78	4.29	1.39	477.7	2.2	0.57	1.91	0.98	0.25
	平均木 Average tree	485.6	23.2	2.55	5.59	3.86	1.24	478.2	2.2	0.67	1.66	0.98	0.27	480.8	6.4	1.61	4.14	3.69	0.78	485.6	23.2	2.55	5.59	3.86	1.24	478.2	2.2	0.67	1.66	0.98	0.27
	劣势木 Inferior tree	484.6	24.9	2.72	6.47	4.12	1.40	477.0	2.0	0.64	1.7	1.35	0.27	484.9	6.3	1.35	4.05	4.62	0.74	484.6	24.9	2.72	6.47	4.12	1.4	477.0	2.0	0.64	1.70	1.35	0.27
	平均值 Average	485.8	24.4	2.65	6.28	4.09	1.34	477.6	2.1	0.63	1.76	1.10	0.26	482.1	6.4	1.44	4.02	4.16	0.74	485.8	24.4	2.65	6.28	4.09	1.34	477.6	2.1	0.63	1.76	1.10	0.26
中龄林 Middle-aged stand	优势木 Dominant tree	491.4	23.3	2.45	4.28	4.09	1.36	475.6	1.5	0.37	0.69	0.65	0.16	480.8	5.5	1.17	2.79	5.51	0.64	491.4	23.3	2.45	4.28	4.09	1.36	475.6	1.5	0.37	0.69	0.65	0.16
	平均木 Average tree	491.4	23.7	2.57	5.18	3.83	1.25	478.6	1.9	0.44	0.98	0.95	0.24	492.2	6.2	1.37	3.60	3.98	0.67	491.4	23.7	2.57	5.18	3.83	1.25	478.6	1.9	0.44	0.98	0.95	0.24
	劣势木 Inferior tree	488.8	22.9	2.66	5.88	4.44	1.45	476.7	1.7	0.46	0.94	1.15	0.23	480.3	6.2	1.38	3.36	5.92	0.70	488.8	22.9	2.66	5.88	4.44	1.45	476.7	1.7	0.46	0.94	1.15	0.23
	平均值 Average	490.5	23.3	2.56	5.11	4.12	1.35	476.9	1.7	0.42	0.87	0.92	0.21	484.5	6.0	1.31	3.25	5.14	0.67	490.5	23.3	2.56	5.11	4.12	1.35	476.9	1.7	0.42	0.87	0.92	0.21
近熟林 Pre-mature stand	优势木 Dominant tree	494.6	25.4	2.19	5.87	4.27	1.19	479.1	1.6	0.27	0.72	0.77	0.18	491.4	6.3	1.09	3.15	5.69	0.68	494.6	25.4	2.19	5.87	4.27	1.19	479.1	1.6	0.27	0.72	0.77	0.18
	平均木 Average tree	481.8	25.4	2.27	5.96	4.00	1.35	464.6	1.2	0.20	0.6	1.02	0.20	487.2	6.5	1.10	3.03	6.10	0.70	481.8	25.4	2.27	5.96	4.01	1.35	464.6	1.2	0.20	0.6	1.02	0.20
	劣势木 Inferior tree	489.7	25.2	2.16	6.17	4.32	1.42	479.1	1.4	0.21	0.49	0.75	0.18	487.8	6.2	1.09	3.19	6.51	0.72	489.7	25.2	2.16	6.17	4.32	1.42	479.1	1.4	0.21	0.49	0.75	0.18
	平均值 Average	488.7	25.3	2.21	6.00	4.19	1.32	474.3	1.4	0.22	0.6	0.85	0.18	488.8	6.3	1.10	3.12	6.10	0.70	488.7	25.3	2.21	6.00	4.19	1.32	474.3	1.4	0.22	0.6	0.85	0.18
成熟林 Mature stand	优势木 Dominant tree	486.1	26.5	2.05	6.40	5.40	1.60	474.2	1.2	0.19	0.49	0.67	0.15	476.2	6.8	1.04	3.40	7.42	0.92	486.1	26.5	2.05	6.40	5.40	1.6	474.2	1.2	0.19	0.49	0.67	0.15
	平均木 Average tree	487.2	26.0	1.99	6.44	4.88	1.45	476.3	1.5	0.23	0.58	0.94	0.18	476.6	5.8	0.93	3.34	6.19	0.75	487.2	26.0	1.99	6.44	4.88	1.45	476.3	1.5	0.23	0.58	0.94	0.18
	劣势木 Inferior tree	488.7	25.2	1.99	6.93	5.68	1.67	478.2	1.6	0.21	0.55	0.9	0.20	479.6	6.9	1.05	3.53	7.65	0.85	488.7	25.2	1.99	6.93	5.68	1.67	478.2	1.6	0.21	0.55	0.90	0.20
	平均值 Average	487.4	25.9	2.01	6.59	5.32	1.57	476.2	1.4	0.21	0.54	0.84	0.18	477.5	6.5	1.01	3.42	7.09	0.84	487.4	25.9	2.01	6.59	5.32	1.57	476.2	1.4	0.21	0.54	0.84	0.18

（2）灌木层养分含量变化

温带日本落叶松人工林灌木主要有榛子、绣线菊、辽东楤木等。由于中龄林阶段林分高度郁闭，抑制了林下植被的生长，调查时林地无灌木，表 3-5 无数据。其他 3 个发育阶段灌木 C 含量在 420.54～435.07g/kg 之间。C、N、K 和 Mg 含量随林分的生长发育呈先升后降的趋势，P 含量则呈持续下降的趋势。5 种养分含量在不同发育阶段林分中均表现为 N 含量最高，Ca 和 K 含量居中，Mg 和 P 含量最低。

表3-5　温带灌木层养分含量（g/kg）

Tab.3-5　Nutrient concentration of the shrub layer in temperature zone

龄组 Age classes	C	N	P	K	Ca	Mg
幼龄林 Young stand	420.54	15.82	2.30	8.28	12.67	1.92
中龄林 Middle-aged stand	—	—	—	—	—	—
近熟林 Pre-mature stand	435.07	27.48	1.85	10.83	19.30	2.55
成熟林 Mature stand	432.99	19.94	2.01	9.82	13.23	2.32

（3）草本层养分含量变化

温带日本落叶松人工林林下草本植物以羊胡子草、唐松草、舞鹤草、龙牙草、委陵菜为主，C 含量在 305.61～405.58g/kg 之间。随着林分的生长发育，N、P、K、Ca 含量有先升后降的趋势，Mg 元素含量则呈先降后升的变化规律，P 和 K 元素在成熟林阶段最低（表 3-6）。5 种养分含量在不同林龄的林分中均表现为 N 含量最高（22.61～27.75g/kg），K（16.74～25.13g/kg）和 Ca（10.45～11.32g/kg）含量居中，Mg（2.42～4.04g/kg）和 P（2.58～4.04g/kg）含量最低。

表3-6　温带草本层养分含量（g/kg）

Tab.3-6　Nutrient concentration of the shrub layer in temperature zone

龄组 Age classes	C	N	P	K	Ca	Mg
幼龄林 Young stand	305.61	22.61	3.05	16.74	10.45	3.34
中龄林 Middle-aged stand	377.91	27.75	4.04	25.13	12.99	3.26
近熟林 Pre-mature stand	405.58	25.32	3.04	21.36	14.91	2.42
成熟林 Mature stand	337.23	24.23	2.58	17.50	11.32	3.95

3.2.3　北亚热带植被层养分含量

（1）乔木层养分含量变化

C 是构成植物体的主要元素，日本落叶松不同器官中 C 含量在 469.2～518.3g/kg 之间（表 3-7）。不同器官中，针叶的养分含量最高，其中 N 含量为 19.26～21.89g/kg；树干的

表3-7 北亚热带乔木层各器官养分含量（g/kg）

Tab.3-7 Nutrient concentration of different organs in the trees layer in north subtropical zone

龄组 Age classes	林木生长级 Tree classes	叶 Needle						干 Stem						枝 Branch						皮 Bark						根 Root					
		C	N	P	K	Ca	Mg	C	N	P	K	Ca	Mg	C	N	P	K	Ca	Mg	C	N	P	K	Ca	Mg	C	N	P	K	Ca	Mg
幼龄林 Young stand	优势木 Dominant tree	503.3	17.70	1.77	7.92	4.46	1.83	505.7	1.20	0.28	0.48	0.34	0.16	484.3	4.84	0.54	2.34	2.33	0.53	480.3	5.50	0.58	4.42	1.73	0.57	495.7	4.29	0.54	1.71	0.93	0.42
	平均木 Average tree	482.7	19.63	1.34	6.54	4.53	1.93	508.7	1.34	0.23	0.50	0.41	0.21	485.7	5.12	0.57	2.25	2.46	0.60	456.7	5.88	0.81	3.63	2.10	0.67	504.0	3.16	0.43	1.20	0.94	0.43
	劣势木 Inferior tree	497.3	21.10	1.32	6.63	4.34	1.90	503.3	1.40	0.19	0.53	0.36	0.20	472.0	4.88	0.50	2.39	2.20	0.60	473.0	6.17	0.58	4.08	2.31	0.82	482.7	3.14	0.32	1.36	1.05	0.47
	平均值 Average	494.4	19.48	1.48	7.03	4.44	1.89	505.9	1.31	0.23	0.50	0.37	0.19	480.7	4.95	0.54	2.33	2.33	0.58	470.0	5.85	0.66	4.04	2.05	0.69	494.1	3.53	0.43	1.43	0.97	0.44
中龄林 Middle-aged stand	优势木 Dominant tree	480.3	20.13	2.72	7.51	5.66	2.23	496.7	1.06	0.14	0.48	0.39	0.16	505.3	5.07	0.60	2.76	3.00	0.66	459.3	4.53	0.73	3.00	2.47	0.51	492.0	3.15	0.38	1.47	1.11	0.34
	平均木 Average tree	461.0	21.17	2.37	8.99	5.80	2.20	497.5	1.22	0.11	0.45	0.42	0.15	487.3	4.84	0.65	3.06	2.73	0.59	479.1	4.84	0.74	3.19	2.82	0.53	491.0	3.83	0.38	1.16	1.28	0.33
	劣势木 Inferior tree	466.3	21.53	2.40	8.75	5.46	2.13	488.7	1.13	0.14	0.54	0.43	0.17	502.0	5.04	0.62	2.88	3.05	0.58	434.6	5.96	0.98	4.14	3.96	0.78	475.7	3.34	0.33	1.02	1.44	0.43
	平均值 Average	469.2	20.94	2.50	8.42	5.64	2.19	494.3	1.14	0.13	0.49	0.41	0.16	498.2	4.99	0.62	2.90	2.93	0.61	457.7	5.11	0.82	3.44	3.08	0.61	486.2	3.44	0.36	1.22	1.28	0.37
近熟林 Pre-mature stand	优势木 Dominant tree	509.3	20.93	2.24	5.85	6.99	2.92	499.0	0.90	0.11	0.35	0.37	0.14	502.7	5.19	0.62	2.59	3.31	0.62	481.3	3.26	0.61	2.02	2.42	0.51	508.0	2.96	0.26	0.60	1.05	0.28
	平均木 Average tree	507.0	18.43	2.12	5.64	6.01	2.14	495.3	1.16	0.11	0.36	0.40	0.15	486.7	5.12	0.61	2.49	2.93	0.56	479.7	3.65	0.74	2.30	2.46	0.53	512.3	3.44	0.39	0.88	1.28	0.46
	劣势木 Inferior tree	512.7	18.40	2.02	6.56	7.74	2.93	506.3	0.97	0.06	0.32	0.44	0.16	503.0	4.32	0.54	2.39	3.25	0.58	485.0	4.03	0.85	2.62	2.71	0.74	505.0	2.61	0.26	0.78	1.20	0.35
	平均值 Average	509.7	19.26	2.13	6.02	6.91	2.66	500.2	1.01	0.09	0.34	0.40	0.15	497.4	4.88	0.59	2.49	3.17	0.59	482.0	3.65	0.74	2.31	2.53	0.59	508.4	3.00	0.30	0.75	1.31	0.36
成熟林 Mature stand	优势木 Dominant tree	518.0	21.90	1.50	5.74	8.22	2.25	509.7	1.06	0.05	0.38	0.46	0.12	506.7	5.06	0.49	2.43	3.13	0.53	493.0	3.49	0.51	2.09	2.97	0.47	521.0	3.39	0.20	0.92	1.37	0.36
	平均木 Average tree	517.7	20.63	1.55	5.44	5.71	1.69	504.3	0.97	0.04	0.32	0.38	0.10	505.3	5.08	0.49	2.69	3.25	0.54	496.0	3.59	0.44	1.97	2.21	0.51	517.7	3.49	0.21	0.92	1.42	0.39
	劣势木 Inferior tree	510.3	23.13	1.56	5.77	6.37	2.16	504.0	1.00	0.06	0.37	0.43	0.11	499.0	4.44	0.49	2.47	3.38	0.50	480.0	3.81	0.50	2.15	3.17	0.59	516.3	2.29	0.15	0.70	1.16	0.24
	平均值 Average	515.3	21.89	1.54	5.65	6.77	2.03	506.0	1.01	0.05	0.35	0.42	0.11	503.7	4.86	0.49	2.53	3.25	0.52	489.7	3.63	0.48	2.07	2.78	0.52	518.3	3.06	0.19	0.85	1.32	0.33

养分含量最低，其 N 含量为 1.01 ~ 1.31g/kg；枝、皮和根中的养分含量居中，根中养分含量略低于枝和皮。

随着林分发育，各器官 C 含量表现为中龄林最低，之后有所增加的趋势，而 N、P、K、Ca 和 Mg 含量在各器官中表现各异。针叶中的 N 含量在近熟林阶段最低，成熟林阶段最高，P 和 K 含量在中龄林最高，随后降低，而 Ca 和 Mg 含量在近熟林阶段达最大值；树干中 N、P、K、Mg 含量均表现出随林分发育而降低的趋势，而 Ca 则呈增加的趋势；枝中 N 和 Ca 含量表现出随林分的生长发育而增加的趋势，而 P 和 K 含量则呈下降的趋势，Mg 含量变化不大；皮中除 Ca 表现为先降后升的趋势，其余 4 种元素含量比较平稳；根中 P、K 和 Mg 总体表现为下降趋势，N 和 Ca 元素呈先降后升的趋势。总体上，N、P 和 K 含量随着林分的生长发育呈下降的趋势，而 Ca 含量则呈升高的趋势，Mg 含量变化不大。

（2）灌木层养分含量变化

该区日本落叶松人工林林下灌木以箬竹、宜昌木姜子、栓翅卫矛等为主。灌木层 C 含量在 405.7 ~ 446.0g/kg 之间，其中灌木叶的 C 含量略低于根和枝（表 3-8）。5 种养分含量在灌木叶中远高于枝和根，灌木枝和根各养分含量相差不大。同一器官中，N 含量最高，K 和 Ca 居中，P 和 Mg 最低。随林分发育，灌木各器官中 N、P、K 含量均表现为幼龄林阶段较低，成熟林阶段较高，而 Ca 和 Mg 含量则相反，幼龄林阶段较高，成熟林阶段最低。

表3-8　北亚热带灌木层养分含量（g/kg）

Tab.3-8　Nutrient concentration of the shrub layer in north subtropical zone

龄组 Age classes	器官 Organs	C	N	P	K	Ca	Mg
幼龄林 Young stand	灌木叶 Shrub leaf	438.7	17.40	1.32	14.20	14.68	4.05
	灌木枝 Shrub branch	446.0	4.29	0.48	3.30	3.27	0.73
	灌木根 Shrub root	440.7	6.75	0.53	3.57	3.18	1.00
	平均值 Average	441.8	9.48	0.78	7.02	7.04	1.93
中龄林 Middle-aged stand	灌木叶 Shrub leaf	417.7	22.77	1.87	16.37	11.10	2.97
	灌木枝 Shrub branch	444.3	6.09	0.74	3.94	2.92	0.70
	灌木根 Shrub root	420.3	6.93	0.53	6.21	3.81	1.12
	平均值 Average	427.4	11.93	1.05	8.84	5.94	1.60
近熟林 Pre-mature stand	灌木叶 Shrub leaf	405.7	22.17	2.13	18.50	16.07	4.30
	灌木枝 Shrub branch	442.7	5.08	0.72	4.83	3.19	0.58
	灌木根 Shrub root	425.0	7.20	0.79	5.46	4.25	1.10
	平均值 Average	424.5	11.48	1.21	9.60	9.17	1.99
成熟林 Mature stand	灌木叶 Shrub leaf	420.7	22.80	1.63	16.90	10.13	2.52
	灌木枝 Shrub branch	438.7	5.77	0.45	6.49	2.26	0.51
	灌木根 Shrub root	415.7	9.29	0.61	10.00	4.42	1.54
	平均值 Average	425.0	13.73	0.90	11.13	5.60	1.52

（3）草本层养分含量变化

该区日本落叶松人工林林下草本植物以黄瓜香、蕨、丝茅草、蒿草、蛇莓等为主，C含量在351.7～395.7g/kg之间（表3-9）。草本层5种养分含量排序均为K＞N＞Ca＞Mg＞P，均表现为地上部分大于地下部分。随林分发育，N和K含量呈增加的趋势，P、Ca含量则没有明显的规律，在成熟林阶段最大，Mg含量在近熟林最高。

表3-9　北亚热带草本层养分含量（g/kg）

Tab.3-9　Nutrient concentration of the herb layer in north subtropical zone

龄组 Age classes	组分 Components	C	N	P	K	Ca	Mg
幼龄林 Young stand	地上部分 Above-ground	395.7	17.53	1.68	26.80	13.17	3.48
	地下部分 Below-ground	382.7	9.33	0.75	14.78	8.41	2.73
中龄林 Middle-aged stand	地上部分 Above-ground	412.7	22.27	2.24	27.70	10.13	3.69
	地下部分 Below-ground	395.3	13.93	1.52	11.59	5.10	2.07
近熟林 Pre-mature stand	地上部分 Above-ground	380.0	26.83	3.34	33.27	13.50	4.86
	地下部分 Below-ground	378.3	12.00	2.19	14.31	9.51	3.84
成熟林 Mature stand	地上部分 Above-ground	370.3	33.20	2.76	36.13	15.43	4.41
	地下部分 Below-ground	351.7	16.00	1.63	15.33	4.98	2.27

3.2.4　不同生态气候区植被层养分含量对比

从图3-1可以看出，3个生态气候区的植被层养分含量总体表现出一致的变化规律。5种元素间表现为N含量最高，Ca和K含量居中，P和Mg含量最低。植被层间表现为草本层养分含量最高，灌木层次之，乔木层（针叶除外）最低。N含量在针叶中最高（22.95～24.70g/kg）、在灌木层和草本层居中，乔木层的其他器官中含量较低，树干中仅为0.56～1.70g/kg；P含量在草本层最高（3.18～4.69g/kg），灌木层和针叶居中（2.05～3.34g/kg），乔木层的其他器官中含量较低，尤其是树干中为0.13～0.37g/kg；K含量在草本层最高（14.30～21.80g/kg），针叶和灌木层居中（6.00～9.64g/kg），树干中最低（0.61～0.94g/kg）；Ca含量在灌木和草本层最高（10.49～15.07g/kg），针叶和树皮居中（4.40～8.15g/kg），树根和树干最低（0.90～4.30g/kg）；Mg含量在灌木层和草本地下部分最高（2.04～4.24g/kg），针叶含量居中（1.40～1.73g/kg），其他器官含量较低，在0.29～0.74g/kg之间。

对比3个生态气候区间植被养分含量的总体情况，温带日本落叶松除针叶外的其他各器官N含量明显高于暖温带和北亚热带，尤其树干中的含量分别是暖温带和北亚热带的2.9倍和1.5倍。北亚热带日本落叶松中各器官P含量较低，树干P含量为0.13g/kg，而在温带和暖温带分别为0.37g/kg和0.28g/kg。暖温带日本落叶松叶、干和皮中Ca含量明显高于温带和北亚热带，如暖温带日本落叶松树干 Ca 含量为 3.58g/kg，温带和北亚热带分别为 0.90g/kg 和 0.41g/kg，这是因为养分含量不仅取决于植物种类，也与土壤养分供给能力密切相关（Fernander and Strchtemeyer，1984）。北亚热带林下植被层 P 和 Ca 含量明显低于温带和暖温带，例如北亚热带草本层 P 含量为 2.02g/kg，而在温带和暖温带分别为 3.18g/kg 和 4.68g/kg。温带灌木层 N 含量高于暖温带和北亚热带，而 Mg 含量差异不大。

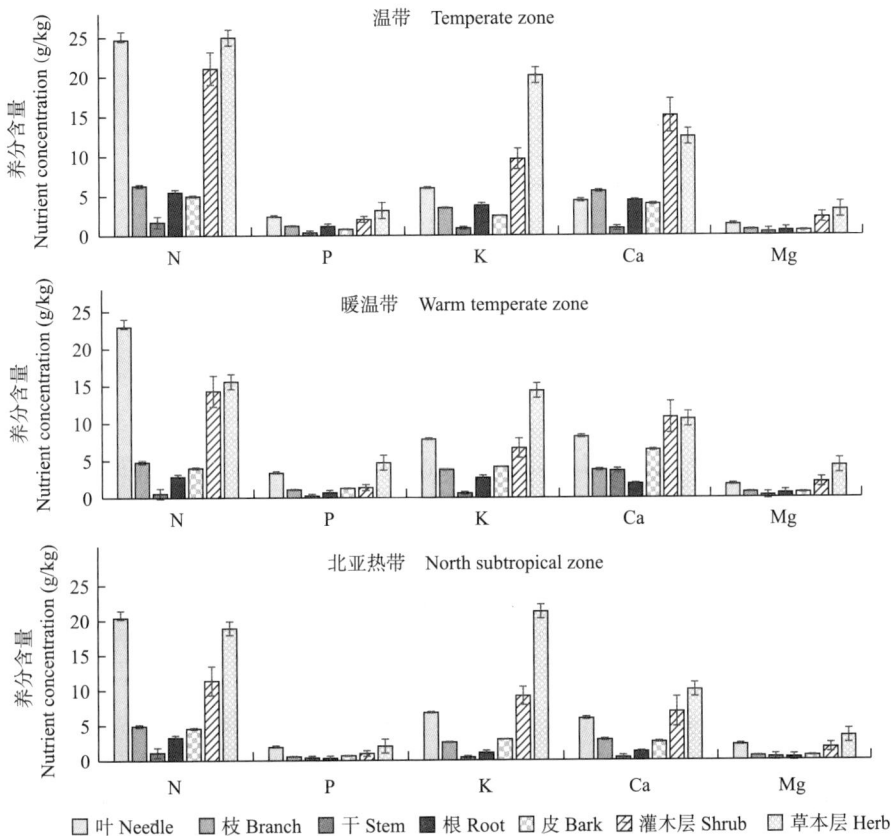

图3-1　温带、温暖带和北亚热带植被层养分含量

Fig.3-1　Average nutrient concentration in vegetable layers

3.3 / 植被层养分积累
Nutrient accumulation of vegetation layers

3.3.1 暖温带植被层养分积累

（1）乔木层养分积累

乔木层生物量和养分积累量均随着林分的生长发育而增加。日本落叶松人工林幼龄林、中龄林、近熟林和成熟林4个阶段乔木层生物量分别为 $8.1t/hm^2$、$64.6t/hm^2$、$85.6t/hm^2$ 和 $116.5t/hm^2$，养分总积累量分别为 $115.2kg/hm^2$、$647.0kg/hm^2$、$808.5kg/hm^2$ 和 $1041.4kg/hm^2$。5种元素的积累量也随着林分的生长发育而增加，但在不同发育阶段各元素的占比有所不同。幼龄林 N 和 Ca 的积累量最大，分别为 $43.4kg/hm^2$ 和 $32.4kg/hm^2$，分别占总积累量的 37.7% 和 28.1%；K 的积累量居中为 $23.67kg/hm^2$，占总积累量的 20.5%；P 和 Mg 的积累量最小，分别为 $10.6kg/hm^2$ 和 $5.2kg/hm^2$，分别占总积累量的 9.2% 和 4.5%。Ca 和 Mg 的积累量占比随着林分的生长发育而增加，N 和 P 的积累量占比随着林分的生长发育而减小，幼龄林到成熟林阶段 Ca 的积累量占比由 28.1% 增加到 44.3%，Mg 由 4.5% 增加到 6.4%，N 由 37.7% 降低到 26.7%，P 由 9.2% 降低到 6.2%。而 K 的积累量占比随林分的生长发育呈倒 "V" 形变化，在中龄林阶段最大，为 24.4%，成熟林阶段最小，为 16.4%（表 3-10）。

表3-10 暖温带乔木层各器官养分的积累与分配

Tab.3-10 Nutrient accumulation and distribution in different organs of trees layer in warm temperate zone

龄组 Age classes	器官 Organs	生物量 Biomass（t/hm²）	N （kg/hm²）	P （kg/hm²）	K （kg/hm²）	Ca （kg/hm²）	Mg （kg/hm²）	合计 Sum（kg/hm²）
幼龄林 Young stand	枝 Branch	2.0	9.4	2.5	7.5	7.4	1.2	28.02（24.3）
	叶 Needle	1.2	24.6	4.6	6.4	10.5	2.0	48.07（41.6）
	干 Stem	2.7	2.8	1.2	2.5	6.8	0.7	13.93（12.1）
	皮 Bark	0.8	3.2	1.1	4.0	5.7	0.5	14.49（12.6）
	根 Root	1.4	3.4	1.3	3.2	2.0	0.8	10.73（9.3）
	总重 Total	8.1	43.4 （37.7）	10.6 （9.2）	23.7 （20.5）	32.4 （28.1）	5.2 （4.5）	115.20
中龄林 Middle-aged stand	枝 Branch	9.5	44.8	10.8	37.3	29.8	6.8	129.39（20.0）
	叶 Needle	2.9	69.3	11.0	28.4	25.4	4.9	138.97（21.5）
	干 Stem	32.0	20.2	11.1	27.9	103.0	8.9	171.05（26.4）
	皮 Bark	5.7	22.7	7.3	23.0	34.0	3.6	90.65（14.0）
	根 Root	14.4	34.6	13.1	41.4	20.4	7.5	116.95（18.1）
	总重 Total	64.6	191.5 （29.6）	53.2 （8.2）	157.9 （24.4）	212.7 （32.9）	31.7 （4.9）	647.00
近熟林 Pre-mature stand	枝 Branch	8.4	42.6	8.3	35.4	30.0	6.6	122.97（15.2）
	叶 Needle	3.1	86.7	8.8	26.2	27.1	5.2	154.04（19.1）
	干 Stem	53.6	24.7	11.2	25.7	196.7	15.5	273.75（33.9）
	皮 Bark	7.9	35.8	9.9	34.7	42.0	5.8	128.09（15.8）
	根 Root	12.5	38.7	9.9	41.5	30.6	9.1	129.64（16.0）
	总重 Total	85.6	228.5 （28.3）	48.0 （5.9）	163.5 （20.2）	326.4 （40.4）	42.1 （5.2）	808.50
成熟林 Mature stand	枝 Branch	10.3	51.8	11.5	33.1	48.3	7.6	152.33（14.6）
	叶 Needle	3.0	67.9	8.5	21.8	24.2	5.1	127.54（12.2）
	干 Stem	63.6	22.6	13.9	20.4	261.3	27.8	346.07（33.2）
	皮 Bark	8.6	32.1	10.7	38.0	62.3	7.2	150.27（14.4）
	根 Root	31.0	103.8	20.3	57.7	64.8	18.6	265.23（25.5）
	总重 Total	116.5	278.2 （26.7）	65.0 （6.2）	171.0 （16.4）	460.9 （44.3）	66.3 （6.4）	1041.40

　　行中括号内的数值为同一发育阶段不同元素所占总量的百分比；列中括号数值为不同器官占总量的百分比。以下同

　　The values in the parenthesis within the same line are the percentage of various nutrient elements accounting for the total amount in the same developmental plantation; The values in the parenthesis within the same column are the percentage of various components accounting for the total amount in the same developmental plantation. The same below

不同器官中养分积累量所占比例随林分的生长发育有着明显的变化规律。由于叶和枝生物量占比随林分的生长发育而减小,使得养分的积累量也随着林分的生长发育而减少,分别由 41.7% 降至 12.2%、24.3% 降至 12.2%;干和根的生物量随着林分的生长发育所占比例增加,营养元素的积累也随之增加,分别由 12.1% 增至 33.2%、9.3% 增至 25.5%;树皮养分积累量在不同发育阶段占比为 12.6%～15.8%,变化幅度不大。

5 种养分元素中,N 和 Ca 的积累量明显高于其他 3 种元素,K 的积累量居中,P 和 Mg 的积累量最少。养分积累量在各器官的分配也有所不同,N 主要集中在叶中,Ca 和 Mg 主要集中在干中,K 主要集中在根中,P 在不同器官中的积累量与分配比较均匀。

（2）灌木层养分积累

由表 3-11 可以看出,4 个发育阶段林下灌木养分总积累量分别为 192.73kg/hm²、163.85kg/hm²、169.22kg/hm² 和 210.01kg/hm²。与乔木层相似,灌木层在不同发育阶段 5 种元素中 N 和 Ca

表3-11　暖温带灌木层养分的积累与分配

Tab.3-11　Nutrient accumulation and distribution in the shrubs layer in warm temperate zone

龄组 Age classes	器官 Ograns	生物量 Biomass（t/hm²）	N （kg/hm²）	P （kg/hm²）	K （kg/hm²）	Ca （kg/hm²）	Mg （kg/hm²）	总计 Sum（kg/hm²）
幼龄林 Young stand	灌木叶 Shrub leaf	1.13	32.99	2.72	10.63	16.32	2.93	65.59（34.0）
	灌木枝 Shrub branch	3.11	21.88	1.87	11.81	22.38	2.32	60.26（31.3）
	灌木根 Shrub root	2.58	37.72	2.86	10.06	12.76	3.49	66.89（34.7）
	总重 Total	6.82	92.59 （48.0）	7.45 （3.9）	32.50 （16.9）	51.46 （26.7）	8.73 （4.5）	192.73
中龄林 Middle-aged stand	灌木叶 Shrub leaf	0.74	20.05	1.28	6.54	15.51	4.64	48.00（29.3）
	灌木枝 Shrub branch	2.32	13.21	1.88	9.89	24.08	1.34	50.40（30.8）
	灌木根 Shrub root	2.81	26.77	1.53	10.00	23.86	3.28	65.45（39.9）
	总重 Total	5.86	60.03 （36.6）	4.69 （2.9）	26.43 （16.1）	63.45 （38.7）	9.26 （5.7）	163.85
近熟林 Pre-mature stand	灌木叶 Shrub leaf	0.68	17.74	2.01	9.73	10.97	2.40	42.85（25.3）
	灌木枝 Shrub branch	2.01	12.30	1.53	7.50	12.49	1.34	35.15（20.8）
	灌木根 Shrub root	4.02	39.40	3.91	16.81	26.74	4.38	91.23（53.9）
	总重 Total	6.71	69.44 （41.0）	7.44 （4.4）	34.04 （20.1）	50.19 （29.7）	8.11 （4.8）	169.23
成熟林 Mature stand	灌木叶 Shrub leaf	0.71	18.45	2.09	10.12	11.40	2.49	44.56（21.2）
	灌木枝 Shrub branch	5.13	31.48	3.91	19.19	31.96	3.42	89.95（42.8）
	灌木根 Shrub root	3.33	32.61	3.23	13.91	22.13	3.62	75.51（36.0）
	总重 Total	9.17	82.54 （39.3）	9.23 （4.4）	43.22 （20.6）	65.49 （31.2）	9.53 （4.5）	210.01

的积累量最大，所占比例分别为36.6%～48.0%和26.7%～38.7%；K积累量居中，占比为16.1%～20.6%；P和Mg的积累量最少，占比分别为2.9%～4.4%和4.5%～5.7%。灌木叶中养分含量高于枝和根，但由于叶的生物量小于枝和根的生物量，幼龄林和中龄林阶段叶、枝和根的养分积累量占比相差不大。灌木叶的养分积累量占比随着林分的生长发育而降低，由34%降至21.2%；灌木根的养分积累量占比在近熟林最高，为53.9%；灌木枝的养分积累量占比在成熟林阶段最高，为42.8%。

（3）草本层养分积累

幼龄林阶段林分未郁闭，林下植被生长茂盛，草本层生物量达6.00t/hm²，是中龄林草本生物量的8.7倍，是近熟林和成熟林草本生物量的6倍。因此，幼龄林草本层的养分积累量达254.86kg/hm²，远高于其他3个阶段（中龄林28.56kg/hm²、近熟林42.78kg/hm²、成熟林65.16kg/hm²）。5种元素的积累量也与乔木层和灌木层相似：N和Ca的养分积累量最大，分别占25.7%～36.0%和17.3%～28.7%；K居中，占16.2%～30.0%；P和Mg最小，分别占10.4%～13.4%和6.1%～11.9%（表3-12）。幼龄林和近熟林阶段，草本层地上部分的养分积累量略高于地下部分，中龄林与成熟林阶段则地上部分的养分积累量略低于地下部分，这主要是由不同草本类型的地上和地下生物量占比不同所致。

表3-12 暖温带草本层养分的积累与分配

Tab.3-12 Nutrient accumulation and distribution in herb layer in warm temperate zone

龄组 Age classes	组分 Components	生物量 Biomass（t/hm²）	N（kg/hm²）	P（kg/hm²）	K（kg/hm²）	Ca（kg/hm²）	Mg（kg/hm²）	合计 Sum（kg/hm²）
幼龄林 Young stand	地上部分 Above-ground	3.27	44.69	8.03	57.47	39.30	8.26	157.75（61.9）
	地下部分 Below-ground	2.73	20.93	21.42	19.90	33.82	20.74	116.81（45.8）
	总重 Total	6.00	65.63（25.7）	29.45（11.6）	57.67（22.6）	73.11（28.7）	29.00（11.4）	254.86
中龄林 Middle-aged stand	地上部分 Above-ground	0.25	4.69	0.53	4.60	1.61	0.63	12.07（42.3）
	地下部分 Below-ground	0.44	5.59	2.45	2.80	5.65	2.78	19.27（67.5）
	总重 Total	0.69	10.28（36.0）	2.98（10.4）	4.62（16.2）	7.27（25.4）	3.41（11.9）	28.56
近熟林 Pre-mature stand	地上部分 above-ground	0.56	10.12	0.80	12.80	3.08	1.13	27.93（65.3）
	地下部分 Below-ground	0.39	5.08	3.94	2.20	4.32	1.49	17.03（39.8）
	总重 Total	0.95	15.20（35.5）	4.74（11.1）	12.82（30.0）	7.39（17.3）	2.62（6.1）	42.78
成熟林 Mature stand	地上部分 above-ground	0.47	9.78	1.83	12.99	3.90	1.44	29.94（45.9）
	地下部分 Below-ground	0.60	11.56	6.89	4.80	9.13	3.59	39.97（61.3）
	总重 Total	1.07	21.35（32.8）	8.71（13.4）	13.03（20.0）	13.04（20.0）	5.03（7.7）	65.16

3.3.2　温带植被层养分积累

（1）乔木层养分积累

4 个发育阶段乔木层生物量分别为 49.2t/hm^2、78.3t/hm^2、135t/hm^2 和 157.6t/hm^2，养分总积累量分别为 732.45kg/hm^2、894.4kg/hm^2、932.51kg/hm^2 和 1145.78kg/hm^2。5 种元素的积累量除 P 和 K 在近熟林阶段有降低趋势，其他元素都随着林分的生长发育而增加，但在不同发育阶段各元素所占比例有所不同（表 3-13）。幼龄林 N 和 K 的积累量最大，分别为 338.2kg/hm^2 和 166.57kg/hm^2，分别占总积累量的 46.2% 和 22.7%；Ca 的积累量居中为 138.86kg/hm^2，占总积累量的 18.9%；P 和 Mg 的积累量最小，分别为 59.05kg/hm^2 和 29.77kg/hm^2，分别占总积累量的 8.1% 和 4.1%。Ca 和 Mg 的积累量占比随林分的生长发育而增加，幼龄林至成熟林阶段 Ca 的积累量占比由 18.9% 增至 30.5%，Mg 由 4.1% 增至 5.2%；N、P 和 K 的积累量占比随林分的生长发育而减小，N 的积累量占比由 46.2% 降至 41.4%，P 的积累量占比由 8.1% 降至 5.5%，K 积累量占比由 22.7% 降至 17.4%。

表3-13　温带乔木层各器官养分的积累与分配

Tab.3-13　Nutrient accumulation and distribution in different organs of trees layer in temperature zone

龄组 Age classes	器官 Organs	生物量 Biomass（t/hm^2）	N （kg/hm^2）	P （kg/hm^2）	K （kg/hm^2）	Ca （kg/hm^2）	Mg （kg/hm^2）	合计 Sum（kg/hm^2）
幼龄林 Young stand	枝 Branch	11.5	73.1	16.5	46.1	47.7	8.5	191.9（26.2）
	叶 Needle	5.9	145.0	15.7	37.3	24.3	8.0	230.2（31.4）
	干 Stem	19.3	41.2	12.1	34.0	21.3	5.1	113.6（15.5）
	皮 Bark	4.1	24.9	5.8	21.1	13.9	2.6	68.3（9.3）
	根 Root	8.4	54.1	9.0	28.1	31.7	5.6	128.5（17.5）
	总重 Total	49.2	338.2（46.2）	59.1（8.1）	166.6（22.7）	138.9（19.0）	29.8（4.1）	732.5
中龄林 Middle-aged stand	枝 Branch	13.3	79.5	17.4	43.1	68.2	8.9	217.1（24.3）
	叶 Needle	5.4	125.1	13.8	27.5	22.1	7.3	195.7（21.9）
	干 Stem	37.3	62.7	15.8	32.4	34.1	7.8	152.9（17.1）
	皮 Bark	5.1	29.8	7.2	20.4	20.5	3.3	81.2（9.1）
	根 Root	17.3	92.3	18.0	51.3	74.9	11.0	247.5（27.7）
	总重 Total	78.3	389.4（43.5）	72.1（8.1）	174.7（19.5）	219.9（24.6）	38.3（4.3）	894.4

（续）

龄组 Age classes	器官 Organs	生物量 Biomass（t/hm²）	N （kg/hm²）	P （kg/hm²）	K （kg/hm²）	Ca （kg/hm²）	Mg （kg/hm²）	合计 Sum（kg/hm²）
近熟林 Pre-mature stand	枝 Branch	10.1	64.1	11.1	31.7	61.9	7.1	175.9（18.9）
	叶 Needle	3.1	78.6	6.9	18.6	13.0	4.1	121.1（13.0）
	干 Stem	93.6	131.9	21.0	56.5	79.1	17.3	305.8（32.8）
	皮 Bark	9.6	49.1	9.5	28.1	49.3	5.1	141.0（15.1）
	根 Root	18.5	72.2	10.1	29.6	69.7	7.1	188.7（20.2）
	总重 Total	135.0	395.9 （42.5）	58.5 （6.3）	164.5 （17.6）	273.0 （29.3）	40.6 （4.4）	932.5
成熟林 Mature stand	枝 Branch	10.3	66.8	10.4	35.1	72.8	8.6	193.7（16.9）
	叶 Needle	2.9	75.4	5.8	19.2	15.5	4.6	120.5（10.5）
	干 Stem	104.4	149.2	22.1	56.3	87.2	18.4	333.2（29.1）
	皮 Bark	10.7	54.1	8.9	32.4	55.6	6.6	157.6（13.8）
	根 Root	29.4	129.4	15.7	55.9	118.3	21.6	340.9（29.8）
	总重 Total	157.6	474.9 （41.4）	63.0 （5.5）	198.9 （17.4）	349.3 （30.5）	59.8 （5.2）	1145.8

（2）灌木层养分积累

幼龄林、近熟林和成熟林阶段灌木层生物量分别为 0.77t/hm²、0.56t/hm²、1.8t/hm²，养分积累量分别为 33.27kg/hm²、34.87kg/hm²、111.53kg/hm²，各元素养分积累量随林龄没有明显的规律性（表 3–14）。灌木层 5 种元素中 N 和 Ca 的积累量最大，占比分别为 36.6% ~ 44.3%、30.6% ~ 31.1%；K 的积累量居中，占比为 17.5% ~ 22.7%；P 和 Mg 的积累量最少，占比分别为 3.0% ~ 4.6%、4.1% ~ 5.4%。

表3–14　温带灌木层养分的积累与分配

Tab.3-14　Nutrient accumulation and distribution in the shrubs layer in temperature zone

龄组 Age classes	生物量 Biomass（t/hm²）	N （kg/hm²）	P （kg/hm²）	K （kg/hm²）	Ca （kg/hm²）	Mg （kg/hm²）	总计 Sum（kg/hm²）
幼龄林 Young stand	0.77	12.18	1.54	7.57	10.19	1.78	33.27
中龄林 Middle-aged stand	—	—	—	—	—	—	—
近熟林 Pre-mature stand	0.56	15.45	1.04	6.09	10.85	1.43	34.87
成熟林 Mature stand	1.80	49.42	3.33	19.48	34.70	4.59	111.53

（3）草本层养分积累

中龄林阶段草本层生物量和养分积累量最大，分别为0.69t/hm² 和50.5kg/hm²，其他3个阶段变化不大。5种元素的积累量也与乔木层相似：N 和 K 的养分积累量最大，分别占总含量的37.8%～40.6% 和29.4%～34.3%；Ca 的养分积累量居中，占 17.8%～22.2%；P和 Mg 的养分积累量最小，分别占4.32%～5.52% 和3.60%～6.64%（表3-15）。

表3-15 温带草本层养分的积累与分配

Tab.3-15 Nutrient accumulation and distribution in herb layer in warm temperate zone

龄组 Age classes	生物量 Biomass（t/hm²）	N （kg/hm²）	P （kg/hm²）	K （kg/hm²）	Ca （kg/hm²）	Mg （kg/hm²）	总计 sum（kg/hm²）
幼龄林 Young stand	0.38	8.51	1.15	6.30	3.93	1.26	21.14
中龄林 Middle-aged stand	0.69	19.15	2.79	17.35	8.97	2.25	50.50
近熟林 Pre-mature stand	0.42	10.74	1.29	9.06	6.33	1.02	28.45
成熟林 Mature stand	0.47	11.47	1.22	8.28	5.36	1.87	28.20

3.3.3 北亚热带植被层养分积累

（1）乔木层养分积累

4个发育阶段乔木层生物量分别为 33.4t/hm²、152.1t/hm²、187.3t/hm² 和 274.0t/hm²，养分总积累量分别为 268.5kg/hm²、903.5kg/hm²、916.2kg/hm² 和 1030.7kg/hm²。幼龄林 N 积累量最大为 136.4kg/hm²，占总积累量的50.8%；K 和 Mg 的积累量居中，分别占总积累量的21.9% 和15.9%；P 和 Mg 的积累量最小，分别占总积累量的5.8% 和5.6%。随林分发育，N和 Ca 的积累量占比增加，而 P 和 K 的积累量占比降低，Mg 积累量占比变化不大（表3-16）。

表3-16 北亚热带乔木层各器官养分的积累与分配

Tab.3-16 Nutrient accumulation and distribution in different organs of trees layer in north subtropical zone

龄组 Age classes	器官 Ograns	生物量 Biomass（t/hm²）	N （kg/hm²）	P （kg/hm²）	K （kg/hm²）	Ca （kg/hm²）	Mg （kg/hm²）	合计 Sum（kg/hm²）
幼龄林 Young stand	枝 Branch	6.4	31.6	3.4	14.9	14.9	3.7	68.4（25.5）
	叶 Needle	2.5	48.8	3.7	17.6	11.1	4.7	85.9（32.0）
	干 Stem	16.4	21.5	3.8	8.2	6.0	3.1	42.5（15.8）
	皮 Bark	2.5	14.6	1.6	10.1	5.1	1.7	33.0（12.3）
	根 Root	5.7	20.0	2.4	8.1	5.5	2.5	38.6（14.4）
	总重 Total	33.4	136.4（50.8）	15.0（5.6）	58.8（21.9）	42.6（15.9）	15.7（5.8）	268.5

（续）

龄组 Age classes	器官 Ograns	生物量 Biomass（t/hm²）	N （kg/hm²）	P （kg/hm²）	K （kg/hm²）	Ca （kg/hm²）	Mg （kg/hm²）	合计 Sum（kg/hm²）
中龄林 Middle-aged stand	枝 Branch	14.9	74.1	9.2	43.1	43.5	9.1	178.9（19.8）
	叶 Needle	5.0	104.9	12.5	42.2	28.2	11.0	198.8（22.0）
	干 Stem	99.7	113.4	13.0	48.6	41.2	15.9	232.1（25.7）
	皮 Bark	12.0	61.4	9.8	41.4	37.1	7.3	157.1（17.4）
	根 Root	20.5	70.6	7.4	25.0	26.2	7.5	136.7（15.1）
	总重 Total	152.1	424.4（47.0）	52.0（5.8）	200.2（22.2）	176.2（19.5）	50.8（5.6）	903.5
近熟林 Pre-mature stand	枝 Branch	15.5	75.4	9.1	38.5	49.0	9.1	181.1（19.8）
	叶 Needle	4.9	94.8	10.5	29.6	34.0	13.1	182.0（19.9）
	干 Stem	121.5	122.7	11.5	41.6	49.0	18.1	242.9（26.5）
	皮 Bark	14.9	54.5	11.0	34.6	37.7	8.8	146.6（16）
	根 Root	28.5	85.7	8.6	21.5	37.4	10.4	163.6（17.9）
	总重 Total	187.3	433.1（47.3）	50.6（5.5）	165.8（18.1）	207.1（22.6）	59.5（6.5）	916.2
成熟林 Mature stand	枝 Branch	8.4	40.9	4.1	21.3	27.4	4.4	98.0（9.5）
	叶 Needle	2.7	59.5	4.2	15.4	18.4	5.5	102.9（10.0）
	干 Stem	199.8	201.6	10.1	70.8	84.7	22.3	389.4（37.8）
	皮 Bark	21.0	76.4	10.1	43.6	58.6	11.0	199.8（19.4）
	根 Root	42.0	128.3	7.8	35.5	55.2	13.7	240.6（23.3）
	总重 Total	274.0	506.7（49.2）	36.3（3.5）	186.5（18.1）	244.2（23.7）	57.0（5.5）	1030.7

随林分发育，乔木层干和根的养分积累量占比增加，分别由 15.8% 增至 37.8%、14.4% 增至 23.3%；叶和枝的生物量占比降低，养分的积累量占比也随之减少，分别由 32% 降至 10.0%、25.5% 降至 9.5%；不同发育阶段树皮的养分积累量占比为 15.8%～19.4%，变化不大。总体而言，5 种养分元素中，N 的积累量明显高于其他元素，K 和 Ca 的积累量居中，P 和 Mg 的积累量最少。

（2）灌木层养分积累

灌木层生物量在中龄林阶段最低为 1.65t/hm²，成熟林最大为 6.68t/hm²，4 个发育阶段养分积累量分别为 87.98kg/hm²、37.40kg/hm²、81.49kg/hm² 和 188.37kg/hm²（表 3-17）。5 种元素中 N 积累量最大，占比为 34.9%～39.8%；K 和 Ca 积累量居中；Mg 和 P 积累量最少，占比分别为 4.9%～7.3% 和 2.8%～3.6%。由于灌木叶中的养分含量高于枝和根，尽管灌木叶的生物量小于枝和根，但养分积累量占比却最高，为 37.6%～52.6%。

表3-17　北亚热带灌木层养分的积累与分配

Tab.3-17　Nutrient accumulation and distribution in the shrubs layer in north subtropical zone

龄组 Age classes	器官 Organs	生物量 Biomass（t/hm²）	N（kg/hm²）	P（kg/hm²）	K（kg/hm²）	Ca（kg/hm²）	Mg（kg/hm²）	合计 Sum（kg/hm²）
幼龄林 Young stand	灌木叶 Shrub leaf	0.88	15.28	1.17	13.15	13.03	3.69	46.32（52.6）
	灌木枝 Shrub branch	1.24	5.34	0.60	4.13	4.04	0.91	15.02（17.1）
	灌木根 Shrub root	1.77	12.2	0.97	6.22	5.46	1.78	26.64（30.3）
	总重 Total	3.89	32.82（37.3）	2.73（3.1）	23.51（26.7）	22.54（25.6）	6.38（7.3）	87.98
中龄林 Middle-aged stand	灌木叶 Shrub leaf	0.24	5.71	0.45	4.26	2.79	0.86	14.07（37.6）
	灌木枝 Shrub branch	0.62	3.81	0.47	2.42	1.81	0.44	8.94（23.9）
	灌木根 Shrub root	0.78	5.37	0.41	4.82	2.93	0.87	14.39（38.5）
	总重 Total	1.65	14.88（39.8）	1.33（3.6）	11.49（30.7）	7.53（20.1）	2.17（5.8）	37.40
近熟林 Pre-mature stand	灌木叶 Shrub leaf	0.54	11.89	1.11	9.72	11.24	2.45	36.42（44.7）
	灌木枝 Shrub branch	1.33	6.94	1.02	6.83	4.23	0.77	19.79（24.3）
	灌木根 Shrub root	1.31	9.65	1.08	7.49	5.58	1.48	25.28（31.0）
	总重 Total	3.18	28.48（34.9）	3.21（3.9）	24.05（29.5）	21.05（25.8）	4.70（5.8）	81.49
成熟林 Mature stand	灌木叶 Shrub leaf	1.59	36.59	2.58	26.74	15.54	3.97	85.41（45.6）
	灌木枝 Shrub branch	2.84	16.89	1.29	17.74	6.92	1.51	44.36（23.7）
	灌木根 Shrub root	2.25	20.44	1.41	22.35	10.70	3.70	58.61（31.3）
	总重 Total	6.68	73.92（39.5）	5.28（2.8）	66.83（35.7）	33.16（17.7）	9.18（4.9）	188.37

（3）草本层养分积累

近熟林阶段草本层生物量和养分积累量最大，分别为1.16t/hm²和67.65kg/hm²，其他3个阶段生物量和养分积累量相差不大。5种元素中K和N的养分积累量最大，分别占33.3%～40.6%和27.8%～39.8%；Ca的养分积累量居中，占15.4%～22.9%；Mg和P的养分积累量最小，分别占5.0%～7.2%和2.5%～4.4%（表3-18）。草本层地上和地下生物量相差不大，但地上养分含量高于地下部分，因此地上养分积累量高于地下部分，占比为56.9%～72.7%。

3.3.4　不同生态气候区植被层生物量和养分积累与分配

3个生态气候区林下植被生物量和养分积累量存在一定的差异（图3-2～图3-4）。温

表3-18　北亚热带草本层养分的积累与分配

Tab.3-18　Nutrient accumulation and distribution in herb layer in north subtropical zone

龄组 Age classes	组分 Components	生物量 Biomass（t/hm²）	N （kg/hm²）	P （kg/hm²）	K （kg/hm²）	Ca （kg/hm²）	Mg （kg/hm²）	合计 Sum（kg/hm²）
幼龄林 Young stand	地上部分 Above-ground	0.20	3.58	0.34	5.34	2.63	0.68	12.57（63.8）
	地下部分 Below-ground	0.20	1.89	0.16	2.67	1.88	0.54	7.14（36.2）
	总重 Total	0.41	5.48 （27.8）	0.50 （2.5）	8.00 （40.6）	4.51 （22.9）	1.22 （6.2）	19.71
中龄林 Middle-aged stand	地上部分 Above-ground	0.17	4.08	0.39	3.33	1.83	0.65	10.28（56.9）
	地下部分 Below-ground	0.23	3.11	0.35	2.69	1.16	0.47	7.78（43.1）
	总重 Total	0.40	7.19 （39.8）	0.74 （4.1）	6.02 （33.3）	2.99 （16.6）	1.12 （6.2）	18.06
近熟林 Pre-mature stand	地上部分 above-ground	0.53	14.38	1.84	17.83	7.07	2.61	43.73（64.6）
	地下部分 Below-ground	0.63	7.43	1.11	7.89	5.25	2.25	23.93（35.4）
	总重 Total	1.16	21.81 （32.2）	2.95 （4.4）	25.71 （38）	12.31 （18.2）	4.87 （7.2）	67.65
成熟林 Mature stand	地上部分 above-ground	0.17	5.64	0.46	6.19	2.59	0.74	15.62（72.7）
	地下部分 Below-ground	0.15	2.33	0.24	2.24	0.72	0.34	5.87（27.3）
	总重 Total	0.31	7.96 （37.1）	0.70 （3.3）	8.43 （39.3）	3.31 （15.4）	1.07 （5.0）	21.47

带各发育阶段林下植被稀疏，未能形成明显的灌木层，林下植被生物量仅占总生物量的1%，但4个发育阶段养分积累量占比分别为7%、5%、6%和11%（图3-4）。暖温带林下植被生长旺盛，尤其是幼龄林阶段，无论是生物量还是养分积累量均以林下植被占主导地位，灌木层和草本层生物量占比分别达32.6%和28.7%，养分积累量占比分别为34.2%和45.3%。随着林分发育，灌木层和草本层生物量占比为8%～9%，远高于温带地区，养分积累量占比远高于其生物量占比，中龄林、近熟林、成熟林阶段草本层和灌木层养分积累量占比分别为22.9%、20.8%和20.9%。北亚热带林下植被生物量高于温带，但低于暖温带，中龄林至成熟林阶段占比1%～3%，养分积累量占比14%～17%。

　　3个生态气候区植被层各器官生物量和养分分配有着相似的变化规律（图3-2～图3-4）。林下植被层对养分积累的贡献要高于对生物量的贡献，而树干养分积累量占比远小于其生物量占比。暖温带、温带、北亚热带幼龄林阶段树干生物量占比分别为 13%、38% 和 43%，而其养分含量占比仅为 2.5%、15% 和 11%；近熟林和成熟林阶段树干生物量约占总生物量的 50% ～ 71%，但养分积累量仅占 23% ～ 31%，而其他器官的养分积累量占比要高于生物量占比，针叶生物量只占总生物量的 2% ～ 4%，其养分积累量占比达 8% ～ 17%。以暖温带为例，成熟林阶段林下草本层和灌木层生物量虽仅占总生物量的 8%，但其养分积累量占总积累量的 21%；乔木层的生物量占总生物量的 92%，其中树干生物量占到 50%，乔木层养分积累量占总积累量的 79%，其中树干养分积累量只占 26%。说明林下植被虽对生物量的贡献很小，但对养分积累和养分生物循环却起着很大的作用，因此在日本落叶松人工林经营中如何科学地开展植被管理显得尤为重要。此外，虽然树干生物量占到总生物量的 1/2，但其养分积累只占 1/4，因此在主伐时仅收获树干部分，而保留其他部分在林地内，由此流失的养分会通过凋落物和采伐剩余物的分解得以补充与恢复。

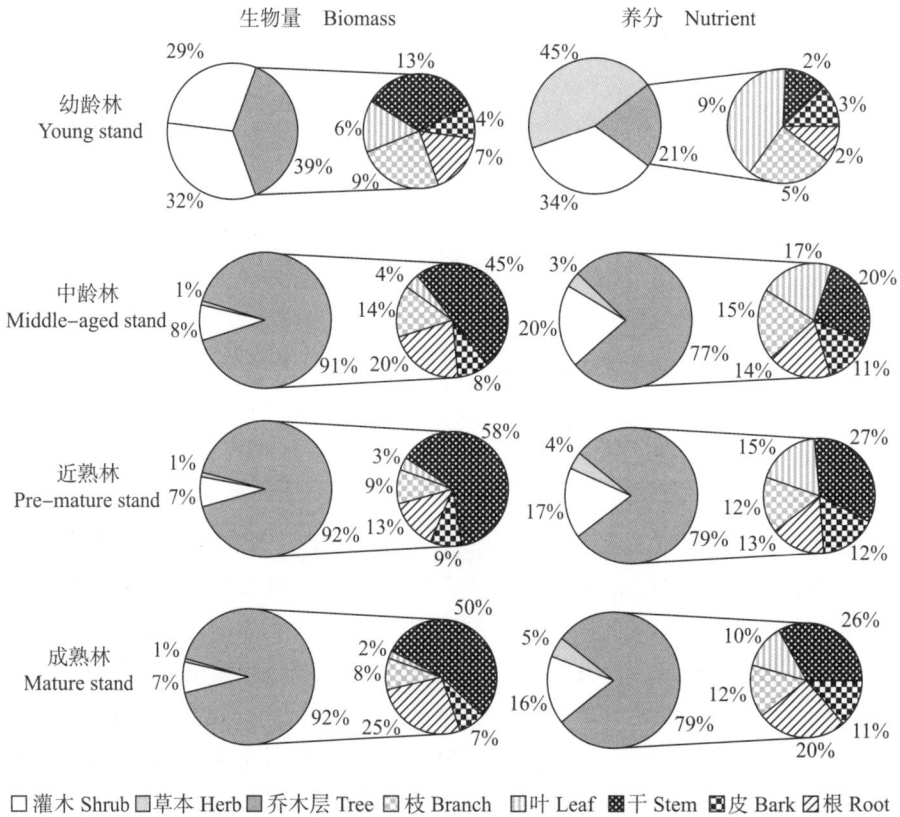

图3-2　暖温带植被层生物量和养分积累与分配

Fig.3-2　Distribution of biomass and nutrients of vegetation layers in warm temperature zone

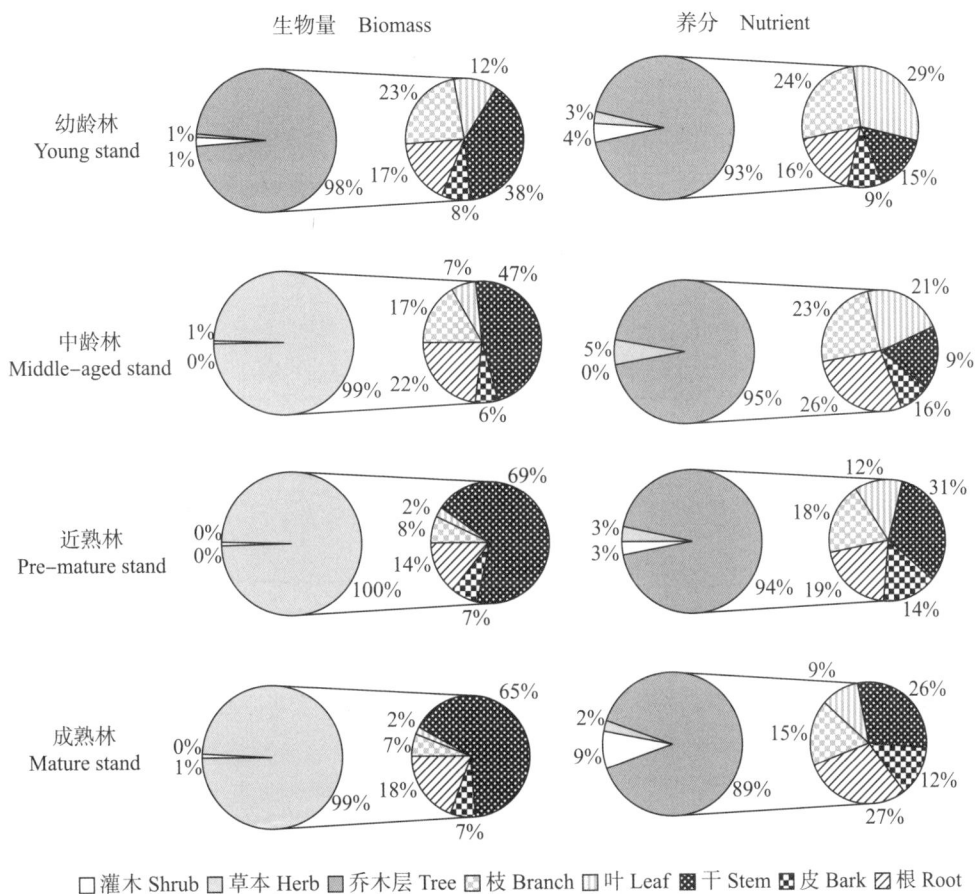

图3-3 温带植被层生物量和养分的积累与分配

Fig.3-3 Distribution of biomass and nutrients of vegetation layers in temperature zone

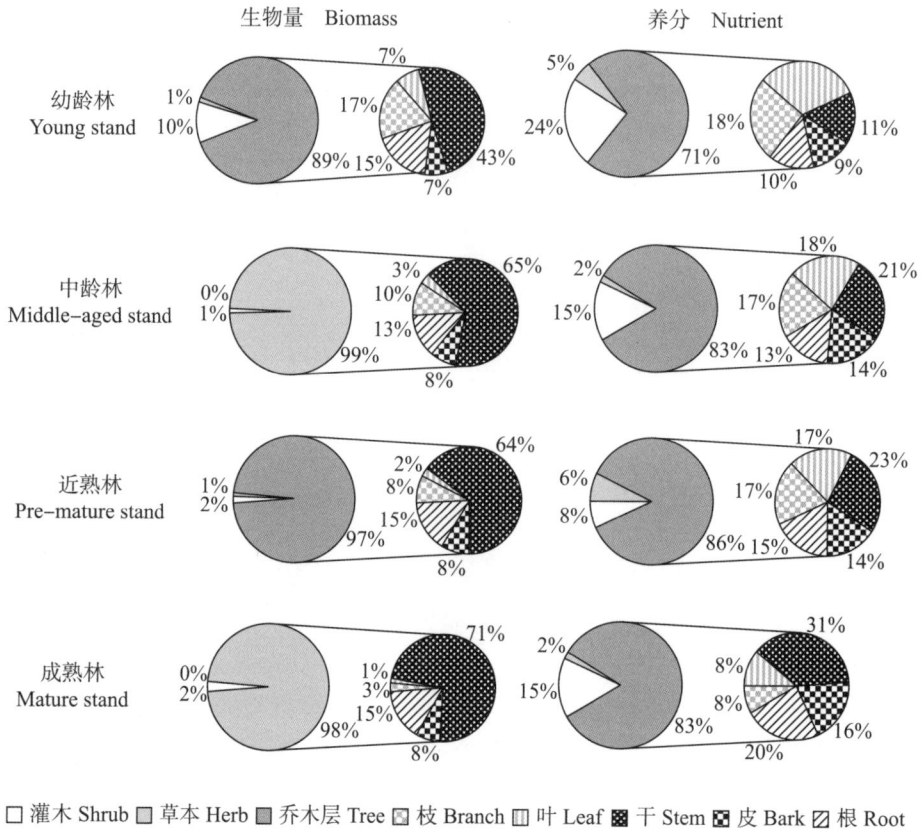

图3-4 北亚热带植被层生物量和养分的积累与分配

Fig.3-4 Distribution of biomass and nutrients of vegetation layers in north subtropical zone

3.4 / 讨论
Discussion

　　由于器官的生理机能不同，对养分的需求量也不同，叶片是光合作用的最重要器官，其养分含量最高，树皮、树根居中，干材的养分含量最低（Dames et al.，2002；Kuznetsova et al.，2011）。3个生态气候区日本落叶松也均表现出针叶的养分含量最高，树枝、树皮、树根居中，树干最低。叶片养分分析作为营养诊断方法已广泛应用，当年生叶内的养分含量与树木生长有着高度的相关性，干材中养分含量直接决定着林木采伐养分的损失量。通过比较暖温带日本落叶松与其他主要造林树种叶和干材中养分含量发现（表3–19），日本落叶松针叶中5种元素含量总体高于油松、杉木、马尾松、红松和樟子松等针叶树种，与相思和长白落叶松相似，低于刺槐。由于落叶松秋季落叶，其针叶寿命只有1年，油松、杉木、马尾松等针叶寿命在5年左右，其养分含量随叶龄的增加而减小，但落叶松针叶的养分含量低于刺槐等养分需求量较大的阔叶落叶树种。日本落叶松针叶中养分含量虽高于其他松科植物，但由于树冠稀疏，成熟林阶段针叶生物量只有3t/hm^2，养分积累量为102～127kg/hm^2；而33a油松人工林针叶生物量达10t/hm^2，养分积累量为291kg/hm^2，同时日本落叶松树干中的养分含量与其他树种比相对较低，所以日本落叶松对养分的需求量要少得多。

表3–19　不同树种叶和树干的养分含量对比（g/kg）

Tab.3-19　Nutrient concentrations in leaves and stems of different tree species

树种 Species	器官 Ograns	N	P	K	Ca	Mg
马尾松 *Pinus massoniana*	叶 Leaf	13.17±2.86 （n=26）	1.11±0.66 （n=29）	6.33±1.86 （n=26）	4.88±3.01 （n=30）	2.84±0.27 （n=26）
	干 Stem	1.33±0.39 （n=5）	0.50±0.19 （n=5）	0.77±0.30 （n=5）	5.84±1.94 （n=5）	0.52±0.16 （n=5）

（续）

树种 Species	器官 Ograns	N	P	K	Ca	Mg
油松 *Pinus tabulaeformis*	叶 Leaf	11.44±1.74 （n=9）	1.14±0.34 （n=9）	5.47±1.12 （n=10）	6.10±2.89 （n=12）	1.35±0.39 （n=5）
	干 Stem	1.20±0.47 （n=5）	0.35±0.23 （n=5）	0.68±0.22 （n=5）	1.28±0.59 （n=5）	0.26±0.14 （n=5）
红松 *Pinus koraiensis*	叶 Leaf	11.74±3.04 （n=5）	1.30±0.26 （n=5）	3.70±1.56 （n=5）	3.70±2.14 （n=5）	1.17±0.52 （n=5）
	干 Stem	1.26（n=1）	0.33（n=1）	1.40（n=1）	1.76（n=1）	0.38（n=1）
樟子松 *Pinus sylvestris* var. *mongolica*	叶 Leaf	10.50±1.11 （n=2）	0.97±0.02 （n=2）	3.90±1.47 （n=2）	3.90±4.31 （n=2）	2.60±2.24 （n=2）
	干 Stem	1.06（n=1）	0.10（n=1）	0.69（n=1）	0.44（n=1）	0.19（n=1）
杉木 *Cunninghamia* *lanceolata*	叶 Leaf	12.44±2.23 （n=8）	1.03±0.26 （n=8）	5.84±2.53 （n=8）	6.42±1.54 （n=8）	1.45±0.52 （n=8）
	干 Stem	1.26±0.58 （n=8）	0.11±0.03 （n=8）	0.44±0.33 （n=8）	1.37±0.51 （n=8）	0.58±0.37 （n=8）
刺槐 *Rovinia pseudoacacia*	叶 Leaf	27.51±3.75 （n=10）	1.05±0.07 （n=10）	7.84±2.58 （n=9）	27.86±6.62 （n=10）	7.37±3.15 （n=9）
	干 Stem	3.85±0.99 （n=6）	0.17±0.06 （n=6）	0.53±0.27 （n=6）	3.77±0.36 （n=6）	0.27±0.05 （n=6）
相思 *Acacia.spp.*	叶 Leaf	23.34±1.70 （n=3）	1.07±0.14 （n=3）	9.23+4.63 （n=3）	8.86±2.41 （n=3）	1.44±0.35 （n=3）
	干 Stem	2.72±0.12 （n=3）	0.24±0.16 （n=3）	0.39±0.13 （n=3）	1.28±0.45 （n=3）	0.09±0.03 （n=3）
栓皮栎 *Quercus variabilis*	叶 Leaf	11.65±0.35 （n=3）	0.59±0.18 （n=3）	—	13.35±5.75 （n=3）	—
	干 Stem	2.63±0.40 （n=3）	0.22±0.04 （n=3）	—	8.62±2.28 （n=3）	—
长白落叶松 *Larix olgensis*	叶 Leaf	16.90 （n=1）	1.75 （n=1）	6.10 （n=1）	5.20 （n=1）	1.90 （n=1）
	干 Stem	0.80（n=1）	0.10（n=1）	0.61（n=1）	1.20（n=1）	0.30（n=1）
日本落叶松 *Larix kaempferi*	叶 Leaf	22.52±3.4 （n=33）	3.49±0.78 （n=33）	8.15±2.01 （n=33）	7.53±0.83 （n=33）	1.71±0.22 （n=33）
	干 Stem	0.63±0.13 （n=33）	0.24±0.09 （n=33）	0.49±0.25 （n=33）	3.67±0.41 （n=33）	0.34±0.14 （n=33）

（潘维俦 等，1981；1983；董世仁 等，1986；冯宗炜 等，1985；聂道平 等，1986；高甲荣，1987；温肇穆 等，1991；徐大平 等，1998；严昌荣 等，1999；马祥庆，2000；项文化和田大伦，2002；尹守东，2004；刘爱琴 等，2005；赵广亮 等，2006；张希彪和上官周平，2006；秦武，2008；赵勇 等，2009）

　　林木生长初期生物量和养分积累主要向叶和细根分配，生长后期逐渐向树干分配（Turner and Lamber，2008）。树干作为养分和水分的运输通道，主要由粗纤维等有机化合物组成，其生理生化作用最弱，养分含量远低于叶和其他器官（Zhou et al.，2016）。3 个生态气候区日本落叶松人工林近熟林和成熟林阶段树干占植被层生物量的 45%～71%，而养分积累量仅占 26%～33%。与树干利用收获方式相比，全树利用收获方式增加了 30% 的生物量，但养分损失量却增加了 114%（Yan et al.，2017）。Ranger 和 Turpault（1999）对比不同收获方式发现，将养分含量高的叶、枝等保留于林地，仅收获树干部分，更有利于维持土壤养分。此外，由于细胞壁的沉积和增厚，树干中养分含量随林龄的增加而降低（André et al.，2010；Peri et al.，2008），即生产单位干物质所需养分量随着林龄的增加而减小，表明林分在生长后期有着更高的养分利用效率。纪文婧等（2016）发现 40a 生华北落叶松树干养分含量显著低于 26a 生，与本研究结果一致，树干中的养分含量（N、P、K）随着林龄的增加而减少。当杉木人工林主伐年龄由 28a 延长至 56a 时，带走的 N、P、K、Ca、Mg 分别减少了 45.9%、43.1%、36.2%、13.7%、52.6%（杨明 等，2010）。因此，森林采伐在林分的不同发育时期造成的养分损失量有很大差别，适当延长轮伐期，在采伐时只取走树干并将其他组分留在林地自然分解，营养元素得以归还再利用，可以降低采伐对森林生态系统养分循环和林地生产力的负面影响。

3.5 / 结论
Brief summary

　　日本落叶松人工林灌木层和草本层养分含量远高于乔木层各器官（除针叶外），林下植被层生物量仅占总生物量的 1%～9%，但养分积累量占 5%～23%，养分积累量占比是生物量占比的 3～7.5 倍。日本落叶松各器官中针叶中养分含量最高，但针叶生物量只占总生物量的 1%～7%，其养分积累量占比为 8%～17%；树干虽然所占生物量比例最大，为植被层生物量的 45%～71%，但养分含量却最低，养分积累量仅占 26%～33%（中龄林 – 成熟林阶段）。因此，在日本落叶松人工林经营中应适时适度开展抚育间伐等营林措施，降低林分郁闭度，促进林下植被发育，有利于养分循环；建议主伐采用收获树干的方式，避免全株利用，同时为了减少养分的损失，尽量将枝、叶等保留于林地内，使其养分通过自然分解得以归还利用，以减轻采伐对养分循环和林地生产力造成的负面影响。

4

Nutrients and biological characteristics of soil layers in
Larix kaempferi plantation

日本落叶松人工林土壤层
养分与生物学特征

土壤是林木赖以生长的物质基础，土壤理化性质与生物学特征是衡量林地土壤质量的重要指标（张万儒，1991）。随着世界人工林面积的日益扩大、栽培历史的逐渐延长，以及不断追求速生丰产和短轮伐期等集约化的经营目标，导致林地土壤养分的流失、土壤生物活性降低、土壤酸化等问题（Arpin et al.，1998；Ponge，2003；Salmon et al.，2006）。人工林特别是针叶人工林地力衰退日趋严重，逐渐引起各国对人工林土壤质量及长期生产力维持问题的关注（沈国舫，1991；Larsen and Nielsen，2007）。落叶松具有适应性强、早期速生、成林快、病虫害少、材质优良等特点，是中国重要的速生用材和生态造林树种。有关落叶松人工林地力的研究认为，受养分循环过程的影响，养分吸收与实际归还量不协调，导致土壤养分含量下降、土壤物理性质恶化、生物学活性减弱，中国北方地区落叶松纯林存在地力衰退的趋势（阎德仁 等，1997；Liu et al.，1998）。Yan 等（2018）通过对温带不同发育阶段日本落叶松人工林土壤和叶片养分含量研究发现，随着林分生长发育由 N 限制转向 P 限制；陈琦等（2010）对北亚热带日本落叶松人工林研究发现，土壤有机质和养分含量随林分发育呈现先降低后升高的变化规律。了解不同发育阶段、不同经营措施土壤质量变化规律及林木的养分需求特性对人工林经营具有重要意义。因此，本章对温带、暖温带和北亚热带生态气候区不同发育阶段、不同间伐强度日本落叶松人工林土壤理化性质、生物学特征和土壤养分储量的变化规律开展系统研究，综合评价不同生态气候区土壤性质的演变规律，并以最早开展日本落叶松生产性引种的温带地区为重点研究区域，解析引种70 年的时间序列及不同栽植代数的土壤理化性质和土壤酶活性的变化规律，以期为日本落叶松人工林合理经营提供基于土壤管理的依据。

4.1 / 研究方法
Research methods

4.1.1 土壤调查与理化性质测定

3 个生态区不同发育阶段固定样地设置见 2.2.1、不同栽植代数样地设置见 2.2.2、不同间伐强度样地设置见 2.2.3。每个样地内挖取 3 个土壤剖面，在剖面 20 ~ 30cm 深度用环刀进行取样，测定土壤容重、土壤含水率、毛管持水量、毛管孔隙度和最大持水量。每个样地内 "S" 形设置 15 个采样点，去除地表枯枝落叶，使用内径 5cm 的土钻按 0 ~ 10cm、10 ~ 20cm、20 ~ 40cm 层进行取样，每个样地内不同样点相同土层充分混合后再分成 3 份，其中 1 份过筛后装入自封袋带回实验室，用于土壤养分、pH 测定；另 2 份样品过筛后装入自封袋用冰盒带回实验室放入 –80℃冰箱保存，分别用于土壤微生物和酶活性测定。

（1）土壤物理性质测定

土壤物理性质计算公式分别为：

$$土壤容重 = m/v$$
$$土壤自然含水率（\%）=100 \times (m_1 - m) / m$$
$$最大持水量（\%）=100 \times (m_2 - m) / m$$
$$毛管持水量（\%）=100 \times (m_3 - m) / m$$
$$毛管孔隙度（\%）=100 \times (m_3 - m) / \rho v$$

式中，m 为环刀内烘干土质量（g）；v 为环刀体积（cm³）；m_1 为自然状态下环刀内湿土质量（g）；m_2 为浸润 12h 后环刀内湿土质量（g）；m_3 是在干砂上搁置 2h 后环刀内湿土质量（g）；ρ 为水的密度（g/cm³）（LY/T 1215–1999）。

（2）土壤化学性质测定

土壤样品研磨后过 10 目筛用于速效养分测定，过 100 目筛用于全量养分测定。土壤化学性质测定采用中华人民共和国林业行业标准（LY/T 1752—2008，2008）。土壤有机质采用硫酸消煮 – 重铬酸钾外加热法测定，土壤全 N 采用硫酸消煮 – 凯氏定 N 法测定，水解 N 采用碱解 – 扩散法测定，全 P 采用硫酸消煮 – 钼锑抗比色法测定，有效 P 采用 NaHCO₃ 浸提 – 钼锑抗比色法测定，全 K 采用酸溶 – 火焰光度法测定，速效 K 采用乙酸铵浸提 – 火焰光度法测定，土壤全 Ca、Mg 采用酸溶 – 原子吸收分光光度计法测定，交换性 Ca^{2+}、交换性 Mg^{2+} 采用醋酸铵交换法。土壤 pH 采用电位法测定。土壤化学性质委托中国科学院东北地理与农业生态研究所测定。

4.1.2　土壤主要酶活性测定

（1）粗酶液的制备

参照 Kourtev 等（2002）的方法并稍做改动，取相当于 10g 干土重的样品放入已加入 75ml 50mmol/L 醋酸缓冲液（pH=5）的三角瓶中，在振荡器上 25℃振荡 40min（加入玻璃珠），制成匀浆，即粗酶液。

（2）漆酶、多酚氧化酶活性测定

漆酶测定采用 ABTS［2,2′ – 联 N 双（3– 乙基苯并噻唑啉 –6– 磺酸）二铵盐］的方法（Kourtev et al.，2002），将土壤匀浆用 1 号滤纸过滤后，取 1ml 放入试管中再加入 2ml 浓度为 0.5mmol/L ABTS（0.03% W/V，溶于 pH=5 浓度为 50mmol/L 醋酸缓冲液）底物，反应 30min，每隔 3min 测定一次 420nm 处的吸光值，观测 30min。将每 1ml 酶液在 25℃条件下，每分钟氧化底物（ABTS）在 420nm 处引起吸光值的增加量［△ OD420nm/（ml·min）］定义为一个酶活力单位（U）；多酚氧化酶测定采用左旋多巴方法，2ml 粗酶液加 2ml 底物（10mmol/L 的左旋多巴）的醋酸缓冲液，反应 1.5h，每隔 15min 测定一次 460nm 处吸光值。将每 1ml 酶液在 25℃条件下，每小时氧化底物在 460nm 处引起吸光值的增加量［△ OD420nm/（ml·min）］定义为 1 个酶活力单位（U）。

（3）内切纤维素酶、淀粉酶、转化酶活性测定

采用 DNS 方法测定（张瑞清 等，2008；Kourtev et al.，2002）。取 2ml 土壤匀浆分别加入 2ml 底物（1% 羧甲基纤维素钠、0.6% 可溶性淀粉、0.6% 蔗糖）的醋酸缓冲液（pH=5，50mmol/L），分别在恒温水浴振荡器上 50℃水浴 30min、2h、2h，加入 1.5ml 3,5– 二硝基水杨酸试剂终止反应后，沸水浴 5min，冷却后，2000rpm 离心 5min，吸取上清液稀释适当倍数，测定反应产物在 520nm 处 OD 值。酶活性表达为每克干物质在 50℃条件下，每小时催化底物产生的葡萄糖摩尔数［mol 葡萄糖 /(g·h)］定为一个酶活力单位（U）。

（4）β– 葡萄糖苷酶、几丁质酶、酸性磷酸酶、碱性磷酸酶测定

采用对硝基苯酚基质法测定（Kourtev et al.，2002）。β– 葡萄糖苷酶的底物为 10mmol/L 对硝基苯酚吡喃葡萄糖，几丁质酶底物为 10mmol/L 对硝基苯酚乙酰氨基葡萄糖苷，酸性磷

酸酶与碱性磷酸酶底物是磷酸对硝基苯酚，其中碱性磷酸酶底物溶解在三羟甲基氨基甲烷缓冲液中（pH=8，50mmol/L），其他底物溶解在醋酸缓冲液中（pH=5.0，50mmol/L）。

2ml 土壤匀浆分别加入 2ml 反应底物，25℃反应一定时间（几丁质酶反应 3h，β- 葡萄糖苷酶反应 2h，酸性磷酸酶和碱性磷酸酶反应 1h）后，加入 200μl 1mol/L NaOH 终止反应，将装有反应样品的试管 2000rpm 离心 5min，吸取上清液稀释适当倍数后，测定反应产物在 410nm 处的 OD 值。根据对硝基苯酚标准曲线，计算对硝基苯酚产生的量。酶活性表达为每克干物质在 25℃条件下，每小时催化底物产生的对硝基苯酚的摩尔数 [mol 对硝基苯酚 /(g·h)] 定为一个酶活力单位（U）。所有测定均以反应底物中加入失活土壤匀浆作为平行对照。所有样品均进行 3 次重复测定。酶活性 OD 值在 Spectra Max Paradigm 多功能酶标检测仪上测定。

4.1.3 土壤微生物群落结构（T–RFLP 法）

（1）土壤 DNA 提取

采用 Mo Bio Powersoil DNA 提取试剂盒（Mo Bio，CA，USA），按照说明书提取，通过琼脂糖电泳以及 NanoDrop 8000 检测 DNA 质量与浓度（总 DNA 琼脂糖电泳检测结果如图 4–1）。

（2）微生物数量测定

采用实时荧光定量 PCR 技术（qPCR）测定土壤真菌、细菌及氨氧化细菌数量（Yamamoto et al.，2010；Qin et al.，2014）。qPCR 在 ABI7500 上进行，采用 20μl 反应体系：2μl 稀释模板（细菌稀释 100 倍，真菌、氨氧化细菌稀释 10 倍），10μmol/L 上下游引物各

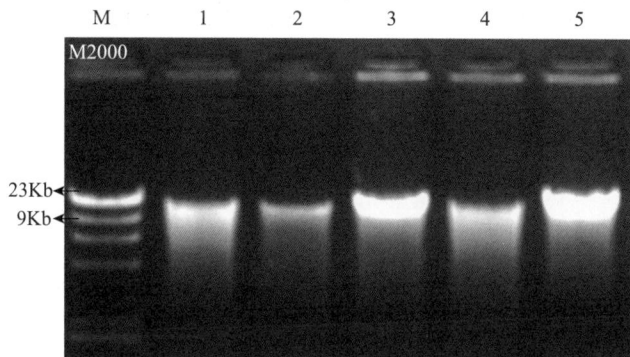

图4-1　土壤微生物总DNA提取结果

Fig. 4-1　The result of total DNA from soil microorganism

M代表Marker 2000；1、2、3、4、5为样品号

M stands for Marker 2000，the number 1，2，3，4 and 5 stand for sample

0.4μl，BSA 0.5μl（20mg/ml），SYBR Ⅱ 10.0μl，Roxdye Ⅱ 0.4μl，灭菌水补足至 20μl。真菌的特异性引物为 FF390/FR1，细菌的特异性引物为 338F/518F，氨氧化细菌的特异性引物为 amoA1F/amoA2R。每个样品 3 次重复，同时做标准曲线。qPCR 运行程序：细菌 95℃，2min；（95℃，5s；60℃，35s）28 个循环；真菌 95℃，2min；（95℃，40s；55℃，40s；72℃，40s）30 个循环；氨氧化细菌 94℃，3min；（94℃，30s；55℃，30s；72℃，55s）35 个循环。每次试验同时做溶解曲线，以检测引物特异性。以上试剂均购自 Takara 公司。

（3）微生物多样性测定

微生物多样性测定采用 PCR 扩增与末端限制性酶切片段长度多态性技术相结合的方法。分别用特异性引物 27F/1492r、ITS1/ITS4 对细菌 16S rDNA 和真菌 ITS rDNA 进行 PCR 扩增，并在上游引物的正向标记荧光物质（FAM）（袁红朝 等，2011；史应武 等，2012）。扩增体系 25μl：Extaq 0.2μl（5U/ul），10×Exbuffer 2.5μl，dNTPmix 2.0μl（各 2.5mm），模版 1μl，10μmol/L 上下游引物各 1μl，BSA 0.5μl（20mg/ml；消除腐殖酸等杂质对 PCR 反应的抑制作用），灭菌水补足至 25μl（图 4-2）。PCR 运行程序：细菌 94℃，30s；（94℃，30s；54℃，30s；72℃，1min30s）24 个循环；72℃，10min。真菌 95℃，2min；（95℃，30s；55℃，30s；72℃，45s）30 个循环。以上试剂均购自 Takara 公司。

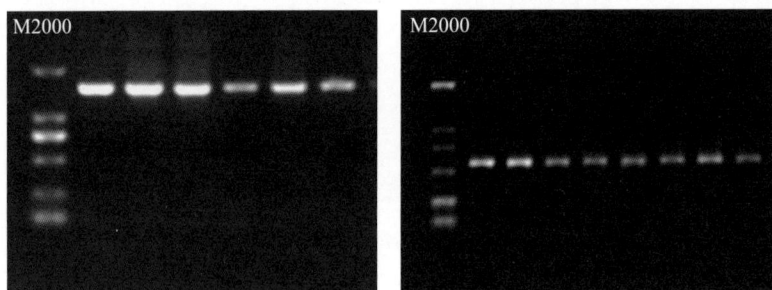

（a）细菌16S PCR扩增结果　　　　　（b）真菌ITS PCR扩增结果

图4-2　PCR扩增结果

Fig.4-2　The PCR amplification results

T-RFLP 分析：每样品取 300ng 纯化的 PCR 产物，分别用限制性内切酶 MSP Ⅰ、Hinf Ⅰ 及 Hae Ⅲ（Takara）按照说明书对真菌 ITS PCR 产物、细菌 16S rDNA PCR 产物进行酶切。MSP Ⅰ 对细菌、Hinf Ⅰ 对真菌 PCR 产物酶切效果较好，PCR 产物酶切后送北京睿博兴科生物技术有限公司进行基因扫描，真菌使用 GS500 内标，细菌使用 GS1200Liz 内标。扫描结果用 Gene Marker V2.0 进行统计分析，剔除小于 50bp 和大于 500bp（细菌大于1000bp）的片段，以及荧光强度小于 100 单位的峰。将 1bp 以内的片段（T-RFs）进行合并，不同长度的 T-RFs 代表不同种微生物，以不同长度 T-RFs 片段的峰面积占总峰面积的百分数来表征不同微生物类群的相对数量（图 4-3）。

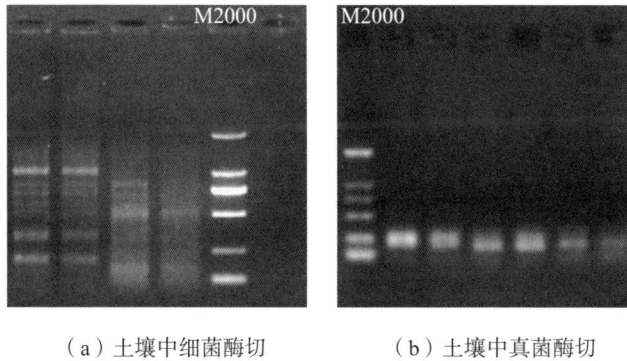

（a）土壤中细菌酶切　　　　　　（b）土壤中真菌酶切

图4-3　酶切产物

Fig.4-3　Enzyme-digested production

4.1.4　土壤微生物群落结构－高通量测序法

（1）DNA 提取、文库构建和测序

每个土样称取 0.5g，用 E.Z.N.A.DNA（Omega Bio–tek，Norcross，GA，USA）试剂盒提取总 DNA，用 NanoDrop 2000 分光光度计（Thermo Fisher，Waltham，MA，USA）检测 DNA 纯度和浓度，用 1% 琼脂糖凝胶电泳检测提取的 DNA 质量，合格后用于构建文库。以引物 338F（5′–ACTCCTACGGGGAGGAGCAG–3′）和 806R（5′–GGACTACHVGGGTCTAAT–3′）扩增细菌 16rRNA 的 V3–V4 区域（Caporaso et al.，2012）、引物 ITS1F（5′–CTTGGTCATA GGAAGAAGTAA–3′）和 ITS2R（5′–GCTGCGTTCTTCATCGATGC–3′）扩增真菌 ITS1 区域（Gardes and Bruns，1993）。PCR 反应在热循环 PCR 系统（ABI 9700，PerkinElmer，USA）中进行，程序如下：95℃条件下进行 3min 预变性处理，随后真菌和细菌分别进行 27 次和 35 循环（95℃ 30s，55℃ 30s；72℃ 45s），最后 72℃延长 10min。PCR 产物经 2% 琼脂糖凝胶电泳检验扩增浓度，用 AxyPrep DNA 凝胶提取试剂盒（Axygen Biosciences，USA）进行纯化。通过 Illumina Miseq PE 250 平台进行测序（美吉生物医药科技有限公司，上海）。

（2）生物信息学分析

原始数据经 FastQC 进行质量控制，根据 Barcode 标签序列和前引序列删选有效序列，去除引物序列和低质量区域，用 FLASH（http://ccb.jhu.edu/software/FLASH）软件对原始数据进行过滤（含不确定碱基、平均长度小于 50bp、质量值小于 20）。真菌 ITS 序列质控后，用 ITSx 软件包提取 ITS1 区域（Bengtsson–Palme et al.，2013）。用 USEARCH 软件分别使用命令 fastx_uniques 和 sortbysize 去重复和嵌合体。将获得的高质量序列，以 ≥ 97% 序列相似性阈值进行分类操作单元（Operational taxonomic units，OTUs）聚类。得到 OTUs 序列后，用 USEARCH 中的 sintax 功能分别对细菌（基于 Slilva 数据库）和真菌序列（基于

UNITE 数据库）进行物种注释，阈值设置为 0.65。用 Mothur 软件依据 OTUs 丰度表，计算土壤样品的细菌和真菌多样性指数。

4.1.5 林下植被多样性和土壤多功能指数计算

2020 年 7 月末对间伐样地开展林下植被调查，在每个样地内采用对角线法设置 5 个 1m×1m 的草本小样方，调查草本的种类、株数（丛数）、高度和盖度，采用全收获法收集样方内所有草本植物，分地上和地下部分计算林下植被生物量。林下植被多样性指数为丰富度指数（Richness index，R）、香农指数（Shannon–Wiener index，H）和辛普森指数（Simpson index，D），计算公式如下：

$$丰富度指数（R）：R = S;$$

$$香农指数（H）：H = \sum_{i=1}^{S} (P_i \ln P_i);$$

$$辛普森指数（D）：D = 1 - \sum_{i=1}^{S} P_i^2$$

式中，S 为样地内物种总数；P_i 表示第 i 种的个体数占群落中总个体数的比例。

土壤多功能性表征了 C、N、P 循环和土壤有效资源的供给能力。基于测定的 SWC、SOC、DOC、TN、TP、NH_4^+-N、NO_3^--N、AP、脲酶、β-葡萄糖苷酶、几丁质酶、纤维素水解酶、多酚氧化酶、过氧化物酶和酸性磷酸酶 15 个功能指标，计算土壤多功能性。用 min–max 标准化方法使各指标均处于同一数量级，采用平均法计算土壤多功能指数（Maestre et al.，2015；Yan et al.，2020；Xu et al.，2021b），计算公式如下：

$$Mf_a = \frac{1}{F} \sum_{i=1}^{F} g(f_i)$$

式中，Mf_a 为土壤多功能指数；F 为土壤功能参数的个数；f_i 表示功能 i 的测定值；g 为标准化函数。

4.1.6 数据处理

对土壤性质进行方差分析（ANOVA），采用最小显著性差异（LSD）进行多重比较。通过 Pearson 相关分析和冗余分析（RDA），确定林下植被特征与土壤性质和微生物群落之间的相关性。基于 Bray-Curtis 距离矩阵的非度量多维尺度（Non-metric multidimensional scaling，NMDS）可视化土壤微生物群落结构，进一步用置换方差分析（PerMANOVA）确定间伐和季节及其交互作用对土壤微生物群落组成的影响。使用 piecewiseSEM 软件包构建结构方程模型（Structural equation models，SEM），确定间伐和季节对土壤多功能性的直接和间接影响，以 NMDS1 作为微生物群落组成的指标，以丰富度指数表示微生物多样性。采用 SPSS 21.0 和 R（4.0.2）软件进行数据处理和统计分析，采用 Origin 9.1 进行图形绘制。

4.2 / 不同发育阶段土壤理化性质的变化
Changes of soil physical and chemical properties at different developmental stages

4.2.1 暖温带不同发育阶段土壤理化性质的变化

（1）土壤物理性质的变化

4个发育阶段各土壤物理指标的变异系数均不大，其中土壤容重的变异系数最小（5.57%～8.02%）、最大持水量的变异系数最大（16.56%～23.9%）（表4-1）。方差分析结果表明，不同发育阶段间土壤容重、土壤含水率和最大持水量差异达到显著水平，而毛管持水量、毛管孔隙度差异不显著。土壤容重随林分的生长发育表现出先升后降的趋势，在近熟林阶段达到最高（1.59g/cm³），至成熟林为1.27g/cm³，显著低于其他3个阶段；土壤含水率、毛管持水量、毛管孔隙度、最大持水量则刚好相反，均表现出先降低后升高的趋势，幼龄林 – 近熟林阶段先降低，到成熟林阶段又升高。与幼龄林、中龄林相比，近熟林阶段的土壤容重最高，毛管孔隙度、持水量和最大持水量均最低，土壤物理性质最差，但至成熟林阶段土壤容重又有明显降低，毛管孔隙度、持水量和最大持水量相应升高，土壤物理性质得到明显改善（表4-1）。

表4-1 暖温带不同发育阶段土壤物理性质的变化

Tab.4-1 Soil physical properties in different developmental stages in warm temperate zone

龄组 Age classes	土壤容重 Soil density（g/cm³）		毛管孔隙度 Capilary porosity（%）		土壤含水率 Soil water content（%）		毛管持水量 Capilary water holding（%）		最大持水量 Maximum moisture capacity（%）	
	平均值 Average value	变异系数 Coefficient of variation	平均值 Average value	变异系数 Coefficient of variation	平均值 Average value	变异系数 Coefficient of variation	平均值 Average value	变异系数 Coefficient of variation	平均值 Average value	变异系数 Coefficient of variation
幼龄林 Young stand	1.44±0.06b	4.27	33.39±7.71	23.11	23.60±4.10	17.38	29.84±5.44a	18.22	33.69±5.58ab	16.56
中龄林 Middle-aged stand	1.48±0.11b	7.16	34.83±6.78	19.48	21.56±7.46	34.59	28.51±5.75a	18.85	29.32±5.41b	18.43

（续）

龄组 Age classes	土壤容重 Soil density（g/cm³）		毛管孔隙度 Capilary porosity（%）		土壤含水率 Soil water content（%）		毛管持水量 Capilary water holding（%）		最大持水量 Maximum moisture capacity（%）	
	平均值 Average value	变异系数 Coefficient of variation	平均值 Average value	变异系数 Coefficient of variation	平均值 Average value	变异系数 Coefficient of variation	平均值 Average value	变异系数 Coefficient of variation	平均值 Average value	变异系数 Coefficient of variation
近熟林 Pre-mature stand	1.59±0.09a	5.75	27.35±4.64	16.95	20.10±2.57	12.76	20.74±2.22b	10.68	21.68±4.53c	20.88
成熟林 Mature stand	1.27±0.10c	8.02	36.49±12.81	35.1	22.09±2.23	10.11	32.74±5.60a	17.12	38.25±9.14a	23.9
F 值 F Value	6.98*	-	0.5	-	1.53	-	5.37*	-	7.97*	-

表中数据为平均值±标准差，采用LSD多重比较分析，不同字母表示差异显著水平（$P<0.05$），*：$P<0.05$。以下同

The data in the table are mean ± SD. Data were analyzed using LSD test；The different letters are significantly different（$P<0.05$），*：$P<0.05$. The same below

（2）土壤化学性质的变化

日本落叶松人工林土壤 pH 值随着土层深度的增加而升高。相同土层 pH 值随着林分发育呈现出先降后升的趋势，在近熟林时降为最低值，存在一定程度的酸化现象，至成熟林阶段又有所改善。方差分析结果表明，不同发育阶段间土壤 pH 值差异显著，与幼龄林相比，中龄林、近熟林和成熟林地土壤均存在明显的酸化现象。除幼龄林外，其他 3 个阶段的土壤有机质、全 N、水解 N、全 P、有效 P 和速效 K 含量总体表现出随土层深度的增加而降低的变化趋势（表 4-2），表明土壤养分具有明显的表聚性特征，这主要是因为土壤表层的有机质大多来源于凋落物的分解，而有机质又是 N 和 P 等养分的主要来源。由于 K 元素极易淋溶，且其含量还受土壤母质的影响，因此全 K 含量随土层变化的规律不明显。土壤有机质、全 N、水解 N、全 P、有效 P、全 K 和速效 K 含量随着林龄的增加总体表现出"N"形变化，即幼龄林 – 中龄林阶段升高、中龄林 – 近熟林阶段降低、近熟林 – 成熟林阶段又升高的变化趋势。方差分析结果表明，不同发育阶段间土壤有机质、全 N、水解 N、有效 P、全 K 和速效 K 含量差异在不同土层深度均达到极显著或显著水平，成熟林阶段全 P 含量显著高于其他阶段。

随着土层深度的增加，土壤中 Ca 和 Mg 含量无明显的变化规律（表 4-2）。Mg 含量表现出幼龄林至近熟林阶段先降低，至成熟林阶段又升高的特点。方差分析结果表明，各土层不同发育阶段间 Mg 含量差异均达显著水平，而 Ca 含量差异不显著。

表4-2 暖温带不同发育阶段土壤化学性质的变化

Tab.4-2 Soil chemical properties in different developmental stages in warm temperate zone

龄组 Age classes	土层深度 Soil depth (cm)	pH 值	有机质 Organic matter (g/kg)	全N Total N (g/kg)	水解N Available N (mg/kg)	全P Total P (g/kg)	有效P Available P (mg/kg)	全K Total K (g/kg)	速效K Available K (mg/kg)	镁 Mg (g/kg)	钙 Ca (g/kg)
幼龄林 Young stand	0~10	6.88±0.28a	16.8±2.4c	0.76±0.10c	86.63±16.94c	0.34±0.10	3.69±0.54b	22.49±1.22a	93.85±8.64b	11.30±0.62a	8.91±1.66
	10~20	6.91±0.32a	22.5±3.2c	1.72±0.55b	96.40±24.91c	0.39±0.11ab	5.25±1.74b	21.50±0.81a	110.95±12.36b	11.31±0.63a	10.16±2.84
	20~40	6.96±0.27a	19.9±6.2c	0.92±0.28c	116.55±23.52b	0.36±0.11b	3.55±0.73b	21.58±0.95a	97.98±8.34a	11.17±0.57a	9.44±1.92
中龄林 Middle-aged stand	0~10	6.40±0.21b	49.5±13.9b	3.05±0.34a	251.07±27.76a	0.45±0.10	5.98±1.47a	19.22±1.72b	124.23±13.22a	10.00±1.31bc	10.29±2.12
	10~20	6.44±0.30b	39.1±8.5a	1.85±0.31b	196.35±39.89b	0.39±0.14b	4.29±2.35b	18.92±2.75bc	97.20±19.67bc	10.42±1.16a	9.80±2.99
	20~40	6.51±0.27b	31.2±5.4b	1.23±0.35b	128.10±42.43b	0.37±0.15b	2.96±1.40b	18.45±2.87b	69.86±18.90b	10.37±1.20ab	9.96±3.66
近熟林 Pre-mature stand	0~10	6.31±0.18b	48.6±14.2b	2.05±0.62b	180.20±36.61b	0.31±0.11	5.04±0.81b	17.17±1.43c	94.84±17.72b	8.80±0.50c	7.11±1.04
	10~20	6.26±0.18b	33.6±9.4b	1.80±0.63b	185.64±51.03b	0.30±0.07b	4.69±1.17ab	16.68±2.16c	91.19±23.09c	8.18±1.13b	6.48±0.71
	20~40	6.40±0.20b	28.2±4.4b	1.15±0.29bc	126.30±55.90b	0.27±0.06b	2.44±0.55b	18.84±0.30b	76.93±9.71b	9.04±0.79b	6.35±1.44
成熟林 Mature stand	0~10	6.46±0.19b	72.5±13.3a	2.83±0.35a	320.50±42.65a	0.50±0.08	7.02±0.91a	19.71±1.23b	160.57±20.04a	10.32±2.05ab	13.66±5.03
	10~20	6.42±0.29b	45.1±4.2ab	3.34±0.73a	305.08±50.32a	0.53±0.10a	5.33±0.80a	20.77±3.93ab	151.21±42.20a	10.62±2.56a	14.10±5.78
	20~40	6.52±0.09b	50.9±10.1a	2.54±0.40a	231.00±37.25a	0.49±0.08a	5.22±0.59a	20.31±2.69b	95.74±20.98a	11.10±2.72a	12.50±7.74
F 值 F value	0~10	10.666**	14.837**	39.752**	28.699**	3.016	7.754*	16.289**	9.657**	4.659*	1.677
	10~20	11.801**	27.174**	12.623**	20.508**	4.031*	8.763*	5.135*	13.424**	6.544*	2.029
	20~40	8.028**	25.044**	27.510**	7.279**	3.964*	9.188*	4.169*	7.079*	3.213*	2.338

表中数据为平均值±标准差，不同字母表示同一土层不同年龄组间差异显著水平（$P<0.05$），*：$P<0.05$；**：$P<0.01$。以下同

The data in the table are mean ± SD, the different letters are significantly different ($P<0.05$), *: $P<0.05$; **: $P<0.01$. The same below

4.2.2 温带不同发育阶段土壤理化性质的变化

（1）土壤物理性质的变化

土壤容重随林龄的增加表现出先升高后降低的趋势，在近熟林阶段达到最高，分别为 1.21g/cm³，至成熟林阶段又降为 1.11g/cm³。土壤含水率则表现出相反的变化趋势，幼龄林至近熟林阶段先下降，近熟林阶段最低为 20.4%，成熟林阶段又增至 21.8%。不同发育阶段间土壤容重和土壤含水率差异达显著水平，中龄林和近熟林阶段土壤容重显著高于幼龄林和成熟林阶段，而土壤含水率显著低于幼龄林和成熟林阶段（表4-3）。

表4-3　温带不同发育阶段土壤物理性质的变化

Tab.4-3　Soil physical properties in different developmental stages in temperate zone

土壤性质 Soil properties	幼龄林 Young stand	中龄林 Middle-aged stand	近熟林 Pre-mature stand	成熟林 Mature stand	F 值 F Value
土壤容重 Soil bulk density（g/cm³）	1.07±0.06b	1.19±0.11a	1.21±0.09a	1.11±0.10b	9.574*
土壤含水率 Soil moisture（%）	22.1±0.5a	20.5±0.4b	20.4±0.9b	21.8±0.8a	4.896*

（2）土壤化学性质的变化

土壤 pH 值随着土层深度的增加而升高，土壤 pH 值随着林龄的增加表现为先降后升的趋势，方差分析结果表明不同发育阶段间土壤 pH 值差异不显著（表4-4）。

土壤有机质、全 N、水解 N、全 P、有效 P 和速效 K 含量表现出随土层深度的增加而降低的变化趋势，全 K 含量随土层变化不明显（表4-4）。土壤有机质、水解 N、有效 P、速效 K 含量随着林龄的增加总体表现出 "V" 形变化，幼龄林至近熟林阶段下降，而近熟林–成熟林阶段又有所升高。方差分析结果表明，不同发育阶段间土壤有机质、水解 N、有效 P 和速效 K 含量的差异达极显著或显著水平，近熟林阶段显著低于幼龄林和成熟林阶段，而全 P 和全 K 含量差异不显著。

表4-4　温带不同发育阶段土壤化学性质的变化

Tab.4-4　Soil chemical properties in different developmental stages in temperate zone

龄组 Age classes	土层深度 Soil depth （cm）	pH 值	有机质 Organic matter （g/kg）	全 N Total N （g/kg）	水解 N Available N （mg/kg）	全 P Total P （g/kg）	有效 P Available P （mg/kg）	全 K Total K （g/kg）	速效 K Available K （mg/kg）
幼龄林 Young stand	0～10	5.53±0.07	103.1±5.5a	5.1±0.6a	416.3±25.7a	0.43±0.04	10.0±0.5a	4.1±0.3	205.8±29.8a
	10～20	5.61±0.06	60.2±50a	3.2±0.2	250.0±38.4a	0.42±0.07	5.9±1.1	4.1±0.5	138.7±33.3a
	20～40	5.72±0.11	35.3±0.3a	1.6±0.2	130.5±12.0	0.40±0.06	2.9±0.5b	3.3±0.2	101.4±29.1a

（续）

龄组 Age classes	土层深度 Soil depth（cm）	pH 值 pH value	有机质 Organic matter（g/kg）	全 N Total N（g/kg）	水解 N Available N（mg/kg）	全 P Total P（g/kg）	有效 P Available P（mg/kg）	全 K Total K（g/kg）	速效 K Available K（mg/kg）
中龄林 Middle-aged stand	0～10	5.66±0.10	92.6±4b	4.7±0.4b	373.0±40.6bc	0.46±0.05	7.9±0.9b	4.0±0.6	168.3±27.8b
	10～20	5.72±0.08	51.7±8.1b	2.9±0.4	186.3±26.1b	0.38±0.03	5.8±0.7	3.7±0.6	96.9±34.8b
	20～40	5.83±0.11	30.5±2.1b	1.5±0.5	110.7±19.9	0.33±0.04	3.3±1.2b	3.2±0.5	69.2±4.8ab
近熟林 Pre-mature stand	0～10	5.53±0.08	89.1±3.3b	4.7±0.5b	330.3±51.8c	0.45±0.05	7.8±0.8b	4.0±0.1	145.7±11.9b
	10～20	5.63±0.05	50.7±6.4b	2.9±0.2	175.5±26.1b	0.37±0.03	5.7±0.8	3.9±0.8	89.8±11.4b
	20～40	5.75±0.06	30.7±1.6b	1.6±0.3	113.0±12.1	0.35±0.02	2.9±0.6b	3.2±0.3	61.3±2.1b
成熟林 Mature stand	0～10	5.59±0.10	99.6±3.4a	4.7±0.4b	406.7±14.6ab	0.44±0.03	9.1±1.8a	3.9±0.4	173.6±29.0b
	10～20	5.64±0.09	57.2±2.8ab	3.2±0.3	261.3±34.6a	0.39±0.03	5.3±0.7	3.8±0.4	123.0±20.2ab
	20～40	5.74±0.08	37.1±2.2a	1.8±0.2	129.8±28.1	0.34±0.06	5.5±1.3a	3.3±0.6	123±20.2a
F 值 F value	0～10	1.411	9.338**	4.229*	7.235*	0.020	8.864**	0.164	6.897*
	10～20	1.406	6.032*	1.217	7.883**	0.849	0.276	0.214	6.459*
	20～40	0.906	8.719**	0.442	0.911	1.045	5.005*	0.422	3.773*

4.2.3 北亚热带不同发育阶段土壤化学性质的变化

土壤 pH 值随林分发育表现为持续降低的趋势，近熟林和成熟林阶段显著低于幼龄林和中龄林阶段，表明该区日本落叶松林地土壤随着林分发育存在一定程度的酸化现象（表 4-5）。

土壤有机质、全 N、水解 N、全 P、有效 P 和速效 K 含量表现出随土层深度的增加而降低的趋势，全 K 含量随土层变化不明显（表 4-5）。土壤有机质、全 N、水解 N、全 K 含量随林分发育总体表现出"V"形变化，幼龄林至中龄林阶段下降，中龄林－成熟林阶段又有所回升；土壤全 P 含量在中龄林和成熟林阶段较高，而有效 P 在近熟林阶段最高；土壤速效 K 含量随林分发育呈现出持续下降的趋势，尤其在 0～10cm 层更为明显。方差分析结果表明，不同发育阶段间土壤有机质、全 N、水解 N、有效 P 和全 K 含量在 0～10cm、

10～20cm、20～40cm 层差异均极显著，全 P 含量在 0～10cm 和 10～20cm 层差异极显著，速效 K 含量仅在 0～10cm 层差异极显著。中龄林阶段土壤有机质、全 N、水解 N 和全 K 含量显著低于幼龄林和成熟林阶段，土壤全 P 含量最高，在 0～10cm 层显著高于幼龄林和成熟林阶段；速效 K 在 0～10cm 层幼龄林阶段显著高于其他 3 个阶段，成熟林显著低于其他 3 个阶段。

表4–5　北亚热带不同发育阶段土壤化学性质的变化

Tab.4-5　Soil chemical properties in different developmental stages in north subtropical zone

龄组 Age classes	土层深度 Soil depth （cm）	pH 值	有机质 Organic matter （g/kg）	全 N Total N （g/kg）	水解 N Available N （mg/kg）	全 P Total P （g/kg）	有效 P Available P （mg/kg）	全 K Total K （g/kg）	速效 K Available K （mg/kg）
幼龄林 Young stand	0～10	4.97±0.01a	102.7±1.5a	4.1±0.1a	422.7±19.9a	0.62±0.1c	11.3±0.8a	9.9±0.9a	77.2±1.5a
	10～20	4.96±0.08a	66.0±5.0b	2.9±0.2b	281.3±4.1b	0.64±0.1b	7.1±0.3c	10.0±0.7a	42.5±0.6
	20～40	4.95±0.06a	53.0±2.3b	2.5±0.1b	261.7±27.1b	0.54±0.3	5.2±1.1c	9.8±0.8a	30.7±0.7
中龄林 Middle-aged stand	0～10	4.96±0.06a	61.8±3.9c	3.3±0.4c	307.5±14.3c	0.75±0.1a	11.0±0.3a	8.2±0.4b	58.2±2.0b
	10～20	5.01±0.05a	46.3±2.0c	2.8±0.2bc	248.5±6.0c	0.72±0.1a	6.6±0.4c	8.6±0.2bc	40.6±2.7
	20～40	4.96±0.08a	41.9±0.8d	2.4±0.1b	234.2±6.6b	0.61±0.3	6.0±0.1b	8.4±0.5b	32.2±1.9
近熟林 Pre-mature stand	0～10	4.74±0.05b	84.9±1.4b	3.8±0.1b	387.0±8.2b	0.64±0.2c	12.1±0.6a	8.5±0.4b	53.1±0.5c
	10～20	4.75±0.02b	68.6±2.0b	3.2±0.1ab	338.8±15.3a	0.65±0.1b	10.7±0.2a	8.3±0.4c	39.2±1.8
	20～40	4.76±0.03b	47.5±1.7c	2.4±0.1b	246.3±9.0b	0.61±0.4	7.6±0.6a	8.1±0.2b	31.3±5.0
成熟林 Mature stand	0～10	4.67±0.02b	96.0±4.4a	4.0±0.2a	390.0±8.4ab	0.71±0.1b	10.1±0.2b	9.9±0.8a	44.9±1.7d
	10～20	4.78±0.04b	74.7±2.5a	3.3±0.1a	332.0±13.0a	0.68±0.1a	8.2±0.2b	9.4±0.6ab	33.0±1.1
	20～40	4.75±0.02b	65.6±2.7a	3.0±0.1a	304.6±11.5a	0.63±0.4	8.0±0.1a	9.7±1.1a	30.3±2.6
F 值 F value	0～10	97.343***	8.016**	8.579**	4.371*	33.697***	13.857***	66.401***	142.101***
	10～20	39.690***	21.174***	10.957**	20.918***	17.981***	77.132***	13.985***	0.468
	20～40	36.918***	25.483***	29.340***	15.506***	2.680	35.807***	5.886**	0.662

4.3 / 土壤性质综合评价
Comprehensive evaluation of soil properties

采用主成分分析法对暖温带和温带不同发育阶段日本落叶松人工林土壤质量进行评价，其中暖温带包括 16 个土壤理化指标（土壤容重，土壤含水率，毛管持水量，毛管孔隙度和最大持水量，pH 值，全 N，水解 N，全 P，有效 P，全 K，速效 K、Ca、Mg），温带包括 16 个土壤理化性质和酶活性指标（土壤容重、土壤含水率、pH 值、有机质、全 N、水解 N、全 P、有效 P、全 K、速效 K、土壤磷酸酶、β- 葡萄糖苷酶、几丁质酶、纤维素水解酶、过氧化物酶、多酚氧化酶）。

4.3.1 暖温带土壤性质综合评价

对暖温带 16 个土壤指标进行主成分分析，提取特征根大于 1 的主成分 4 个。第 1、2、3、4 主成分的方差贡献率分别为 29.807%、27.953%、16.713% 和 8.620%，累积方差贡献率达 83.093%，基本能反映土壤各指标的变异信息（表 4-6）。第 1 和第 2 主成分主要综合了 pH 值、有机质、N、P 含量的信息，第 3 和第 4 主成分主要综合了土壤密度、土壤含水率、毛管孔隙度和毛管持水量等物理方面的信息（表 4-7）。

综合主成分得分是每个主成分得分与其对应贡献率的乘积的总和，各主成分的贡献率等于各主成分特征根占所有特征根之和的比。成熟林（0.68）土壤综合肥力指标值最大，近熟林最小（−0.57），说明从中龄林 – 近熟林阶段土壤性质呈退化趋势，土壤养分含量下降，土壤物理性质变差，但近熟林 – 成熟林阶段土壤养分含量得以恢复，甚至养分含量超过中龄林阶段，物理性质也得到了明显改善（表 4-8）。

表4-6 暖温带土壤理化性质主成分分析

Tab.4-6 Principal component analysis of soil information system in warm temperate zone

主成分 Principal component	特征根 Eigenvalue	方差贡献率 Variance contribution rate（%）	累计贡献率 Accumalative contribution rate（%）
第 1 主成分 First principal component	4.471	29.807	29.807
第 2 主成分 Second principal component	4.193	27.953	57.760
第 3 主成分 Third principal component	2.507	16.713	74.473
第 4 主成分 Fourth principal component	1.293	8.620	83.093

表4-7 暖温带土壤理化性质特征向量分析

Tab. 4-7 Principal component eigenvectors of soil in warm temperate zone information system

土壤指标 Soil parameters	主成分 Principal component			
	1	2	3	4
pH 值	0.91	-0.23	0.08	-0.08
有机质 Organic matter	0.88	-0.31	0.13	-0.22
全 N Total N	0.72	-0.53	0.18	-0.05
水解 N Available N	0.64	0.43	-0.17	0.07
全 P Total P	-0.38	0.73	-0.11	0.25
有效 P Available P	0.73	0.03	-0.11	0.29
全 K Total K	0.05	0.80	0.34	0.22
速效 K Available K	0.38	0.26	0.35	-0.03
镁 Mg	-0.18	0.88	0.24	-0.09
钙 Ca	0.18	0.71	0.10	-0.54
土壤容重 Bulk density	0.28	-0.04	-0.39	0.79
毛管孔隙度 Capillary porosity	0.04	0.16	0.25	0.84
土壤含水率 Water moisture	0.01	0.08	0.80	0.12
毛管持水量 Capillary water holding	-0.09	0.03	0.88	-0.02
最大持水量 Maximum moisture capacity	0.17	0.15	0.79	0.07

表4-8 暖温带不同发育阶段土壤因子得分

Tab.4-8 Component score of the soil of larch plantations at different developmental stages in warm temperate zone

项目 Items	幼龄林 Young stand												中龄林 Middle-aged stand									
	1	2	3	4	5	6	7	8	9	10	11	12	13	14	15	16	17	18	19	20	21
综合得分 Comprehensive score	0.13	0.06	-0.17	-0.26	-0.33	-0.31	-0.09	0.04	-0.06	0.23	0.31	-0.43	0.39	0.56	0.31	-0.11	-0.07	0.24	-0.66	-1.11	0.07
平均得分 Average score	-0.11												0.03								

项目 Items	近熟林 Pre-mature stand					成熟林 Mature stand				
	22	23	24	25	26	27	28	29	30	31	32	33
综合得分 Comprehensive score	0.01	-0.97	-0.7	-0.63	-0.73	-0.41	0.24	0.76	0.39	0.93	1.21	0.54
平均得分 Average score	-0.57					0.68						

1, 2, 3……33代表样地号。

1, 2, 3……33 stand for plot number.

4.3.2 温带土壤性质综合评价

对温带16个土壤理化和酶活性指标进行主成分分析，提取特征根大于1的主成分4个。第1、2、3和4主成分的贡献率分别为54.51%、15.51%、8.63%和6.83%，累积贡献率达85.48%，可以代表所有评价指标的大部分信息（表4-9）。第1主成分主要综合了有机质、全N、水解N、有效P、速效K、土壤容重、土壤含水率、β-葡萄糖苷酶、几丁质酶、纤维素水解酶、多酚氧化酶的信息，第2主成分主要综合了pH值、全P和酸性磷酸酶的信息，主成分3中有效P权重较大，主成分4中全K权重较高（表4-10）。

表4-9 温带土壤理化性质主成分分析

Tab.4-9 Principal component analysis of soil information system in temperate zone

主成分 Principal component	特征根 Eigenvalue	方差贡献率 Variance contribution rate（%）	累计贡献率 Accumulative contribution rate（%）
第1主成分 First principal component	8.722	54.51	54.51
第2主成分 Second principal component	2.481	15.51	70.02
第3主成分 Third principal component	1.381	8.63	78.65
第4主成分 Fourth principal component	1.093	6.83	85.48

表4-10 温带土壤性质特征向量分析和解释方差

Tab.4-10 Principal component eigenvectors of information system in temperate zone

土壤指标 Soil parameters	主成分 Principal component			
	1	2	3	4
pH 值	-0.27	-0.89	-0.06	0.17
有机质 Organic matter	0.97	-0.11	-0.04	-0.11
全 N Total N	0.83	-0.15	0.33	-0.08
水解 N Available N	0.84	-0.09	-0.40	0.03
全 P Total P	0.55	0.47	0.30	0.24
有效 P Available P	0.86	0.02	0.45	0.03
全 K Total K	0.12	0.59	-0.46	0.62
速效 K Available K	0.89	0.03	0.09	0.11
土壤容重 Bulk density	-0.93	0.04	0.30	0.04
土壤含水率 Water moisture	0.81	0.05	0.17	-0.33

（续）

土壤指标 Soil parameters	主成分 Principal component			
	1	2	3	4
酸性磷酸酶 ACP	0.34	0.74	0.20	0.11
β-葡萄糖苷酶 βG	0.88	-0.15	-0.36	-0.22
几丁质酶 NAG	0.76	-0.39	-0.08	0.35
纤维素水解酶 CBH	0.87	-0.04	0.28	0.06
多酚氧化酶 PPO	0.86	-0.12	-0.33	0.01
过氧化物酶 POD	0.00	0.58	-0.35	-0.55

依据 4 个主成分得分并以贡献率为权重对不同发育阶段土壤质量综合评价（表 4-11），依次为幼龄林（2.6）＞成熟林（1.52）＞中龄林（-1.45）＞近熟林（-1.65），表明随着日本落叶松发育至近熟林阶段，土壤质量变差，土壤容重升高，土壤有机质、有效养分含量和相关酶活性降低，至成熟林阶段土壤质量有所恢复。

表4-11　不同发育阶段土壤因子得分

Tab.4-11　Component score of the soil of larch plantations at different developmental stages

温带	幼龄林 Young stand			中龄林 Middle-aged stand			近熟林 Pre-mature stand			成熟林 Mature stand		
	1	2	3	4	5	6	7	8	9	10	11	12
综合得分 Comprehensive score	3.44	2.24	2.11	-0.57	-1.51	-2.28	-2.25	-0.85	-1.85	0.83	0.86	-0.17
平均得分 Average score		2.60			-1.45			-1.65			1.52	

4.4 / 土壤养分储量变化

Changes of soil nutrient accumulation

土壤是植物生长发育所需营养元素的主要来源，土壤养分对植被生长发育的影响主要通过有效养分起作用，但养分储量却可以反映土壤的潜在肥力（闫恩荣，2006）。土壤养分储量在很大程度上制约着植物群落的生长演替，同时植物也可通过反馈作用对土壤养分储量产生影响（Jobbágy and Jackson，2004；Wang et al.，2014），以往的研究工作大多注重于土壤养分含量与植物生长发育的关系，而关注土壤养分储量的研究相对较少。实现土壤养分储量的定量化，可以更加直观地评价森林经营措施（采伐、间伐）所消耗养分量对林地的影响，为维持土壤质量提供养分管理策略（Yang et al.，2018；McMahon et al.，2019）。

4.4.1　暖温带土壤养分储量变化

日本落叶松林地土壤中养分储量在 4 个发育阶段均以 K 的储量最大，达 83.99～94.47t/hm²，Ca 和 Mg 居中，分别为 31.67～45.10t/hm² 和 38.40～45.61t/hm²，N 次之，为 4.17～8.72t/hm²，P 最少，为 1.36～1.89t/hm²。水解 N、有效 P 和速效 K 的储量排序则以水解 N 储量最高，为 410.93～998.96kg/hm²，速效 K 居中，为 354.01～502.43kg/hm²，有效 P 储量最低，为 14.44～22.14kg/hm²。不同发育阶段间土壤全量 N、P、K 和水解 N、有效 P、速效 K 储量差异显著，全 N、水解 N、有效 P 和速效 K 储量在成熟林阶段显著高于其他阶段，全 P 储量在中龄林和成熟林阶段显著高于幼龄林和近熟林阶段，全 K 储量在幼龄阶段显著高于其他 3 个阶段（表 4–12）。土壤养分储量除了受土壤养分含量影响外，还与土壤容重有关，虽然近熟林阶段养分含量最低，但由于土壤容重最大，其总储量并未显著低于其他阶段。

表4-12　暖温带不同发育阶段土壤养分储量

Tab.4-12　Soil nutrient stocks in different developmental stages in warm temperate zone

龄组 Age classes	全N Total N （t/hm²）	全P Total P （t/hm²）	全K Total K （t/hm²）	钙 Ca （t/hm²）	镁 Mg （t/hm²）	水解N Available N （kg/hm²）	有效P Available P （kg/hm²）	速效K Available K （kg/hm²）
幼龄林 Young stand	4.17±0.87b	1.36±0.32b	94.47±4.16a	38.98±7.21	42.79±6.36	410.93±52.47c	14.44±4.15b	373.56±77.59b
中龄林 Middle-aged stand	5.69±2.61b	1.69±0.25a	87.87±7.43b	45.10±7.53	45.61±5.17	721.21±132.26b	15.76±5.08b	354.01±83.32b
近熟林 Pre-mature stand	6.97±1.02b	1.39±0.19b	83.99±6.12b	31.67±6.91	41.43±4.39	611.80±158.53b	16.42±2.66b	395.10±100.10ab
成熟林 Mature stand	8.72±1.05a	1.83±0.32a	85.56±8.35b	37.34±8.93	38.4±7.86	998.96±92.88a	22.14±0.99a	502.43±113.74a
F值 F value	4.587*	4.192*	3.709*	1.799	0.681	29.861**	5.070**	3.355*

4.4.2　温带土壤养分储量变化

温带日本落叶松林地土壤养分元素储量也是K的储量最大，为16.57～17.85t/hm²；N储量居中，为12.56～12.88t/hm²；P储量最少，为1.71～1.89t/hm²。水解N、速效K和有效P储量分别为864.2～1013.1kg/hm²、441.7～594.2kg/hm² 和23.47～27.27kg/hm²。不同发育阶段间土壤水解N和速效K储量差异显著，近熟林阶段显著低于幼龄林和成熟林阶段，而全N、全P、全K和有效P储量差异不显著（表4-13）。

表4-13　温带不同发育阶段土壤养分储量

Tab.4-13　Soil nutrient stocks in different developmental stages in temperate zone

龄组 Age classes	全N Total N （t/hm²）	全P Total P （t/hm²）	全K Total K （t/hm²）	水解N Available N （kg/hm²）	有效P Available P （kg/hm²）	速效K Available K （kg/hm²）
幼龄林 Young stand	12.56±0.84	1.87±0.19	16.57±1.35	1005.9±39.1a	23.56±2.43	594.2±45.6a
中龄林 Middle-aged stand	12.61±1.47	1.85±0.15	17.61±1.99	943.9±30.4ab	24.39±0.6	482.3±35.9bc
近熟林 Pre-mature stand	12.88±1.19	1.89±0.1	17.85±0.1	864.2±9.4b	23.47±3.56	441.7±44.9c
成熟林 Mature stand	12.69±0.56	1.71±0.12	16.72±1.18	1013.1±60.3a	27.27±1.23	551.1±3.6ab
F值 F value	0.050	0.921	0.676	9.333**	1.860	10.451**

4.5 / 不同发育阶段土壤生物学特征

Soil biological characteristics at different developmental stages

土壤生物学指标（如土壤酶活性、土壤微生物）与土壤质量密切相关，并能迅速响应土壤养分变化，常作为土壤质量的重要评价指标（Kang et al., 2018）。因此，本节以温带低山丘陵区为代表，在春（5月）、夏（8月）、秋（10月）生长季开展了0～10cm表层土壤的酶活性、微生物数量和微生物群落结构测定与研究。

4.5.1 土壤酶活性

不同发育阶段林分土壤酶活性差异显著。随林分生长发育土壤几丁质酶、淀粉酶与β-葡萄糖苷酶活性下降，在中龄林或近熟林阶段降至最低，成熟林阶段有所回升，但仍低于幼龄林。酸性磷酸酶、碱性磷酸酶活性随林分生长发育呈持续升高趋势，在成熟林阶段达最高值。几种酶活性的年际变化规律发现，基本都在5月达最高值（表4-14）。

表4-14　不同发育阶段表层土壤酶活性

Tab.4-14　Enzyme activity in topsoil of different development stands

龄组 Age classes	时间 Time	几丁质酶 Chinase （×10⁻⁴）/U	β- 葡萄糖苷酶 β-glucosidase （×10⁻⁴）/U	酸性磷酸酶 Acid phosphatase （×10⁻⁴）/U	碱性磷酸酶 Alkaline phosphatase （×10⁻⁴）/U	淀粉酶 Amylase （×10⁻²）/U
幼龄林 Young stand	5 月 May	3.89	3.32	9.91	5.98	1.90
	8 月 August	3.14	2.18	5.34	5.21	0.63
	10 月 October	3.47	2.15	6.90	4.34	0.59
均值 Mean	–	3.5±0.17a	2.55±0.14a	7.38±0.36b	5.17±0.12b	1.04±0.12a

（续）

龄组 Age classes	时间 Time	几丁质酶 Chinase （×10⁻⁴）/U	β-葡萄糖苷酶 β-glucosidase （×10⁻⁴）/U	酸性磷酸酶 Acid phosphatase （×10⁻⁴）/U	碱性磷酸酶 Alkaline phosphatase （×10⁻⁴）/U	淀粉酶 Amylase （×10⁻²）/U
中龄林 Middle-age stand	5月 May	2.86	3.19	9.89	6.18	1.00
	8月 August	2.92	1.54	4.61	3.01	0.47
	10月 October	3.14	1.21	5.99	2.90	0.54
均值 Mean	–	2.97±0.32c	1.98±0.23c	6.83±0.47c	4.03±0.14d	0.67±0.11c
近熟林 Pre-mature stand	5月 May	3.32	2.23	10.88	7.29	1.10
	8月 August	3.09	2.29	8.27	2.89	0.24
	10月 October	3.29	1.88	10.53	3.4	0.41
均值 Mean	–	3.23±0.15b	2.13±0.12c	9.89±0.65a	4.52±0.12c	0.58±0.13c
成熟林 Mature stand	5月 May	3.51	3.21	10.02	7.39	1.10
	8月 August	2.98	1.87	8.61	6.40	0.61
	10月 October	3.07	1.76	9.89	4.11	0.75
均值 Mean	–	3.18±0.14b	2.28±0.13b	9.5±0.57a	5.97±0.23a	0.82±0.12b

4.5.2 土壤微生物数量

日本落叶松人工林土壤中细菌基因拷贝数高于真菌，细菌基因拷贝数占绝对优势。细菌基因拷贝数与氨氧化细菌基因拷贝数总体呈现出随林分发育先降低后升高的趋势，细菌基因拷贝数在中龄林阶段显著低于其他阶段，氨氧化基因拷贝数在中龄林和近熟林阶段显著低于其他2个阶段，在成熟林阶段均有所回升，但仍低于幼龄林。真菌基因拷贝数基本呈现出随林分发育而升高的趋势，成熟林阶段显著高于其他阶段。在季节上，5月的细菌与氨氧化细菌基因拷贝数显著高于8月和10月，而10月的真菌基因拷贝数显著高于其他2个月份。细菌基因拷贝数/真菌基因拷贝数之比（B/F）随林龄增加而降低（表4-15）。氨氧化细菌主要参与N循环，其变化趋势与全N和水解N的变化一致。

表4-15　不同发育阶段表层土壤类群微生物基因拷贝数

Tab.4-15　Gene copy numbers of different microorganism in topsoil

基因 gene	龄组 Age classes	5月 May （copies/g soil）	8月 August （copies/gdry soil）	10月 October （copies/g dry soil）	均值 Mean （copies/g dry soil）	B/F （×10⁴）
细菌 Bacteria	幼龄林 Young stand	$4.55×10^{12}$a	$1.83×10^{12}$c	$1.99×10^{12}$b	$2.80×10^{12}$a	0.45
	中龄林 Middle-aged stand	$2.57×10^{12}$c	$3.23×10^{12}$a	$1.95×10^{12}$b	$2.58×10^{12}$c	0.48
	近熟林 Pre-mature stand	$2.83×10^{12}$c	$2.60×10^{12}$b	$2.69×10^{12}$a	$2.70×10^{12}$b	0.32
	成熟林 Mature stand	$3.06×10^{12}$b	$2.76×10^{12}$b	$2.27×10^{12}$a	$2.69×10^{12}$b	0.26
氨氧化细菌 Ammonia oxidizing bacteria	幼龄林 Young stand	$6.76×10^{7}$a	$2.48×10^{7}$a	$2.04×10^{7}$a	$3.76×10^{7}$a	—
	中龄林 Middle-aged stand	$9.84×10^{6}$d	$2.19×10^{7}$a	$6.72×10^{6}$b	$1.28×10^{7}$b	—
	近熟林 Pre-mature stand	$2.33×10^{7}$c	$1.24×10^{7}$b	$2.01×10^{7}$a	$1.86×10^{7}$b	—
	成熟林 Mature stand	$6.00×10^{7}$b	$1.78×10^{7}$b	$2.08×10^{7}$a	$3.14×10^{7}$a	—
真菌 Fungi	幼龄林 Young stand	$1.31×10^{9}$a	$1.85×10^{8}$c	$3.32×10^{8}$c	$6.10×10^{8}$c	—
	中龄林 Middle-aged stand	$5.61×10^{8}$c	$6.04×10^{8}$b	$4.28×10^{8}$b	$5.31×10^{8}$d	—
	近熟林 Pre-mature stand	$1.20×10^{9}$a	$6.63×10^{8}$b	$6.07×10^{8}$b	$8.24×10^{8}$b	—
	成熟林 Mature stand	$9.19×10^{8}$b	$1.47×10^{9}$a	$6.36×10^{8}$a	$1.01×10^{9}$a	—

4.5.3　土壤微生物群落组成

从图4-4（a）可以看出，不同发育阶段表层土壤的优势细菌类群基本相同，仅在相对数量上发生改变，相对数量位居前5位的优势细菌类群为 *T-RF**（794）、*T-RF*（147）、*T-RF*（145）、*T-RF*（137）和 *T-RF*（89）。幼龄林与成熟林的细菌类群和相对数量更相近，而中龄林与近熟林更相似。不同发育阶段间表层土壤中主要真菌类群差异较大［图4-4（b）］，说明细菌群落结构较真菌群落结构更稳定，由此推测真菌对外界环境的变化更为敏感，真菌群落结构的变化更能反应土壤质量的变化。

---

* *T-RF*：Terminal Restriction Fragment 末端限制性片段。

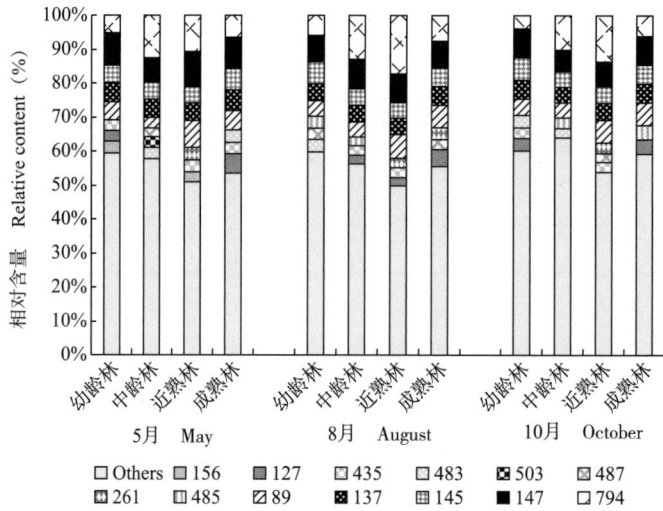

图4-4　不同发育阶段表层土壤细菌与真菌类群

Fig.4-4　T-RFLP analysis of topsoil bacteria and fungi composition in different development stands

不同数字代表不同的真菌、细菌类群

The different number stand for different species of fungi and bacteria

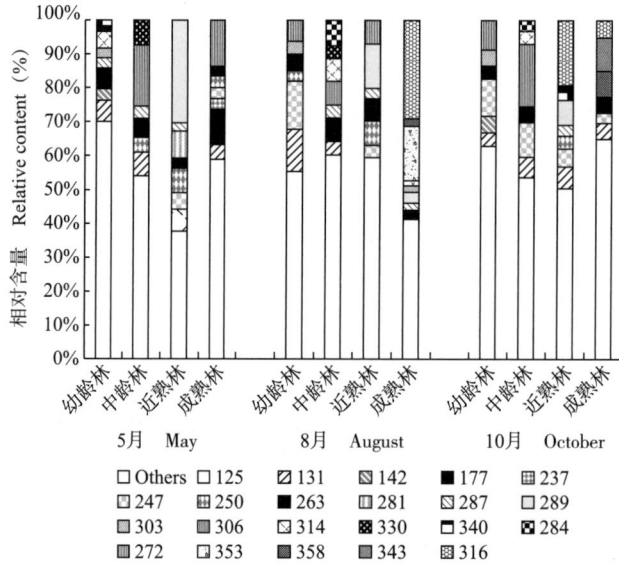

4.6 / 不同栽植代数土壤性质变化

Changes of soil properties with different planting generations

日本落叶松在温带地区规模化生产性引种逾 70a，主伐年龄为 40a 以上，目前已有近 2 代的栽培历史。在此背景下，采用时序法，选择了 16a、30a、47a 生 3 个 1 代日本落叶松林分（简写为 1R-16Y、1R-30Y、1R-47Y）和 8a、16a、30a 生 3 个 2 代林分（简写为 2R-8Y、2R-16Y、2R-30Y），并以天然次生林（SF）为对照林分。1 代林造林前为天然次生林采伐迹地，2 代林造林前为 1 代落叶松人工林皆伐迹地。每个林分内设置 3 个 0.08hm²（28.2m × 28.2m）样地。凋落物是土壤有机质的主要来源，又是土壤养分的主要补给者，凋落物输入和分解的平衡影响着土壤有机质和养分的含量（Kim et al., 2010; N'Dri et al., 2018），林下植被则通过改变凋落物的质量和根系分泌物影响土壤性质（Xiong et al., 2008; 2014; Qiao et al., 2014）。因此，本节综合开展了不同样地凋落物层生物量、林下植被特征、土壤理化性质和酶活性等调查，解析林下植被发育情况和凋落物层现存量对土壤性质的影响及不同栽植代数土壤性质的变化。样地详情及林下植被特征和凋落物层生物量见表 2-4。

4.6.1 土壤物理性质的变化

土壤容重随着土层深度的增加而增大，而土壤含水率则呈相反的趋势（图 4-5）。土壤容重和土壤含水率随年龄序列的增加呈波动式变化。土壤容重从天然次生林到 1R-30Y 先增加，至 1R-47Y 和 2R-8Y 时又降低，随后至 2R-30Y 又持续增加；而土壤含水率呈相反的趋势，从天然次生林到 1R-30Y 先降低，至 1R-47Y 和 2R-8Y 时又增加，随后至 2R-30Y 时又持续降低。方差分析表明，不同林分土壤容重在各土层的差异均达显著水平，1R-30Y 和 2R-30Y 显著高于 1R-16Y、1R-47Y、1R-8Y 和 SF；不同林分土壤含水率仅在 0～10cm 层的差异达显著水平，2R-16Y 和 2R-30Y 显著低于 1R-16Y 和 1R-47Y（图 4-5）。

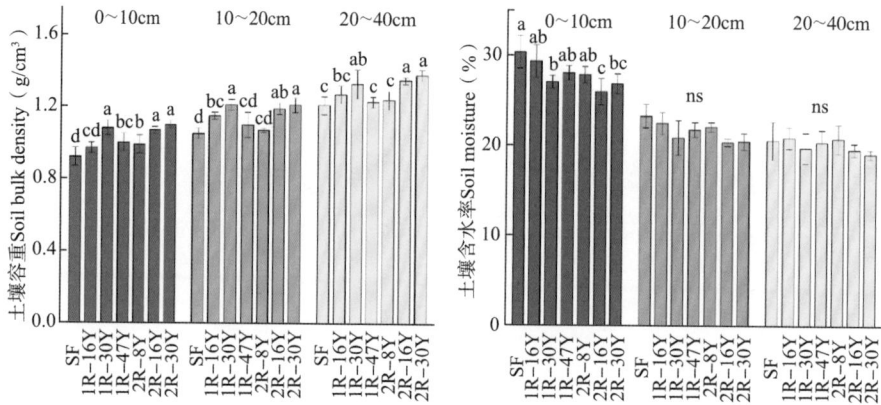

图4-5　不同栽植代数日本落叶松土壤容重和含水率的变化

Fig.4-5　Changes in soil bulk density and moisture in successive rotations of larch plantations

4.6.2　土壤化学性质的变化

土壤pH值从SF到1R-47Y呈下降趋势，至2R-16Y时有所恢复。土壤有机质、水解N、有效P、速效K含量随着年龄序列呈波动性变化，即从SF到1R-30Y降低，至1R-47Y和2R-8Y时又增加，随后至2R-30Y又持续降低。方差分析结果表明，有机质、水解N、速效K含量在3个土壤层均表现出1R-30Y和2R-30Y时显著低于SF、1R-16Y和2R-8Y，0～10cm土层全N含量在2R-16R和2R-30Y时显著低于SF、1R-16Y，有效P含量在1R-47Y和2R-8Y时显著高于SF和2R-30Y，而全N（除0～10cm）、全P和全K含量差异不显著（表4-16）。

表4-16　不同栽植代数日本落叶松土壤化学性质变化

Tab.4-16　Changes in soil chemical properties in successive rotations of larch plantations

林分 Stands	土壤层 Soil depths	pH值 pH value	有机质 Organic matter （g/kg）	全N Total N （g/kg）	全P Total P （g/kg）	全K Total K （g/kg）	水解N Available N （mg/kg）	有效P Available P （mg/kg）	速效K Available K （mg/kg）
SF	0～10cm	5.99±0.07a	116.5±6.4a	5.8±0.3a	0.51±0.03	4.4±0.9	508.3±32.8a	6.2±1.5c	229.7±40.5a
SF	10～20cm	6.01±0.08a	67.4±5.3a	3.8±0.1a	0.44±0.04	3.9±0.9	348.0±36.7a	6.6±1.4	192.3±31.3a
SF	20～40cm	5.98±0.16	39.8±3.1a	2.2±0.4	0.41±0.06	4.1±0.6	270.0±38.4a	5.9±1.4ab	109.2±20.2a
1R-16Y	0～10cm	5.79±0.07b	109.3±5.3ab	5.4±0.3ab	0.50±0.05	3.9±0.4	480.0±30.4a	7.7±1.0bc	185.3±13.6ab

（续）

林分 Stands	土壤层 Soil depths	pH值 pH value	有机质 Organic matter （g/kg）	全N Total N （g/kg）	全P Total P （g/kg）	全K Total K （g/kg）	水解N Available N （mg/kg）	有效P Available P （mg/kg）	速效K Available K （mg/kg）
1R-16Y	10～20cm	5.85±0.10ab	61.0±6.4b	3.3±0.2b	0.41±0.04	3.6±0.4	324.0±17.4ab	5.3±0.6	130.9±11.5bc
1R-16Y	20～40cm	5.74±0.09	35.2±2.4b	2.1±0.5	0.37±0.01	3.3±0.4	203.3±34.0b	4.7±0.3bc	85.3±19.2ab
1R-30Y	0～10cm	5.65±0.06bc	93.4±3.6d	4.9±0.5cd	0.41±0.05	4.1±0.3	354.3±60.5de	8.1±1.1bc	150.3±28.5c
1R-30Y	10～20cm	5.80±0.06bc	53.6±4.3cd	3.1±0.3b	0.41±0.05	3.4±0.6	165.3±38.1d	6.1±0.2	96.6±36.7c
1R-30Y	20～40cm	5.83±0.11	31.4±1.9c	1.6±0.2	0.36±0.04	3.3±0.5	104.1±16.6d	6.6±0.7a	64.6±27.5b
1R-47Y	0～10cm	5.59±0.10bc	99.6±3.4c	4.7±0.4cd	0.44±0.03	3.9±0.4	406.7±14.6bc	8.5±1.8b	173.6±29.0bc
1R-47Y	10～20cm	5.64±0.09bc	57.2±2.8bc	3.2±0.3b	0.39±0.03	3.8±0.4	261.3±34.6bc	5.3±0.7	123.0±20.2bc
1R-47Y	20～40cm	5.74±0.08	37.1±2.2ab	1.8±0.2	0.34±0.06	3.3±0.6	129.8±28.1c	5.5±1.3ab	123±20.2a
2R-8Y	0～10cm	5.53±0.07c	103.1±5.5bc	5.1±0.6bc	0.43±0.04	4.1±0.3	416.3±25.7b	10.0±0.5a	205.8±29.8ab
2R-8Y	10～20cm	5.61±0.06c	60.2±5.0b	3.2±0.2b	0.42±0.07	4.1±0.5	250.0±38.4bc	5.9±1.1	138.7±33.3b
2R-8Y	20～40cm	5.72±0.11	35.3±0.3b	1.7±0.2	0.40±0.06	3.3±0.2	130.5±12.0c	2.9±0.5d	101.4±29.1a
2R-16Y	0～10cm	5.66±0.10bc	92.6±4.0d	4.7±0.4d	0.46±0.05	4.0±0.6	373.0±40.6cd	8.0±0.9bc	168.3±27.8bc
2R-16Y	10～20cm	5.72±0.08bc	51.7±8.1c	2.9±0.4b	0.38±0.03	3.7±0.6	186.3±26.1cd	5.8±0.7	96.9±34.8c
2R-16Y	20～40cm	5.83±0.11	30.5±2.1c	1.7±0.4	0.33±0.04	3.2±0.5	110.7±19.9d	3.3±1.2bc	69.2±4.8b
2R-30Y	0～10cm	5.53±0.08c	89.1±3.3d	4.7±0.5d	0.45±0.05	4.0±0.1	330.3±51.8e	7.8±0.8bc	145.7±11.9c
2R-30Y	10～20cm	5.63±0.05c	50.7±6.4c	2.9±0.2b	0.37±0.03	3.9±0.8	175.5±26.1cd	5.7±0.8	93.2±11.4c
2R-30Y	20～40cm	5.75±0.06	30.7±1.6c	1.6±0.3	0.35±0.02	3.2±0.3	113.0±12.1d	2.9±0.6d	61.3±2.1b

不同字母表示同一土层不同林分间差异显著水平（P＜0.05）。

Different letters indicate significant differences among sites for the same depth（P＜0.05）.

4.6.3 土壤酶活性的变化

土壤 β-葡萄糖苷酶、几丁质酶、纤维素水解酶和多酚氧化酶活性随年龄序列的变化规律与土壤有效养分含量的变化基本一致，即从 SF 到 1R-30Y 降低，至 1R-47Y 和 2R-8Y 时又增加，随后至 2R-30Y 时又持续降低。方差分析结果表明，土壤 β-葡萄糖苷酶、几丁质酶、纤维素水解酶和多酚氧化酶活性在 1R-30Y 和 2R-30Y 时显著低于 SF、1R-16Y 和 2R-8Y，土壤酸性磷酸酶活性在 2R-8Y 和 2R-30Y 时显著高于其他发育阶段，土壤过氧化物酶不同发育阶段间差异不显著（图 4-6）。

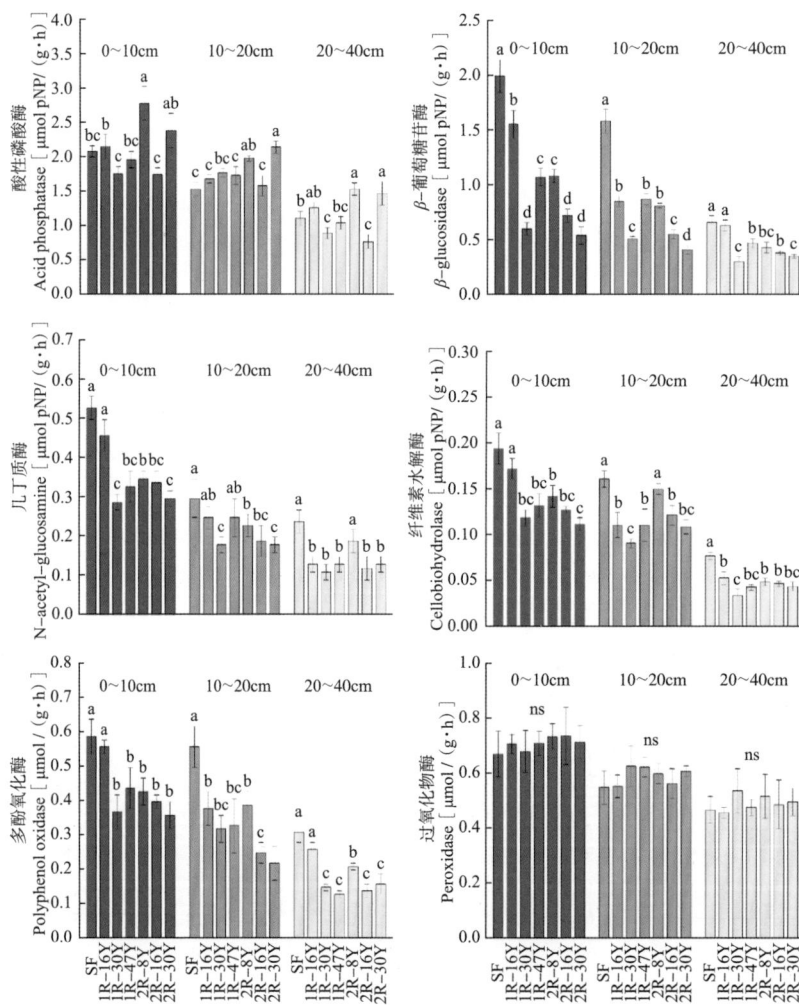

图4-6　不同栽植代数日本落叶松土壤酶活性的变化

Fig.4-6　Soil extracellular enzyme activities in successive rotations of larch plantations

4.6.4 土壤性质与林下植被特征和凋落物现存量的相关分析

凋落物现存量、林下植被特征与土壤性质（0～10cm 和 10～20cm）之间的相关性如图 4-7。凋落物现存量与土壤含水量、有机质、全 N、水解 N 和有效 K 含量以及土壤 β- 葡萄糖苷酶、几丁质酶、纤维素水解酶和多酚氧化酶活性呈显著负相关，与土壤容重呈显著正相关。草本层生物量与土壤 0～10cm 层有机质、水解 N 含量、β- 葡萄糖苷酶、几丁质酶和多酚氧化酶呈正相关，与土壤容重呈显著负相关；草本层生物量仅与 10～20cm 层土壤有机质含量和 β- 葡萄糖苷酶活性呈正相关，与土壤容重负相关。

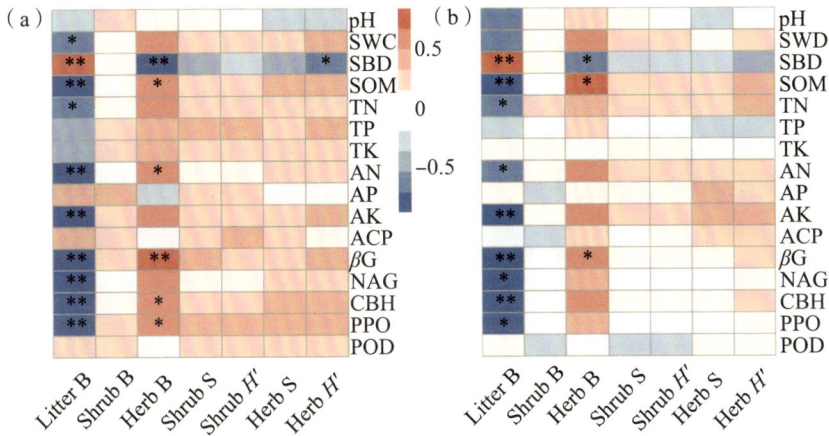

图4-7 凋落物现存量和林下植被特征与0～10cm层（a）和10～20cm层（b）土壤性质相关性分析

Fig.4-7 Pearson correlation coefficients for litter biomass and characteristics of understory vegetation and soil properties at 0～10cm（a）and 10～20cm（b）（* $P<0.05$, ** $P<0.01$）

βG：β-葡萄糖苷酶；CBH：纤维素水解酶；NAG：几丁质酶；ACP：酸性磷酸酶；PPO：多酚氧化酶；POD：过养化物酶；Litter B：凋落物现存量，Litter biomass；Shrub S：灌木层丰富度，shrub richenss；Herb S：草本层丰富度，herb richness；Shrub H'：灌木层多样性，shrub Shannon index，Herb H'：草本层多样性，herb Shannon index。以下同 The same bellow

RDA 分析表明，凋落物现存量和林下植被特征分别解释了 0～10cm 层和 10～20cm 层土壤性质总变异的 74.3%（RDA1 64.3% 和 RDA2 10.0%）和 67.9%（RDA1 57.8% 和 RDA2 10.1%）（图 4-8）。

凋落物现存量和草本层生物量是影响土壤性质变化的主要因素，二者的解释率在 0～10cm 层分别为 52.5% 和 10.4%，在 10～20cm 层分别为 50.7% 和 11.2%。RDA1 与凋落物现存量和土壤容重呈显著正相关；与土壤有机质、全 N、水解 N 含量及相关酶活性呈显著负相关。此外，0～10cm 层和 10～20cm 层土壤含水率、土壤有机质、全 N 和水解 N 含量及 β- 葡萄糖苷酶、几丁质酶和纤维素水解酶与土壤容重均显著负相关。

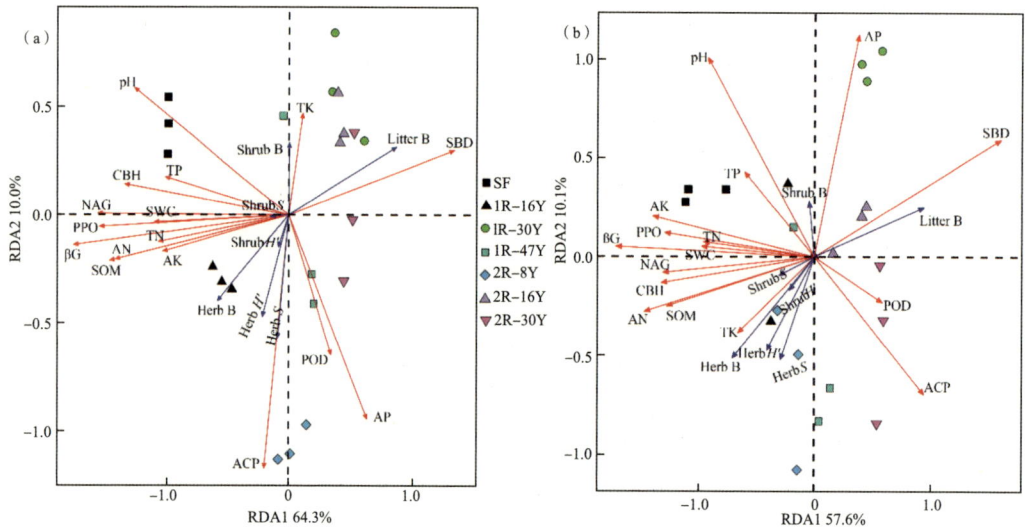

图4-8 凋落物现存量和林下植被特征与0～10cm层（a）和10～20cm层（b）土壤性质冗余分析

Fig.4-8 Results of redundancy analysis（RDA）based on the litter biomass, characteristics of understory vegetation, and soil properties at the 0～10cm（a）and 10～20cm（b）soil depths

4.7 / 不同间伐强度土壤多功能性变化
Changes of soil multifunctionality with different thinning intensities

间伐作为人工林培育的重要措施，通过降低林分密度，重新分配土壤有效水分和养分，缓解林内竞争压力，促进保留木的生长（Mosca et al.，2007；Ares et al.，2010；Zhou et al.，2016；Gavinet et al.，2020），同时还增加林下光照，改善林内小气候，促进林下植被发育和凋落物分解（Urbanová et al.，2015；Zhou et al.，2020）。土壤微生物参与有机质的转化、养分的矿化和固定、土壤团聚体的形成，调控土壤生态系统功能的关键过程（Burton et al.，2010；De Vries et al.，2018；Preece et al.，2019；Jansson and Hofmockel，2020），其多样性等生物学特性常被作为评价土壤质量和健康最为有效的指标（Anderson，2003；Romaniuk et al.，2011）。土壤不仅是林木赖以生长的物质基础，同时还提供和维持水分调节、养分循环和有机质分解等多种生态功能，以往研究多集中对这些单一过程的评价，缺乏系统性和全面性（Delgado-Baquerizo et al.，2017；Singh et al.，2018；Xu et al.，2021a）。而土壤多功能性（soil multifunctionality）概念的提出为土壤质量综合评价提供了新思路（Karlen et al.，1997），对解析生物多样性和生态系统功能的关系具有重要意义。生物多样性的丧失和土壤微生物群落组成的变化均会影响生态系统的多功能（Jing et al.，2015；Peco et al.，2017），但关于间伐与土壤多功能性关系的研究还十分有限（Giguère-Tremblay et al.，2020；Li et al.，2019）。因此，本节选择温带 16a 生（2004 年营建）日本落叶松人工林设置样地，造林密度为 2500 株 /hm²，间伐前林分现存密度为 1935～2019 株 /hm²，郁闭度为 0.90～0.95，林下植被稀疏，覆盖度为 5%～10%，该林龄阶段生产上一般实施 30% 株数强度的间伐。以该人工林为研究对象，2019 年 4 月实施 3 种间伐强度间伐：间伐强度 45%（保留 1106 株 /hm²，郁闭度 0.69，T45）、间伐强度 30%（保留 1404 株 /hm²，郁闭度 0.78，T30）和对照组（2000 株 /hm²，郁闭度 0.90，CK），2020 年开展林下植被特征调查，并测定春、夏和秋季土壤表层（0～10cm）理化性质、酶活性、土壤真菌和细菌多样性及群落结构，基于与 C、N、P 循环相关的 15 个土壤理化性质和酶活性指标计算土壤多功能性，以探讨间伐强度对林下植被、土壤微生物群落结构和多功能性的影响及其关系。

4.7.1 间伐对土壤性质和土壤多功能性的影响

方差分析结果表明，间伐强度和季节均显著影响 SWC、DOC、NH_4^+-N、NO_3^--N、AP 含量和 β- 葡萄糖苷酶、几丁质酶、纤维素水解酶、酸性磷酸酶、多酚氧化酶、过氧化物酶活性，而对 SOC、TN 和 TP 含量及脲酶活性影响不显著（表 4-17）。与对照相比，T45 显著增加了春季 SWC 含量和过氧化物酶活性，T30 显著降低了春季 β- 葡萄糖苷酶、几丁质酶、纤维素水解酶和多酚氧化酶活性；T45 显著增加了夏季 SWC、NH_4^+-N 含量和多酚氧化酶、过氧化物酶活性，T30 显著降低了夏季 NH_4^+-N、NO_3^--N、AP 含量和纤维素水解酶活性；T45 显著增加了秋季 SWC、DOC、NH_4^+-N、NO_3^--N、AP 含量和 β- 葡萄糖苷酶、几丁质酶、多酚氧化酶、过氧化物酶活性，T30 显著降低了秋季 NO_3^--N、AP 含量和 β- 葡萄糖苷酶。此外，T45 还显著增加了夏、秋季的土壤多功能性，T30 显著降低了春、夏季的土壤多功能性。总体而言，T45 显著增加了夏、秋季的土壤含水量、速效养分含量、酶活性和土壤多功能性。

4.7.2 间伐对土壤微生物分类群相对丰度的影响

日本落叶松人工林土壤层真菌群落优势门类（相对丰度＞1%）依次为子囊菌门（Ascomycota，41.5%）、担子菌门（Basidiomycota，34.4%）、被孢霉门（Mortierellomycota，13.0%）和罗兹菌门（Rozellomycota，2.6%），占真菌总序列的 91.5%［图 4-9（a）］。共有 8 个优势纲（相对丰度＞1%），分别为伞菌纲（Agaricomycetes，22.6%）、锤舌菌纲（Leotiomycetes，12.9%）、被孢菌纲（Mortierellomycetes，12.6%）、粪壳菌纲（Sordariomycetes，14.2%）、散囊菌纲（Eurotiomycetes，7.6%）、银耳纲（Tremellomycetes，5.0%）、麦轴梗霉纲（Tritirachiomycetes，4.8%）和盘菌纲（Pezizomycetes，3.7%）［图 4-9（b）］。方差分析结果表明，间伐显著影响了除粪壳菌纲、银耳纲以外的优势门和优势纲的相对丰度（$P < 0.05$），季节显著影响了除担子菌门、粪壳菌纲和伞菌纲以外的优势门和优势纲的相对丰度（$P < 0.05$）。与对照相比，T45 显著增加了夏季子囊菌门、夏季和秋季被孢霉门及整个生长季罗兹菌门的相对丰度，显著降低了夏、秋季担子菌门的相对丰度。

细菌群落的主要优势门类（相对丰度＞1%）为放线菌门（Actinobacteria，28.4%）、变形菌门（Proteobacteria，25.9%）、酸杆菌门（Acidobacteria，20.7%）、疣微菌门（Verrucomicrobia，6.4%）、拟杆菌门（Bacteroidetes，1.7%）、芽单胞菌门（Gemmatimonadetes，1.6%）和厚壁菌门（Firmicutes，1.5%），占细菌总序列的 86.1%

表4-17 间伐和季节对土壤性质和多功能性的影响

Tab.4-17 Effects of thinning and season on soil properties and multifunctionality

季节 Season	处理 Thinning	含水量 SWC (%)	有机C SOC (g/kg)	全氮 Total N (g/kg)	全磷 Total P (g/kg)	可溶性碳 DOC (g/kg)	铵态氮 NH₄⁺-N (mg/kg)	硝态氮 NO₃⁻-N (mg/kg)	有效磷 AP (mg/kg)
春 Spring	CK	25.91±0.83b	38.38±0.86a	3.16±0.24a	0.50±0.01a	0.41±0.06a	15.49±1.18ab	9.84±0.93a	7.19±1.16a
	T30	26.80±0.90b	37.26±2.44a	3.01±0.23a	0.49±0.02a	0.41±0.04a	11.54±2.81b	10.38±1.51a	5.36±1.99a
	T45	28.65±0.84a	39.62±2.27a	3.26±0.21a	0.51±0.01a	0.46±0.06a	16.31±1.44a	10.82±0.69a	6.03±1.66a
夏 Summer	CK	13.24±0.87b	37.33±0.53a	3.10±0.20a	0.50±0.01a	0.42±0.02b	10.71±0.74b	5.57±0.65b	6.10±0.70a
	T30	13.25±0.51b	38.54±2.46a	3.04±0.10a	0.49±0.01a	0.46±0.02ab	7.30±0.94c	4.46±0.26c	3.60±1.02b
	T45	17.31±0.27a	38.78±1.69a	3.19±0.14a	0.50±0.02a	0.48±0.04a	12.57±1.15a	8.58±0.51a	6.63±1.03a
秋 Autumn	CK	19.10±0.48b	37.74±2.24a	2.99±0.05a	0.50±0.02a	0.44±0.04a	7.59±0.13b	8.94±0.62a	6.10±1.16a
	T30	19.89±0.42b	37.54±1.80a	3.10±0.18a	0.50±0.01a	0.39±0.03a	7.94±0.18ab	6.08±1.05b	7.31±0.84a
	T45	22.66±0.76a	38.86±1.81a	3.05±0.17a	0.51±0.02a	0.45±0.05a	10.30±0.29a	8.50±0.65a	8.52±0.70a

季节 Season	处理 Thinning	脲酶 URE [mg/(g·24h)]	β-葡萄糖苷酶 βG [μmol/(g·h)]	纤维素水解酶 CBH [μmol/(g·h)]	几丁质酶 NAG [μmol/(g·h)]	多酚氧化酶 PPO [μmol/(g·h)]	过氧化物酶 POD [μmol/(g·h)]	酸性磷酸酶 ACP [μmol/(g·h)]	土壤多功能性 SMF
春 Spring	CK	6.27±0.83a	0.55±0.04a	0.21±0.01a	0.14±0.01a	0.14±0.03a	0.72±0.04c	2.80±0.05a	0.75±0.01a
	T30	5.56±1.02a	0.53±0.01b	0.15±0.01b	0.11±0.02b	0.07±0.01b	0.91±0.01b	2.72±0.07a	0.67±0.01b
	T45	6.39±0.85a	0.56±0.02a	0.20±0.01a	0.16±0.01a	0.15±0.04a	1.07±0.02a	2.80±0.04a	0.78±0.02a
夏 Summer	CK	5.47±1.15a	0.45±0.02b	0.17±0.01a	0.18±0.01b	0.23±0.03b	0.82±0.05b	2.44±0.05b	0.67±0.01b
	T30	5.20±0.53a	0.42±0.03b	0.13±0.01b	0.15±0.01b	0.21±0.06b	0.79±0.13b	2.34±0.08b	0.60±0.02c
	T45	6.29±0.52a	0.49±0.01a	0.17±0.02a	0.22±0.02a	0.31±0.03a	0.96±0.05a	2.66±0.05a	0.74±0.01a
秋 Autumn	CK	4.90±0.67a	0.32±0.01a	0.09±0.02a	0.09±0.02a	0.26±0.02b	0.74±0.05b	2.18±0.04a	0.60±0.01b
	T30	5.05±0.30a	0.29±0.02b	0.09±0.01a	0.10±0.01a	0.32±0.01ab	0.79±0.07b	2.16±0.05a	0.61±0.01b
	T45	4.94±0.50a	0.34±0.02a	0.08±0.01a	0.11±0.01a	0.34±0.06a	0.92±0.16a	2.22±0.04a	0.68±0.01a

表中数据为平均值±标准差 (n=5)；不同字母代表同一季节不同间伐强度差异显著 (P<0.05)。

Data represent mean ± 1SE (n=5). Results significant differences (P < 0.05) are shown with different letters in bold.

［图4-9（c）］。共有9个细菌优势纲（相对丰度＞1%），分别为放线菌纲（Actinobacteria，28.2%）、α-变形菌纲（Alphaproteobacteria，17.6%）、Spartobacteria（6.0%）、β-变形菌纲（Betaproteobacteria，3.8%）和酸杆菌（Acidobacteria）的Gp6（7.1%）、Gp16（3.1%）、Gp4（2.7%）、Gp3（2.3%）、Gp1（1.7%）［图4-9（d）］。方差分析结果表明，间伐对细菌优势门和优势纲的相对丰度均影响不显著（除芽单胞菌门外），而季节对细菌优势门和优势纲的相对丰度影响显著（除变形菌门、Gp16和Gp1外）。与对照相比，T45显著降低了夏秋季芽单胞菌门的相对丰度。总体而言，真菌在门和纲分类水平上主要受间伐的影响，而细菌主要受季节的影响。

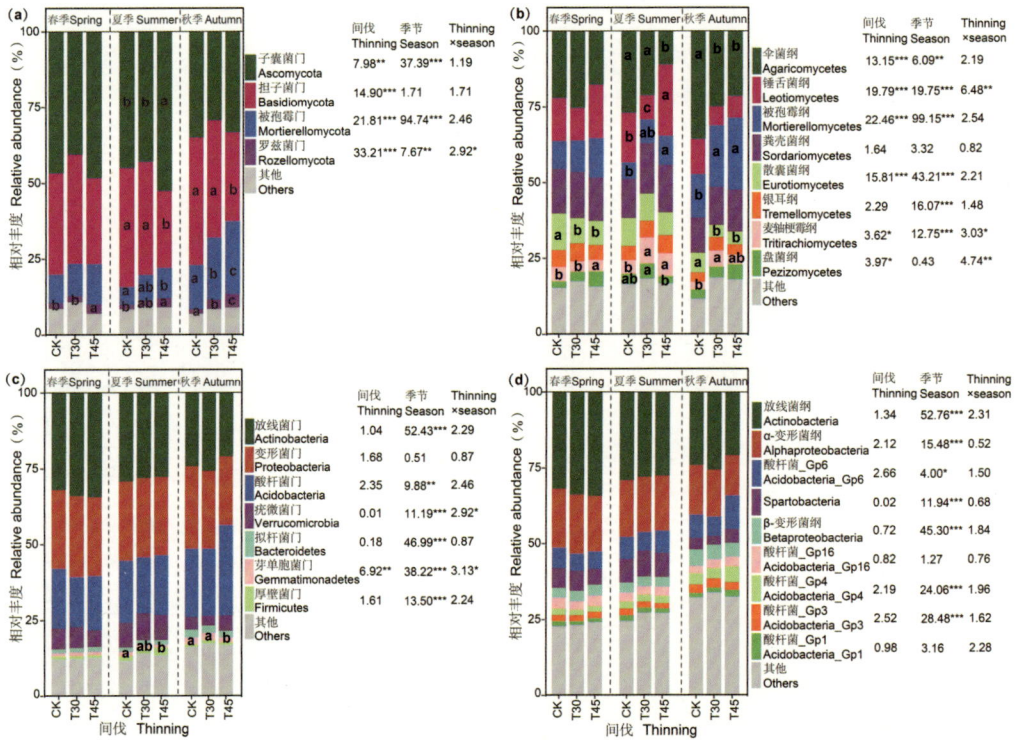

图4-9　间伐和季节对土壤真菌和细菌在不同分类水平上的相对丰度的影响

Fig. 4-9　Effects of thinning and season on the relative abundance of dominant soil fungi and bacteria

不同字母代表同一季节不同间伐处理间差异显著（P＜0.05），星号代表显著差异性水平（***P＜0.001；**P＜0.01；*P＜0.05）

Different letters indicate significant differences among thinning treatments within the same season (P < 0.05) and asterisks indicate the statistical significance (***P < 0.001；** P < 0.01；* P < 0.05)

4.7.3 间伐对土壤微生物多样性和群落组成的影响

方差分析结果表明，间伐对土壤真菌丰富度影响显著（$P < 0.05$），但对真菌和细菌的香农指数、细菌丰富度影响不显著；季节对真菌和细菌的多样性指数均有显著影响（图 4-10）。T45 的夏季土壤真菌丰富度显著高于对照和 T30，T30 的春季土壤真菌丰富度显著低于 T45。OTUs 水平的非度量多维度（NMDS）排序和置换方差分析（PerMANOVA）结果表明，真菌和细菌的群落组成受间伐（$R^2 = 0.253$，$P < 0.001$；$R^2 = 0.077$，$P < 0.01$）和季节（$R^2 = 0.242$，$P < 0.001$；$R^2 = 0.419$，$P < 0.001$）影响显著（图 4-11）。

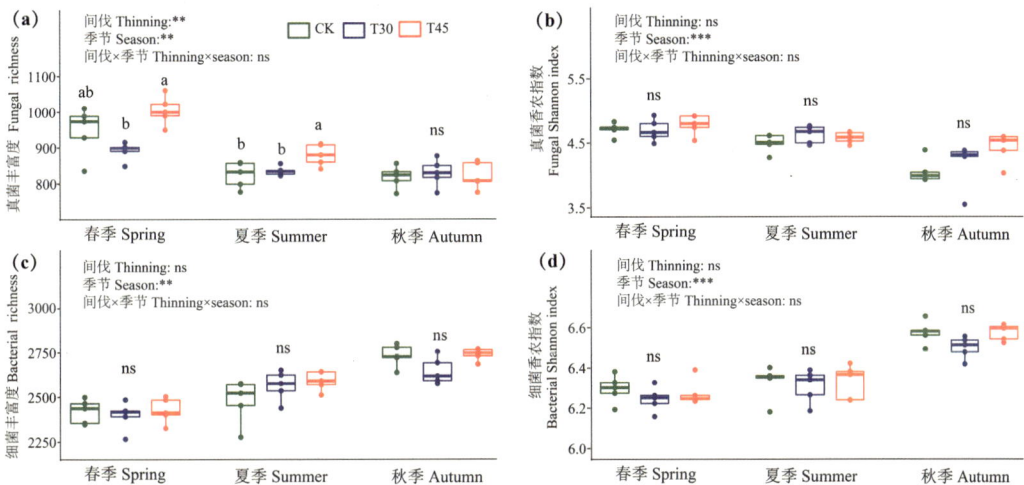

图4-10　间伐和季节对土壤真菌和细菌多样性的影响

Fig. 4-10　Effects of thinning and season on soil fungal and bacterial diversity

星号代表显著差异性水平（*** $P < 0.001$；** $P < 0.01$；* $P < 0.05$），ns代表差异不显著

Different letters indicate significant differences among thinning treatments within the same season ($P < 0.05$) and asterisks indicate the statistical significance (*** $P < 0.001$；** $P < 0.01$；* $P < 0.05$ and ns > 0.05)

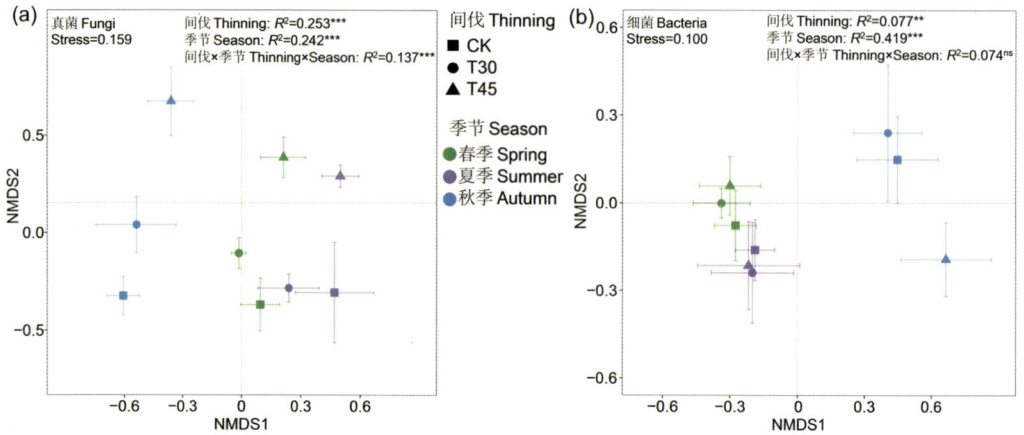

图4-11　土壤真菌（a）和细菌（b）群落非度量多维度排序（NMDS）

Fig. 4-11　Non-metric multidimension scaling ordination (NMDS) of soil fungal (a) and bacteria (b) community compositions

4.7.4　间伐对林下植被多样性和生物量的影响

方差分析结果表明，间伐显著影响了林下植被生物量、丰富度指数、香农指数和辛普森指数。与对照相比，T45 的林下植被生物量显著增加了 166%，物种丰富度增加了 1 倍，香农指数和辛普森指数也显著增加；T30 的林下植被生物量、丰富度指数、香农指数和辛普森指数略有增加，但未达显著水平（图 4–12）。

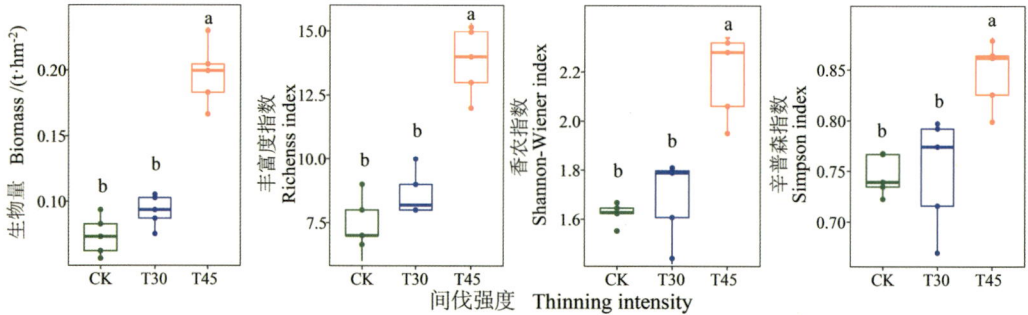

图4-12　间伐对林下植被生物量和多样性的影响

Fig. 4-12　Effects of thinning on understory biomass and diversity

4.7.5　林下植被、土壤微生物和土壤多功能性的关系

相关分析结果表明，土壤多功能性与林下植被生物量和多样性指数、土壤真菌丰富

度和群落结构显著正相关；土壤真菌群落与林下植被生物量和多样性指数显著正相关（图
4–13a）。林下植被生物量和多样性指数与真菌子囊菌门、被孢霉门和罗兹菌门的相对丰度
显著正相关，与担子菌门的相对丰度显著负相关；林下植被生物量和多样性指数仅与细菌
芽单胞菌门的相对丰度显著负相关；土壤多功能性与真菌子囊菌门和担子菌门的相对丰度
显著相关（图 4–13b）。与土壤细菌群落相比，真菌群落与林下植被和土壤多功能性有着更
为紧密的联系。

　　构建的间伐和季节对土壤多功能性直接和间接影响的结构方程模型（SEM）可解释
88.0% 的土壤多功能性变异（图 4–14）。T45 对土壤多功能性产生显著的直接正效应，又通
过改变真菌群落组成对土壤多功能性产生间接的正效应；T30 对土壤多功能性有显著的直
接负效应。此外，间伐对土壤真菌多样性和真菌群落组成影响显著，而季节对土壤真菌和
细菌的多样性和群落组成均产生显著影响。

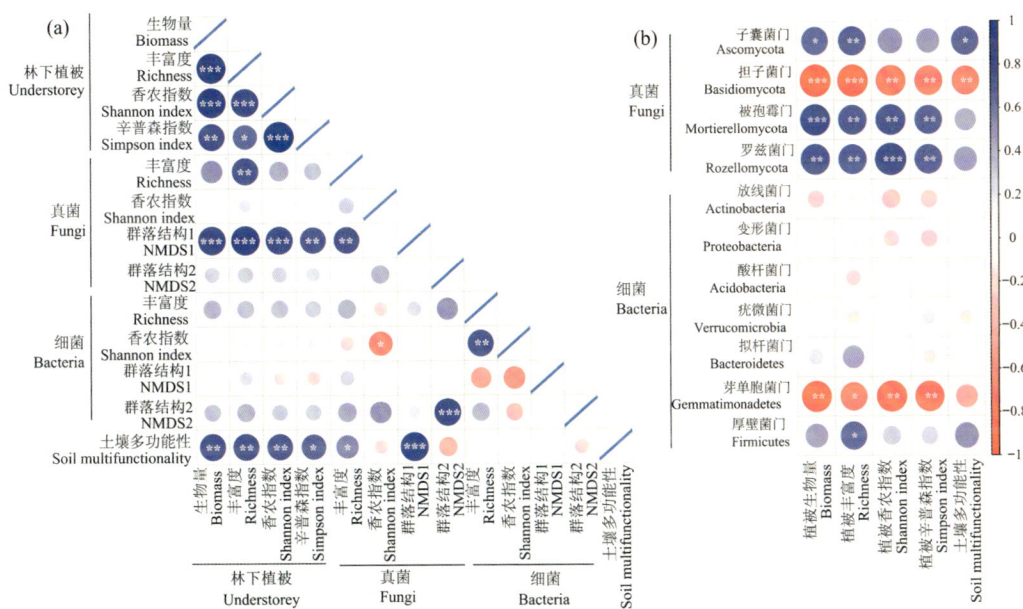

图4-13　林下植被、土壤微生物和土壤多功能性的相关关系

Fig. 4-13　The correlation among understory, microbial community and soil multifunctionality

星号表示显著差异性水平（*** $P < 0.001$；** $P < 0.01$；* $P < 0.05$）

Asterisks indicate the statistical significance (*** $P < 0.001$；** $P < 0.01$；* $P < 0.05$）

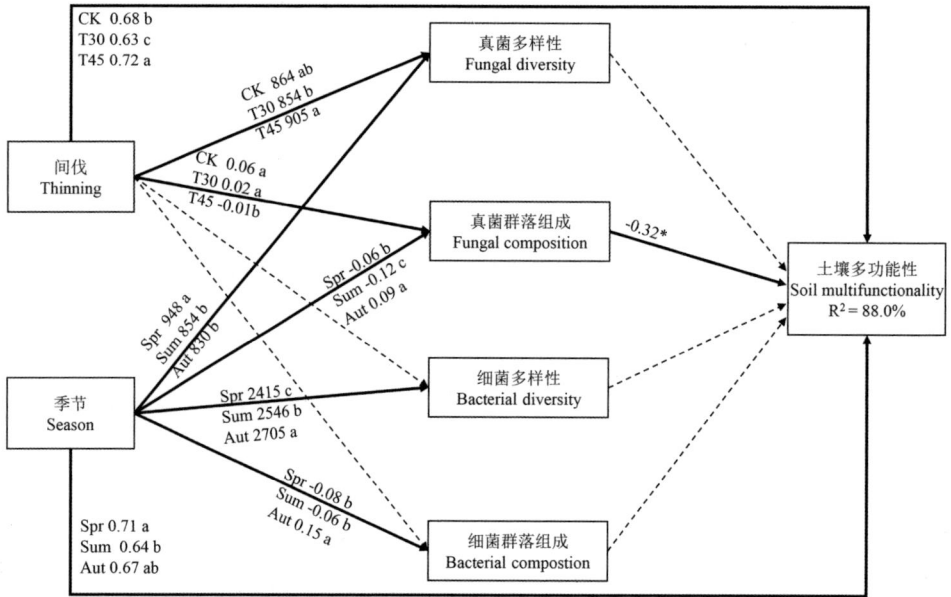

Fisher's C = 10.705; *P* = 0.381; *df* = 10; N=45

图4-14　间伐和季节对土壤多功能性的直接和间接效应的结构方程模型

Fig. 4-14　Structural equation model (SEM) showing the direct and indirect effects of the thinning, season and microbes on soil multifunctionality.

实线和虚线分别表示显著（*P*＜0.05）和不显著。数字为路径标准化系数。字母表示分组事后检验。

Spr：春季；Sum：夏季；Aut：秋季

The solid line and the dashed line represent the significant path（*P*＜0.05）and the insignificant path, respectively.

Standardized coefficients are presented for each path. Letters denote groupings via post-hoc tests.

Apr: spring; Sum: summer; Aut: autumn

4.8 / 讨论
Discussion

4.8.1　不同林分发育阶段土壤性质的变化

　　3 个生态气候区日本落叶松人工林土壤性质随着林分发育有着相似的变化规律，即日本落叶松人工林发育至中龄林、近熟林阶段土壤物理性质变差，土壤有机质、N、P、K 含量较低，而至成熟林阶段土壤理化性质、土壤生物学特征有显著改善。但因气候和成土母质等因素的差异，温带和暖温带至近熟林阶段土壤理化性质最差，而北亚热带至中龄林阶段最差，随后有所恢复。温带和暖温带土壤质量呈现出中龄林 – 近熟林阶段先下降、近熟林 – 成熟林阶段再升高的趋势，表明从中龄林 – 近熟林阶段土壤性质呈现退化趋势。日本落叶松早期速生，随着林分生长发育对养分的需求越来越多，林分郁闭后林内光照不足，林下草本和灌木数量减少，凋落物分解缓慢，出现土壤板结现象，近熟林阶段土壤容重达最大值，同时土壤有机质、N、P、K 含量及酶活性、微生物数量达最低水平，但随着抚育间伐作业的实施，增加了林地光照，促进林下植被发育，改变了凋落物组成，加速凋落物分解，使得土壤理化性质在成熟林阶段得到明显改善，甚至超过中龄林阶段的养分水平，土壤容重下降，物理性质也得到明显改善。刘世荣和李春阳（1993）、王洪君等（1997）、陈立新（2003）、陈立新和肖洋（2006）对兴安落叶松和长白落叶松不同发育阶段土壤性质的研究认为随着林分发育存在地力衰退现象。根据土壤养分贫瘠的划分标准（赵其国，2002），3 个生态气候区落叶松人工林土壤有机质、全 N、水解 N、全 K、速效 K 含量均属于高肥力水平。另外，与兴安落叶松和华北落叶松适生区相比，日本落叶松的适生引种区地处温带以南，随着温度的升高更有利于凋落物的分解（Moore et al., 1999；Jacob et al., 2009），养分得以及时归还，更有利于土壤养分含量的提高，促进土壤良好结构的形成与稳定。此外，适当的抚育间伐降低了林分郁闭度，增加了林地光照，促进了林下灌木和草本植物的生长，改变了凋落物的组成，同时随着林内环境的改善，使得土壤生物活性加强，从而加速凋落物的分解和养分释放，对恢复或维持林地土壤肥力具有积极作用（李国雷 等，2008；康冰 等，2009；林娜 等，2010；Inagaki et al.，2008）。暖温带近熟林样地在调查时刚进行完第三次抚育间伐，间伐后林分郁闭度降低，林下植被丰富，枯落物分解环境也发生变化，微生物数量有所增加，更有利于凋落物的分解及养分的释放，这可能也是成熟林土壤养分含量升高的原因之一。以往的研究也表明当林分郁闭度低于 0.7 时，林下植被发育良好，增加了水解酶活性及土壤微生物活性（盛炜彤和杨承栋，1997；Zhou et al.，2020）。

土壤养分储量除了受土壤养分含量的影响外，还与土壤容重有关，虽然近熟林养分含量最低，但由于土壤容重较大，总养分储量并没有显著低于其他阶段。因气候因素、成土母质和营林措施等的不同，不同生态气候区日本落叶松人工林土壤养分储量的差异明显。温带土壤 N 库高于暖温带，暖温带土壤 K 库高达 83.99～94.47t/hm²，是温带土壤 K 库（16.57～17.85t/hm²）的 5 倍，而 P 库在不同气候区相差不大，温带为 1.71～1.89t/hm²，暖温为 1.36～1.83t/hm²。土壤水解 N、有效 P 和速效 K 的储量，均表现为温带区高于暖温带区，也就是说温带与暖温带相比有着更高的土壤速效养分供应能力。

表层土壤中细菌基因拷贝数远高于真菌基因拷贝数，这与以往其他树种林地土壤研究结果相同（张宗舟 等，2010；邵元元 等，2011）。细菌基因拷贝数在不同生长季节随林龄变化趋势不同，但 3 个生长季均值在幼龄林时最高，中龄林时最低。氨氧化细菌基因拷贝数也在幼龄林时最高，随后降低。表明细菌总量及不同功能的细菌随环境变化发生改变。真菌基因拷贝数在 3 个季均值呈现随林龄增加而上升的趋势。细菌与真菌拷贝数之比（B/F）随林龄增加而下降，表明土壤由"细菌型"向"真菌型"转变，而"真菌型"土壤是土壤肥力衰退的标志（Liu et al.，2012）。林分不同发育阶段土壤细菌群落优势菌的种类、数量及群落结构差异较小，但真菌群落优势菌的种类、数量及群落结构差异较大。已有研究表明，随着凋落物分解（陈法霖 等，2011b）、森林演替（Sui et al.，2012）土壤中细菌群落变化不显著，而真菌群落结构的变化显著，可能是真菌群落对环境变化更为敏感。

4.8.2　不同栽植代数土壤性质的变化

土壤有机质、全 N、水解 N、速效 K 以及 *β*- 葡萄糖苷酶、纤维素水解酶、几丁质酶和多酚氧化酶在年龄序列上表现出相似的变化规律，即无论是 1 代林还是 2 代林，均在 30a 生时达到了最低值。林分郁闭后，林下植被发育较差，而乔木层对养分的需求通常持续多年维持在较高的水平（Peri et al.，2006；Nanko et al.，2016；Yan et al.，2017；2018），同时期凋落物的输入量大而分解率低，导致林下凋落物层现存量均在 1R-30Y 和 2R-30Y 时达最大值，土壤质量最差。大部分土壤指标从 1R-30Y 至 1R-47Y 有所恢复，这与该时期林分郁闭度降低（0.6～0.7）有利于林下植被的生长和凋落物的分解有关，从而有助于土壤质量的恢复（Trogisch et al.，2016；Xu et al.，2020）。以往研究也发现，35a 生杉木林土壤酶活性高于 25a 生酶活性（Kang et al.，2018）；与 28a 生华北落叶松人工林相比，40a 生时土壤质量得以恢复（Zhao et al.，2019b）。这些结果表明，适当延长轮伐期可以较好地改善土壤物理化学性质和酶活性。2R–8Y 日本落叶松人工林的土壤有效养分含量与土壤酶活性略高于 1R–47Y。这一方面可能是由于大部分凋落物和采伐剩余物被留在林地，而且采伐后创造了有利的微环境（较高的土壤温度和湿度），提高了参与 C 和 N 循环的酶活性（Kyaschenko et al.，2017a），从而加速凋落物的分解（Chen and Li，2003）；另一方面是生长初期（0～8a），日本落叶松养分吸收维持在较低水平。Gholz 和 Fisher（1982）也发现，因树木采伐移除树冠后，改善了微环境，促进凋落物的分解，2a 生湿地松林的土壤 C 含量是其他发育阶段的 2 倍。

凋落物现存量与土壤容重显著正相关，与其他大部分土壤指标显著负相关。落叶松等针叶树种的凋落物通常 N 含量较低、C/N 较高，分解速度较缓慢（Smal et al.，2019），随着林分发育，当年凋落量超过分解量时，凋落物在林地上持续积累（Thuille et al.，2000；Bárcena et al.，2014），凋落物中大部分有机质和养分未能及时归还土壤，可能导致土壤板结和土壤养分含量降低，这是因为高有机质含量更有利于形成相对稳定的土壤团聚体，保持土壤疏松（Pu et al.，2014）。此外，凋落物现存量与参与 C、N 循环的土壤酶活性显著负相关（β– 葡萄糖苷酶、几丁质酶、纤维素水解酶和多酚氧化酶），这可能是由于凋落物分解缓慢，有机质的输入量减少降低了土壤酶分解的底物量（Schnecker et al.，2015）。此外，厚凋落物层会拦截水分，抑制热传导，降低土壤湿度和温度，从而限制微生物的活动（Liu et al.，1998）。

4.8.3　不同间伐强度土壤多功能性的变化

适度间伐提高了地上、地下生物多样性和土壤多功能性。间伐通过减少林木株数，降低林分蒸腾和林冠截留，缓解林木间水分养分竞争，进而增加土壤水分养分的有效性；同时间伐改善林内微环境，促进林下植被生长发育，提高土壤酶活性，间伐剩余物还为土壤微生物提供更为丰富的基质，从而改善土壤质量（Borken and Matzner，2009；Ganatsios et al.，2010；Guhr et al.，2015；Ma et al.，2010；Warren et al.，2001）。45% 间伐强度不仅显著增加了林下植被生物量和多样性，还显著提高了土壤含水量、DOC、NO_3^-–N 含量和酶活性以及土壤多功能性，但 30% 间伐强度不仅对林下植被生物量和多样性影响不显著，还显著降低了夏季土壤多功能性，表明间伐强度是影响间伐效应的主要因素之一（Kim et al.，2018；Weng et al.，2007）。与轻度间伐相比，适度提高间伐强度更利于改善林下微环境，促进林下植被生长发育，加快养分的释放与归还，提高土壤质量（Wang et al.，2019；Kim et al., 2019；Ma et al., 2018b）。16a 生日本落叶松人工林正处于快速生长阶段，此时林分高度郁闭（郁闭度 0.9），林下植被稀少，林木竞争激烈，尤其在枝叶繁茂的夏季表现更为突出；30% 间伐强度尽管移除了 30% 的树木株数，但由于采取下层伐方式仅伐除了相当于约 13% 的断面积，此时林分郁闭度依然较高（0.78），不但对林下植被生物量和多样性没有明显改善，由于间伐的扰动还降低了夏季土壤多功能性；45% 间伐强度，间伐后林分郁闭度降至 0.69，明显促进了林下植被的发育，其生物量增加了 166%，物种丰富度增加了 1 倍，显著提高了土壤真菌多样性和土壤酶活性，进而增加了土壤有效养分含量和多功能性。因此，在生产中对日本落叶松人工林实施间伐时，不能简单地按照统一的间伐强度，而应根据林分现存株数和林分郁闭情况确定适宜的间伐强度，间伐后林分郁闭度调整至 0.70，更利于维持生物多样性和土壤多功能性。

与细菌相比，土壤真菌主导了日本落叶松人工林土壤多功能性。一方面，真菌对难降解碳化合物（如纤维素和木质素）的分解必不可少，并最终调节和控制土壤有机质的分解过程，这对针叶林尤为重要（Treseder and Holden，2013；Treseder et al.，2016），而细菌仅参与易降解基质（如死真菌生物量）的周转（Lladó et al.，2017）；另一方面，真菌可以产生各种水解酶，这些水解酶可以释放有机 C 和 N，菌根真菌与树木根系形成菌根，为林木提供养分和水分（Baldrian et al.，2013；Crowther et al.，2012；Kyaschenko et al.，2017b；Mohan et al.，2014）。45% 间伐强度显著增加了真菌多样性，而对细菌多样性无显著作用，并有季节的依赖性；真菌类群相对丰度对间伐的响应更为敏感，间伐显著改变了真菌优势门和纲相对丰度，而对细菌优势门和纲相对丰度影响不显著。之前研究也有报道，间伐增加了土壤真菌丰富度和菌根真菌多样性（Overby et al.，2015；Lin et al.，2016）。45% 间伐强度显著降低了夏秋季担子菌门的相对丰度，显著增加了子囊菌门的相对丰度，这是由于间伐降低了细根生物量，减少了菌根真菌的宿主，限制了菌根真菌的生长，而大部分菌根真菌属于担子菌门（Mushinski et al.，2018；Parladé et al.，2019），同时间伐产生了大量植物残体（死根系）也为子囊菌门的腐生菌活动提供了底物（Kebli et al.，2012）。真菌丰富度与土壤多功能性显著正相关，间伐通过改变真菌群落组成对土壤多功能性产生间接正效应，表明间伐通过改变土壤资源调节真菌群落结构而不是细菌群落结构，来维持土壤多功能性（Bastida et al.，2017；Urbanová et al.，2015；Zhou et al.，2020）。林下植被生物量和多样性与真菌丰富度和土壤多功能性存在显著正相关，表明间伐促进了林下植被恢复和更新，为微生物活动提供适宜环境和多样化底物来源，改变微生物群落代谢特征，进而提高了土壤酶活性和养分含量（Dai et al.，2018）。

4.9 / 结论
Brief summary

　　本章分析了 3 个生态气候区、不同林分发育阶段日本落叶松土壤物理性质、化学性质和生物学特征，并用主成分分析的方法对温带和暖温带区土壤质量进行了综合评价。3 个生态气候区随着林分生长发育土壤性质有着相似的变化规律，温带和暖温带日本落叶松人工林发育至近熟林阶段、北亚热带发育至中龄林阶段，土壤物理性质最差，且土壤有机质、N、P、K 含量较低，而至成熟林阶段土壤理化性质、生物学特征有显著改善。随林分发育土壤几丁质酶、淀粉酶与 β- 葡萄糖苷酶活性也在中龄林或近熟林阶段降至最低，至成熟林阶段有所回升。细菌基因拷贝数与氨氧化细菌基因拷贝数总体呈现出随林分发育先降低后升高的趋势，细菌基因拷贝数在中龄林阶段显著低于其他阶段，氨氧化细菌基因拷贝数在中龄林和近熟林阶段显著低于其他 2 个阶段，成熟林阶段有所回升；真菌基因拷贝数基本呈现出随林分发育而升高的趋势，成熟林阶段显著高于其他阶段。尽管温带和暖温带日本落叶松人工林随林分发育至近熟林阶段存在潜在地力退化的趋势，但通过适时抚育间伐为促进凋落物分解和林下植被生长发育提供有利环境条件，并适当延长主伐年龄至 40a 以上，该退化趋势得以明显改善，即通过合理的营林措施能够达到维持林地土壤质量和长期生产力的目的。

　　以我国最早开展日本落叶松生产性引种和资源培育的温带地区为代表，研究了引种 70 年时间序列及不同栽植代数土壤理化性质和酶活性的变化规律，同时结合样地凋落物现存量、林下植被多样性和生物量等调查，解析林下植被发育和凋落物层现存量对时间序列和不同栽植代数土壤性质的影响。无论是 1 代林还是 2 代林，在 16a 生时土壤有机质、速效养分含量和土壤酶活性呈逐渐下降趋势，在 30a 生时降至最低值，土壤容重和凋落物现存量显著高于其他时期；1 代林 30～47a 时土壤性质有很好的恢复，至 2 代林 8a 时土壤有效养分含量与土壤酶活性均略高于 1 代林 47a，表明在 1 伐林采伐后至 2 代幼龄林阶段，土壤

113

质量还会有所提高。凋落物现存量与土壤含水量、有机质、全 N、水解 N 和有效 K 含量以及土壤 β- 葡萄糖苷酶、几丁质酶、纤维素水解酶和多酚氧化酶活性呈显著负相关，与土壤容重呈显著正相关；草本层生物量与土壤 0～10cm 层有机质、水解 N 含量、β- 葡萄糖苷酶、几丁质酶和多酚氧化酶显著正相关，与土壤容重显著负相关。

以温带地区中龄林阶段（16 年生）日本落叶松人工林为研究对象，应用高通量测序技术分析了 3 种间伐强度下土壤微生物多样性和群落结构，结合林下植被调查、土壤水分、养分含量和酶活性测定，探讨了间伐强度对林下植被、土壤微生物和土壤多功能性的影响及其关系。研究表明，高度郁闭林分（郁闭度 0.9 以上），45% 间伐强度（间伐后郁闭度调整至 0.7 左右），显著提高了林下植被生物量和多样性、土壤有效养分含量、酶活性、真菌多样性和土壤多功能性，且在生长旺盛的夏季表现尤为明显，而 30% 间伐强度（间伐后郁闭度 0.8 左右），对林下植被多样性和生物量影响不显著，却显著降低了春、夏季土壤多功能性。与细菌相比，土壤真菌主导了日本落叶松人工林土壤多功能性，45% 间伐强度显著增加了夏季子囊菌门的相对丰度，而显著降低了夏秋季担子菌门的相对丰度。林下植被生物量和多样性与土壤多功能性和真菌丰富度显著正相关，间伐通过改变真菌群落组成调节和维持土壤多功能性。适度间伐（林分郁闭度降至 0.7）更利于促进日本落叶松人工林林下植被生长发育、维持土壤多功能性和真菌多样性。

5

Nutrient and biological characteristics of litter layer in *Larix kaempferi* plantation

日本落叶松人工林凋落物层养分与生物学特征

凋落物层作为森林生态系统物质循环过程中的一个重要物质库，贮存了大量的营养物质，而凋落物分解作为生态系统物质循环和能量转化的主要途径，是森林生物地球化学循环中最重要的环节，在维持土壤肥力、保证植物再生长的养分可利用性、促进森林生态系统正常的物质循环和养分平衡方面起着重要的作用（Chapin et al.，2002；Cizungu et al.，2014）。落叶松人工林每年以凋落物形式归还的养分占其年吸收量的 61.4%，而从凋落物转移至土壤中的养分占养分归还量的 36.0%，仅占林地凋落物层养分积累量的 4.9%，凋落物输入与分解的不平衡是导致落叶松地力衰退的主要原因（刘世荣和李春阳，1993）。凋落物层生物学特征（如酶活性和微生物）在凋落物分解过程中发挥着重要作用，微生物的种类和数量影响着凋落物的分解速率（Hättenschwiler et al.，2011；Li et al.，2018），酶活性升高有利于凋落物的分解、养分元素的释放（杨万勤和王开运，2004）。随着林分发育过程的演进与培育措施的实施，将改变凋落量质量以及微生物群落结构，影响凋落物的分解与养分的释放，进而导致土壤肥力的变化。本章采用野外凋落物收集器法，研究了暖温带、温带和北亚热带 3 个生态气候区不同发育阶段日本落叶松人工林年凋落量、组成与动态变化、地表凋落物层凋落物储量、养分含量以及凋落物酶活性和微生物群落结构的变化规律，并开展了表层土壤与凋落物层主要真菌、细菌主成分分析（PCA），以期为进一步解析日本落叶松凋落物的分解和养分释放提供科学依据。

5.1 / 研究方法
Research methods

5.1.1 凋落物的收集与测定

（1）年凋落量的测定

固定样地设置见 2.2.1。选择表 2-1 中 N1～N3、N10～N12、N22～N24、N28～N30 号样地进行年凋落量的测定。每个样地内分别随机设置 10 个编号的凋落物收集器（1m×1m×0.2m），每 2 个月收集一次（雨季、有风天气及凋落物高产季节缩短采集间隔），每框内凋落物分别收集。每次收集的凋落物分别编号装袋，带回实验室，按枝、叶、花、果、皮、苔藓地衣、杂物进行分组，放入烘箱在 65℃条件下烘干至恒重，再称重，以收集器面积的凋落物重量换算成公顷凋落量，计算林分发育各时期凋落物量。

（2）地表凋落物现存量的测定

固定样地设置见 2.2.1 中表 2-1 和表 2-2。分别在每个固定样地对角线方向随机布设 1m×1m 样方 10 个。每个样方内按未分解层、半分解层、全分解层分层取样，同时用钢尺测量凋落物层厚度。未分解层位于凋落物的表层，形成时间小于 1a，未分解、未压缩成块状；半分解层已开始分解，但叶片形状尚完整，未压缩成块状；全分解层叶片形状不完整或已不能辨认，通常压缩成块状，紧挨表土层（Alarcón-Gutiérrez et al.，2010）。温带取样时间分别为 5 月中旬、8 月初及 10 月中旬，暖温带为 8 月。

（3）样品采集与处理

每个样地收集的样品分成 4 份，分别用作凋落物养分、微生物群落结构、酶活性及 pH 值测定，其中用于酶活性及微生物群落特征分析的样品，用冰盒带回实验室，放入 –80℃ 冰箱保存备用；用于凋落物干质量、养分含量测定的样品 65℃烘干至恒重备用；用于 pH 值测定的样品风干后备用。

117

5.1.2　凋落物酶活性和微生物群落结构测定

凋落物酶活性测定方法参照 Kourtev 等（2002）的方法稍作改动。取相当于 2g 凋落物干物质的样品，置于预冷的研钵中加入液氮进行充分研磨后，迅速转移到已加入 75ml 浓度为 50mmol/L 醋酸缓冲液（pH=5）的三角瓶中，在振荡器上 25℃振荡 40min（加入玻璃珠），制成匀浆，即粗酶液，其他测定方法同 4.1.2。凋落物微生物群落结构测定方法同 4.1.3。

5.1.3　数据与统计分析

为解析土壤层主要真菌和细菌类群与凋落物层主要真菌和细菌类群的相似性，对不同发育阶段凋落物未分解层、半分解层、全分解层以及表层土壤中的相对含量高于 5% 的优势真菌、细菌类群利用 Canoco V4.5 进行 PCA 分析。

5.2 / 年凋落物量动态变化及养分归还
Dynamic changes of annual litter fall and nutirent return

5.2.1 年凋落量、组成及动态变化

以暖温带为代表，开展不同发育阶段日本落叶松人工林年凋落量、组成与动态变化及其养分含量与年归还量的研究。

日本落叶松人工林年凋落物量随林分发育在中龄林时达最高值，随后逐渐下降，幼龄林、中龄林、近熟林和成熟林阶段分别为 $1260.8kg/hm^2$、$3911.7kg/hm^2$、$3728.7kg/hm^2$ 和 $3314.2kg/hm^2$（表5-1）。凋落物中针叶所占比例最大，灌木叶居中，花、果、杂物次之，枝条占比最小。同一组分在不同发育阶段所占比例有很大波动，针叶在幼龄林阶段占比最大为95.65%，成熟林阶段最小为56.73%；灌木叶占比与针叶相反，在成熟林中最大为33.78%，幼龄林最小为3.2%；而枝和花、果、杂物在中龄林中占比最大，分别为8.8%和9.62%。幼龄林阶段刚进入速生期，此时凋落物归还量较少，主要以针叶为主；随着林分郁闭，总凋落量在中龄林时达到最大；因经抚育间伐在成熟林阶段有所下降，同时林分郁闭度降低，光照充足，林下植被生长旺盛，在成熟林阶段灌木叶在凋落物中占了较大的比重。

表5-1　暖温带不同发育阶段各组分年凋落物量

Tab.5-1　Annual litter mass and its components in different developmental stages in warm temperate zone

组分 Component	幼龄林 Young stand		中龄林 Middle-aged stand		近熟林 Pre-mature stand		成熟林 Mature stand	
	（kg/hm²）	（%）	（kg/hm²）	（%）	（kg/hm²）	（%）	（kg/hm²）	（%）
针叶 Needle	1206.0±33.34	95.65	2678.3±34.06	68.47	2872.8±17.29	77.04	1880.2±24.79	56.73
灌木叶 Shrub leaf	40.4±2.22	3.20	512.1±23.36	13.09	548.8±25.53	14.71	1119.6±11.60	33.78
枝 Branch	2.7±0.12	0.21	344.3±14.08	8.80	86.2±8.46	2.31	108.6±1.05	3.27
其他 Others	13.8±0.55	1.09	376.7±3.97	9.62	220.9±0.48	5.92	213.9±0.34	6.45
总重 Total	1260.8±32.21	100	3911.7±7.15	100	3728.7±10.90	100	3314.2±19.25	100

日本落叶松中龄林、近熟林和成熟林凋落物月动态见图 5-1。3 个发育阶段凋落物总量年变化动态相似，凋落物总量、针叶和灌木叶的变化呈现单峰型，高峰值出现在 11 月，其余组分的凋落量无明显波动。中龄林阶段枝凋落量较近熟林和成熟林占比增加，凋落高峰发生在 7 月，这主要因为该阶段处于林木速生期，林分郁闭加剧了林木竞争，促使自然整枝强烈，此时枝的凋落量占到总凋落量的 8.8%。

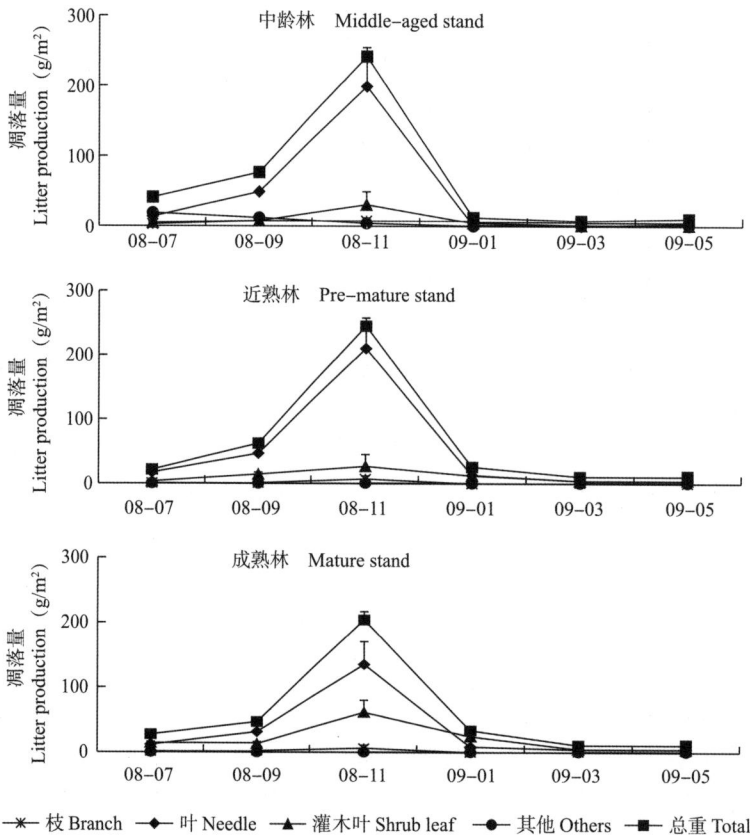

图5-1 暖温带不同发育阶段日本落叶松人工林凋落物量的月变化

Fig.5-1 Monthly variation on litter production in different developmental stages of larch plantation in warm temperate zone

5.2.2 凋落物养分含量及年归还量

（1）凋落物养分含量

由表 5-2 可以看出，凋落物中 C 含量在 492.5～523.6g/kg 之间，变化幅度不大，其中针叶的 C 含量略高于灌木叶。幼龄林、近熟林和成熟林 3 阶段凋落物中 5 种养分含量依次为 N > Ca > K > P > Mg，而中龄林依次为 Ca > N > K > P > Mg。4 个阶段凋落物各组分的养分含量均表现为灌木叶＞针叶＞其他＞枝。N 含量在中龄林的凋落物中最低，其他 3 个阶段相差不大；Ca 含量随林分发育而增加；P、K 和 Mg 含量呈波动式变化，在成熟林阶段含量较高。

表5-2　暖温带不同发育阶段年凋落物中的养分含量（g/kg）

Tab.5-2　Nutrient concentration of litterfall in different developmental stages in warm temperate zone

林龄 Age classes	组分 Component	C	N	P	K	Ca	Mg
幼龄林 Young stand	针叶 Needle	522.7	22.7	2.24	1.59	9.19	0.92
	灌木叶 Shrub leaf	451.8	25.3	2.12	3.42	12.10	2.01
	枝 Branch	479.8	4.64	1.30	3.85	3.90	0.64
	其他 Others	523.5	21.10	1.97	1.15	9.65	1.07
中龄林 Middle-aged stand	针叶 Needle	508.9	7.80	1.35	3.41	12.27	1.68
	灌木叶 Shrub leaf	478.9	8.70	1.38	4.20	14.80	2.10
	枝 Branch	483.3	4.83	1.13	3.84	3.68	0.75
	其他 Others	510.4	5.60	0.86	3.06	12.71	1.73
近熟林 Pre-mature stand	针叶 Needle	523.6	14.70	1.97	1.07	13.13	1.18
	灌木叶 Shrub leaf	452.5	19.70	2.70	2.61	20.21	2.29
	枝 Branch	482.4	4.89	0.92	3.96	3.55	0.76
	其他 Others	505.5	8.90	2.16	1.66	19.18	1.57
成熟林 Mature stand	针叶 Needle	507.2	16.70	2.12	2.65	18.90	2.07
	灌木叶 Shrub leaf	462.3	20.50	2.23	2.18	20.24	1.99
	枝 Branch	476.1	5.07	1.10	3.02	4.22	0.72
	其他 Others	499.4	11.20	2.23	1.99	20.38	2.81

（2）凋落物养分归还量

由表 5-3 可知，年凋落量随林分发育呈倒 "V" 形变化，凋落物养分含量占比随林分的生长发育而增加，因此养分年归还量也随林分发育而增大。幼、中、近和成熟林养分的年归还量分别为 46.52kg/hm²、100.89kg/hm²、126.77kg/hm² 和 142.37kg/hm²。N、P、Ca 的归还量随林分发育而增加，而 K 的归还量在中龄林最高，Mg 的归还量随林分发育呈 "N" 形变化，幼龄林最低，中龄林略高于近熟林，成熟林最高。幼龄林和近熟林阶段 N 的归还量占比最大，分别达 61.9% 和 46.6%，其次为 Ca、P、K，而 Mg 最小，分别仅为 2.5% 和 4.3%；中龄林和成熟林阶段均以 Ca 的比例最大，分别为 47.7% 和 45%，P 最小为 4.7% 和 4.8%。

表5-3 暖温带不同发育阶段凋落物年养分归还量 [kg/(hm²·a)]

Tab.5-3 Nutrient return per year through litterfall in different developmental stages in warm temperate zone

龄组 Age classes	组分 Component	N	P	K	Ca	Mg	合计 Sum
幼龄林 Young stand	针叶 Needle	27.38	2.70	1.92	11.08	1.11	44.19 (95.0)
	灌木叶 Shrub leaf	1.02	0.09	0.14	0.49	0.08	1.82(3.9)
	枝 Branch	0.01	0.01	0.01	0.01	0.00	0.04(0.1)
	其他 Others	0.29	0.03	0.02	0.13	0.01	0.48(1.0)
	总量 Total	28.69 (61.7)	2.82 (6.1)	2.08 (4.5)	11.72 (25.2)	1.21 (2.6)	46.52
中龄林 Middle-aged stand	针叶 Needle	20.89	3.62	9.13	32.86	4.50	71.00(70.4)
	灌木叶 Shrub leaf	4.46	0.71	2.15	7.58	1.08	15.97(15.8)
	枝 Branch	1.66	0.39	1.32	1.27	0.26	4.90(4.9)
	其他 Others	2.11	0.32	1.15	4.79	0.65	9.03(9.0)
	总量 Total	29.12 (28.9)	5.04 (5.0)	13.76 (13.6)	46.50 (46.1)	6.48 (6.4)	100.89
近熟林 Pre-mature stand	针叶 Needle	42.23	5.66	3.07	37.72	3.39	92.07(72.6)
	灌木叶 Shrub leaf	10.81	1.48	1.43	11.09	1.26	26.07(20.5)
	枝 Branch	0.42	0.08	0.34	0.31	0.07	1.22(1.0)
	其他 Others	1.97	0.48	0.37	4.24	0.35	7.41(5.8)
	总量 Total	55.43 (43.3)	7.70 (6.2)	5.21 (4.1)	53.36 (42.1)	5.07 (4.0)	126.77
成熟林 Mature stand	针叶 Needle	31.40	3.99	4.98	35.54	3.89	79.80(56.1)
	灌木叶 Shrub leaf	22.95	2.50	2.44	22.66	2.23	52.78(37.1)
	枝 Branch	0.55	0.12	0.33	0.46	0.08	1.53(1.1)
	其他 Others	2.40	0.48	0.43	4.36	0.60	8.26(5.8)
	总量 Total	57.30 (40.2)	7.08 (5.0)	8.18 (5.7)	63.01 (45.0)	6.80 (4.8)	142.37

5.3 / 凋落物现存量及养分含量
Litter standing crop and its nutirent contents

以暖温带和温带为代表，开展了不同发育阶段日本落叶松人工林凋落物现存量、养分含量和养分储量等的研究。

5.3.1 暖温带凋落物现存量及养分含量

（1）凋落物现存量

地表凋落物现存量随林分发育呈倒 "V" 形变化，在近熟林时达到最大值。幼、中、近和成熟林贮存量分别为 $2.37t/hm^2$、$8.34t/hm^2$、$12.26t/hm^2$ 和 $5.82t/hm^2$，4 个阶段现存量差异极显著。凋落物现存量各组分中以凋落叶占比最大，在 70.1%～82.8% 之间，随林分发育凋落叶的现存量占比呈下降趋势，枝占比呈升高趋势（8.3%～15.9%），杂物（花、果、皮、碎屑等）占比无明显变化。中龄林、近熟林和成熟林阶段凋落物未分解层分别为 $4.96t/hm^2$、$6.55t/hm^2$ 和 $3.53t/hm^2$，分别占总量的 59.5%、53.4% 和 60.6%，未分解层现存量略高于半分解层（图5-2）。

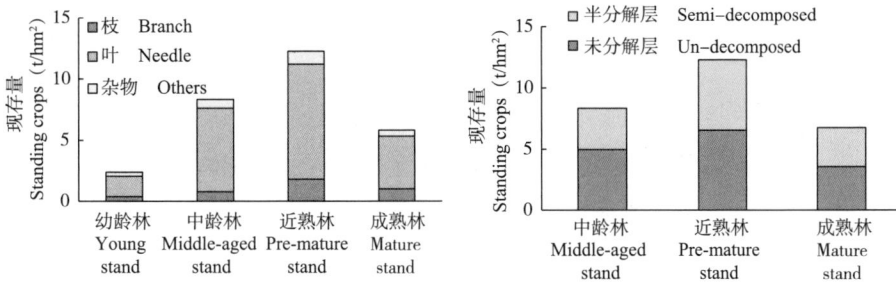

图5-2　不同发育阶段日本落叶松人工林凋落物现存量及组分

Fig.5-2　Biomass and component of litter in different developmental stages of larch plantation

由于幼龄林凋落物层稀薄，未形成明显的分层

It is difficult to stratified because litter layer was thin in young stand

（2）凋落物层养分含量

不同发育阶段日本落叶松林下凋落物层 C 含量在 343.5～442.0g/kg 之间，近熟林下凋落物层 C 含量均大于其他 3 个阶段；凋落物层 N 和 Ca 含量较高，分别为 12.50～20.56g/kg 和 14.77～21.65g/kg，P、K 和 Mg 含量为 1.67～3.50g/kg，远低于 N 和 Ca 含量；未分解层 C 和养分含量均高于半分解层（表 5-4）。

表5-4　不同发育阶段凋落物层的养分含量（g/kg）

Tab.5-4　Nutrient concentration of litter in different developmental stages of larch plantation

龄组 Age classes	分解层 Layers	C	N	P	K	Ca	Mg
幼龄林 Young stand	凋落层 Litter layer	378.0	12.87	1.80	2.49	17.06	2.88
中龄林 Middle-aged stand	未分解层 Un-decomposed	404.9	12.50	1.79	2.13	15.13	2.75
	半分解层 Semi-decomposed	343.6	17.40	2.02	2.49	19.26	3.02
近熟林 Pre-mature stand	未分解层 Un-decomposed	442.0	13.48	1.76	2.19	14.77	2.80
	半分解层 Semi-decomposed	405.9	19.66	1.95	2.61	20.77	3.35
成熟林 Mature stand	未分解层 Un-decomposed	392.8	14.45	1.67	2.31	17.07	3.14
	半分解层 Semi-decomposed	372.7	20.56	1.87	2.34	21.65	3.50

（3）凋落物层养分储量

幼龄林至近熟林阶段随着凋落物现存量的增加，养分储量由 88.11kg/hm² 增至 506.53kg/hm²，成熟林阶段随着凋落物现存量的降低，养分储量降至 297.43kg/hm²。地表凋落物中 N 和 Ca 的储量最大，占比分别为 34.7%～39.4%、42.6%～46.0%；Mg 占比居中，为 7.4%～7.8%；P 和 K 的储量最少，分别为 4.0%～4.9% 和 5.3%～6.7%。中龄林阶段未分解层养分储量略高于半分解层，近、成熟林阶段则半分解层略高于未分解层（表 5-5）。

表5-5　不同发育阶段凋落物层养分储量

Tab.5-5　Nutrients stocks of litterfall in different developmental stages of larch plantation

龄组 Age classes	分解层 Layers	现存量 Standing crops （t/hm²）	N （kg/hm²）	P （kg/hm²）	K （kg/hm²）	Ca （kg/hm²）	Mg （kg/hm²）	合计 Sum （kg/hm²）
幼龄林 Young stand	总量 Total	2.38	30.57 （34.7）	4.27 （4.8）	5.91 （6.7）	40.52 （46.0）	6.85 （7.8）	88.11
中龄林 Middle-aged stand	未分解层 Un-decomposed	4.97	62.06	8.87	10.59	75.12	13.63	170.28 （53.3）
	半分解层 Semi-decomposed	3.37	58.69	6.82	8.38	64.97	10.17	149.03 （46.7）
	总量 Total	8.34	120.75 （37.8）	15.69 （4.9）	18.97 （5.9）	140.10 （43.9）	23.81 （7.5）	319.31

（续）

龄组 Age classes	分解层 Layers	现存量 Standing crops （t/hm²）	N （kg/hm²）	P （kg/hm²）	K （kg/hm²）	Ca （kg/hm²）	Mg （kg/hm²）	合计 Sum （kg/hm²）
近熟林 Pre-mature stand	未分解层 Un-decomposed	6.55	88.25	11.52	14.34	96.66	18.35	229.13 （45.2）
	半分解层 Semi-decomposed	5.74	112.85	11.16	14.98	119.20	19.22	277.41 （54.8）
	总量 Total	12.26	201.10 （39.7）	22.68 （4.5）	29.32 （5.8）	215.86 （42.6）	37.57 （7.4）	506.53
成熟林 Mature stand	未分解层 Un-decomposed	3.53	51.06	5.90	8.17	60.31	11.08	136.53 （45.9）
	半分解层 Semi-decomposed	3.22	66.28	6.01	7.55	69.79	11.27	160.91 （54.1）
	总量 Total	5.82	117.33 （39.4）	11.92 （4.0）	15.72 （5.3）	130.11 （43.7）	22.35 （7.5）	297.43

行中括号内的数值为同一发育阶段不同元素所占总量的百分比；列中括号数值为不同部分占总量的百分比。以下同

The values in the parenthesis within the same line are the percentage of various nutrient elements accounting for the total amount in the same developmental plantation. The values in the parenthesis within the same column are the percentage of various components accounting for the total amount in thc same developmental plantation. The same below

5.3.2 温带凋落物现存量及养分含量

（1）凋落物现存量、含水率与 pH 值

近熟林阶段凋落物现存量和含水率最高，pH 值最低（表 5-6），这与近熟林阶段林分郁闭度，林木生长量较大，蒸发量较小有关。半分解层和全分解层含水率大于未分解层，pH 值表现为未分解层＞半分解层＞全分解层，且未分解层和半分解层的差异较小，但与全分解层的差异较大。幼龄林至近熟林阶段凋落物现存量中半分解层最高，成熟林阶段全分解层现存量最高。季节动态上，8 月和 10 月凋落物含水率高于 5 月，pH 值变化不大。

（2）凋落物层养分含量

不同发育阶段间、季节间及分解层间养分含量均存在显著差异，但交互作用对养分含量影响较小。从表 5-7 可知，林分不同发育阶段间对比，大部分养分元素含量均在幼龄林阶段最高，在中龄林与近熟林阶段含量较低，而在成熟林阶段有所提升，交换性 Mg^{2+} 含量在不同发育阶段间差异不显著。季节上，8 月和 10 月显著高于 5 月，交换性 Ca^{2+} 含量在不同季节间差异不显著。未分解层和半分解层的有效 P 含量显著高于全分解层，未分解层的水解性 N、全 K 和速效 K 含量显著高于半分解和全分解层，其他养分元素含量在不同分解层间差异不显著。

表5-6 不同发育阶段凋落物含水率与pH值

Tab. 5-6 The water content and pH of litter in different development stands

龄组 Age classes	分解层 Layers	现存量 Standing crops (t/hm²)	含水率 Water content (%)				pH值 pH value			
			5月 May	8月 August	10月 October	均值 Average	5月 May	8月 August	10月 October	均值 Average
幼龄林 Young stand	未分解层 Un-decomposed	2.4	16	152	110	93	5.24	5.45	5.49	5.39
	半分解层 Semi-decomposed	9.4	24	182	158	121	5.56	5.35	5.31	5.41
	全分解层 Decomposed layer	2.2	76	157	134	122	5.11	4.93	4.94	4.99
	均值 Mean	4.66±0.34c	38±2.5b	163±11b	134±14b		5.3±0.2a	5.3±0.1a	5.2±0.1a	
中龄林 Middle-age stand	未分解层 Un-decomposed	3	21	150	90	87	5.35	5.34	5.39	5.36
	半分解层 Semi-decomposed	12.93	27	180	160	122	5.48	5.25	5.13	5.29
	全分解层 Decomposed layer	3.33	126	120	140	129	5.08	4.79	4.87	4.91
	均值 Mean	6.42±0.43b	58±6.8a	150±12b	130±13b		5.3±0.2a	5.1±0.1b	5.1±0.1b	
近熟林 Pre-mature stand	未分解层 Un-decomposed	2.65	24	188	106	106	5.14	5.34	5.40	5.29
	半分解层 Semi-decomposed	15.35	33	202	181	139	5.03	5.10	5.10	5.07
	全分解层 Decomposed layer	8.56	132	154	163	150	4.93	4.63	4.66	4.74
	均值 Mean	8.85±0.35a	63±5.6a	181±14a	150±23a		5.0±0.1b	5.0±0.09c	5.1±0.1b	
成熟林 Mature stand	未分解层 Un-decomposed	1.72	26	91	63	60	5.34	5.45	5.31	5.36
	半分解层 Semi-decomposed	3.44	30	134	154	106	5.40	5.29	5.21	5.30
	全分解层 Decomposed layer	6.16	59	97	121	93	5.08	5.13	4.94	5.05
	均值 Mean	3.77±0.21d	38±3.2b	107±13c	112±12c		5.3±0.2a	5.3±0.1a	5.1±0.1b	

表5-7 不同发育阶段凋落物层养分含量

Tab.5-7 The results of nutrient concentration in different development stands

	项目 Items	全 N Total N (g/kg)	水解性 N Available N (mg/kg)	全 P Total P (g/kg)	有效 P Available P (mg/kg)	全 K Total K (mg/g)	速效 K Available K (mg/g)	交换性 Ca²⁺ Exchangeable Ca²⁺ (Cmol/2 Ca²⁺/kg)	交换性 Mg²⁺ Exchangeable Mg²⁺ (Cmol/2 Mg²⁺/kg)
龄组 Age classes	幼龄林 Young stand	7.9±2.8a	416±156a	1.1±0.3a	217±95a	3.4±0.6ab	0.9±0.2a	104±53a	10.94±1.5
	中龄林 Middle-aged stand	6.1±2.3b	331±86b	0.9±0.1b	176±89b	3.3±0.4bc	0.7±0.2c	83±34ab	11.06±2.2
	近熟林 Pre-mature stand	7.9±2.2a	362±118b	0.9±0.2b	216±117a	3.2±0.4c	0.7±0.3bc	76±32b	10.7±2.4
	成熟林 Mature stand	7.0±1.8ab	414±85a	0.9±0.2b	144±60c	3.5±0.6a	0.8±0.2b	102±68a	10.42±1.8
取样时间 Sampling time	5 月 May	5.7±1.5c	260±89a	0.8±0.2c	139±32c	3.1±0.4c	0.7±0.2b	93±49	10.16±2.2b
	8 月 August	8.5±3.3a	432±69a	0.9±0.1b	245±106a	3.3±0.4b	0.7±0.3c	84±29	10.86±1.5ab
	10 月 October	7.4±0.8b	450±90b	1.1±0.3a	182±101b	3.6±0.6a	0.9±0.3a	97±65	11.33±2.1a
分解层 Layers	未分解层 Un-decomposed	6.8±2.3	362±127b	0.99±0.2	229±109a	3.1±0.4b	1.0±0.2c	89±43	10.8±2.3
	半分解层 Semi-decomposed	7.8±2.8	396±110a	0.97±0.2	210±93a	3.2±0.4b	0.9±0.1b	94±64	11.11±1.7
	全分解层 Decomposed layer	7.0±2.0	384±120ab	0.97±0.2	126±40b	3.9±0.3a	0.6±0.2a	92±50	10.43±2.0

5.4 / 凋落物层生物学特征
Biological characteristics of litter layer

以温带为代表，开展了日本落叶松人工林不同发育阶段、不同季节、不同凋落物层的酶活性、微生物数量和微生物群落组成的研究。

5.4.1 凋落物层酶活性

由表5-8可知，不同发育阶段间、季节间、分解层间酶活性均存在显著差异。碱性磷酸酶、酸性磷酸酶和几丁质酶随林分发育活性升高，成熟林阶段酶活性显著高于其他阶段；漆酶在近熟林阶段活性最高；淀粉酶、转化酶、内切纤维素酶和 $\beta-$ 葡萄糖苷酶随林分发育活性降低，幼龄林阶段这4种酶的活性显著高于其他阶段。

除漆酶外的其他7种酶活性均表现为未分解层＞半分解层＞全分解层，这是由于凋落物前期易分解物质含量较多，充足的养分可以快速聚集大量分解者。随着凋落物的分解，易被分解者利用的有机物质（糖类、蛋白等）逐渐减少，难分解的大分子有机物质（纤维素、木质素等）比例不断增加，只有少数微生物能产生分解它所需的酶（郭剑芬 等，2006）。漆酶表现为半分解层＞全分解层＞未分解层，这一方面可能是因为伴随分解进行可利用底物越来越少，另一方面可能是分解过程中产生的代谢沉积物，影响了产漆酶微生物类群的活性。此外，不同林分发育阶段凋落物层酶活性的差异主要体现在未分解层和半分解层，这可能是由于未分解层和半分解层分解者可利用的养分和分解者数量相对较多。

淀粉酶、内切纤维素酶、$\beta-$ 葡萄糖苷酶、酸性磷酸酶及碱性磷酸酶的活性均在5月显著高于8月和10月；而几丁质酶、漆酶表现为相反的趋势，5月显著低于10月。

表5-8　不同发育阶段凋落物酶活性

Tab.5-8　The enzyme activity in different development stands

项目 Items		淀粉酶（×10⁻²）/U Amylase (×10⁻²)/U	转化酶/U Invertase/U	内切纤维素酶/U endocell-ulase/U	几丁质酶（×10⁻²）/U Chinase (×10⁻²)/U	β-葡萄糖苷酶/U β-glucos-idasem/U	酸性磷酸酶/U Acid phosphatase/U	碱性磷酸酶/U Alkaline phosphatase/U	漆酶/U laccase/U
龄组 Age classes	幼龄林 Young stand	1.9±0.011a	2.8±4.9a	4.3±3.4a	7.8±0.3b	0.16±0.12a	0.31±0.24c	0.03±0.02b	3.81±4.1b
	中龄林 Middle-aged stand	1.4±0.06b	2.4±4.5a	4.1±3.6ab	6.1±0.3c	0.13±0.12b	0.28±0.17c	0.04±0.03a	1.81±1.5c
	近熟林 Pre-mature stand	1.4±0.001b	2.9±5.2a	3.0±2.4c	5.8±0.02c	0.07±0.06c	0.35±0.19b	0.04±0.03a	10.10±12.0a
	成熟林 Mature stand	1.4±0.007b	2.5±4.2a	3.5±2.3bc	9±0.02a	0.12±0.10b	0.46±0.44a	0.04±0.02a	4.13±5.0b
时间 Sampling time	5月 May	1.7±0.100a	0.80±0.5b	5.1±3.5a	6.7±0.03b	0.200±0.14a	0.47±0.36a	0.053±0.03a	1.66±2.7c
	8月 August	1.7±0.008a	0.06±0.1c	3.3±2.0b	7.2±0.03ab	0.080±0.06b	0.35±0.26b	0.027±0.02b	10.07±9.8b
	10月 October	1.1±0.004b	7.10±4.7a	2.7±3.0b	7.6±0.02a	0.095±0.06b	0.22±0.13c	0.020±0.01c	3.20±5.4a
分解层 Layers	未分解层 Un-decomposed	2.2±0.009a	5.2±6.5a	6.6±2.7a	9.7±0.03a	0.22±0.11a	0.62±0.33a	0.054±0.03a	1.93±3.3c
	半分解层 Semi-decomposed	1.4±0.004b	2.7±3.5b	2.8±1.8b	7.3±0.02b	0.12±0.07b	0.31±0.13b	0.030±0.01b	6.83±10.8a
	全分解层 Decomposed layer	0.9±0.002c	0.2±0.3c	1.3±1.5c	4.6±0.02c	0.038±0.03c	0.13±0.05c	0.016±0.01c	6.17±5.6b

5.4.2　凋落物层微生物数量

从图 5-3 可以看出，凋落物层真菌基因拷贝数和细菌基因拷贝数呈现出随林分发育先降低后升高的趋势，幼龄林阶段最高，中龄林或近熟林阶段最低，在未分解层表现尤为明显，也与近熟林阶段土壤肥力下降趋势相吻合。由于幼龄林和成熟林阶段林分郁闭度较低，林下植被相对发达，凋落物中草灌比例增加，林地温、湿度也更适宜微生物生存繁殖，更有利于凋落物的分解。各发育阶段林分凋落物层细菌基因拷贝数均高于真菌。

细菌基因拷贝数在不同分解层基本表现为半分解层＞未分解层＞全分解层，而真菌基因拷贝数则表现为未分解层＞半分解层＞全分解层。分解初期真菌可以在较新鲜的凋落物上迅速定殖，通过菌丝体穿透到凋落物内部对其进行分解，从而为细菌定殖创造条件，这也是半分解层中细菌数量增加的原因。凋落物全分解层主要为木质素等难分解物质，只能被少数真菌与细菌类群所分解利用，因此全分解层中的微生物数量最低。

真菌和细菌基因拷贝数在季节上表现为 5 月、10 月较高，8 月较低，表明 8 月温湿度较高，抑制了微生物的生存繁殖。

5.4.3　凋落物层微生物群落组成

（1）凋落物层优势细菌类群

从图 5-4 可以看出，*T-RF*（533）和 *T-RF*（145）为各分解层共有的优势细菌类群，*T-RF*（483）为未分解层和半分解层共有的优势菌，*T-RF*（487）、*T-RF*（147）和 *T-RF*（485）为半分解层和全分解层共有的优势菌，*T-RF*（261）为全分解层的优势菌。不同发育阶段凋落物层优势细菌类群基本相同，只是相对数量上存在差异。其中，细菌类群 *T-RF*（533）、*T-RF*（145）、*T-RF*（147）、*T-RF*（483）、*T-RF*（482）、*T-RF*（430）、*T-RF*（395）、*T-RF*（261）、*T-RF*（487）、*T-RF*（137）及 *T-RF*（86）为 4 个发育阶段林分中共有的优势菌群；*T-RF*（485）是除近熟林外的其他发育阶段林分的优势菌群，*T-RF*（89）仅为中龄林阶段优势菌。此外，还有一些具有季节特征的优势细菌，如 *T-RF*（488）仅在 5 月为优势菌群，*T-RF*（482）、*T-RF*（531）及 *T-RF*（399）在 5 月与 8 月为优势菌群，*T-RF*（431）为 8 月与 10 月的优势菌群。

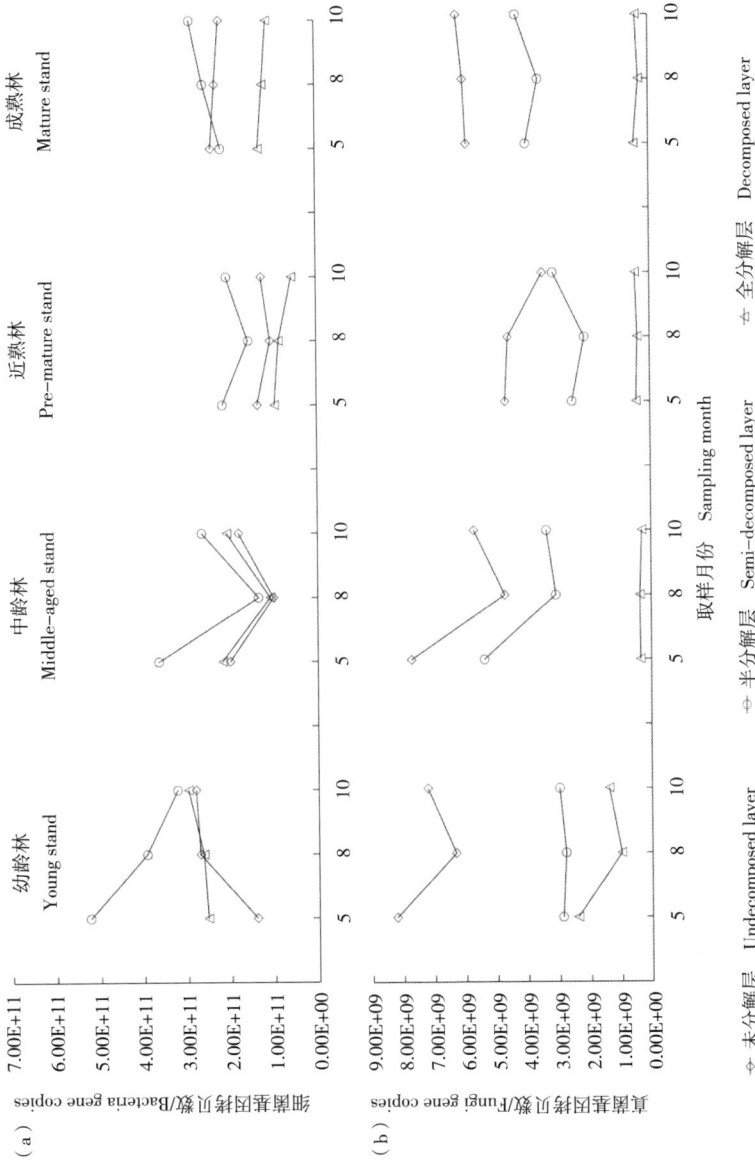

图5-3 不同发育阶段凋落物层细菌与真菌数量

Fig.5-3 The bacterial and fungal gene copies in different development stands

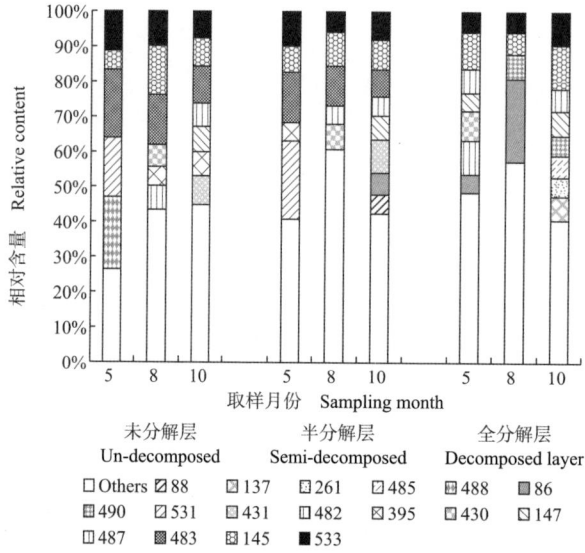

（a）幼龄林　Young stand

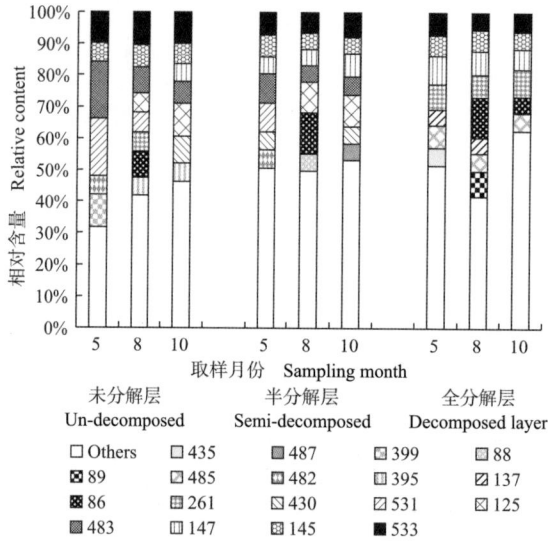

（b）中龄林　Middle-aged stand

图5-4　不同发育阶段凋落物层优势细菌类群

Fig.5-4　The dominant bacteria in the litter of different development stands

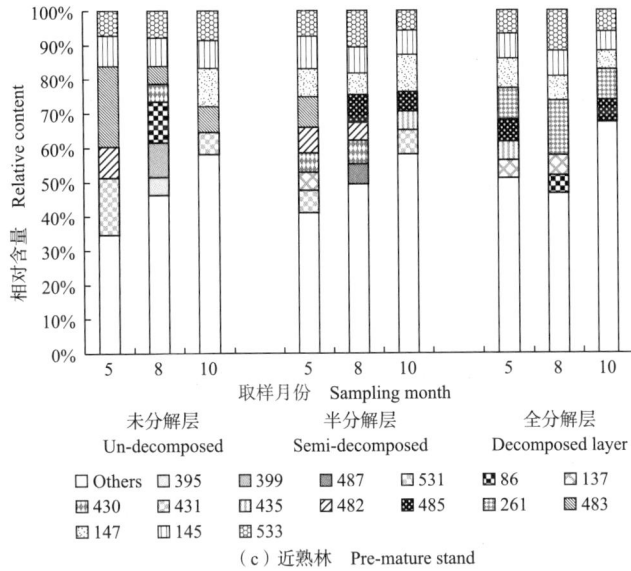

（c）近熟林 Pre-mature stand

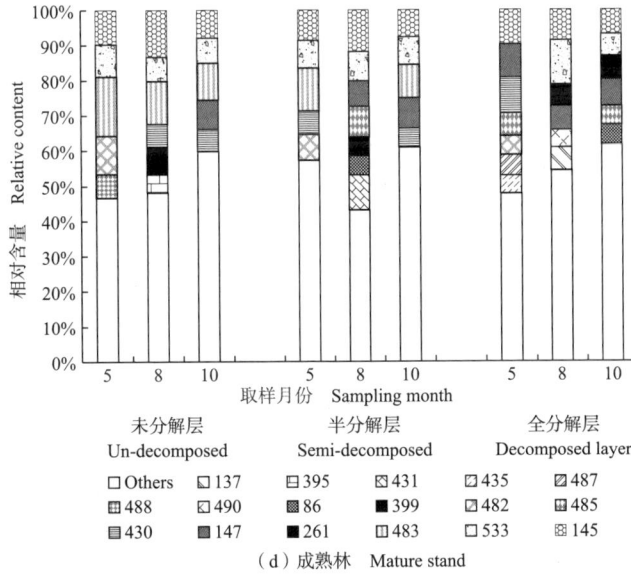

（d）成熟林 Mature stand

图5-4 不同发育阶段凋落物层优势细菌类群（续）

Fig.5-4 The dominant bacteria in the litter of different development stands

（2）凋落物层优势真菌类群

从图 5-5 可以看出，未分解层和半分解层共有的优势真菌类群较多，不存在 3 个分解层共有的优势真菌类群。幼龄林未分解层和半分解层共有的优势真菌类群为 *T–RF*（260）、*T–RF*（50）、*T–RF*（346）、*T–RF*（276）、*T–RF*（280）、*T–RF*（353），中龄林共有优势

真菌类群为 *T-RF*（260）、*T-RF*（50）、*T-RF*（346）、*T-RF*（276）、*T-RF*（306）、*T-RF*（272）、*T-RF*（281）、*T-RF*（347）、*T-RF*（380），近熟林共有的优势真菌类群为 *T-RF*（260）、*T-RF*（306）、*T-RF*（296）、*T-RF*（324），成熟林共有的优势真菌类群为 *T-RF*（260）、*T-RF*（50）、*T-RF*（346）、*T-RF*（305）、*T-RF*（146）。其中，真菌类群 *T-RF*（260）、*T-RF*（50）、*T-RF*（280）、*T-RF*（276）、*T-RF*（346）在 4 个林分发育阶段均为优势菌，真菌类群 *T-RF*（240）为除近熟林阶段以外的其他 3 个发育阶段的优势菌，*T-RF*

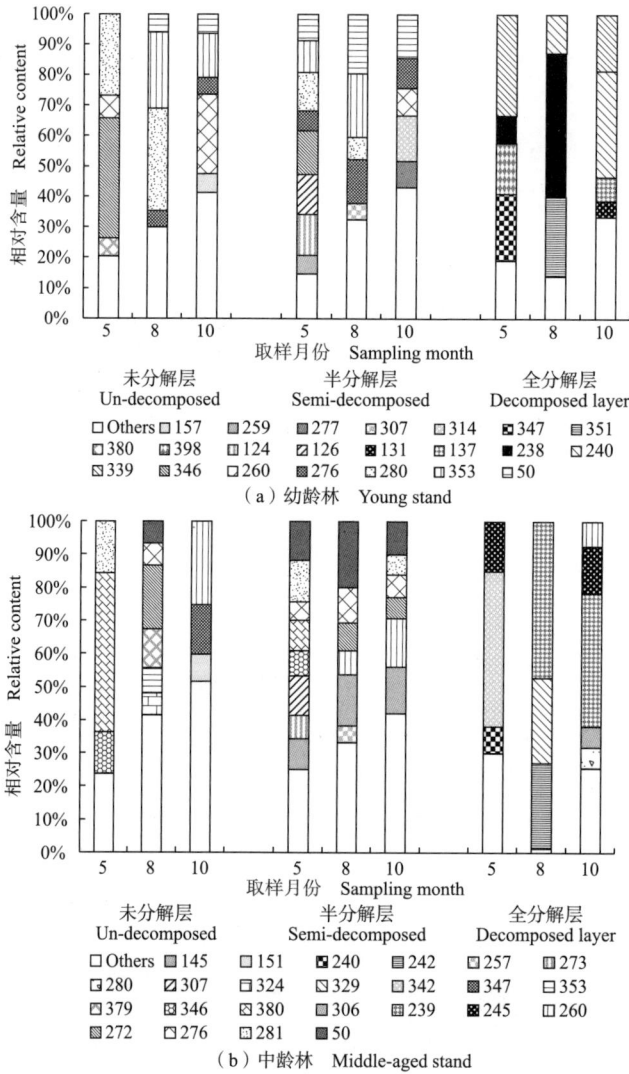

图5-5　不同发育阶段凋落物层优势真菌类群

Fig.5-5　The dominant fungi in the litter of different development stands

（324）、T–RF（306）、T–RF（239）为中龄林和近熟林的优势菌，T–RF（321）、T–RF（201）为近熟林与成熟林的优势菌，而 T–RF（296）、T–RF（288）、T–RF（380）、T–RF（376）、T–RF（359）、T–RF（297）、T–RF（317）、T–RF（316）、T–RF（117）、T–RF（303）、T–RF（315）仅在近熟林阶段为优势菌。优势真菌类群季节上无规律性。

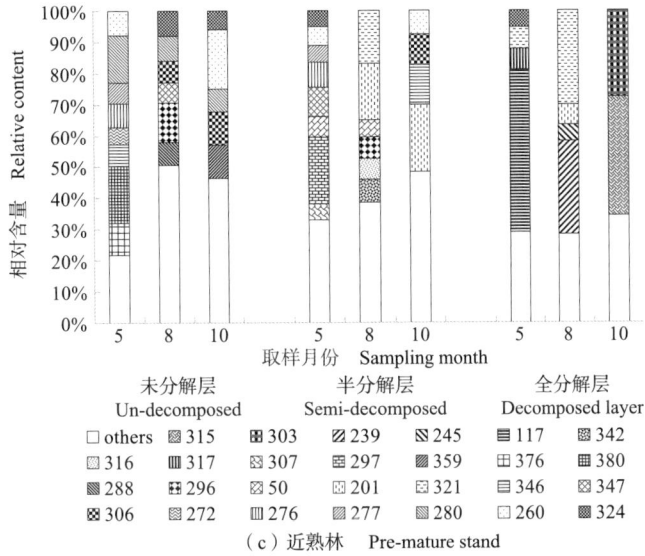

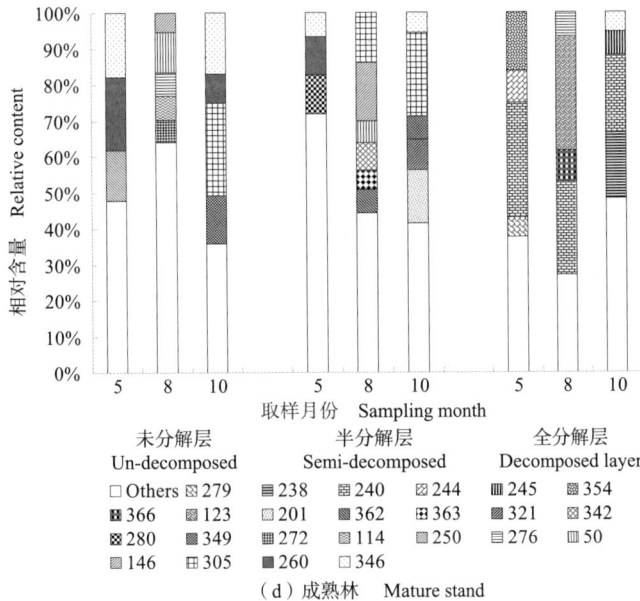

（c）近熟林　Pre-mature stand

（d）成熟林　Mature stand

图5-5　不同发育阶段凋落物层优势真菌类群（续）

Fig.5-5　The dominant fungi in the litter of different development stands

5.5 / 表层土壤与凋落物层主要真菌、细菌主成分分析（PCA）

Principal Component Analysis (PCA) of main fungi and bacteria in the topsoil and litter layer

为解析土壤层主要真菌和细菌类群与凋落物层主要真菌和细菌类群的相似性，对不同发育阶段凋落物未分解层、半分解层、全分解层以及表层土壤主要的真菌、细菌类群进行PCA分析。从图5-6可以看出，主要真菌类群在PCA图中聚为3组，凋落物未分解层和半分解层真菌类群基本分布在第1、4象限，全分解层真菌类群分布在第2象限；表层土壤真

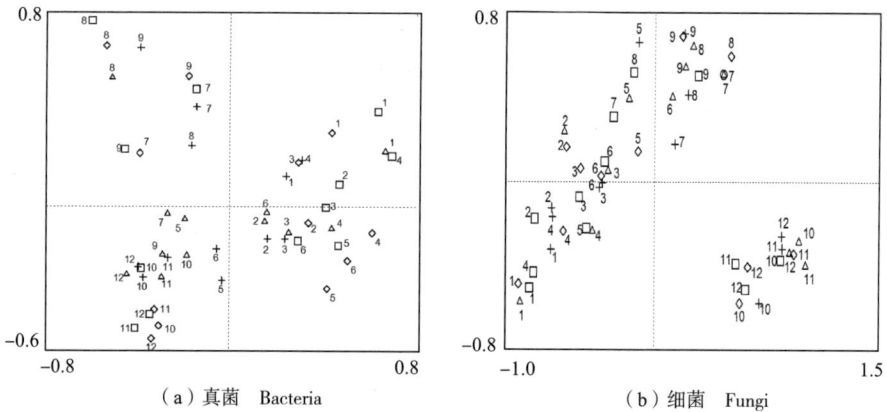

（a）真菌 Bacteria   （b）细菌 Fungi

图5-6　PCA分析结果

Fig.5-6　The analysis of PCA

□：幼龄林；◇：中龄林；△：近熟林；+：成熟林；1、2、3：凋落物未分解层；4、5、6：凋落物半分解层；7、8、9：凋落物全分解层；10、11、12：表层土壤

□ stand for the young stand; ◇ stand for the middle-aged stand; △ stand for the pre-mature stand; + stand for the mature stand; the number of 1, 2 and 3 stand for fresh layer; the number of 4, 5 and 6 stand for semi-decomposition layer; the number of 7, 8 and 9 stand for the decomposition layer; the number of 10, 11 and 12 stand for the top soil

菌类群基本分布在第 3 象限。细菌在 PCA 图中分成 2 组，未分解层、半分解层、全分解层在第 1、2、3 象限呈连续分布，表层土壤单独聚在第 4 象限。因此未分解层和半分解层中真菌、细菌类群较相似，而表层土壤中主要真菌、细菌类群与凋落物层差异较大。

5.6 / 讨论
Discussion

5.6.1 年凋落量与凋落物现存量

年凋落量受地带性、植物成分、森林结构和林木生理特性及森林经营活动等因素的影响（骆宗诗 等，2007）。一般情况下，森林的年凋落量随着林龄的增加而增加，在生长旺盛期达最大值（孙志虎 等，2009）。丁宝永等（1989）对14～17a兴安落叶松年凋落量的调查发现，年凋落量随林龄而增加；陈立新等（1998）对14～28a兴安落叶松的年凋落量研究认为，年凋落量随林龄波动式增加；孙志虎等（2009）应用地统计学方法分析13～41a生长白落叶松人工林年凋落物量发现，年凋落量随林龄呈"S"形变化，在21a时年凋落量最大。对暖温带不同发育阶段日本落叶松研究发现，年凋落量随着林分发育表现出先增后降的特点，幼龄林阶段凋落物最少（1260.8kg/hm^2），中龄林最大（3911.7kg/hm^2），近熟林和成熟林分别为3728.7kg/hm^{2}和3314.2kg/hm^2。

凋落物现存量取决于年凋落量、凋落物分解速率和累积年限。凋落物的分解主要受环境、凋落物质量和分解者等因素影响（Barlow et al.，2007；Pandey et al.，2007）。全球范围内凋落物的分解速率相差很大，湿润的热带森林分解速率是温带森林的6～10倍。因此，不同区域或者不同林型地表凋落物现存量也有很大差异，湿润的热带森林虽然凋落量很多，但凋落物层很薄甚至没有，而寒带森林凋落量虽很少，凋落物层却异常深厚（Kimmins，2005）。本研究中暖温带幼龄林、中龄林、近熟林和成熟林凋落物现存量分别为2.37t/hm^2、8.34t/hm^2、12.26t/hm^{2}和5.82t/hm^2，而温带凋落物现存量分别为13.98t/hm^2、19.26t/hm^2、26.55t/hm^{2}和11.30t/hm^2，分别是暖温带的5.8倍、2.3倍、2.1倍和1.9倍。

2个生态气候区日本落叶松凋落物现存量变化趋势一致，均表现出随林分生长发育先升后降的趋势，在近熟林阶段达到最大，成熟林阶段有所降低。生长前期随着林龄的增加年凋落量不断增大；林分郁闭后，凋落物分解变缓，凋落物分解量小于凋落量，凋落物现存量不断增加；生长后期年凋落量呈下降趋势，凋落物分解加速，凋落物现存量不断降低。根据暖温带年凋落量和凋落物现存量估算出幼龄林、中龄林、近熟林和成熟林阶段养分循环强度分别为 0.35、0.32、0.23、0.36，表现出随林龄增加先降低后升高的趋势，近熟林阶段养分循环强度最弱，至成熟林阶段恢复到最高水平。

5.6.2　凋落物年养分归还量及凋落物层养分储量

凋落物年养分归还量取决于年凋落量及其养分含量。由于凋落物在凋落前部分养分由叶片转移到体内，尤其是 N、P、K 等易于流动的元素转移的比例更高。比较生长期的针叶及凋落针叶中的养分含量发现，针叶在凋落前 N、P、K 元素出现了回流现象，特别是中龄林阶段生长期针叶中 N 含量为 22.7g/kg，落叶中仅为 7.8g/kg，随着林分生长发育进入近成熟林和成熟林阶段，回流程度逐渐减弱。由于 N 元素在针叶中含量最高，虽出现部分回流，但凋落叶中 N 含量依然很高，而 Ca 是结构性元素，流动性差，因此不同发育阶段凋落物中均以 Ca 和 N 的含量最高，K 居中，P 和 Mg 最小。随着林分生长发育，灌木叶片所占比例和凋落物中养分含量增大，凋落物养分归还量同步增大，其中仍以 N 和 Ca 的归还量最大，约占养分总归还量的 80%，K 居中，约占 10%，P 和 Mg 最小，共占 10%。

凋落物层养分储量主要受凋落物现存量和养分含量的影响。凋落物层养分储量随林分生长发育呈先增后降的趋势，在近熟林阶段达最大值，近熟林 - 成熟林阶段明显减小，与田大伦和宁晓波（1995）对不同发育阶段马尾松林凋落物养分储量的研究结果一致。凋落物层中 N 和 Ca 含量较高，Mg 也呈富集现象，而 K 含量比凋落时要低。因此日本落叶松人工林凋落物层养分储量以 N、Ca 占比最大（占 82.5%）；Mg 占 7.5%；K、P 最少，各占 5% 左右。金小麒（1991）也发现华北地区主要针叶林（油松、华北落叶松、云杉、侧柏）凋落物层养分储量以 N 和 Ca 储量最大，一方面由于凋落物层 N、Ca 含量较高；另一方面，随着凋落物分解，由于微生物养分固定，N 含量的增加，Ca 为难分解的有机物组分，微生物很难利用，其释放速率也比较慢（郭晋平 等，2009；Hobbie et al.，2006）。

5.6.3　凋落物层生物特征

日本落叶松人工林凋落物层酶活性及微生物数量，随林分发育进程的变化规律与养分含量一致，呈先降低后升高的趋势，在中龄林或近熟林阶段最低，幼龄林阶段最高。近熟林阶段由于凋落物积累过多，凋落物分解产生大量的酸性物质（富里酸、交换性酸、交换性铝等）不利于微生物生存，此时微生物数量最低，通过抚育间伐后，促进林下植被发育，凋落物分解环境发生变化，微生物数量有所增加，分解也随之加快。以往杉木研究表明，当林分郁闭度在 0.7 以下，林下植被发育良好，水解酶活性及土壤微生物活性增加，幼龄林与成熟林阶段林下植被较多，酶活性较高（焦如珍和杨承栋，1997；盛炜彤和杨承栋，1997）。

不同发育阶段凋落物层优势细菌类群基本相同，只是相对数量的不同。与细菌相比，真菌在不同发育阶段及不同凋落物分解层间的差异较大，优势真菌类群具有明显的演替特征，由此推测不同发育阶段凋落物分解差异主要由细菌相对数量与真菌种类的差异所致，这与以往的研究结果相同（陈法霖 等，2011b；Pang et al.，2009）。未分解层与半分解层酶活性与微生物数量较高，全分解层较低，这是由于新鲜凋落物中含有大量的糖、氨基酸和脂肪酸等易被淋溶及易分解的化合物，有利于微生物的活动和繁衍，进而产生大量胞外酶，随着凋落物由未分解层转入全分解层，易分解物质含量减少，微生物数量因可利用底物的减少而降低，酶活性也相应递减（郭剑芬 等，2006；Stemmer et al.，1998）。不同发育阶段凋落物中主要真菌和细菌类群与土壤中主要真菌和细菌类群差异较大。DeAngelis 等（2013）对热带雨林高湿缺氧条件下凋落物中微生物群落与土壤微生物群落间的相关性研究发现，凋落物微生物群落与土壤微生物群落差异显著，这可能是由于土壤中存在一些土壤习居菌所致。

5.7 / 结论
Brief summary

　　林分年凋落量和凋落物现存量均表现出随林分生长发育先升后降的趋势，年凋落量在中龄阶段达到最大值（暖温带为 3911.7kg/hm^2）；凋落物现存量与年凋落量相比有滞后现象，在近熟林阶段最大值（暖温带为 12.26t/hm^2，温带为 26.56t/hm^2），温带 4 个发育阶段日本落叶松凋落物现存量分别是暖温带的 5.8 倍、2.3 倍、2.1 倍和 1.9 倍。幼龄林阶段树木刚进入速生期，凋落物归还量较少，以针叶为主；凋落量在中龄林时达到最大；经抚育间伐在成熟林阶段有所下降，同时林分郁闭度降低，光照充足，林下植被生长旺盛，在成熟林阶段灌木叶在凋落物中占较大比重（33.78%）。养分年归还量随着林龄的增加而增大，4 个发育阶段分别为 46.52kg/hm^2、100.89kg/hm^2、126.77kg/hm^2、142.37kg/hm^2。凋落物层养分储量随着林龄的增加呈先增加后降低的变化，分别为 88.11kg/hm^2、319.31kg/hm^2、501.53kg/hm^2、297.43kg/hm^2。不同发育阶段林分的年养分归还量和凋落物层养分储量，均以 Ca 和 N 最大，K 和 Mg 居中，P 最小。

　　凋落物层真菌和细菌基因拷贝数以及酶活性均呈现出幼龄林阶段最高、中龄林或近熟林阶段最低，在成熟林阶段有所恢复，且近熟林阶段优势微生物种类与其他 3 个发育阶段也存在较大差异，在未分解层表现尤为明显。随着林分发育，分解环境发生变化，微生物的代谢也因为适应环境而发生改变，最终作用到凋落物分解。近熟林阶段凋落物现存量最大，微生物数量和酶活性较低，林地土壤出现衰退趋势，因此应重点关注中龄林至近熟林阶段的科学经营，提高分解者活性，加速养分循环。

6

Characteristics of nutirents biological cycling in
Larix kaempferi plantation ecosystem

日本落叶松人工林生态系统
养分生物循环特征

营养元素循环与平衡直接影响着林分生产力的高低和生态系统的稳定与持续（曹建华等，2007；Turner and Lambert，2008）。生态系统营养元素的生物循环指系统内植物与土壤之间的元素循环，植物通过营养元素的吸收、存留和归还等生理生态学过程来维持森林生态系统的养分平衡（聂道平，1991；田大伦 等，2011）。森林生态系统营养元素生物循环是复杂的生物过程，不仅受环境因素和树种生物学特性的影响，同时由于营养元素在植物体内的作用和状态不同，各营养元素的循环特点也有着明显差异（Li，1996）。随着杉木林的生长发育，营养元素年积累量减少，养分利用效率增加（潘维俦 等，1981）；马尾松人工林营养元素循环系数随林分生长发育呈凸状抛物线变化，即先增加后减少（项文化和田大伦，2002）；21a 生兴安落叶松人工林的 5 种营养元素平均循环系数为 0.607，23a 生华北落叶松人工林的 5 种营养元素平均循环系数为 0.664，均高于油松（0.570）和杉木（0.165～0.575）人工林，有着较高的养分利用率（刘世荣，1992；谢会成和杨茂生，2002）。本章在暖温带日本落叶松人工林植被层、土壤层及凋落物层营养元素特征分项研究基础上综合集成，探讨人工林生态系统中营养元素生物循环特征和利用效率，以揭示营养元素在植物体 – 凋落物 – 土壤中的流动规律，为日本落叶松人工林经营提供理论依据。

6.1 / 研究方法
Research methods

生态系统中植物与土壤之间养分交换的生物循环过程包括吸收、存留和归还 3 个环节，且遵循吸收 = 存量 + 归还的平衡式（聂道平，1991）。养分的归还包括凋落物归还、净降水淋洗和树干茎流淋溶，本章年归还量仅为凋落物的归还量和草本植物地上部分的归还量。营养元素的存留量为植物体内营养元素的年净积累量，通过生物量的净增量及元素含量来计算。各器官（除了针叶和灌木叶）的净生产力用年平均增长量估算，进而求得乔木层和灌木层的养分元素年存留量。

6.1.1 生物循环参数

生物循环参数包括循环系数、周转时间和养分利用系数等概算养分生物循环强度常用参数（聂道平，1991；盛炜彤 等，2005；刘增文，2009），计算公式如下：

循环系数 = 年归还量 ÷ 年吸收量

周转时间 = 林分总储量 ÷ 年归还量

利用系数 = 年吸收量 ÷ 林分总储量

养分利用效率 = 乔木层养分储量 ÷ 乔木层生物量 × 100%

林下植被养分利用效率 = 林下植被生物量 ÷ 林下植被养分储量 × 100%

养分存留量：年增长生物量中的养分量，通过年增长生物量与其养分含量的乘积计算。

养分归还量：森林以凋落物及雨水淋洗方式归还到林地的养分量，本研究不包括降水淋溶以及根系分解归还的养分量，通过测定的年凋落物量及其养分含量进行计算。

养分吸收量：林木或植物从环境中吸收的养分总量，为存留与归还量之和。

6.1.2　养分生物循环模拟

　　森林养分主要贮存在土壤层（Soil compartment，X_1）、植物地下部分（Belowground，X_2）、植物地上部分（Above-ground，X_3）和凋落物层（Litter compartment，X_4）。由植物根系吸收的养分，除少量养分存留外，大部分被转移到地上部分，又通过凋落物的形式积聚于地表，分解后又回到土壤中，完成一个养分生物循环周期。养分的转移量为吸收量与根系（乔木和灌木）年存留量和草本根系归还量的差值，植物地上部分的归还量为凋落物的归还和草本地上部分的归还之和，凋落物层养分的释放量通过下一章凋落物分解实验获得数据进行估算。养分模拟循环见图 6-1，其中养分储量库单位为 kg/hm²，转移量为 kg/（hm² · a）（图 6-1）（闫文德 等，2003）。

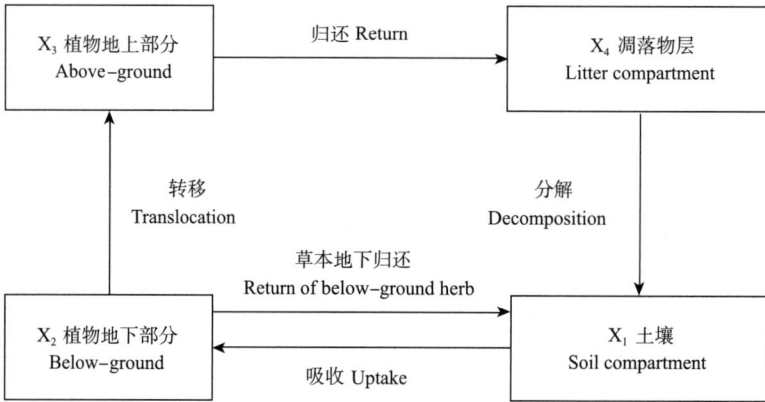

图6-1　养分循环模拟

Fig.6-1　Simulation of nutrient cycling

6.2 / 生态系统养分储量与分配

Nutrient accumulation and distribution in *Larix kaempferi* plantation ecosystem

由表 6–1 可知，日本落叶松人工林 4 个发育阶段 5 种元素的总储量分别为 18.24t/hm²、18.71t/hm²、16.69t/hm²、17.34t/hm²。其中 K 储量最高，占总储量的 47.1%～50.4%；Ca 和 Mg 储量居中，分别占 22.4%～25.2% 和 19.0%～24.1%；N 和 P 储量最低，N 占 3.3%～5.3%，而 P 仅占 0.9%～1.1%。土壤中养分储量占据整个生态系统储量的绝大部分，如土壤（0～40cm）中 K、Ca、Mg 占生态系统总储量的 98% 以上，土壤中 N 和 P 储量占生态系统总储量的 93% 以上；植被层居中，占生态系统总储量的 0.1%～4.2%；凋落物层最少，占生态系统总储量的 0.05%～2.7%。植被层的养分储量随着林分生长发育而增加，由幼龄林阶段的 562.83kg/hm² 增至成熟林阶段的 1317.38kg/hm²，凋落物层养分储量随着林龄的增加表现为先增加后降低的规律，在近熟林阶段最高为 506.53kg/hm²，是植被层养分储量的 1/2。

土壤中养分储量依次为 K > Ca > Mg > N > P，植被层中养分储量依次为 Ca > N > K > P > Mg，说明土壤层与植被层中的养分储量并不是完全对应的正相关关系，这是由于植被层对土壤养分的吸收具有选择性，更多地吸收土壤中的 Ca 和 N。凋落物层养分储量顺序为 Ca > N > Mg > K > P，与植被层养分储量相比 K 和 P 元素顺序下降，这主要是由于 K、P 在凋落物分解过程中易受降雨淋溶而流失。

表6-1 不同发育阶段生态系统养分积累与分配

Tab.6-1 Nutrient accumulation and distribution in different developmental stages

龄组 Age classes	层次 Layers	生物量 Biomass（t/hm²）	N （kg/hm²）	P （kg/hm²）	K （kg/hm²）	Ca （kg/hm²）	Mg （kg/hm²）	合计 Sum（kg/hm²）
幼龄林 Young stand	植被层 Vegetation	20.9	201.6	47.5	113.8	157.0	42.9	562.8
	凋落物层 Litter	2.4	30.6	4.3	5.9	40.5	6.9	88.1
	土壤层 Soil	–	4170.0	1360.0	94470.0	42790.0	38980.0	181770.0
	总计 Total	23.3	4402.2	1411.8	94589.8	42987.5	39029.7	182420.9
中龄林 Middle-aged stand	植被层 Vegetation	71.1	261.8	60.9	191.7	283.4	44.4	842.2
	凋落物层 Litter	8.3	120.8	15.7	19.0	140.1	23.8	319.3
	土壤层 Soil	–	5690.0	1690.0	87870.0	45610.0	45100.0	185960.0
	总计 Total	79.5	6095.1	1771.1	88094.7	46035.6	45168.5	187121.6
近熟林 Pre-mature stand	植被层 Vegetation	93.3	313.1	60.2	210.4	384.0	52.8	1020.5
	凋落物层 Litter	12.3	201.1	22.7	29.3	215.9	37.6	506.5
	土壤层 Soil	–	6970.0	1390.0	83990.0	41430.0	31670.0	165450.0
	总计 Total	105.5	7484.2	1472.9	84229.7	42029.8	31760.4	166977.0
成熟林 Mature stand	植被层 Vegetation	126.7	382.1	83.0	232.0	539.4	80.9	1317.4
	凋落物层 Litter	5.8	117.3	11.9	15.7	130.1	22.4	297.4
	土壤层 Soil	–	8720.0	1830.0	85560.0	38400.0	37340.0	172850.0
	总计 Total	132.6	9219.4	1924.3	85786.2	39067.5	37443.0	173464.8

6.3 / 生态系统养分生物循环量与循环特征

Nutrient biological cycling quantity and cycling characteristics in *Larix kaempferi* plantation ecosystem

6.3.1 养分生物循环量

幼龄林、中龄林、近熟林和成熟林年养分存留量分别为 32.4kg/hm²、44.9kg/hm²、33.97kg/hm² 和 29.43kg/hm²，表现出随林分发育先升后降的趋势。表 6–2 可知，乔木层年养分存留量在中龄林阶段达最大值，为 33.88kg/hm²；灌木层养分年存留量随林分发育而降低，由幼龄林阶段的 21.2kg/hm² 降至成熟林阶段的 3.31kg/hm²。幼龄林、中龄林、近熟林和成熟林林分养分年归还量分别为 321.09kg/hm²、132.23kg/hm²、163.1kg/hm² 和 208.28kg/hm²，草本层归还量也表现出随林分生长发育先降后升的趋势，而凋落物归还量表现出随林分发育而增加的趋势。幼龄林、中龄林、近熟林和成熟林的养分吸收量分别为 353.49kg/hm²、177.15kg/hm²、197.07kg/hm² 和 237.71kg/hm²，与年归还量的变化趋势一致。幼龄林和近熟林阶段各养分吸收量、归还量和存留量的排序为 N > Ca > K > P > Mg，中龄林和成熟林依次为 Ca > N > K > Mg > P，总体表现为 N 和 Ca 需求量最大、最为活跃，K 元素居中，P 和 Mg 元素需求量最小。

6.3.2 生物循环特征

随林分发育，养分循环系数表现为先降后升、周转时间表现为先升后降、利用系数则表现出持续降低的趋势。幼龄林阶段草本层生物量占比较大，增加了养分的归还量，因此有着较高的养分循环系数（0.908）、较短的周转时间（1.753a）；中龄林阶段林下植被层生物量占比下降，养分循环系数变小（0.746），周转时间延长至 6.697a；近、成熟林阶段养分循环系数增大（分别为 0.828 和 0.876），周转时间随之降低（分别为 6.257a 和 6.100a）。

　　5 种元素的循环参数在不同发育阶段表现也不一致。幼龄林阶段不同元素循环系数排序为 Mg > P > K > Ca > N，周转时间为 N > Ca > P > K > Mg，表明 N 和 Ca 的流动性差，所需周转时间长；中龄林阶段循环系数排序为 Mg > Ca > N > P > K，周转时间为 K > P > N > Ca > Mg，K 和 P 的流动性差；近熟林和成熟林阶段循环系数依次为 N > P > Mg > Ca > K，周转时间为 K > Ca > Mg > P > N，N 和 P 的循环速率最快，周转时间最短，Mg 居中，K 和 Ca 流动性最差，周转时间最长。

表6-2　不同发育阶段生物循环特征

Tab.6-2　Biological cycling of nutrients in different developmental stages of larch plantation

龄组 Age classes	元素 Nutrient	土壤养分储量 Soil storage（kg/hm²）	植被层养分储量 Vegetation Storage（kg/hm²）	吸收量 Absorption（kg/hm²）	年归还量 Annual return（kg/hm²）			年存留量 Annual retention（kg/hm²）			循环系数 Cycling coefficient	周转时间 Recycling period（a）	利用系数 Utilization coefficient
					凋落物 Litter	草本层 Herb	合计 Sum	乔木层 Tree	灌木层 Shrub	合计 Sum			
幼龄林 Young stand	N	4170	201.63	107.38	28.7	65.62	94.32	3.13	9.93	13.06	0.878	2.138	0.533
	P	1360	47.50	34.07	2.82	29.45	32.27	1.01	0.79	1.80	0.947	1.472	0.717
	K	94470	113.84	85.98	2.08	77.37	79.45	2.88	3.65	6.53	0.924	1.433	0.755
	Ca	42790	156.98	94.35	11.72	73.12	84.84	3.65	5.86	9.51	0.899	1.850	0.601
	Mg	38980	42.88	31.71	1.21	29.00	30.21	0.53	0.97	1.50	0.953	1.419	0.740
	总计 Total	181770	562.83	353.49	46.53	274.56	321.09	11.20	21.20	32.40	0.908	1.753	0.628
中龄林 Middle-aged stand	N	5690	261.80	51.82	29.12	10.28	39.4	8.15	4.27	12.42	0.760	7.216	0.198
	P	1690	60.91	11.31	5.04	2.98	8.02	2.81	0.48	3.29	0.709	8.160	0.186
	K	87870	191.74	32.01	13.76	7.40	21.16	8.64	2.21	10.85	0.661	9.724	0.167
	Ca	45610	283.42	69.86	46.50	7.26	53.76	12.49	3.61	16.10	0.770	5.310	0.246
	Mg	45100	44.37	12.15	6.48	3.41	9.89	1.79	0.47	2.26	0.814	4.514	0.274
	总计 Total	185960	842.24	177.15	100.90	31.33	132.23	33.88	11.04	44.92	0.746	6.697	0.210
近熟林 Pre-mature stand	N	6970	313.10	79.04	55.43	15.20	70.63	6.16	2.25	8.41	0.894	4.433	0.252
	P	1390	60.19	14.39	7.70	4.74	12.44	1.71	0.24	1.95	0.864	4.838	0.239
	K	83990	210.35	27.24	5.21	15.00	20.21	5.97	1.06	7.03	0.742	10.408	0.129
	Ca	41430	383.98	66.86	44.74	7.40	52.14	13.01	1.71	14.72	0.780	7.364	0.174
	Mg	31670	52.84	9.54	5.06	2.62	7.68	1.61	0.25	1.86	0.805	6.880	0.181
	总计 Total	165450	1020.46	197.07	118.14	44.96	163.10	28.46	5.51	33.97	0.828	6.257	0.193
成熟林 Mature stand	N	8720	382.10	85.79	57.30	21.34	78.64	6.01	1.14	7.15	0.917	4.573	0.225
	P	1830	83.00	17.52	7.08	8.72	15.80	1.62	0.10	1.72	0.902	5.216	0.211
	K	85560	232.00	30.8	8.18	17.79	25.97	4.26	0.57	4.83	0.843	8.104	0.133
	Ca	38400	539.40	89.89	63.01	13.03	76.04	12.48	1.37	13.85	0.846	7.067	0.167
	Mg	37340	80.90	13.71	6.80	5.03	11.83	1.75	0.13	1.88	0.863	6.816	0.169
	总计 Total	172850	1317.4	237.71	142.37	65.91	208.28	26.12	3.31	29.43	0.876	6.100	0.180

6.4 / 生态系统养分利用效率
Nutrient utilization efficiency in *Larix kaempferi* plantation ecosystem

养分利用效率是一个复杂的生理生态过程，受树种特性、地力条件、有效养分的供应、水分应力及其他环境因子的影响与制约，该参数反映的是树木对养分环境的适应与利用状况（刘增文和李雅素，2003；田大伦 等，2011）。养分利用效率的高低用每生产 1t 干物质需要的养分量来表征，其需要的养分量越低，养分利用效率越高。日本落叶松人工林乔木层生产 1t 干物质所需 5 种养分量为 8.94～14.23kg，灌木层为 22.90～28.26kg，草本层为 45.40～61.60kg，即养分利用效率呈现出乔木层＞灌木层＞草本层；5 种利用效率依次为 Mg＞P＞K＞N＞Ca（图 6-2）。乔木层养分综合利用效率随林分发育而逐步提高，幼、中、近、成熟林 4 阶段每生产 1t 干物质所需的养分量分别为 14.23kg、10.03kg、9.45kg 和 8.93kg，即成熟林阶段养分利用效率比幼龄林提高了 42.3%。其中 N、P、K 利用效率随林分发育而增加，而 Ca 和 Mg 利用效率呈先增加后减小的趋势。灌木层 N 利用效率随林分发育而增加，而草本层则呈相反趋势，其他养分利用效率无明显规律。

对比不同针叶树种的养分利用效率发现，23a 生日本落叶松养分利用效率与 23a 生华北落叶松、38a 生湿地松相差不大，即生产 1t 干物质所需养分量分别为 9.46kg、10.02kg 和 9.88kg，高于杉木、油松和湿地松（表 6-3）。与其他树种相比，落叶松对 N 和 Mg 的利用效率较高，对 Ca 的利用效率要低于湿地松和马尾松。

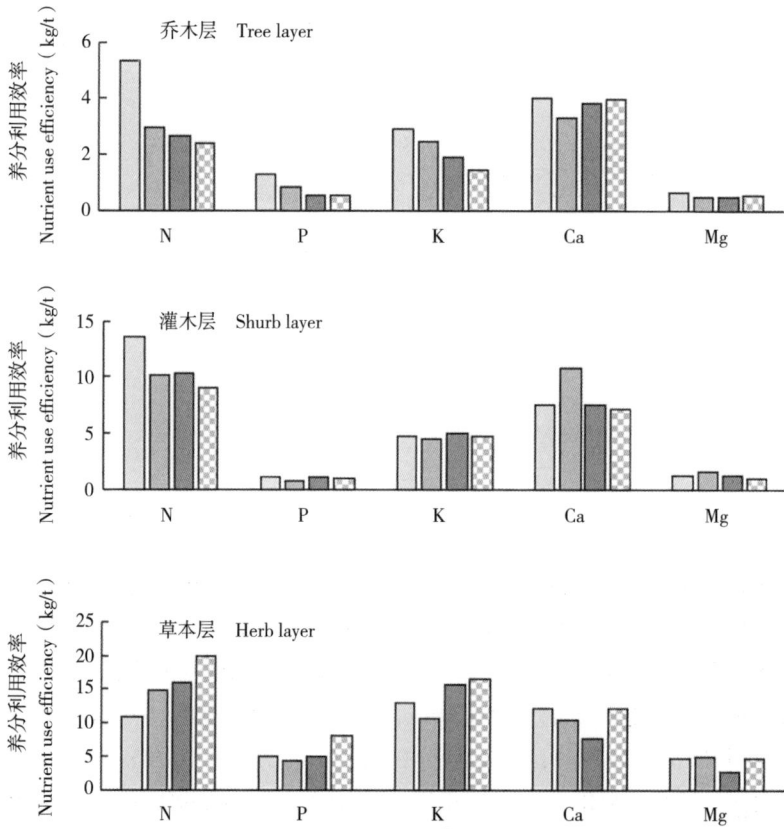

□幼龄林 Young stand　▥中龄林 Middle-aged stand　▦近熟林 Pre-mature stand　▨成熟林 Mature stand

图6-2　不同发育阶段日本落叶松人工林养分利用效率

Fig.6-2　Nutrient use efficiency in different developmental stages of larch plantation

表6-3　不同人工林养分利用效率比较（kg/t）

Table 6-3　Comparison of nutrient utilization efficiency of different plantations

树种 Species	林龄 Age of stand（a）	N	P	K	Ca	Mg	合计 Sum
日本落叶松 *Larix kaempferi*	23	2.67	0.56	1.91	3.82	0.49	9.46
华北落叶松 *Larix principis-rupprechtii*	23	2.40	0.39	3.31	3.25	0.67	10.02
马尾松 *Pinus massoniana*	38	3.28	0.32	4.21	1.17	0.90	9.88
杉木 *Cunninghamia lanceolata*	25	4.69	0.41	2.88	3.79	1.04	12.81
湿地松 *Pinus elliottii*	16	8.60	0.90	1.70	2.20	1.50	14.90
油松 *Pinus koraiensis*	28	5.22	0.77	4.02	5.29	1.48	16.78

（沈国舫 等，1985；项文化和田大伦，2002；谢成会和杨茂生，2002）

6.5 / 生态系统养分循环模拟
Nutrient cycling simulation in *Larix kaempferi* plantation ecosystem

植物从土壤中吸收养分，通过凋落物的形式积聚于地表，经分解又归还于土壤中。日本落叶松人工林生态系统养分循环模拟如图6-3至图6-6，养分主要贮存在土壤层、植物地上和地下部分、凋落物层中。尽管土壤层中养分储量占总储量的93%以上，但有效养分所占比例却很少，其中水解N和有效P仅占全N、全P储量的10%左右，速效K仅占全K储量的4%左右。

植被层养分储量随林分发育而增加，凋落物层养分储量先增加后减少，在近熟林阶段达到了最高。值得注意的是，在近熟林阶段，凋落物层N储量为201.10kg/hm²，是土壤中水解N储量（611.00kg/hm²）的1/3，而凋落物层P储量22.68kg/hm²，高于土壤有效P储量（16.00kg/hm²）；在成熟林阶段凋落物层N储量降低至117.33kg/hm²，土壤中水解N储量提高到998.00kg/hm²，凋落物层P储量降低至11.92kg/hm²，土壤有效P储量增加至22.00kg/hm²。凋落物层的养分不能及时分解归还于土壤可能是近熟林阶段土壤层有效养分下降的主要原因。

幼龄林阶段养分的吸收量、转移量、归还量都很大，有着高吸收、高归还的特点；中龄林至成熟林阶段，随着林分生长发育，养分的吸收量、转移量、归还量和凋落物分解量均增加。养分流动总体表现为吸收量＞转移量＞归还量（凋落物＋林下草本地上部分）＞凋落物分解量，中龄林和近熟林阶段凋落物分解归还到土壤的养分量最少、流动速度最慢，表明凋落物分解缓慢，是限制养分循环的重要环节。

幼龄林 Young stand

X₃ 139.55	→73.39→	X₄ 30.57

N

```
幼龄林 Young stand    X₃ 139.55 ──73.39──▶ X₄ 30.57
                        ▲                      │
                      79.59       N          8.61
                        │                      ▼
                     X₂ 62.08 ◀─20.93─ X₁ 4170 (410)
                              ──107.38─▶

X₃ 21.97 ──10.85──▶ X₄ 4.27          X₃ 80.68 ──59.55──▶ X₄ 5.91
   ▲                  │                 ▲                  │
 11.96      P       0.85              63.87      K       0.62
   │                  ▼                 │                  ▼
X₂ 25.53 ─21.42─ X₁ 1360 (14)       X₂ 33.16 ─57.47─ X₁ 94470 (373)
        ─34.07─▶                            ─85.98─▶

X₃ 108.37 ─45.01─▶ X₄ 40.52          X₃ 17.82 ──9.47──▶ X₄ 6.85
   ▲                 │                  ▲                 │
 58.06     Ca      3.52               10.25     Mg      0.36
   │                 ▼                  │                 ▼
X₂ 48.61 ─33.82─ X₁ 42790           X₂ 25.06 ─20.74─ X₁ 38980
        ─94.35─▶                            ─31.71─▶

中龄林 Middle-aged stand  X₃ 211.52 ─34.80─▶ X₄ 120.70
                            ▲                   │
                          41.75      N        8.74
                            │                   ▼
                         X₂ 72.78 ─5.59─ X₁ 5690 (721)
                                  ─51.82─▶

X₃ 46.67 ─10.85─▶ X₄ 15.69           X₃ 147.67 ─18.36─▶ X₄ 18.97
   ▲                │                   ▲                  │
 7.77      P      1.51                25.52      K       4.13
   │                ▼                   │                  ▼
X₂ 18.87 ─2.45─ X₁ 1690 (15)         X₂ 58.08 ─2.80─ X₁ 87870 (354)
        ─11.31─▶                             ─32.01─▶

X₃ 237.24 ─15.56─▶ X₄ 140.10         X₃ 30.75 ──7.11──▶ X₄ 23.81
   ▲                 │                  ▲                 │
 61.37     Ca     13.95               8.36      Mg      1.94
   │                 ▼                  │                 ▼
X₂ 48.22 ─5.65─ X₁ 45610            X₂ 13.89 ─2.78─ X₁ 45100
        ─69.86─▶                            ─12.15─▶
```

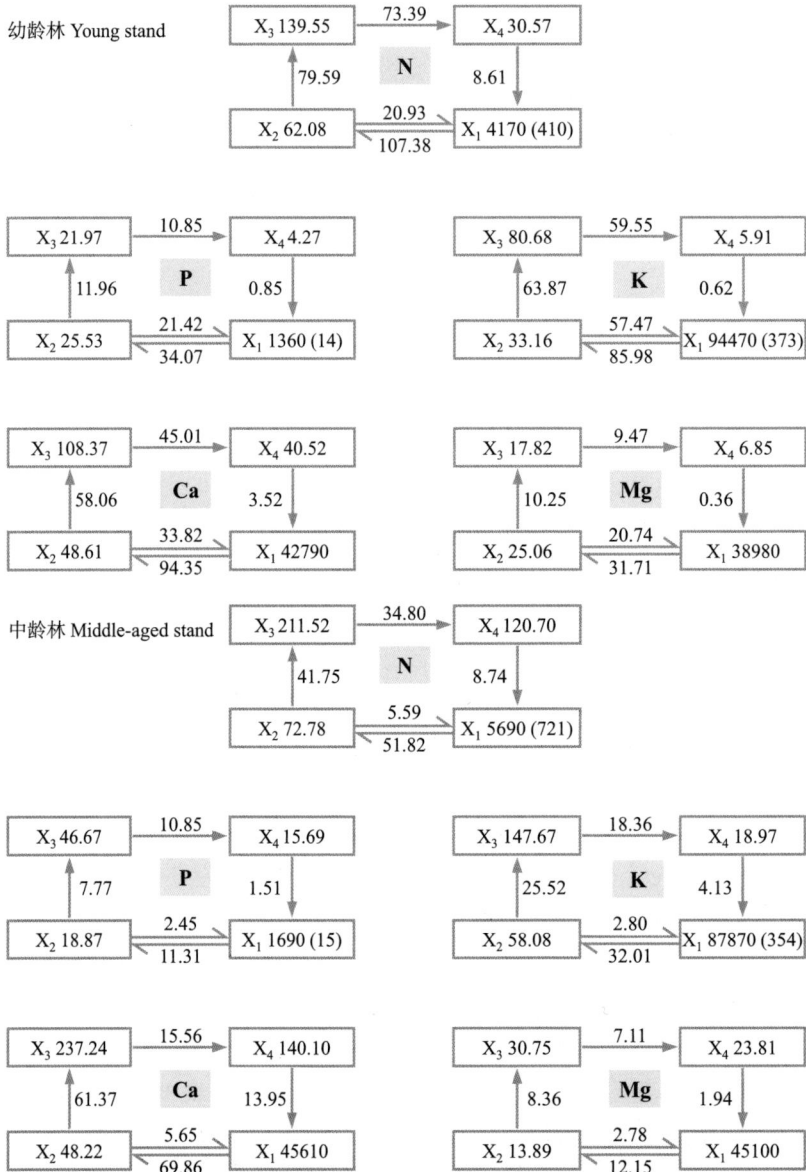

图6-3　不同发育阶段落叶松人工林生态系统养分循环模拟

Fig.6-3　Nutrient cycling simulation in different developmental stages of larch plantation ecosystem

154

近熟林 Pre-mature stand

X₃ 229.95	→65.55→	X₄ 201.10

$X_3\ 229.95 \xrightarrow{65.55} X_4\ 201.10$

N

70.57 ↑   16.63 ↓

$X_2\ 83.15$ 5.08 → 70.57 → $X_1\ 6970\ (611)$

P

$X_3\ 42.48 \xrightarrow{8.50} X_4\ 22.68$
9.85 ↑   2.31 ↓
$X_2\ 17.71$ 3.94 / 14.39 $X_1\ 1390\ (16)$

K

$X_3\ 149.89 \xrightarrow{18.01} X_4\ 29.32$
22.51 ↑   1.56 ↓
$X_2\ 62.08$ 2.20 / 27.24 $X_1\ 83990\ (395)$

Ca

$X_3\ 322.32 \xrightarrow{47.82} X_4\ 215.86$
60.05 ↑   13.95 ↓
$X_2\ 61.66$ 4.32 / 66.86 $X_1\ 41430$

Mg

$X_3\ 37.91 \xrightarrow{6.32} X_4\ 37.57$
7.47 ↑   1.52 ↓
$X_2\ 14.93$ 1.13 / 9.54 $X_1\ 31670$

成熟林 Mature stand

N

$X_3\ 217.42 \xrightarrow{67.00} X_4\ 117.33$
70.50 ↑   17.19 ↓
$X_2\ 142.17$ 11.56 / 85.79 $X_1\ 8720\ (998)$

P

$X_3\ 53.65 \xrightarrow{8.91} X_4\ 11.92$
10.01 ↑   2.12 ↓
$X_2\ 28.76$ 6.89 / 17.52 $X_1\ 1830\ (22)$

K

$X_3\ 137.98 \xrightarrow{12.94} X_4\ 30.57$
24.06 ↑   2.45 ↓
$X_2\ 72.47$ 4.80 / 30.80 $X_1\ 85560\ (502)$

Ca

$X_3\ 439.61 \xrightarrow{66.91} X_4\ 130.11$
78.23 ↑   18.90 ↓
$X_2\ 97.76$ 9.13 / 89.89 $X_1\ 38400$

Mg

$X_3\ 55.14 \xrightarrow{8.24} X_4\ 22.35$
9.50 ↑   2.04 ↓
$X_2\ 25.49$ 3.59 / 13.71 $X_1\ 37340$

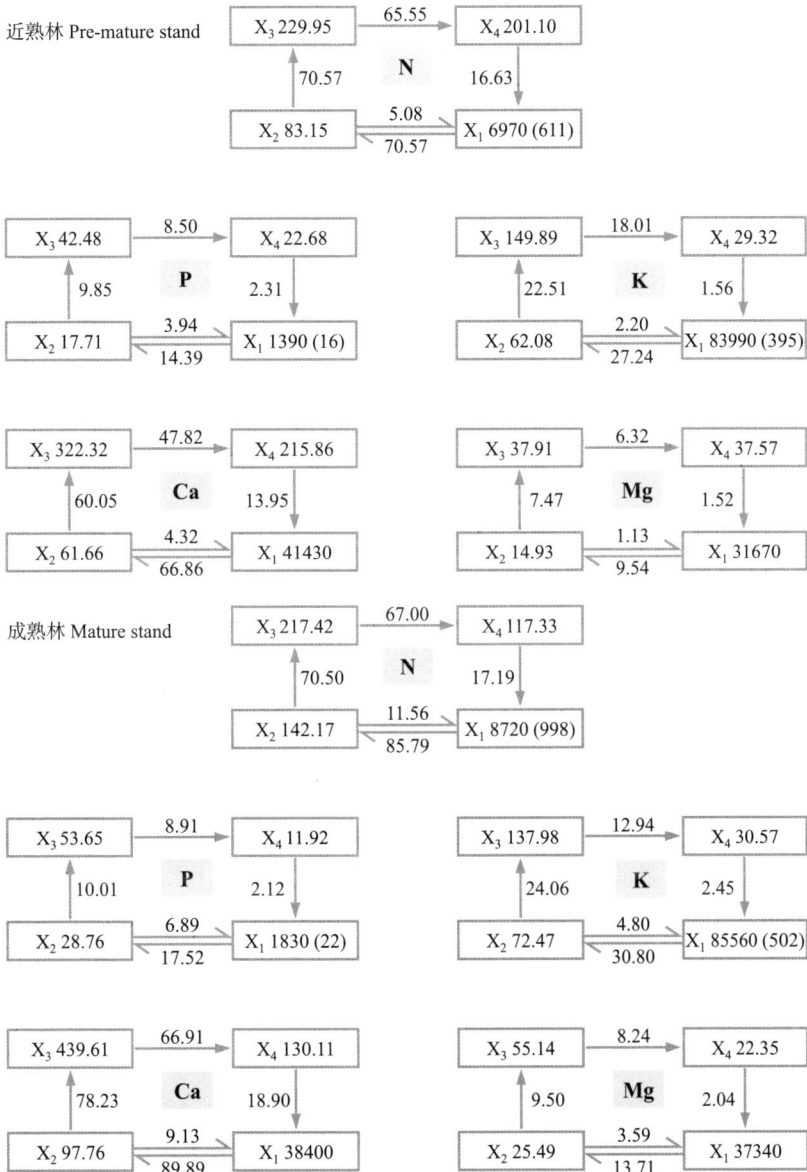

图6-3 不同发育阶段落叶松人工林生态系统养分循环模拟（续）

Fig.6-3 Nutrient cycling simulation in different developmental stages of larch plantation ecosystem

X₁：土壤；X₂：植物地下部分；X₃：植物地上部分；X₄：凋落物层

X₁ stands for soil compartment；X₂ stands for below-ground；X₃ stands for above-ground；X₄ stands for litter compartment

6.6 / 讨论
Discussion

　　养分生物循环是森林土壤和植物间营养元素的流动过程，通过林木及林下植被的吸收、存留和归还3个不同的生理生态学过程来维持养分平衡。养分循环特征是树种特性、生境，特别是气候和土壤共同作用的结果，因此不同树种的养分循环特征有着很大的差异，即使是同一树种在不同的生长阶段其养分循环强度也有所不同。日本落叶松幼龄林阶段草本层生物量占较大比例，养分循环系数较高（0.908），养分周转时间最短（1.753a），但养分利用效率较低；中龄林阶段养分循环系数降至0.746，养分利用效率有所增加，养分周转时间为6.697a；近、成熟林阶段养分循环系数增大（分别为0.828和0.876），周转时间随之降低（分别为6.257a和6.100a）。日本落叶松人工林养分循环特征表现为幼龄林对养分有着高吸收、高归还、低存留的特征，但净生产力较低；中龄林和近熟林净生产力相对较高，对养分有着高吸收、低归还、高存留的特点，养分消耗较大；成熟林阶段净生产力依然维持高位，但对养分有着低吸收、高归还的特点，养分消耗相对较小，有利于林地土壤养分的积累。刘爱琴等（2005）、张希彪和上官周平（2006）通过对不同林龄杉木人工林和马尾松人工林研究也同样认为在林分生长后期更有利于养分的归还。

　　日本落叶松人工林养分平均循环系数为0.84，大于油松林（0.63）、杉木林（0.54）、马尾松林（0.70）、相思林（0.52）、栓皮栎林（0.68）、刺槐林（0.46）及华北落叶松人工林（0.671）（高甲荣，1987；徐大平 等，1998；项文化和田大伦，2002；刘爱琴 等，2005；秦武明，2008），表明日本落叶松人工林有着较高的养分循环速率，属高效的物质循环系统，与刘世荣（1992）、谢会成和杨茂生（2002）对23a生华北落叶松和21a生兴安落叶松的研究结果一致。

　　养分利用效率反映了树木对养分环境的适应和利用状况（刘增文和李雅素，2003）。树种不同，其养分利用效率也不同。与乡土树种锐齿栎、华山松、油松等林分相比，23a、

35a 的日本落叶松林分每生产 1t 干物质所需要养分元素量分别为 9.44kg 和 8.94kg，略低于 20a 生油松林（10.42kg）、26a 生锐齿栎林（11.08kg），远低于 24a 生华山松（18.16kg）和 13a 生刺槐林（28.19kg），而与 23a 生华北落叶松林（9.72kg）相差不大（谢会成和杨茂生，2002；刘增文和李雅素，2003；赵勇 等，2009），表明日本落叶松是一种相对耐瘠薄的树种（尤其对 N、P、K），对营养元素需求较少，故不会消耗大量的养分而导致土壤肥力降低。日本落叶松林分的 N、P、K 的利用效率，随着林分的生长发育而增加，Ca、Mg 呈 "V" 形变化。4 个发育阶段每产生 1t 干物质所需要的养分量分别为 14.28kg、10.02kg、9.44kg、8.94kg，随着林龄的增加养分需求量减小，即养分利用效率随着林龄的增加而提高。Ma 等（2007）也发现杉木林随着林龄的增加，养分利用效率也呈提高的趋势，这可能是由于生物量分配以及养分内循环的结果。养分利用效率低的叶、枝的生物量随着林龄的增加，所占比例减少。因此适当延长轮伐期，更有利于提高林分的养分利用效率。

6.7 / 结论
Brief summary

日本落叶松人工林养分生物循环特征：幼龄林对养分有着高吸收、高归还、低存留的特征，但净生产力较低；中龄林和近熟林净生产力相对较高，对养分有着高吸收、低归还、高存留的特点，养分消耗较大；成熟林阶段净生产力依然较高，但对养分有着低吸收、高归还的特点。近熟林阶段凋落物层 N 储量是土壤水解 N 储量的 1/3，凋落物层 P 储量高于土壤有效 P 储量，近熟林阶段凋落物层的养分不能及时分解释放可能是导致其土壤层有效养分下降的主要原因。与杉木、油松等其他针叶树种相比，日本落叶松人工林有着高效的物质循环系统和较高的养分循环速率。4 个发育阶段日本落叶松林每产生 1t 干物质所需要的养分量分别为 14.28kg、10.02kg、9.44kg、8.94kg，即成熟林阶段养分利用效率比幼龄林提高了 42.3%。因此，从养分循环特征和养分利用效率来看，适当延长日本落叶松人工林的轮伐期至成熟龄阶段，更有利于提高自身养分归还和养分利用效率，维持林地的长期生产力。

7

Characteristics of litter decomposition and nutrient release in
Larix kaempferi plantation

日本落叶松人工林凋落物分解
与养分释放特征

凋落物作为森林生态系统生物循环过程中的重要物质库，贮存了大量的营养物质，凋落物分解释放的养分元素是土壤有机质的主要来源，对维持森林生态系统的养分循环和生产力至关重要。凋落物分解过程中每年释放营养元素可满足森林生长所需养分量的69%～87%（Waring and Schlesinger，1985）。刘世荣和李春阳（1993）、陈立新等（1998）对兴安落叶松和长白落叶松人工林土壤肥力演变规律的研究发现，针叶凋落物分解缓慢，导致土壤养分含量下降，落叶松纯林存在地力衰退趋势。因此，摸清日本落叶松凋落物分解和养分释放的规律对维持人工林土壤肥力和长期生产力至关重要。此外，有研究表明树种混交（尤其是针阔混交），以及适当的植被管理对促进凋落物分解与养分释放有积极作用（盛炜彤和杨承栋，1997；廖利平 等，2000；林开敏 等，2006；王欣，2012；张晓曦 等，2013）。在长期经营中不同生态气候区也遴选出了适宜与日本落叶松混交的乡土阔叶树种，如温带地区与核桃楸的混交、北亚热带地区与檫木的混交等。本章针对日本落叶松人工林中龄林和近熟林阶段林分年凋落物量大、林内凋落物现存量高、林地质量下降等现象，以暖温带、温带和北亚热带 3 个生态气候区日本落叶松中龄林或近熟林为研究对象，采用埋置凋落物分解袋法，研究不同气候区、不同林分密度以及不同类型凋落物分解过程与养分释放动态变化，为促进林地养分循环和长期生产力维护提供依据。

7.1 / 研究方法
Research methods

7.1.1 凋落物分解试验设计

本研究的凋落物仅指凋落到地面循环转化最快的日本落叶松针叶与枯萎的灌草。凋落物分解试验分别在暖温带中龄林阶段（15a）的 2 种林分密度（高密度林分为 2555 株 /hm²、低密度林分为 2130 株 /hm²）样地内，温带近熟林阶段（29a）的 2 种林分密度（高密度林分为 925 株 /hm²、低密度林分为 625 株 /hm²）样地内和北亚热带近熟林阶段（26a）的 2 种林分密度（高密度林分为 1083 株 /hm²、低密度林分为 550 株 /hm²）样地内进行，样地概况见表 2-4。凋落物分解试验采用常规的埋置分解袋法。

暖温带凋落物分解试验：于 2008 年 11 月末（即落叶期结束后），收集当年凋落物，分为日本落叶松针叶、针叶与灌草混合凋落物（针叶与林下灌草凋落物干物质量 3 : 1，充分混合）2 种凋落物类型。分解袋分为异孔结构分解袋（由上层 2mm、下层 1mm 的尼龙网制成）和同孔结构分解袋（上下层均由 1/300mm 的尼龙网制成）两种。每种凋落物用精度 0.001g 的电子天平称取 15g 装入分解袋中。每个样地分别埋设装有针叶和混合凋落物的异孔分解袋和同孔分解袋各 27 个，共计 108 个。将分解袋平铺地面，埋于凋落层和腐殖质层之间，分解袋间隔 0.5m 左右平行排列，彼此用尼龙绳系起来，并拴于树干基部，以防止受风或其他因素的影响而丢失。连续 2 年取样，每隔 2 个月取样一次，分别于放置后的第 120d（2009 年 3 月 31 日）、181d（2009 年 5 月 31 日）、242d（2009 年 7 月 31 日）、303d（2009 年 9 月 30 日）、485d（2010 年 3 月 31 日）、546d（2010 年 5 月 31 日）、607d（2010 年 7 月 31 日）、668d（2010 年 9 月 30 日）、729d（2010 年 11 月 30 日），共取样 9 次（2009 年 1 月、11 月和 2010 年 1 月为冰冻期未取样）。每次每个样地随机收取每种类型 3 个分解袋（3 个重复），共计 12 个分解袋。除去样品中的泥土等杂质后，于 65℃烘至恒重，测定干物质重量和营养元素含量。

温带凋落物分解试验：于 2013 年 4 月末，在高密度和低密度林分样地内沿样地对角线收集林下新鲜未分解凋落物（包括针叶与灌草凋落物），同时收集新鲜未分解的近熟林核桃楸（为该区与日本落叶松混交的主要阔叶乡土树种）叶片，分别带回实验室风干。5 种凋落物类型分别为日本落叶松针叶、核桃楸叶、针叶与核桃楸叶（干物质量 1:1）混合凋落物、针叶与灌草混合凋落物 1（收集于高密度林下，针叶与林下灌草凋落物干物质量 10:1）、针叶与灌草混合凋落物 2（收集于低密度林分下，针叶与林下灌草凋落物干物质量 5:1）。用精度 0.001g 的电子天平每处理称取 10g 风干的凋落物装入 0.25mm 的尼龙网袋中，每个样地内分别放置 5 种类型的凋落物袋各 43 袋，共计 215 袋；将分解袋沿林地等高线及其上下 5m 处放置，整个布样线长约 100m，放样点在距离树干约 1.5m 处，放样时除去林下表层凋落物，在每个放样点 5 个处理凋落物袋，基本均匀分布在同一圆周上，网袋间互不接触。网袋平铺，充分与表土层接触，并用铁钉将网袋固定。放样当日取不同处理凋落物袋各 3 个用于初始凋落物养分测定，以后除冰冻期外每 2 个月取样一次，共取样 5 次，分别为放样后的第 61d（2013 年 7 月 27 日）、141d（2013 年 10 月 15 日）、322d（2014 年 4 月 13 日）、398d（2014 年 6 月 30 日）和 451d（2014 年 8 月 23 日）。每处理取 8 个分解袋（8 个重复），去除附着在袋子表面的杂物后，装入自封袋带回室内称重。样品分为 4 份，用于干物质剩余量、养分含量、酶活性、微生物群落结构及 pH 值测定，其中用于酶活性与微生物群落特征分析的样品用冰盒带回放入超低温冰箱保存备用；用于干物质剩余量和养分含量测定的样品，65℃烘干至恒重；用于 pH 值测定的样品，风干后备用。

北亚热带凋落物分解试验：于 2013 年 4 月末，在高密度和低密度林分样地内沿对角线收集林下新鲜未分解的凋落物（包括日本落叶松针叶与灌草，因高密度林下基本无灌草，所以未收集），同时收集新鲜未分解的近熟林檫木（为该区与日本落叶松混交的主要阔叶乡土树种）叶片及该区典型林下植被箬竹的叶片（箬竹会抑制其他林下植被的发育），分别带回实验室风干。5 种凋落物类型为日本落叶松针叶、檫木叶、针叶与檫木叶（干物质量 1:1）混合凋落物、针叶与箬竹叶（干物质量 2:1）混合凋落物、针叶与灌草（收集于低密度林分下，针叶与林下灌草凋落物干物质量约 5:1）混合凋落物。试验设置与取样同温带凋落物分解试验一致。共取样 5 次，分别为放置后的第 87d（2013 年 8 月 7 日）、165d（2013 年 10 月 24 日）、341d（2014 年 4 月 18 日）、409d（2014 年 6 月 25 日）和 475d（2014 年 8 月 30 日）。

7.1.2 凋落物分解率与养分释放率

衡量凋落物分解快慢的指标有分解率、残留率、O_2 吸收率与 CO_2 释放率等（Swift et al.，1979），其中分解率最能直观显示凋落物分解进程，因此本研究以分解率为主要指标来分析凋落物分解特征。

（1）凋落物分解率

凋落物分解率用凋落物干质量失重率表示，即一定分解时间内凋落物减少的干质量与初始干质量之比：

$$D=(W_0-W_t)/W_0 \times 100\%$$

式中，D 为分解速率；W_t 为 t 时间时的凋落物干质量；W_0 为凋落物初始干质量。

（2）凋落物分解模型

凋落物分解模型采用修正后的 $Olson$ 指数衰减模型：

$$W_t/W_0 = ae^{-kt}$$

式中，W_t 为 t 时间时的凋落物干质量；W_0 为凋落物初始干质量。k 为分解系数；t 为分解时间；a 为待定参数。k 值表征凋落物的分解速率，k 值越大，凋落物分解速率越快。

（3）养分残余率

$$Et = W_t C_t / W_0 C_0 \times 100\%$$

式中，Et 为养分残余率；W_t 为 t 时间时的凋落物干质量；W_0 为凋落物初始干质量；C_0 为凋落物初始养分含量；C_t 为分解 t 时间的养分含量。

（4）混合凋落物理论分解率

$$Dy = D_a \times X + D_b \times Y$$

式中，Dy 为 a 与 b 两种凋落物混合分解速率理论值；D_a 为 a 凋落物单独分解时分解速率的实测值；D_b 为 b 凋落物单独分解时分解速率的实测值；X 为凋落物 a 在混合凋落物 ab 中的比重（%）；Y 为凋落物 b 在混合凋落物 ab 中的比重（%）。

（5）混合凋落物理论养分残余率

$$Ey = E_a \times X + E_b \times Y$$

式中，Ey 为 a 与 b 两种凋落物混合养分残余率理论值；E_a 为 a 凋落物单独分解时养分残余率的实测值；E_b 为 b 凋落物单独分解时养分残余率的实测值。

7.1.3 凋落物养分和 pH 值测定

暖温带凋落物 C、N、P、K、Ca、Mg 测定方法见 3.1.2。温带和北亚热带凋落物有机 C 采用硫酸消煮 – 重铬酸钾外加热法。全 N 采用硫酸消煮 – 凯氏定氮法测定，交换性钙、交换性镁采用美国利曼 Prodigy 全谱直读 ICP 发射光谱仪测定。凋落物 pH 值测定：称取 1g 风干枯落物材料在研钵中加入液氮研磨，研磨充分后加入 50ml 超纯水，在振荡器上震荡 30min，再静置 30min，吸取上清液，用电子 pH 计测定（Fujii et al.，2013）。

7.2 / 凋落物分解率的动态变化

Dynamics of litter decomposition rates

7.2.1 暖温带凋落物分解率的动态变化

历经两年的分解过程，日本落叶松中龄林 2 种林分密度（HD 为高密度林分，2555 株 /hm²；LD 为低密度林分，2130 株 /hm²）、4 种类型（针叶同孔、针叶异孔、混合凋落物同孔、混合凋落物异孔）的凋落物分解率的动态变化如图 7-1。2 种密度 4 种类型分解袋内凋落物的分解率随时间变化趋势基本一致。分解开始的 120d（2009 年 11 月至翌年 3 月）正值研究

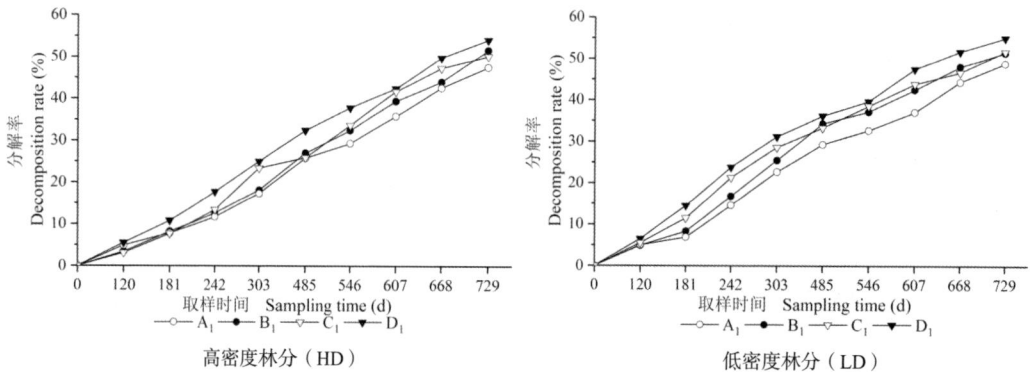

高密度林分（HD）

低密度林分（LD）

图7-1 暖温带2种林分密度下不同凋落物分解率

Fig.7-1 Leaf litter decomposition rate in two density stands in warm temperate zone

HD：高密度；LD：低密度；A₁：针叶同孔分解袋；B₁：针叶异孔分解袋；C₁：混合凋落物同孔分解袋；D₁：混合凋落物异孔分解袋，以下同

HD stands for higher density; LD stands for lower density; A₁ stands for needles in the same mesh of litter bag; B₁ stands for needles in the different mesh of litter bag; C₁ stands for mixed leaf in the same mesh of litter bag; D₁ stands for mixed leaf in the different mesh of litter bag. The same below

区的冬季，凋落物分解缓慢，在181～303d（5～9月）分解有加快的趋势，第二年有着相似的变化规律。方差分析结果表明，林分密度、凋落物类型和网袋孔径大小（是否有土壤动物参与凋落物分解过程）对分解率均有显著影响，即低林分密度下、大孔网袋（土壤动物参与凋落物分解过程）更有利于促进凋落物的分解，针叶与林下灌草混合凋落物的分解率明显高于纯针叶的分解率，见表7–1。

表7–1　暖温带不同类型凋落物分解率方差分析结果

Tab.7-1　The results of variance analysis of decomposition rate of leaf litter in warm temperate zone

差异来源 Source of variation	平方和 SS	自由度 Df	均方 MS	F 值 F Value	显著性 Sig.
林分密度 Stand density	7.48	1	7.48	4.79	0.044*
凋落物类型 Litter type	37.00	1	37.00	13.80	0.002**
网袋孔径 Mesh size	68.68	1	68.68	25.62	0.001**
林分密度 × 凋落物类型 Stand density × litter type	3.68	1	3.68	1.37	0.258
林分密度 × 网袋孔径 Stand density × mesh size	1.04	1	1.04	0.39	0.542
凋落物类型 × 网袋孔径 Litter type × mesh size	0.60	1	0.60	0.22	0.642
林分密度 × 凋落物种类 × 网袋孔径 Stand density × litter type × mesh size	2.54	1	2.54	0.95	0.345
误差 Error	42.89	16	2.68	～	～

7.2.2　温带凋落物分解率的动态变化

凋落物类型和林分密度及其交互作用显著影响温带日本落叶松人工林凋落物分解率（表7–2）。由表7–3可知，不同类型凋落物的分解率依次为核桃楸叶＞针叶与核桃楸混合凋落物＞低密度林下针叶与灌草混合凋落物＞高密度林下针叶与灌草混合凋落物＞针叶。核桃楸叶、针叶与核桃楸混合凋落物及低密度林下针叶与灌草混合（5∶1）凋落物的分解率显著高于针叶，不同类型的凋落物在低密度林下的分解率也显著高于高密度林分，表明降低林分密度不仅增加了林下灌草的比例，同时也改善了林内环境更加有利于促进凋落物的分解。

表7–2　温带凋落物分解率的方差分析

Tab.7-2　The results of variance analysis of decomposition rate of leaf litter in temperate zone

变异来源 Source of variation	F 值 F Value					
	0～61d	62～141d	142～322d	323～398d	399～451d	合计 In total
林分密度 Stand density	290.25**	157.00**	248.03**	41.50**	71.50**	45.90**
凋落物组成 Litter composition	482.64**	294.40**	429.06**	585.82**	554.80**	726.00**
凋落物组成 × 林分密度 Litter composition × Stand density	21.97**	6.02*	26.72**	115.36**	31.80**	1.72

表7-3　温带凋落物分解率（%）

Tab.7-3　Leaf decomposition rate of *Larix kaembferi* in temperate zone

林分密度 Density of stand	凋落物类型 Litter composition	分解率 Decomposition rate					
		$0 \sim 61d$	$62 \sim 141d$	$142 \sim 322d$	$323 \sim 398d$	$399 \sim 451d$	合计 In total
HD	A_2	$18.33 \pm 0.80a$	$13.00 \pm 0.42a$	$6.00 \pm 0.26b$	$9.00 \pm 0.47a$	$8.00 \pm 0.32a$	$54.33 \pm 2.10a$
	B_2	$13.00 \pm 0.11b$	$11.50 \pm 0.44b$	$7.50 \pm 0.22a$	$8.50 \pm 0.036b$	$7.00 \pm 0.10b$	$47.50 \pm 0.90b$
	C_2	$9.80 \pm 0.14d$	$7.00 \pm 0.10d$	$4.60 \pm 0.15c$	$6.53 \pm 0.18c$	$5.00 \pm 0.17c$	$32.93 \pm 0.28d$
	D_2	$10.70 \pm 0.12c$	$7.40 \pm 0.17d$	$4.10 \pm 0.14d$	$6.80 \pm 0.14c$	$5.00 \pm 0.11c$	$34.00 \pm 0.42cd$
	E_2	$12.90 \pm 0.47b$	$8.97 \pm 0.64c$	$2.20 \pm 0.10e$	$6.60 \pm 0.12c$	$4.50 \pm 0.21d$	$35.17 \pm 0.63c$
	F_2	14.065	10.000	5.300	7.765	6.500	42.630
LD	A_2	$18.00 \pm 0.39a$	$15.00 \pm 0.12a$	$4.00 \pm 0.38b$	$12.00 \pm 0.22a$	$8.00 \pm 0.10a$	$57.00 \pm 1.19a$
	B_2	$15.20 \pm 0.20b$	$12.00 \pm 0.20b$	$6.00 \pm 0.13a$	$10.30 \pm 0.11b$	$7.50 \pm 0.17b$	$51.00 \pm 0.72b$
	C_2	$12.40 \pm 0.10e$	$9.30 \pm 0.17d$	$3.00 \pm 0.13d$	$6.30 \pm 0.22c$	$3.50 \pm 0.18d$	$34.50 \pm 0.48d$
	D_2	$13.50 \pm 0.26d$	$8.79 \pm 0.53d$	$3.40 \pm 0.14c$	$6.10 \pm 0.11c$	$3.50 \pm 0.21d$	$35.29 \pm 0.99d$
	E_2	$14.46 \pm 1.97c$	$11.00 \pm 0.29c$	$2.29 \pm 0.1e$	$5.20 \pm 0.12d$	$4.00 \pm 0.21c$	$36.96 \pm 0.94c$
	F_2	15.400	12.150	3.500	9.150	5.750	45.750

　　HD：高密度，LD：低密度；A_2：核桃楸叶，B_2：针叶与核桃楸混合凋落物，C_2：针叶，D_2：高密度林下针叶与灌草混合凋落物，E_2：低密度林下针叶与灌草混合凋落物，F_2：针叶与核桃楸混合凋落物的理论分解率；不同小写字母表示凋落物类型间在0.05水平差异显著。以下同

　　HD stands for higher density；LD stands for lower density；A_2 stands for the litter of *Juglans mandshurica*；B_2 stands for mixing litter of *Larix kaembferi* and *Juglans mandshurica*；C_2 stands for the litter of *Larix kaembferi*；D_2 stands for the litter from the higher density stand；E_2 stands for the litter from the lower density stand；F_2 stands for the theoretical decomposition value of mixing litter of *Larix kaembferi* and *Juglans mandshurica*. The different lowercase letters show the significance among different litter types. The same below

　　凋落物的分解表现出前期快、后期慢的阶段性特征，以及生长季分解快、非生长季分解慢的季节性特征。分解初期由于淋溶等作用凋落物分解最快，冬季由于冰雪覆盖，土壤生物处于休眠状态，分解最慢；第二年春季气温回升，物理作用与土壤生物等活动加强，分解加速，但仍低于初始分解速率。

7.2.3　北亚热带凋落物分解率的动态变化

　　凋落物类型和林分密度及其交互作用同样显著影响北亚热带日本落叶松人工林凋落物分解率（表7-4）。檫木叶、针叶与檫木叶混合凋落物及低密度林下针叶与灌草混合（5：1）凋落物的分解率显著高于针叶，不同类型的凋落物在高密度林下的分解率也显著高于低密度林分，见表7-5。针阔混合凋落物分解率的实测值高于理论分解率，由此推测日本落叶松针叶与核桃楸或檫木阔叶混合的凋落物分解过程产生了"非加性效应"。北亚热带地区的凋落物分解率高于温带地区。

表7-4　北亚热带凋落物分解率的方差分析

Tab.7-4　The results of variance analysis of decomposition rate of leaf litter in north subtropical zone

变异来源 Source of variation	F值 F Value					
	0~87d	88~165d	166~341d	342~409d	410~475d	合计 In total
林分密度 Stand density	53.430**	0.121	4.671*	22.110**	8.327	547.320**
凋落物组成 Litter composition	57.920**	78.329**	46.968**	47.420**	6.080*	546.320**
凋落物组成×林分密度 Litter composition×Stand density	0.259	4.424*	8.468**	15.500**	0.256	19.600**

表7-5　北亚热带凋落物分解率（%）

Tab.7-5　Leaf decomposition rate of *Larix kaembferi* in north subtropical zone

林分密度 Density of stand	凋落物组成 Litter composition	分解率 Decomposition rate					
		0~87d	88~165d	166~341d	342~409d	410~475d	合计 In total
HD	A$_3$	16.42±0.3a	16.24±0.1a	8.74±0.2a	7.88±0.8a	7.10±1.3ab	56.39±0.3a
	B$_3$	16.78±0.2a	12.90±0.3b	9.19±0.3a	7.12±0.12b	7.00±0.7ab	53.00±0.38b
	C$_3$	13.14±0.2d	10.008±0.5c	7.80±0.2b	5.67±0.2c	6.22±0.001c	42.84±0.3e
	D$_3$	14.08±0.2c	12.91±0.11b	6.00±0.77c	5.99±0.22c	7.00±0.39ab	46.00±0.15d
	E$_3$	15.42±0.4b	12.57±0.05b	7.00±0.47b	8.01±0.23a	7.98±0.79a	51.00±0.44c
	F$_3$	14.780	13.124	6.900	6.775	6.160	49.615
LD	A$_3$	15.01±0.4a	16.24±0.002a	8.74±0.002a	6.80±0.25b	6.30±0.1b	53.10±0.25a
	B$_3$	15.34±0.3a	14.03±0.001b	7.50±0.0013b	7.92±0.23a	6.20±0.18b	51.00±0.25b
	C$_3$	12.06±0.3b	10.42±0.8d	7.51±0.001b	5.10±0.3d	5.92±0.6b	41.02±0.4d
	D$_3$	12.65±0.41b	11.19±0.71b	5.15±0.74c	6.00±0.26c	6.13±0.2b	41.13±0.5d
	E$_3$	14.37±1.2a	12.36±1.5c	8.10±0.6ab	6.04±0.06c	7.52±0.6a	48.40±0.3c
	F$_3$	13.535	13.330	8.225	5.950	6.110	47.060

HD：高密度；LD：低密度；A$_3$：檫木；B$_3$：针叶与檫木混合凋落物；C$_3$：针叶；D$_3$：针叶与箬竹混合凋落物；E$_3$：低密度林下针叶与灌草混合凋落物；F$_3$：针叶与檫木混合凋落物的理论分解率。以下同。

HD stands for higher density; LD stands for lower density; A$_3$ stands for the litter of *Sassafras tzumu*; B$_3$ stands for mixing litter of *Larix kaembferi* and *Sassafras tzumu*; C$_3$ stands for the litter of *Larix kaembferi*; D$_3$ stands for mixing litter of *Larix kaembferi* and *indocalamus tessellatus*; E$_3$ stands for mixing litter of *Larix kaembferi* and *Sassafras tzumu*. The F$_3$ stands for the theoretical decomposition value of mixing litter of *Larix kaembferi* and *Sassafras tzumu*. The different lowercase letters show the significance among different litter types. The same below

7.3 / 凋落物分解过程模拟
Simulation of lilter decomposition process

7.3.1　暖温带凋落物分解过程模拟

　　由表 7-6 可知, 采用 Olson 指数衰减模型, 对凋落物分解中干重剩余率 (y) 与分解时间 (t) 分别进行拟合, Olson 指数衰减模型的相关系数均达到显著水平, 表明具有较好的拟合效果 (Olson, 1963)。凋落物 K 值为 0.328 ~ 0.381, 分解 50% 和 95% 凋落物所需时间分别为 1.89 ~ 2.42a 和 7.94 ~ 9.44a, 后者分解所需时间是前者的 4 ~ 4.2 倍, 说明前期凋落物分解速率较快而后期较慢。针叶同孔分解 95% 所需时间最长为 8.99 ~ 9.44a, 混合叶异孔分解 95% 所需时间最短为 7.94 ~ 8.29a, 后者较前者缩短约 1a 时间; 同孔针叶分解 95% 所需时间在高密度林下为 9.44a, 而低密度下为 8.99。表明土壤动物的参与以及适当降低林

表7-6　暖温带凋落物分解模型参数
Tab.7-6　Estimated parameters in leaf litter decomposition model in warm temperate zone

密度 Density	类型 Types	回归方程 Equation	相关系数 Correlation coefficient	分解系数 Decomposition coefficient	半分解时间 Time of 50% decomposition （a）	分解 95% 时间 Time of 95% decomposition （a）
HD	A_1	$y=110.64e^{-0.328t}$	0.952**	0.328	2.42	9.44
	B_1	$y=111.42e^{-0.370t}$	0.953**	0.370	2.24	8.46
	C_1	$y=112.51e^{-0.369t}$	0.951**	0.369	2.20	8.44
	D_1	$y=108.15e^{-0.371t}$	0.956**	0.371	2.08	8.29
LD	A_1	$y=107.37e^{-0.341t}$	0.957**	0.341	2.24	8.99
	B_1	$y=106.03e^{-0.371t}$	0.984**	0.371	2.03	8.23
	C_1	$y=103.64e^{-0.376t}$	0.972**	0.376	1.94	8.06
	D_1	$y=102.85e^{-0.381t}$	0.950**	0.381	1.89	7.94

分密度、促进林下灌草生长发育均有助于加速日本落叶松凋落物的分解。

7.3.2　温带凋落物分解过程模拟

由表 7-7 可知，温带地区不同类型凋落物分解系数的排序与分解率一致，低密度林分的凋落物分解系数（K）普遍大于高密度林分的凋落物分解系数。针叶凋落物分解 95% 所需时间为 9.77 ~ 10.54a，针阔混合凋落物分解 95% 所需时间是 5.89 ~ 6.39a，后者较前者缩短约 4a 时间；低密度林下针叶与灌草混合凋落物分解 95% 所需时间是 8.95a，较针叶凋落物所需时间最长可缩短约 1.5a。由此可见，针阔混交、降低林分密度和增加林下灌草比例均可加速日本落叶松人工林凋落物的分解，其中通过引进乡土阔叶树种的针阔混交模式效果最佳。

表7-7　温带凋落物分解模型参数

Tab. 7-7　Estimated parameters in leaf litter decomposition model in temperate zone

林分密度 Density of stand	凋落物类型 Litter types	回归方程 Equation	相关系数 Correlation coefficient	分解系数 Decomposition coefficient	半分解时间 Time of half decomposition（a）	分解 95% 时间 Time of 95% decomposition（a）
HD	A_2	$y=94.024e^{-0.546t}$	0.930	0.546	1.16	5.37
	B_2	$y=96.279e^{-0.463t}$	0.958	0.463	1.42	6.39
	C_2	$y=96.777e^{-0.281t}$	0.945	0.281	2.35	10.54
	D_2	$y=96.262e^{-0.29t}$	0.935	0.290	2.26	10.20
	E_2	$y=94.611e^{-0.304t}$	0.893	0.304	2.10	9.67
LD	A_2	$y=94.219e^{-0.589t}$	0.923	0.589	1.08	4.99
	B_2	$y=95.431e^{-0.501t}$	0.942	0.501	1.29	5.89
	C_2	$y=94.811e^{-0.301t}$	0.904	0.301	2.13	9.77
	D_2	$y=94.353e^{-0.312t}$	0.990	0.312	2.03	9.42
	E_2	$y=93.421e^{-0.312t}$	0.869	0.327	1.91	8.95

7.3.3　北亚热带凋落物分解过程模拟

北亚热带不同类型凋落物分解系数排序与分解率的排序一致，见表 7-8。针叶凋落物分解 95% 所需时间为 7.42 ~ 7.79a，针阔混合凋落物分解 95% 所需时间是 5.43 ~ 5.72a，后者较前者缩短约 2a；针叶与灌草混合凋落物分解 95% 所需时间是 5.95 ~ 6.30a，较针叶凋落物可缩短约 1.5a。同样，在促进日本落叶松人工林凋落物分解上针阔混交模式优于林灌草混合模式。由于温度和湿度等气候条件的差异，北亚热带凋落物的分解速率快于温带地区，其中针叶凋落物分解 95% 所需时间较温带要缩短 3 ~ 4a，与温带地区不同的是高密度林分中凋落物分解速率高于低密度林分。

表7-8　北亚热带亚高山区凋落物分解模型参数

Tab.7-8　Estimated parameters in leaf litter decomposition model in north subtropical zone

林分密度 Density of stand	凋落物类型 Litter composition	回归方程 Equation	相关系数 Correlation coefficient	分解系数 Decomposition coefficient	半分解时间 Time of half decomposition（a）	分解95%时间 Time of 95% decomposition（a）
HD	A_3	$y=97.093e^{-0.606t}$	0.971	0.606	1.10	4.89
	B_3	$y=96.705e^{-0.545t}$	0.973	0.545	1.21	5.43
	C_3	$y=97.153e^{-0.400t}$	0.972	0.400	1.66	7.42
	D_3	$y=96.552e^{-0.437t}$	0.956	0.437	1.51	6.77
	E_3	$y=96.948e^{-0.498t}$	0.964	0.498	1.32	5.95
LD	A_3	$y=97.167e^{-0.562t}$	0.970	0.562	1.18	5.28
	B_3	$y=96.871e^{-0.518t}$	0.967	0.518	1.28	5.72
	C_3	$y=97.330e^{-0.381t}$	0.972	0.381	1.75	7.79
	D_3	$y=96.763e^{-0.374t}$	0.954	0.374	1.77	7.92
	E_3	$y=97.070e^{-0.471t}$	0.970	0.471	1.41	6.30

7.4 / 凋落物分解过程中养分含量的动态变化

Dynamics of nutrient content during litter decomposition

7.4.1 暖温带凋落物分解过程中养分含量的动态变化

由图 7-2 可知，2 种林分密度、2 种孔袋内凋落物分解过程中的 C、N、P、K、Ca 和 Mg 元素含量随时间变化的趋势基本相似。C 含量在分解过程中呈下降趋势，前期变化较缓，在 607d 后快速下降；N 含量在分解前期一直处于上升状态，在 546～607d 时达到最大值，后期呈下降趋势；P 含量变化趋势与 N 含量相似，高密度林分在 607d 时、低密度林分在 485d 前后达峰值；K 含量在分解前期呈快速下降过程，高密度林分至 485d、低密度林分至 546d 之后变化趋于平缓，含量维持在 2mg/g 左右；Ca 含量在分解前期处于波动式上升状态，在 546～668d 达到高值，后呈下降趋势，其中低密度林分 Ca 含量在分解前期较高密度林分上升得相对快些，尤其是针叶与灌草混合凋落物在分解前期上升得更快；Mg 含量前期与 Ca 相似，表现出缓慢升高的趋势，后期快速拉升，在 668d 后又有所下降，其中低密度林分 Mg 含量在分解前期较高密度林分上升得相对快些，尤其是针叶与灌草混合凋落物在分解前期上升得更快。除 C 含量外，低密度林下凋落物分解过程中 N、P、K、Ca 和 Mg 含量均大于高密度，针灌草混合凋落物分解过程中 N、P、K、Ca 和 Mg 含量均高于针叶。

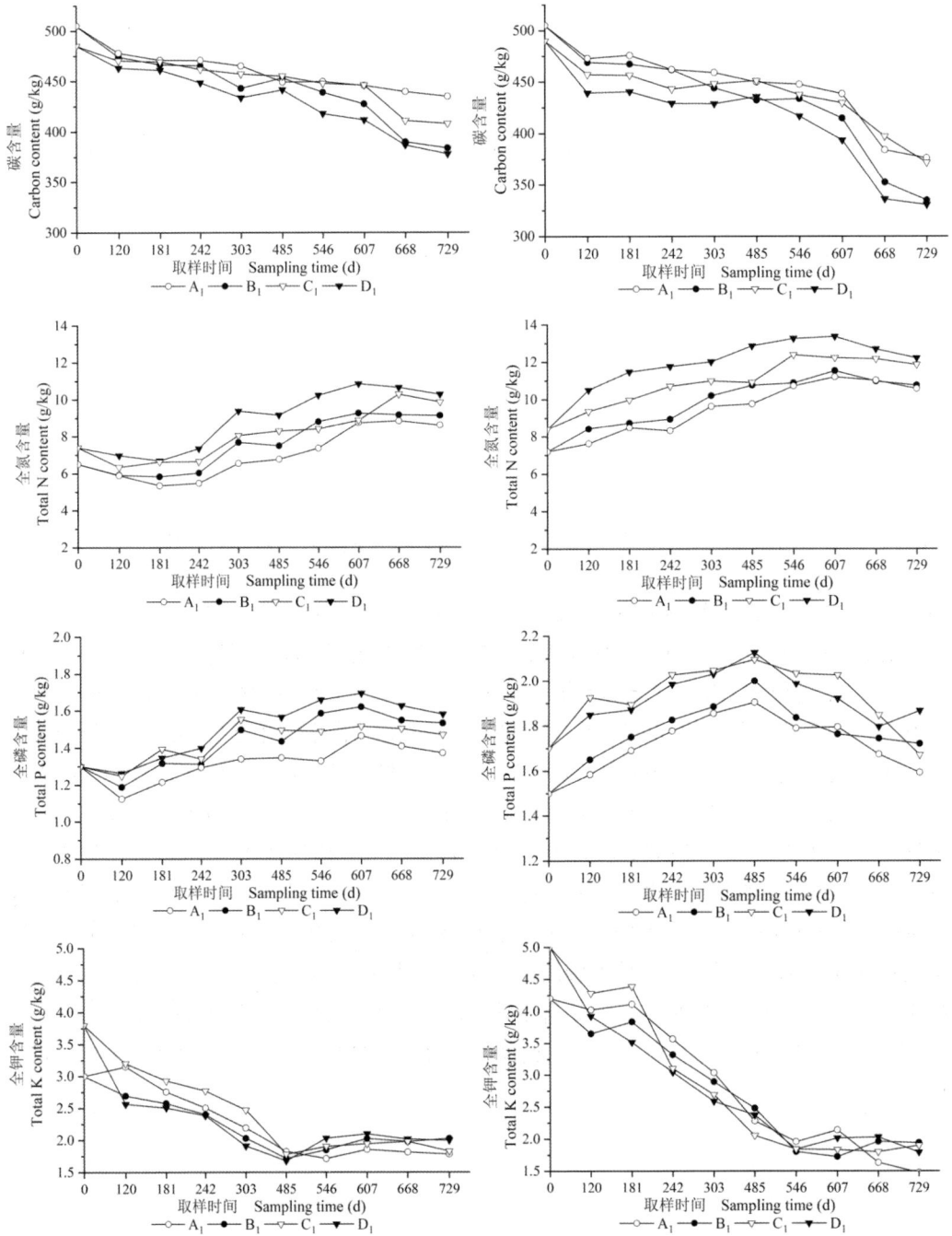

图7-2　暖温带2种林分密度下不同凋落物分解过程中养分含量的动态变化

Fig.7-2　Changes in nutrient contents during decomposition process of litter in two density stands in warm temperate zone

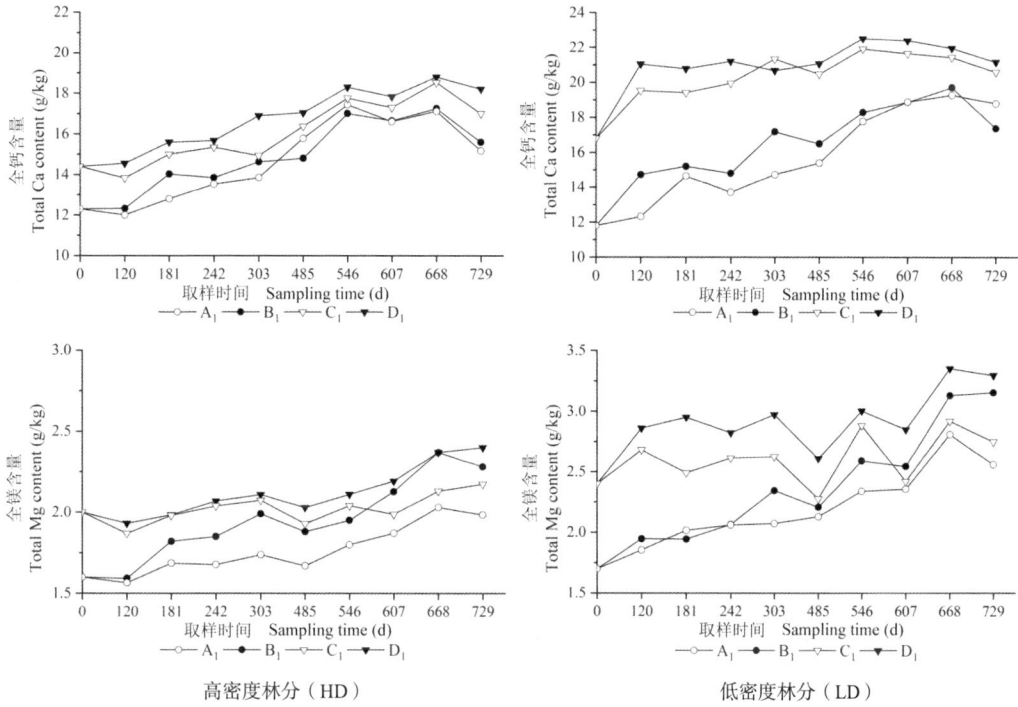

图7-2 暖温带2种林分密度下不同凋落物分解过程中养分含量的动态变化（续）

Fig.7-2 Changes in nutrient contents during decomposition process of litter in two density stands in warm temperate zone

7.4.2 温带凋落物分解过程中养分含量的动态变化

由于针叶与灌草混合凋落物 1（取自高密度林下，针叶与林下灌草凋落物干物质量 10∶1）与针叶凋落物的分解速率差异不显著，因此仅对针叶、核桃楸叶、针叶与核桃楸混合凋落物、针叶与灌草混合凋落物 2（取自低密度林下，针叶与林下灌草凋落物干物质量 5∶1）分解过程中的有机 C、N、P、K、交换性 Ca^{2+}、交换性 Mg^{2+} 进行分析。方差分析结果表明，凋落物类型、林分密度和取样时期对各养分含量影响显著。

不同类型凋落物初始有机 C 含量依次为针叶＞针叶与灌草混合凋落物＞针阔叶混合凋落物＞核桃楸凋落物，随分解进行不同类型凋落物中 C 含量均呈下降趋势，其中针阔混合凋落物下降速率最快，在 141d 时达最低值，针叶与灌草混合凋落物在 322d 时达最低值，针叶在 398d 时达最低值，随后小幅上升。凋落物分解过程中针叶 C 含量持续高于其他类型，而核桃楸凋落物的 C 含量总是低于其他类型，如图 7-3。

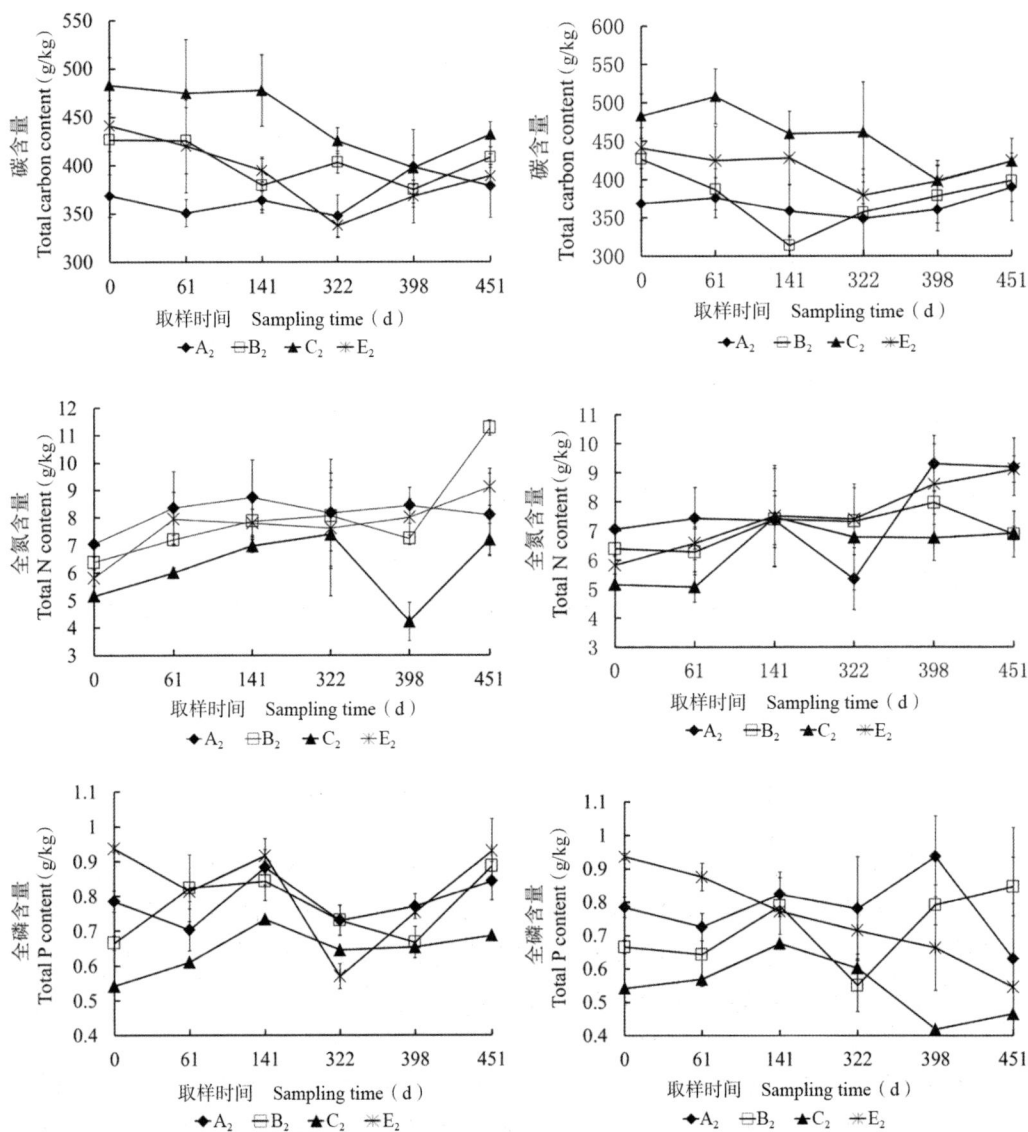

图7-3　温带2种林分密度下不同凋落物分解过程中元素含量动态变化

Fig.7-3　Changes of nutrient content during decomposition process of litter in temperate zone

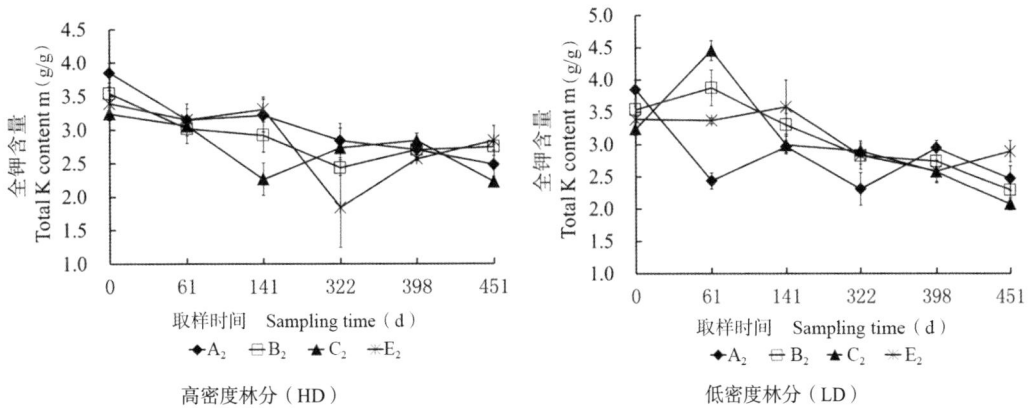

图7-3 温带2种林分密度下不同凋落物分解过程中元素含量动态变化（续）

Fig.7-3 Changes of nutrient content during decomposition process of litter in temperate zone

A$_2$：核桃楸叶；B$_2$：针叶与核桃楸混合凋落物；C$_2$：针叶；
E$_2$：低密度林下针叶与灌草混合凋落物。以下同

A$_2$ stands for the litter of *Juglans mandshurica*；B$_2$ stands for mixing litter of *Larix kaembferi* and *Juglans mandshurica*；C$_2$ stands for the litter of *Larix kaembferi*；E$_2$ stands for the litter from the lower density stand. The different lowercase letters show the significance among different litter types. The same below

　　核桃楸、针叶与核桃楸混合凋落物及针叶与灌草混合凋落物的初始 N、P、K 含量均高于针叶。随分解进行，不同类型凋落物 N 含量呈上升趋势，K 含量呈下降趋势，P 含量呈波动式变化。随着分解过程，不同类型凋落物养分含量排序会发生变化，但总体上各种养分含量在针叶中都是相对最低的。

　　由图 7-4 可知，交换性 Ca^{2+} 随分解进行在 398d 前呈持续上升的趋势，而交换性 Mg^{2+}则呈波动式变化。凋落物分解过程中，针叶的交换性 Ca^{2+} 和 Mg^{2+} 持续低于其他类型，核桃楸凋落物则高于其他类型，针阔混合凋落物与桃楸凋落物相近，而针叶与灌草混合凋落物与针叶相近。

　　C/N、C/P 比值是评价凋落物性质及分解速率的重要指标。C/N 比值随分解进行呈下降趋势，C/P 比值则相对稳定。分解过程中，针叶的 C/N 和 C/P 比值一直高于其他三种类型凋落物，针阔混合凋落物和针叶与灌草混合凋落物的 C/N 和 C/P 比值更接近于核桃楸凋落物。

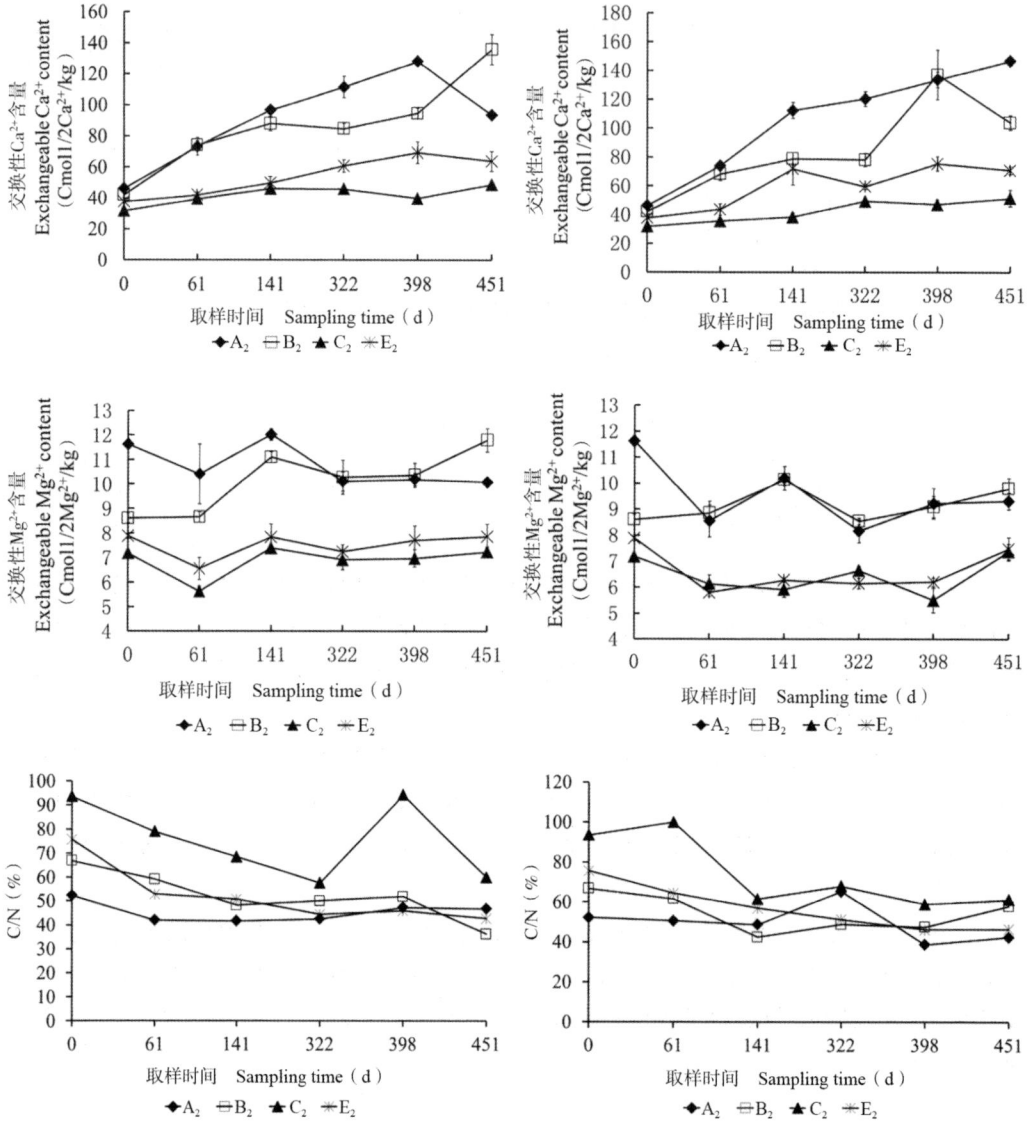

图7-4　温带凋落物分解过程中养分含量变化

Fig.7-4　Changes of nutrient content during decomposition process of litter in temperate zone

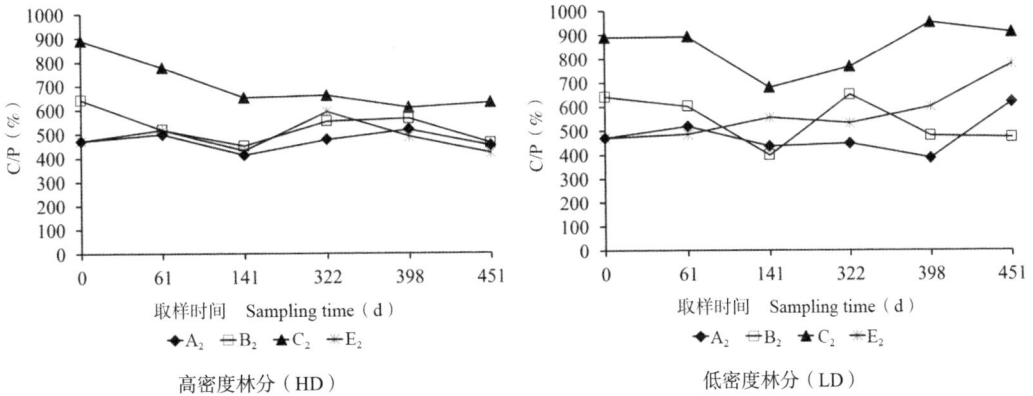

图7-4 温带凋落物分解过程中养分含量变化（续）

Fig.7-4 Changes of nutrient content during decomposition process of litter in temperate zone

7.4.3 北亚热带凋落物分解过程中养分含量的动态变化

由于针叶与箬竹混合凋落物与针叶凋落物的分解速率差异不显著，因此仅对针叶、檫木叶、针叶与檫木混合凋落物、针叶与灌草混合凋落物（针叶与林下灌草凋落物干物质量5∶1）分解过程中的有机C、N、P、K、交换性Ca^{2+}、交换性Mg^{2+}进行分析。檫木、针叶与檫木混合凋落物及针叶与灌草混合凋落物初始N、P、K、交换性Ca^{2+}和Mg^{2+}含量均高于针叶，有机C含量低于针叶。随分解进行，不同类型凋落物中K含量呈上升趋势，有机C、N含量呈波动变化，P、交换性Ca^{2+}和Mg^{2+}含量呈波动下降趋势。随分解进行，不同类型凋落物中养分含量总体呈现针叶中有机C含量最高，而其他养分含量最低，如图7-5。

C/N比值在第341d时达高峰值，然后下降，C/P比值表现出先下降后趋于平缓的趋势。

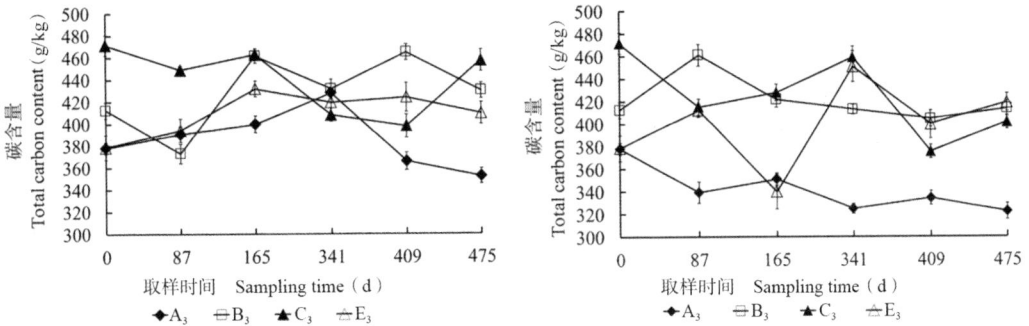

图7-5 北亚热带2种林分密度下不同凋落物分解过程中元素含量的动态变化

Fig.7-5 Changes of nutrient content during decomposition process of litter in northern subtropical zone

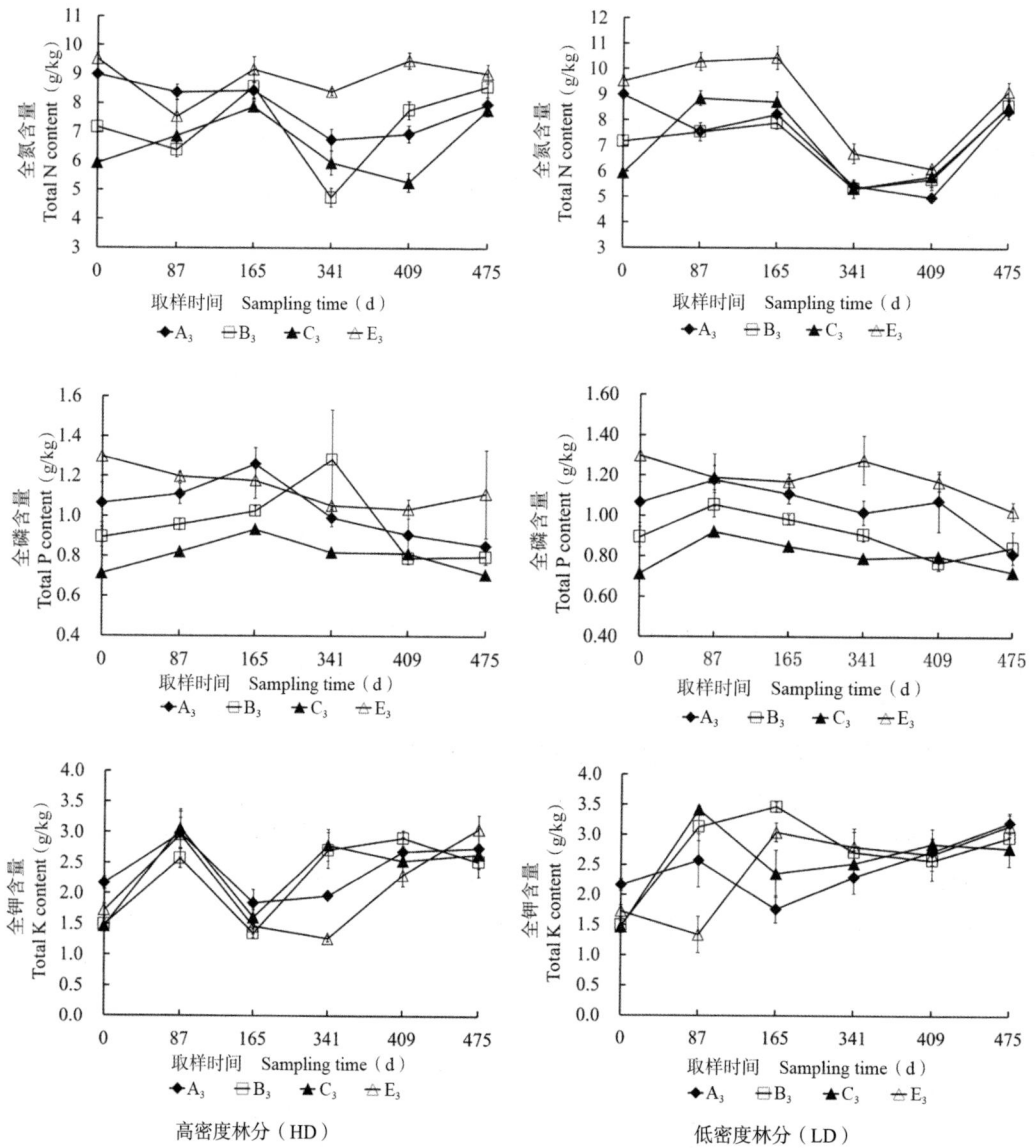

高密度林分（HD）　　　　　　　　　　　　低密度林分（LD）

图7-5　北亚热带2种林分密度下不同凋落物分解过程中元素含量的动态变化（续）

Fig.7-5　Changes of nutrient content during decomposition process of litter in northern subtropical zone

A₃：檫木；B₃：针叶与檫木混合凋落物；C₃：针叶；E₃：低密度林下针叶与灌草混合凋落物。以下同

A₃ stands for the litter of *Sassafras tzumu*；B₃ stands for mixing litter of *Larix kaembferi* and *Sassafras tzumu*；C₃ stands for the litter of *Larix kaembferi*；E₃ stands for the mixing litter from the lower density stand；F₃ stands for the theoretical decomposition value of mixing litter of *Larix kaembferi* and *Sassafras tzumu*. The same below

针叶中初始 C/N 和 C/P 比值显著低于檫木、针叶与檫木混合凋落物、针叶与灌草混合凋落物，随分解进行针叶与灌草混合凋落物和檫木叶 C/N、C/P 比值一直较低，如图 7-6，分解后期不同类型凋落物间 C/N 比值差异变小。

与温带相比，北亚热带不同类型凋落物中 N 和 P 含量高，K 含量、C/N 比值及 C/P 比值低，因此不同气候区凋落物中养分元素的变化趋势不同。C/N 和 C/P 比值基本表现为阔叶＞针阔混合＞针灌混合＞针叶，与分解常数 K 成反比。

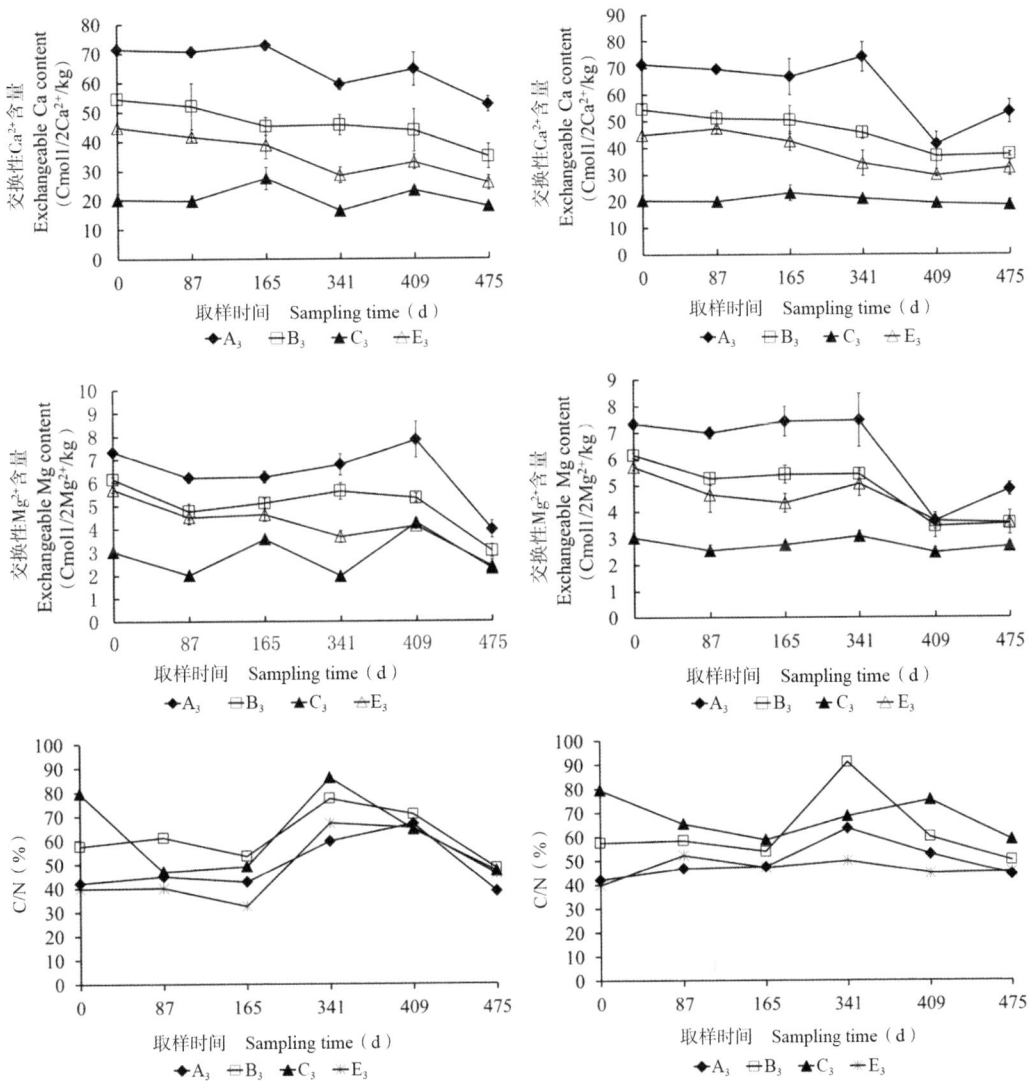

图7-6　北亚热带凋落物分解过程中养分含量变化

Fig.7-6　Changes of different nutrient content during decomposition process of litter in northern subtropical zone

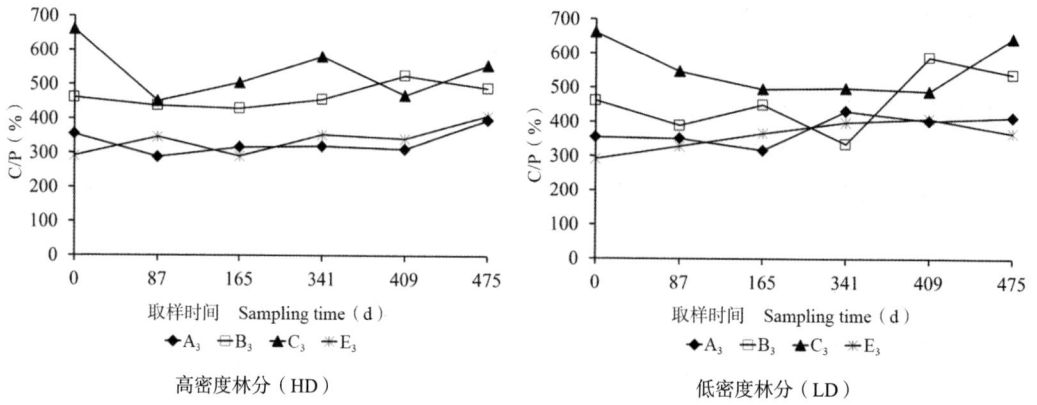

图7-6　北亚热带凋落物分解过程中养分含量变化（续）

Fig.7-6　Changes of different nutrient content during decomposition process of litter in northern subtropical zone

7.5 / 凋落物分解过程中养分残余率动态变化

Dynamics of nutrient residual rate during litter decomposition

7.5.1 暖温带凋落物分解过程中养分残余率动态变化

作为构成凋落物主要元素 C 的释放规律和凋落物分解速率基本一致，而 K 在分解初期受淋洗作用，表现为直接释放模式，P、Mg、Ca 三元素均表现为富集 – 释放的模式，N 在高密度林下为淋溶 – 富集 – 释放的模式，而在低密度林下为富集 – 释放的模式，如图 7–7。在两年的分解试验过程中，针叶与灌草混合凋落物中 C、K、Ca、Mg 的释放快于针叶凋落物，而 P 则相差不大，N 释放在分解前期针叶凋落物快于混合凋落物，在 242d 后混合凋落物快于针叶凋落物。由表 7–9 可知，C、P、K 残余率可采用指数函数进行模拟，N、Mg、Ca 残余率则可采用一元多次方程进行模拟。C、K 元素的年释放率最快，其次为 P、Ca、Mg，而 N 最慢。

表7–9 凋落物分解过程中元素残余率的动态模型

Tab.7-9 Dynamics models of residual rate of elements in leaf litter decomposition process

元素 Nutrient	方程 Equation	相关系数 Correlation coefficient	两年释放率 Two years release rate（%）	
			估计值 Estimated value	实测值 Observed value
C	$Y=106.07e^{-0.0367t}$	0.9283**	56.04	60.82
N	$Y=-0.133t^2+2.039t+104.26$	0.7933*	28.41	30.11
P	$Y=94.694e^{-0.0232t}$	0.8446*	45.74	39.96
K	$Y=97.005e^{-0.0533t}$	0.8856**	72.94	76.56
Ca	$Y=-0.1035t^2+1.4441t+95.177$	0.8045*	29.78	34.91
Mg	$Y=-0.0506t^2-0.0755t+99.716$	0.8540*	31.24	35.16

Y：元素剩余率（%）；t：分解时间。*：$P<0.05$；**：$P<0.01$。

Y stands for mass remaining rate of elements（%）；t stands for decomposition time（month）；*：$P<0.05$；**：$P<0.01$.

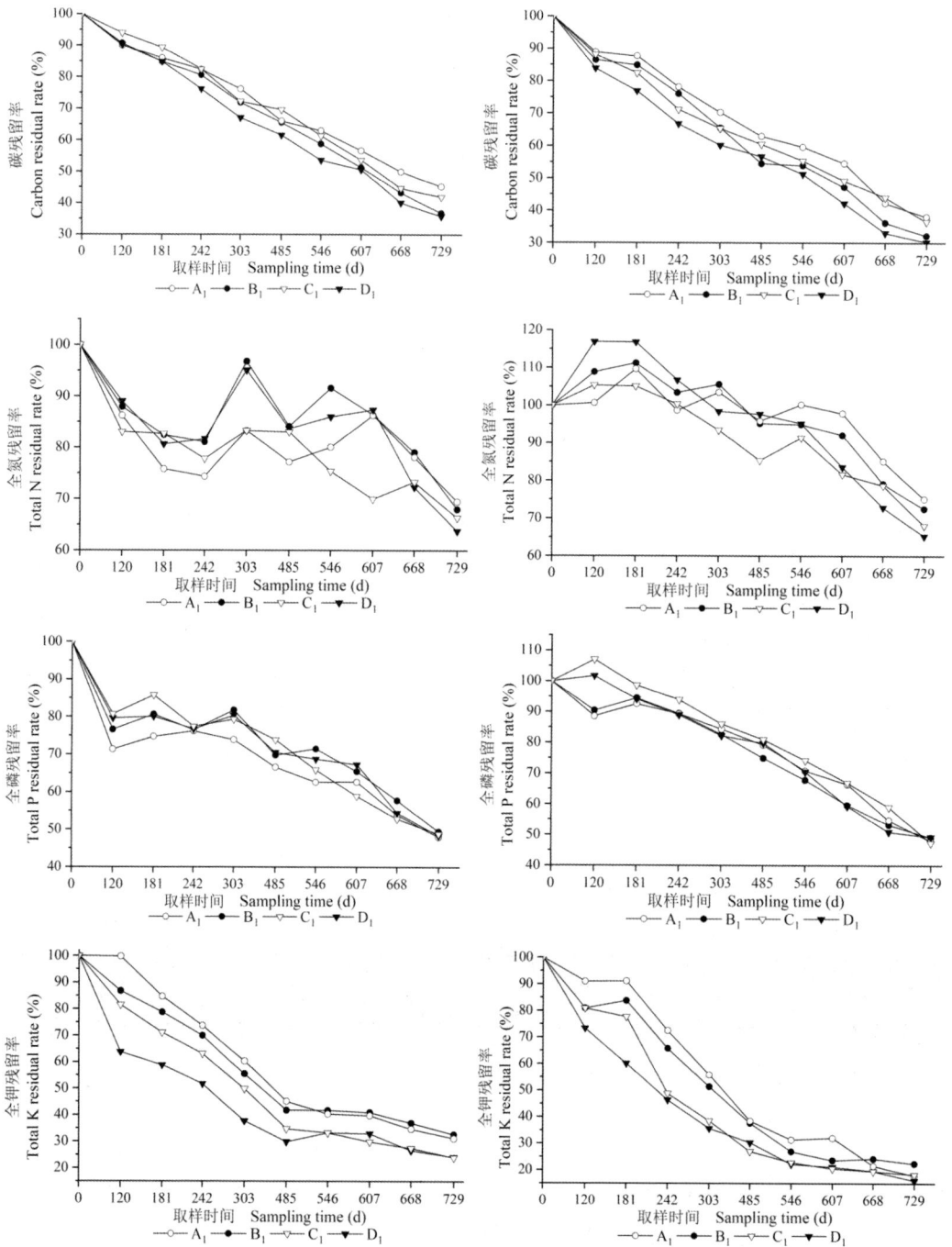

图7-7　暖温带2种林分密度下凋落物分解过程中养分残余率的动态变化

Fig.7-7　Changes in nutrient residual rate during decomposition process of litter in two density stands in warm temperate zone

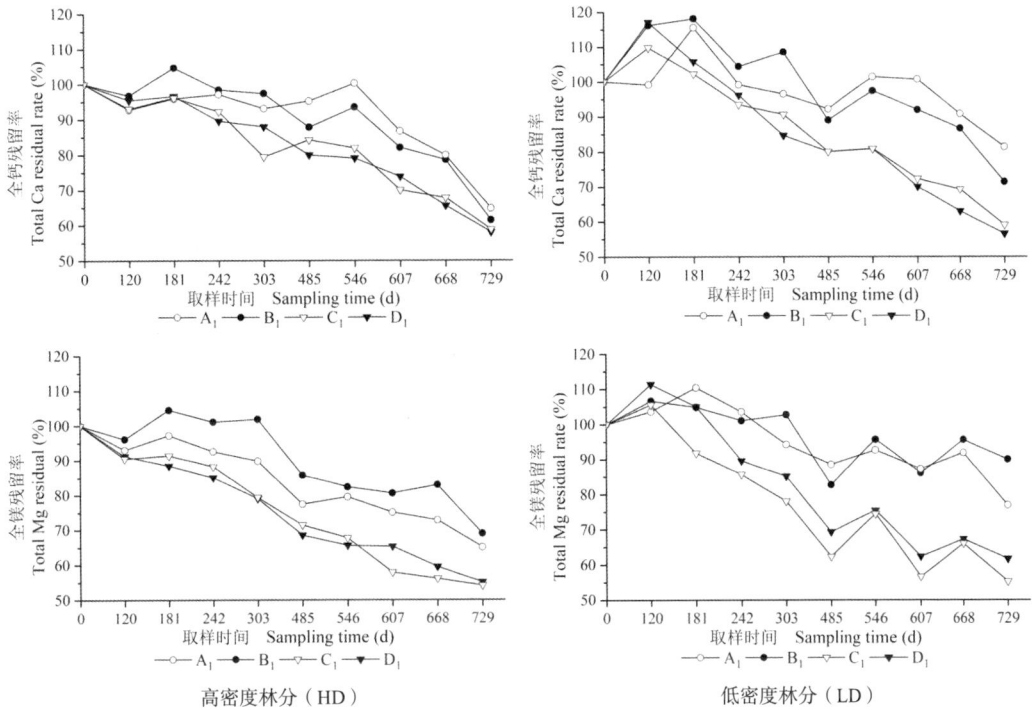

高密度林分（HD）　　　　　　　　　　低密度林分（LD）

图7-7　暖温带2种林分密度下凋落物分解过程中养分残余率的动态变化（续）

Fig.7-7　Changes in nutrient residual rate during decomposition process of litter in two density stands in warm temperate zone

7.5.2　温带凋落物分解过程中养分残余率动态变化

核桃楸凋落物、针叶与阔叶混合凋落物、针叶与灌草混合凋落物的有机 C 表现为分解前期快速释放，至141d 时三者的残余率接近为 67% ~ 69%，此时针叶凋落物的有机 C 残余率为82.2%，之后缓慢下降。随分解进行不同类型凋落物中N、P、K变化趋势略有不同，但总体表现为下降趋势。由图 7-8 可知，养分残余率总体表现为阔叶凋落物最低，其次为针阔叶混合、针叶与灌草混合，针叶凋落物最高，表明针叶与阔叶或草灌混合加速了养分释放。

交换性 Ca^{2+} 残余率随分解进行呈缓慢上升的趋势，针阔混合凋落物、核桃楸凋落物对交换性 Ca^{2+} 的固持量大于其他 3 类凋落物。高密度林分除了对交换性 Ca^{2+} 残余率的固持作用低于低密度林分外，对其他养分残余率的固持作用均高于低密度林分。针叶与核桃楸混合凋落物除了对交换性 Ca^{2+} 和 Mg^{2+} 的释放有抑制作用外，对其他养分元素的释放都起到了促进作用。

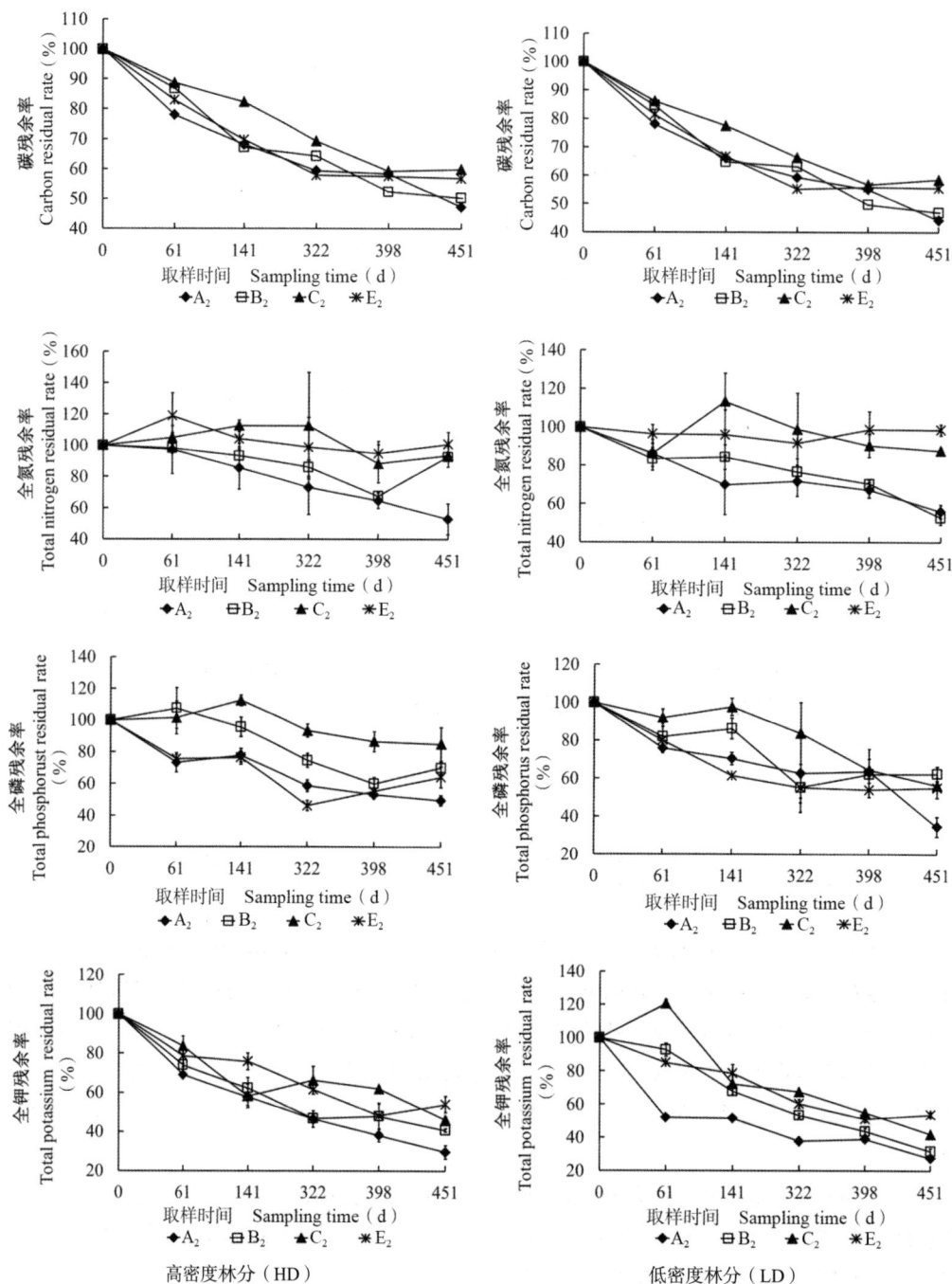

图7-8 温带地区凋落物分解过程中养分元素残余率动态变化

Fig.7-8 Changes of different nutrient residual rate during decomposition process of litter in temperate zone

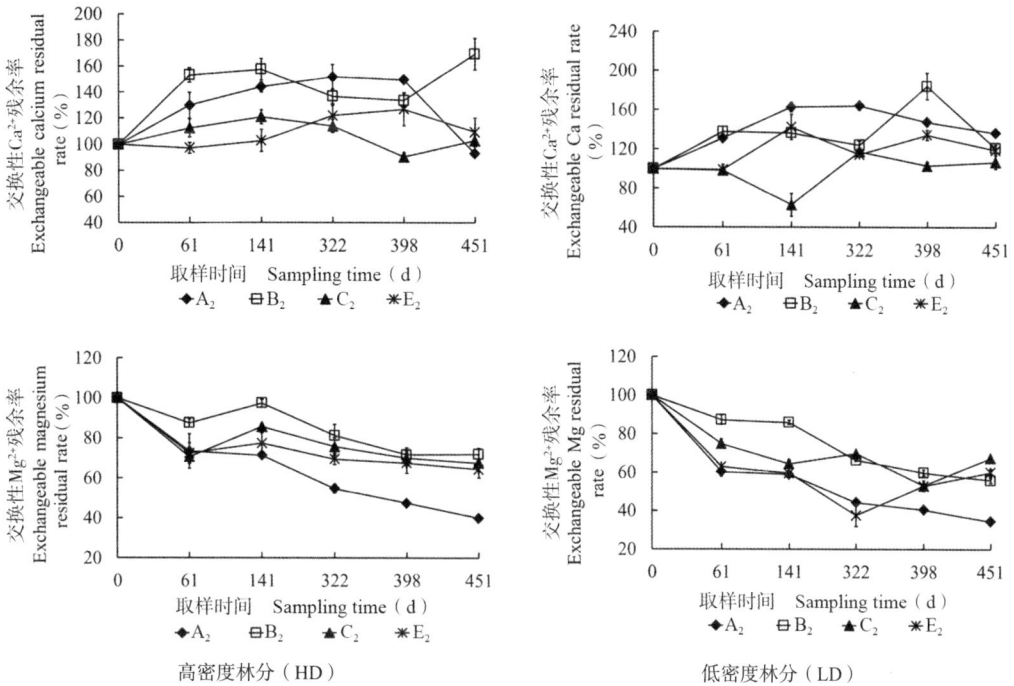

高密度林分（HD）   低密度林分（LD）

图7-8 温带地区凋落物分解过程中养分元素残余率动态变化（续）

Fig.7-8 Changes of different nutrient residual rate during decomposition process of litter in temperate zone

7.5.3 北亚热带凋落物分解过程中养分残余率动态变化

由图 7-9 可知，随分解进行不同类型凋落物有机 C、N、P、K、交换性 Ca^{2+} 残余率总体表现为下降趋势。针叶凋落物的养分残余率最高，阔叶凋落物的养分残余率最低，针阔混合、针灌混合凋落物的养分残余率居于中间，表明在亚热带地区针叶与檫木或草灌混合也同样加速了养分释放。低密度林分下凋落物有机 C、N、P 的残余率高于高密度林分。针叶与檫木混合凋落物对有机 C、K 的释放有抑制作用，对其他养分元素释放均起到促进作用。

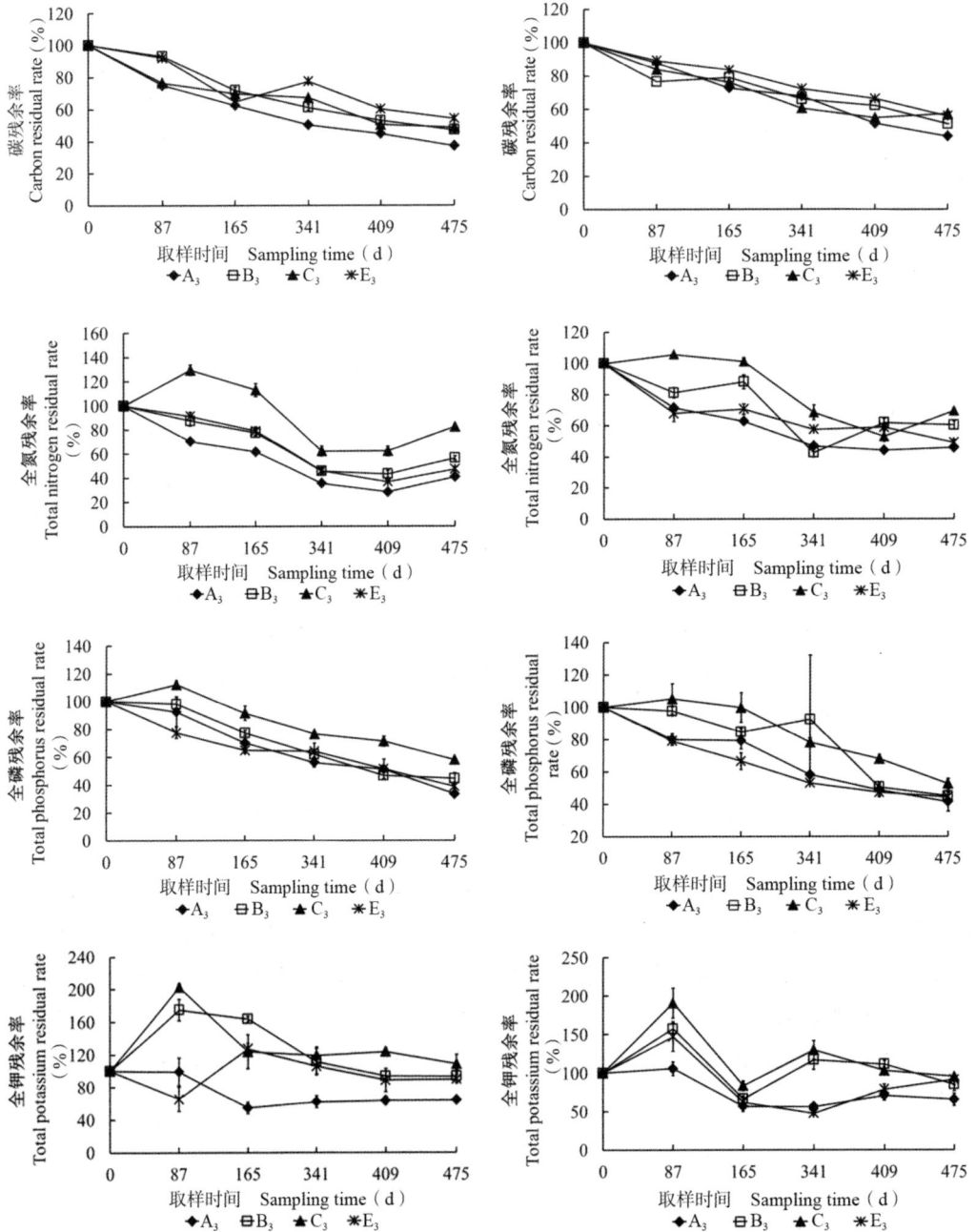

图7-9 北亚热带凋落物分解过程中养分元素残余率动态变化

Fig.7-9 Changes of different nutrient residual rate during decomposition process of litter in north subtropical zone

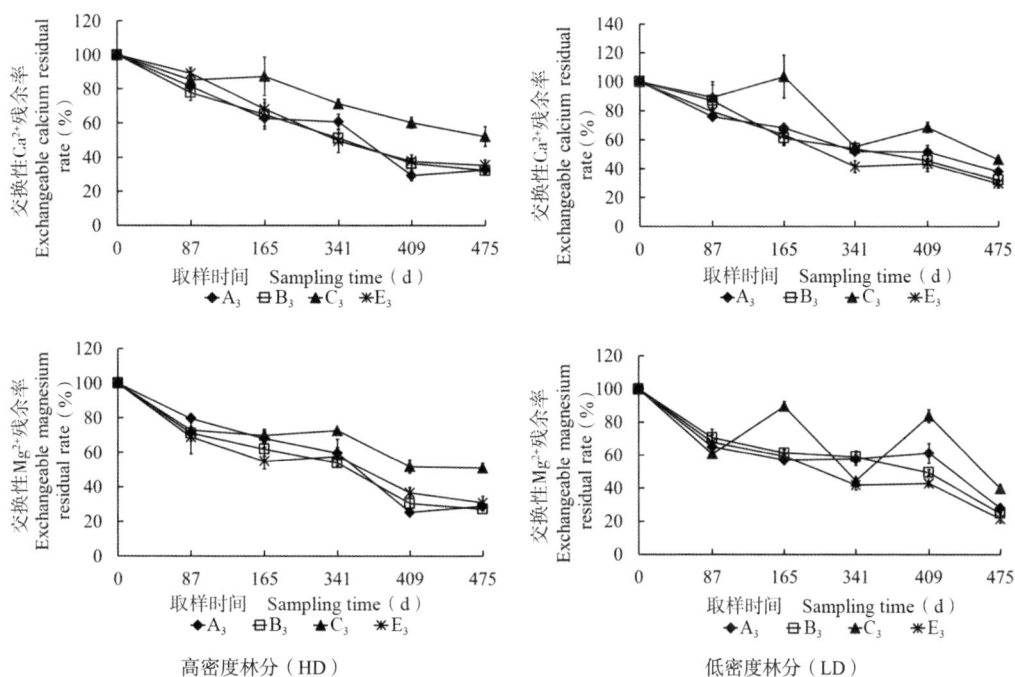

高密度林分（HD）　　　　　　　　　　　低密度林分（LD）

图7-9　北亚热带凋落物分解过程中养分元素残余率动态变化（续）

Fig.7-9　Changes of different nutrient residual rate during decomposition process of litter in north subtropical zone

7.6 / 凋落物分解过程中含水率和 pH 值动态变化

Dynamics of water content and pH during litter decomposition

7.6.1 温带凋落物分解过程中含水率和 pH 值动态变化

随分解进行，温带地区不同类型凋落物含水率呈 "V" 形变化，基本在 398d 时含水率最低。针叶与灌草混合凋落物含水率在分解过程中显著大于其他三类凋落物，核桃楸凋落物含水率一直较低，如图 7-10。低密度林下各类凋落物的含水率均高于高密度林分。低密度林分郁闭度低、光照强，但由于林下灌草发达，凋落物含水率反而略高一些。

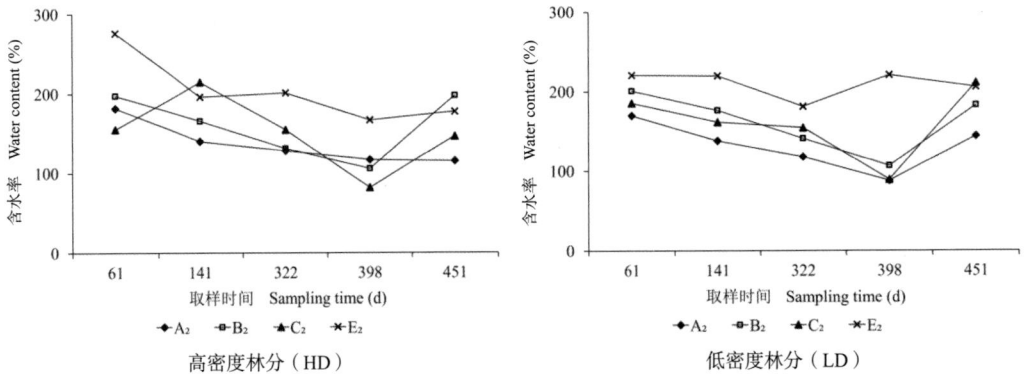

图7-10 温带2种林分密度下凋落物分解过程中含水率的动态变化

Fig.7-10 Changes in water content during decomposition process of litter in two density stands in temperate zone

4 类凋落物中针叶凋落物的 pH 值最低，且随分解进行持续下降，在 398d 时降至最低（3.78），随后略有升高；核桃楸凋落物的 pH 值最高，高密度林下凋落物的 pH 值呈缓慢下降趋势，在 451d 时降至最低（5.22），低密度林下凋落物 pH 值呈现出波动式下降趋势，在

322d 时降至最低（4.70）；针阔混合凋落物和针叶与灌草混合凋落物 pH 值居中，前者的变化趋势更接近于核桃楸凋落物，后者更接近于针叶凋落物。不同类型凋落物间 pH 值差异显著，而不同林分密度下凋落物 pH 值差异不显著，如图 7-11。

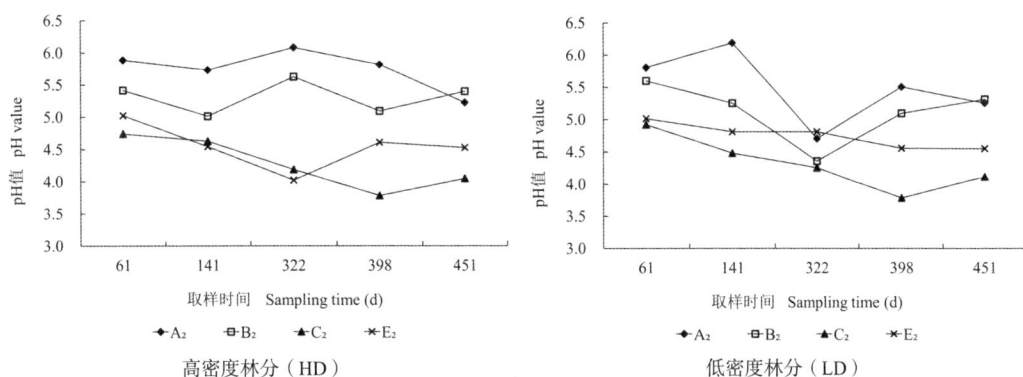

图7-11　温带2种林分密度下凋落物分解过程中pH值的动态变化

Fig.7-11　Changes in pH during decomposition process of litter in two density stands in temperate zone

7.6.2　北亚热带凋落物分解过程中含水率和 pH 值动态变化

北亚热带不同类型凋落物间含水率差异较小，均在 341d 时降至最低。雨季降水量大，含水率较高。与温带相反，北亚热带高密度林下凋落物的含水率高于低密度林分，如图 7-12。

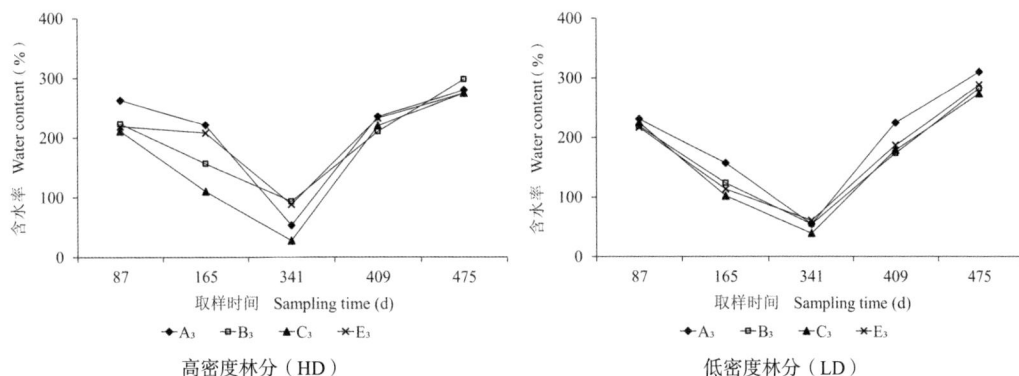

图7-12　北亚热带2种林分密度下凋落物分解过程中含水率的动态变化

Fig.7-12　Changes in water content during decomposition process of litter in two density stands in northern subtropical zone

4 类凋落物中也是针叶凋落物的 pH 值最低，且北亚热带针叶凋落物的 pH 值显著低于温带地区，在 3.7～3.97 之间；檫木凋落物的 pH 值最高，针阔混合凋落物的 pH 值更接近于檫木凋落物，而针叶与灌草混合凋落物的 pH 值更接近于针叶凋落物，如图 7-13。凋落物类型间 pH 值差异显著，而不同林分密度下凋落物 pH 值差异不显著。

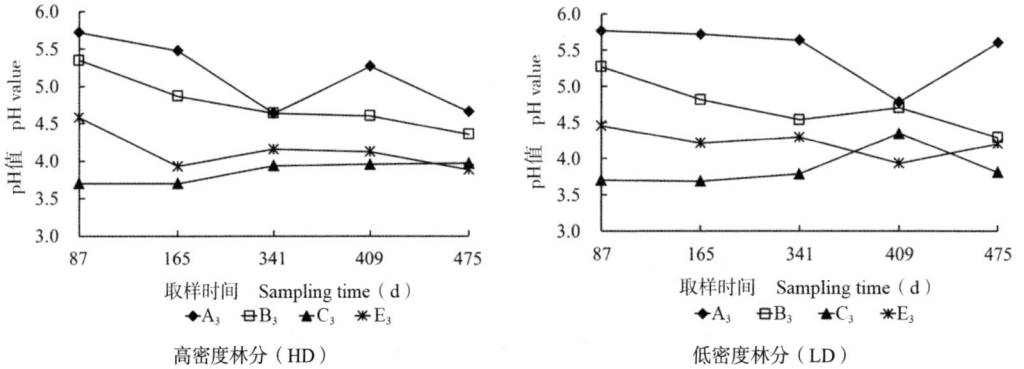

图7-13 北亚热带凋落物分解过程中pH值动态变化

Fig.7-13 The dynamic variation of pH during decomposition process of different types litter in north subtropical zone

7.7 / 讨论
Discussion

　　凋落物分解是一个包含物理过程、化学过程和生物过程的复合过程。凋落物 C/N 比值是影响分解速率的关键因子，凋落物中 N 和 P 含量高、C 含量低（低 C/N 比值）更有利于凋落物的分解（Wang et al.，2008；Jacob et al.，2009）。暖温带、温带和北亚热带 3 个生态气候区日本落叶松凋落物分解试验结果表明，针阔混交及针叶与林下灌草混合均可加速日本落叶松人工林针叶凋落物的分解和养分释放，其中通过引进乡土阔叶树种的针阔混交模式效果最佳。这是由于阔叶凋落物分解速率明显快于针叶凋落物，针阔混合改变了凋落物性质，提高了凋落物 N、P 等养分含量，降低了木质素含量，从而加速凋落物的分解。杉木与桤木（*Alnus cremastogyne*）、火力楠（*Michelia macclurei*）凋落叶混合，火炬松混入北美鹅掌楸（*Liriodendron tulipifera*）、美国榆（*Ulmus americana*）、北美枫香（*Liqudambar styraciflua*）凋落叶，其灰分和 N 含量明显增高，加速了凋落物的分解和养分释放（Liao et al.，2000；Polyakova and Billor，2007）。有研究认为初始 N 含量较高的阔叶对初始 N 含量较低的针叶分解产生了诱导作用，多数混合凋落物分解都存在一定的"非加性效应"（Liao et al.，2000；Hoorens et al.，2003；Liu et al.，2007）。不同组成凋落物间养分交换通常被看作"非加性效应"产生的主要作用机制（Song et al.，2010），养分交换主要通过被动扩散（Schimel and Hättenschwiler，2007）及真菌菌丝的主动运输实现（Tiunov，2009），小型真菌通过建立致密的菌丝网连接凋落物碎片，将养分从较高质量的凋落物运输到较低质量的凋落物，起抑制作用的物质不会被运输。针阔混交能起到促进凋落物分解的作用，在长期引种栽培过程中不同生态气候区筛选出了适宜与日本落叶松混交的阔叶乡土树种，如温带山区与核桃楸、水曲柳的混交以及北亚热带亚高山区与檫木的混交等，相较于针叶纯林，混交林不仅对林分生长有明显的促进作用，同时对土壤性质、水分和养分利用以及微生物和酶活性等均有明显改善（史凤友 等，1991；陈永亮和韩士杰，2002；Liu et al.，2016a）。

因此，提倡在不同区域发展日本落叶松与核桃楸或檫木等乡土树种的混交林，采取行间或带状混交方式进行多目标混合经营，即利用日本落叶松早期速生特性，培育短周期纸浆材，在 15～25a 生时对其进行主伐；而且，由于混交培育阶段日本落叶松有助于促进核桃楸或檫木的生长和早期干形培育，落叶松主伐利用后保留下来的核桃楸或檫木可用于培育长周期珍贵大径材。

林分密度不仅导致凋落物分解环境（林内温度和湿度等）的变化，同时也影响林下植被的发育，从而引起凋落物性质的改变。温带和暖温带低密度日本落叶松林分的光照、温湿度更有利于土壤微生物活动和凋落物的分解，低密度林下的同质凋落物分解率明显高于高密度林下，其养分残余率低于高密度林下，表明降低林分密度不仅增加了林下灌草的比例，同时也改善了林内环境更加有利于促进凋落物的分解。灌草比例同样影响针叶凋落物的分解，温带针叶与灌草混合凋落物 1（取自高密度林下，针叶与林下灌草凋落物干物质量 10∶1）与针叶凋落物的分解速率差异不显著，而针叶与灌草混合凋落物 2（取自低密度林下，针叶与林下灌草凋落物干物质量 5∶1）的分解率显著高于针叶凋落物。对杉木林的研究也认为，当林下植被生物量大于 5t/hm^2 时，对林地肥力才有明显的改善作用（盛炜彤和杨承栋，1997）。李国雷等（2008）通过对不同间伐强度油松叶分解速率的研究发现，间伐林分凋落叶中粗灰分和 N 含量较未间伐林分明显提高，间伐林分的凋落叶年分解率比未间伐林分提高了 0.58%～7.25%。同样，林下植被的类型也影响针叶凋落物的分解，北亚热带亚高山区日本落叶松针叶与林下的箬竹混合凋落物的 N 含量最低，C/N 和 C/P 比值最高，不利于分解及养分释放。因此，在营建日本落叶松人工林进行整地和幼林抚育时应尽量清除箬竹这一区域典型的林下植被，一方面是由于其凋落叶不利于针叶凋落物的分解，另一方面箬竹的存在还明显抑制了其他林下植物的发育。

日本落叶松凋落物分解具有明显的阶段性、季节性和地域性特征。前期分解快，后期分解慢；生长季节分解快，非生长季节分解慢；北亚热带亚高山区凋落物分解速率快于暖温带和温带地区。不同类型凋落物初始有机 C 含量依次为日本落叶松针叶凋落物＞针灌混合凋落物＞针阔混合凋落物＞阔叶凋落物，其他养分含量则刚好相反。同一气候区凋落物分解过程中养分含量与养分残余率变化趋势基本一致，不同气候区凋落物分解过程中部分养分含量的变化趋势差异较大，如全 N 含量在温带地区凋落物分解过程中表现为缓慢上升的趋势，而在北亚热带则表现为升降交替进行，这一方面可能与两个地区凋落物分解速率不同有关，另一方面与分解者对外源 N 的固定有关。

凋落物分解过程中，养分的富集与释放的阶段性特征明显。N 作为植物生长和微生物矿化有机质的限制因子，其释放模式受到本身含量或 C/N 比值的影响。研究认为当 C/N 比值＞30，发生 N 富集，而当 C/N 比值＜30 时，则发生矿化（李志安 等，2004；Kavvadias et al.，2001）；也有研究认为当凋落物中 N 含量在 0.3%～1.4% 范围内表现为 N 富集，而在 0.6%～2.8% 范围内则表现为 N 释放（Berg et al.，1982；Berg，2000）。对油松、华山松、华北落叶松和锐齿栎凋落叶的研究发现，N、P 元素在分解初期都有一个快速从土壤中富集的过程以提高自身 N、P 含量满足微生物分解所需养分，凋落物的初始 N、P 元素含量越小，这种富集现象越显著（李国雷 等，2008；何帆 等，2011）。Ca、Mg 等为难分解的组分，微生物很难利用，其分释放速率也比较慢（郭晋平 等，2009；Hobbie et al.，2006）。P 总体表现为高质量凋落物直接释放，低质量凋落物则表现为先富集后释放；交换性 Ca^{2+} 和交换性 Mg^{2+} 均表现为净释放。

7.8 / 结论
Brief summary

　　不同生态气候区、林分密度、凋落物性质对凋落物的分解率均有显著影响。针阔混交、增加林下灌草比例均可加速日本落叶松人工林凋落物的分解，其中通过引进乡土阔叶树种的针阔混交模式效果最佳。与针叶凋落物相比，温带针阔（核桃楸）混合凋落物分解 95% 的时间缩短约 4a，针叶与灌草混合分解 95% 的时间缩短约 1.5a；北亚热带针阔混合（檫木）凋落物分解 95% 的时间缩短约 2a 时间，针叶与灌草混合凋落物分解 95% 所需时间缩短 1.5a；暖温带针叶与灌草混合分解 95% 的时间缩短约 1a。随着栽培纬度的南移，由于温度和湿度等气候条件的差异，北亚热带凋落物的分解速率明显快于温带地区，其中针叶凋落物分解 95% 所需时间较温带要缩短 3 ~ 4a。温带和暖温带低密度林下的同质凋落物分解率明显高于高密度林下，其养分残余率低于高密度林下，表明降低林分密度不仅增加了林下灌草的比例，同时也改善了林内环境更加有利于促进凋落物的分解和养分释放，而在北亚热带低密度林分下凋落物分解 95% 所需的时间为 7.79a，高密度林分下所需时间为 7.42a，表明林分密度在不同气候区对凋落物分解的影响不一致。混合凋落物（针阔混合、针灌草混合）有着较低的养分残留率，即针叶与阔叶或灌草混合能加速养分的释放。同时，土壤动物活动也有利于加速凋落物的分解和养分归还，经鉴定，参与日本落叶松凋落物分解的主要土壤动物类群有弹尾目、石蜈蚣目、蜱螨目、蚰蜒目、地蜈蚣目、双翅目、缨尾目、后孔寡毛目等。

　　因此，对于如何提高日本落叶松人工林凋落物分解率，建议可以通过林分密度管理，即在中龄林和近熟林阶段适时适度间伐，降低林分密度，改善林内光照和温湿度，提高林下植被盖度和多样性，改变凋落物的化学组分，更有利于加速凋落物的分解和养分及时归还，缓解地力退化。另外，提倡发展日本落叶松与核桃楸或檫木等阔叶乡土树种的混交林，采取行间或带状混交方式开展多目标培育，提高日本落叶松人工林养分循环、更好地维持土壤质量及林地长期生产力。

8

Enzymatic activities and microbial characteristics
during litter decomposition

凋落物分解过程中酶活性
与微生物群落特征

微生物是凋落物分解及养分循环的主要驱动者（de Graaff et al.，2010）。凋落物的性质（C、N、P、K 等含量）对微生物的群落结构与功能有着重要影响（McDaniel et al.，2013）。凋落物性质不仅会影响凋落物中微生物群落组成和功能特征，同时也会对微生物分解微环境和酶活性产生影响，进而改变凋落物分解速率。环境条件不同影响凋落物分解的主导因素也各不相同，凋落物化学性质的差异是导致高山林线交错带凋落物层微生物群落差异的主要原因（Zheng et al.，2018），针阔混合凋落物对真菌、细菌的群落结构以及数量产生影响（陈法霖 等，2011b；Liu et al.，2019），阔叶林凋落物分解中的真菌种类及数量略优于针阔混交林，而显著优于针叶林（胡亚林 等，2005；Hättenschwiler et al.，2005），混合凋落物的分解速率也显著高于单一凋落物（Kubartová et al.，2007）。微生物分泌特定的胞外酶降解有机物（Mooshammer et al.，2012；Waring，2013），β- 葡萄糖苷酶、酸性磷酸酶、亮氨酸氨基肽酶、几丁质酶是不同生态系统有机 C 和养分周转的指示指标（Cui et al.，2018）。同时微生物群落结构与分解环境（温度、湿度、UV–B 辐射、pH 值等）（Xu et al.，2006；Vanhala et al.，2008；Wetterstedt et al.，2010；Feng and Simpson，2019）等有很大的相关性。本章以温带和北亚热带凋落物分解试验为基础，利用 qPCR 和 T–RFLP 技术，研究 2 个生态气候区不同凋落物类型（针阔混合凋落物和针叶）及林分密度（高林分密度和低林分密度）对凋落物分解过程中酶活性与微生物群落结构的影响，探讨凋落物分解的微生物作用机制。

8.1 / 研究方法
Research methods

8.1.1 凋落物分解试验与取样

分别在温带和北亚热带同时布设了两组凋落物分解试验，其中一组布设在温带近熟林阶段（29a）的高密度（925 株 /hm²）和低密度（625 株 /hm²）2 种林分密度样地内，另一组布设在北亚热带近熟林阶段（26a）的高密度（1083 株 /hm²）和低密度（550 株 /hm²）2 种林分密度样地内，样地概况见表 2-4。凋落物分解试验采用常规的埋置分解袋法。温带凋落物分解试验包括 5 种凋落物类型，分别为日本落叶松针叶凋落物、核桃楸叶凋落物、针叶与核桃楸叶（干物质量 1∶1）混合凋落物、针叶与灌草混合凋落物 1（收集于高密度林下，针叶与林下灌草凋落物干物质量 10∶1）、针叶与灌草混合凋落物 2（收集于低密度林下，针叶与灌草凋落物干物质量 5∶1）。北亚热带凋落物分解试验包括 4 种凋落物类型，分别为日本落叶松针叶凋落物、檫木叶凋落物、针叶与檫木叶（干物质量 1∶1）混合凋落物、针叶与灌草（收集于低密度林下，针叶与灌草凋落物干物质量约 5∶1）混合凋落物。分解袋埋置和取样方法见 7.1.1。

8.1.2 凋落物酶活性和微生物群落结构测定

凋落物分解过程中酶活性测定方法同 5.1.2，微生物群落结构测定方法同 4.1.3。

8.2 / 凋落物类型对分解过程的影响

Effects of litter types on enzyme activities and mirobial community composition in litter decomposition

8.2.1　凋落物类型对分解过程中酶活性的影响

在开展凋落物类型对分解过程中酶活性与微生物群落结构的影响时，为了与北亚热带亚高山区对应，温带只对 4 种凋落物类型进行分析，不含针叶与灌草混合凋落物 1（收集于高密度林下，针叶与林下灌草凋落物干物质量 10∶1）。图 8-1 方差分析表明，取样时间、凋落物类型均对凋落物分解过程酶活性有显著影响。针阔混合凋落物分解过程中酶活性的影响基本表现为协同作用，且协同作用比例远高于拮抗作用。针阔混合凋落物或阔叶凋落物分解过程中各类酶活性总体上显著高于针叶凋落物，针灌草混合凋落物的酶活性在分解的多数时间也显著高于针叶凋落物，但低于针阔混合凋落物。分解初期针阔混合凋落物酶活性低于阔叶凋落物，随着分解进行与阔叶凋落物酶活性差异逐渐减小。酶活性与凋落物分解速率的变化趋势基本一致，北亚热带亚高山区的酶活性要高于温带地区。分解过程中不同酶活性的变化趋势不同。淀粉酶与酸性磷酸酶活性呈波动下降趋势，漆酶活性总体呈增加趋势，内切纤维素酶在温带地区呈下降趋势，在北亚热带亚高山区表现为在一定范围内波动。温带地区淀粉酶、内切酶、几丁质酶和酸性磷酸酶活性在分解的第 322d 活性最低，这主要是由于凋落物分解过程中酶活性主要来源于微生物、小型土壤动物等的新陈代谢，此时正值该区 4 月中旬，温度较低，参与凋落物分解的微生物、小型土壤动物活动较弱。

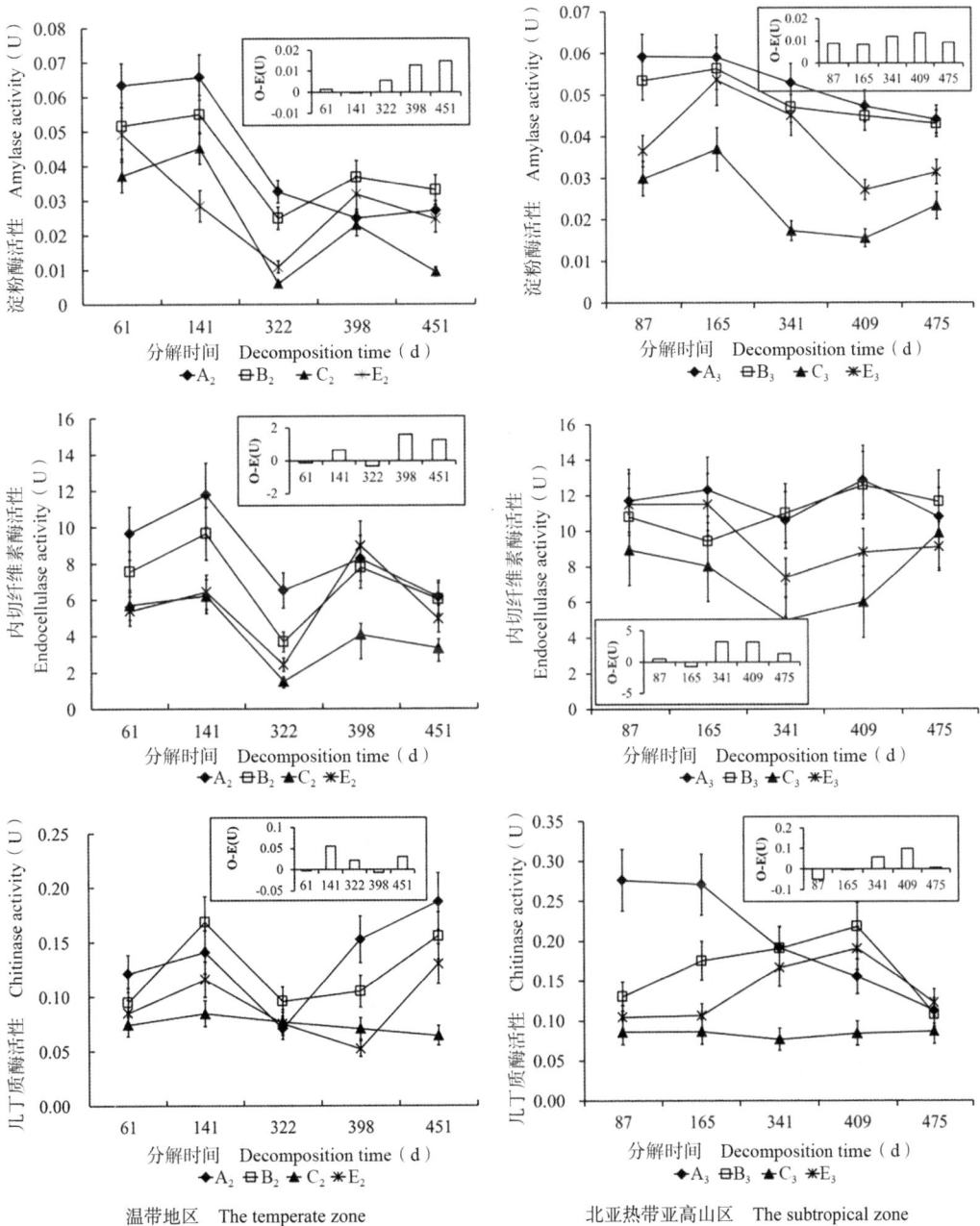

温带地区 The temperate zone　　　　北亚热带亚高山区 The subtropical zone

图8-1 不同类型凋落物分解过程酶活性变化及非加性效应

Fig.8-1 Enzyme activities of the different treatments and（insets）non-additive effects in the mixed litter in the two regions

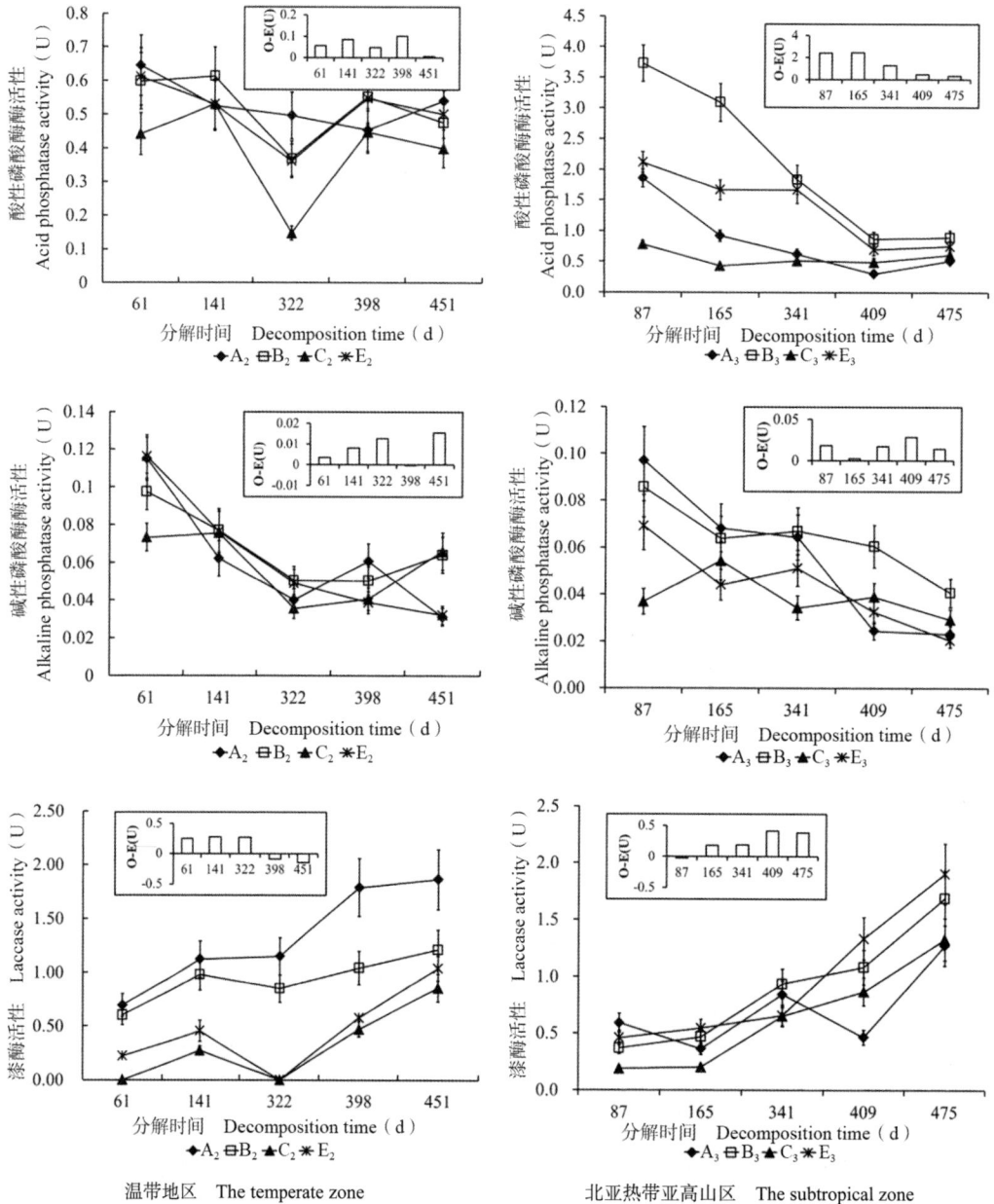

温带地区　The temperate zone　　北亚热带亚高山区　The subtropical zone

图8-1　不同类型凋落物分解过程酶活性变化及非加性效应（续）

Fig.8-1　Enzyme activities of the different treatments and（insets）non-additive effects in the mixed litter in the two regions

O-E＞0，协同效应；O-E＜0，拮抗效应；不同字母代表差异显著（*P*＜0.05）。以下同

O－E＞0，synergistic effect. O－E＜0，antagonistic effect. Different letters at the same sampling time indicate a significant difference among treatments（*P*＜0.05）. The same below

8.2.2 凋落物类型对微生物群落结构的影响

温带地区，随着凋落物分解的进行真菌与细菌数量变化趋势与凋落物分解速率的变化趋势基本一致。分解初期阔叶凋落物的真菌与细菌数量最高，分解后期针阔混合凋落物的真菌与细菌数量最高，而针叶凋落物中的真菌与细菌数量在几种凋落物中是最低的，针灌混合凋落物中的真菌与细菌数量多介于针叶凋落物与针阔混合凋落物之间。针阔混合凋落物对微生物数量产生的协同效应高于拮抗效应，尤其是在分解后期，这与针阔混合凋落物对分解速率产生的"非加性效应"一致。由图 8-2 可知，细菌数量在分解的第 141d 与第 451d 均较高，此时正值该区的秋季，相比春季温度较低、夏季湿度较高，秋季的更适宜细菌的生长繁殖。

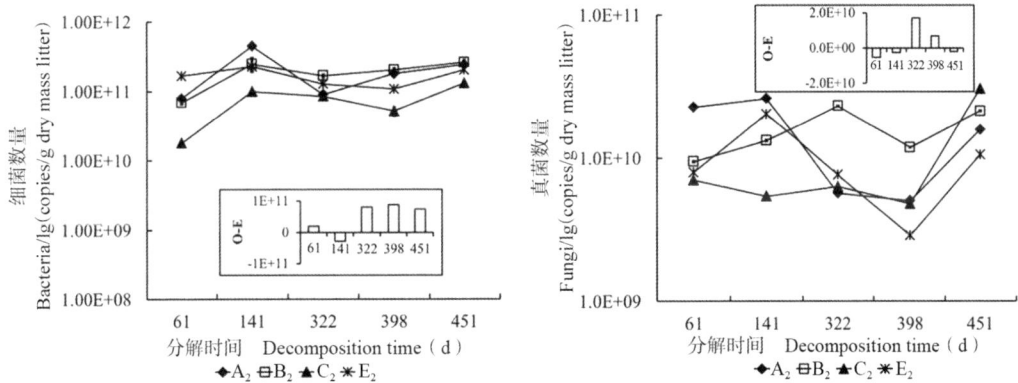

图8-2 温带不同类型凋落物分解过程中微生物基因拷贝数及非加性效应

Fig.8-2 Bacterial and fungal gene copies in the different litter treatments and（insets）non-additive effects in the mixed litter during decomposition in temperate zone

北亚热带亚高山地区，伴随凋落物分解真菌与细菌的数量呈下降趋势，与凋落物分解速率的变化趋势有一定的差异，这在真菌数量的变化上表现更为突出。针叶凋落物中的真菌数量最高，针灌混合和针阔混合降低了凋落物中真菌的数量（除分解的第 341d 外）。由图 8-3 可知，分解初期针叶凋落物中的细菌数量最高，而在分解后期针叶凋落物中的细菌数量较低，针灌混合和针阔混合显著提高了凋落物中细菌的数量。总体上，针阔混合凋落物对微生物数量产生的协同效应低于拮抗效应，这与针阔混合对凋落物分解速率产生的"非加性效应"不一致。

优势微生物类群一般可以反映整个群落的营养水平和能量流，因此采用主成分分析（PCA）对 4 种凋落物类型间相对丰度大于 5% 的优势真菌、细菌种类的动态变化和微生物群落的相似性开展研究，如图 8-4。微生物在 PCA 图中按凋落物类型分布，针阔混合凋落物、针灌混合凋落物中微生物主要分布在针叶凋落物与阔叶凋落物之间。

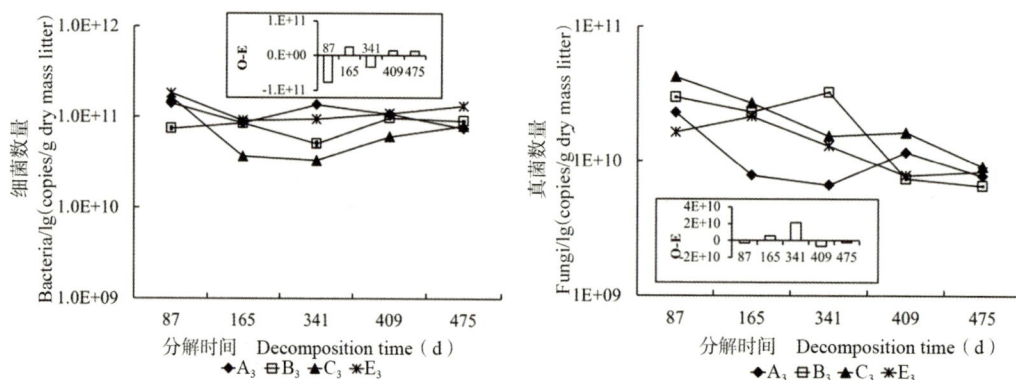

图8-3　北亚热带不同类型凋落物分解过程中微生物基因拷贝数及非加性效应

Fig.8-3　Bacterial and fungal gene copies in the different litter treatments and（insets）non-additive effects in the mixed litter during decomposition in north subtropical zone

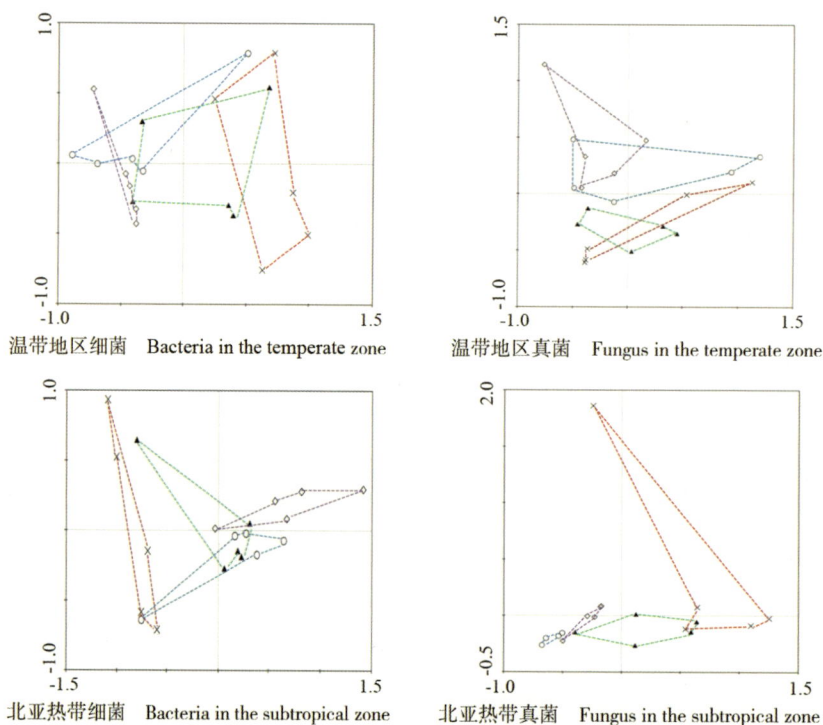

温带地区细菌　Bacteria in the temperate zone

温带地区真菌　Fungus in the temperate zone

北亚热带细菌　Bacteria in the subtropical zone

北亚热带真菌　Fungus in the subtropical zone

图8-4　不同类型凋落物分解过程中优势微生物PCA分析

Fig.8-4　The principal component analysis of dominant taxa in the different litters during decomposition

连在一起的点为同一凋落物类型。◇：针叶；×：阔叶；▲：针阔混合；○：针灌混合

The points were connected in the same treatment. ◇ stands for needle litter; × stands for Broadleaf litter; ▲ stands for litter mixed with needle and broadleaf; ○ stands for litter mixed with needle and shrub

由图 8-5、图 8-6 可知，两个生态气候区凋落物分解过程中的优势细菌种类基本相似，而优势真菌种类各不相同。温带地区，随着分解的进行细菌 *T-RF*（145）、*T-RF*（533）、*T-RF*（430）、*T-RF*（147）和真菌 *T-RF*（51）一直是 4 种凋落物中的优势菌，细菌 *T-RF*（486）和真菌 *T-RF*（360）、*T-RF*（380）仅为针叶凋落物中的优势菌，细菌 *T-RF*（482）、*T-RF*（398）、*T-RF*（431）是除针叶凋落物外的其他 3 种凋落物中的优势菌，细菌 *T-RF*（88）、*T-RF*（535）、*T-RF*（481）、*T-RF*（80）、*T-RF*（69）和真菌 *T-RF*（362）、*T-RF*（277）仅是针阔混合凋落物中的优势菌，细菌 *T-RF*（447）和真菌 *T-RF*（354）、*T-RF*（372）、*T-RF*（257）、*T-RF*（246）仅是针灌混合凋落物分解中的优势菌，真菌 *T-RF*（239）、*T-RF*（266）仅为核桃楸凋落物分解中的优势菌。

北亚热带亚高山地区，伴随分解的进行细菌 *T-RF*（86）、*T-RF*（261）、*T-RF*（145）、*T-RF*（533）是 4 种凋落物共有的优势菌，细菌 *T-RF*（263）、*T-RF*（434）、*T-RF*（436）、*T-RF*（447）、*T-RF*（165）是除针叶凋落物以外的其他 3 种凋落物分解中的优势菌，细菌 *T-RF*（144）、*T-RF*（125）和真菌 *T-RF*（202）、*T-RF*（280）、*T-RF*（309）、*T-RF*（316）、*T-RF*（459）仅是针灌混合凋落物分解中的优势菌，真菌 *T-RF*（137）、*T-RF*（297）仅是针阔混合凋落物分解的优势菌，真菌 *T-RF*（204）、*T-RF*（215）、*T-RF*（303）、*T-RF*（123）仅是针叶凋落物分解中的优势菌，细菌 *T-RF*（482）、*T-RF*（484）、*T-RF*（155）和真菌 *T-RF*（334）、*T-RF*（94）、*T-RF*（146）、*T-RF*（308）仅为檫木凋落物分解中的优势菌。

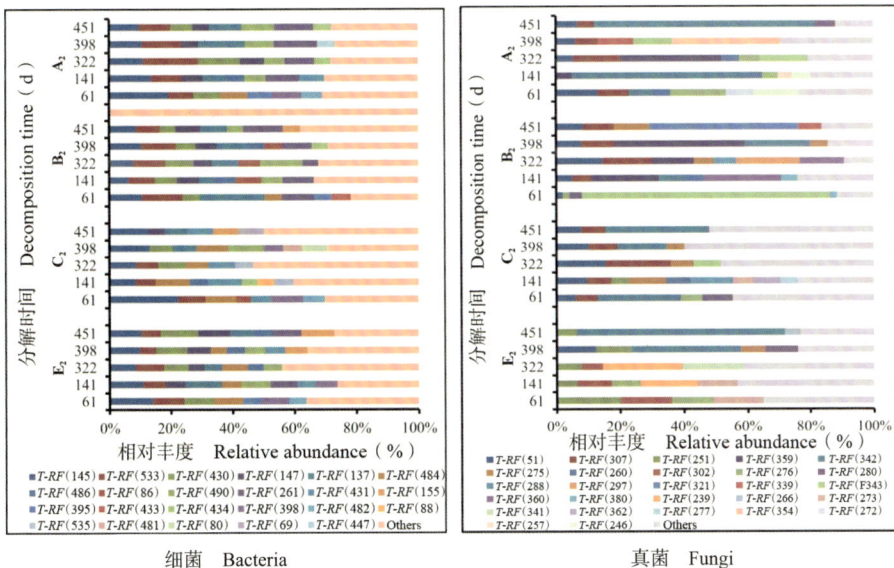

图8-5 温带不同类型凋落物分解过程中优势微生物的变化特征

Fig.8-5 The dominant terminal restriction fragments in the different litters during decomposition in the temperate zone

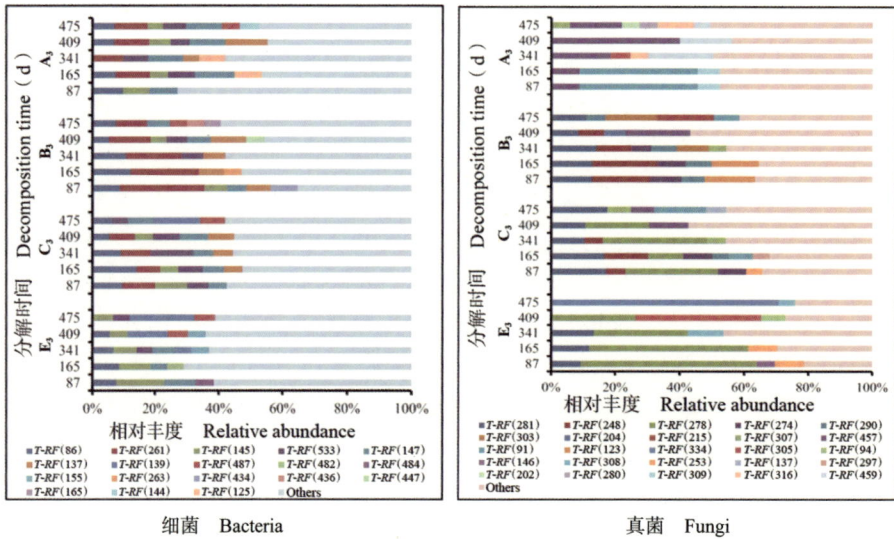

细菌 Bacteria　　　　　　　　真菌 Fungi

图8-6　北亚热带不同类型凋落物分解过程中优势微生物的变化特征

Fig.8-6　The dominant terminal restriction fragments in the different litters during decomposition in north subtropical zone

8.2.3　优势微生物与凋落物性质的关系

利用典范对应分析（CCA）揭示优势微生物与凋落物性质（养分含量、pH值及含水量）之间的关系。在CCA图中第一轴与第二轴对微生物群落结构变量的解释大于70%。由图8-7、图8-8可知，4种凋落物中微生物群落组成与凋落物性质的相关性不同，即使同一凋落物中真菌、细菌与凋落物性质的相关性也不同，尤其是在混合凋落物中。温带针叶凋落物中细菌群落受C/N比值、C/P比值以及TN的影响较大，真菌群落则受C/P比值影响较大，而受C/N比值和TN的影响较小；核桃楸凋落物中细菌群落受除TN、TP之外的其他因素影响较大，而真菌群落受C/N比值、TK的影响较大；针阔混合凋落物中细菌群落受C/N比值、TN、含水率和有机C影响较大，真菌群落受TK、pH值以及C/P比值影响较大；针灌混合凋落物中C/N比值、TK对细菌群落影响较大，C/P比值、TP对真菌影响较大。北亚热带针叶凋落物中细菌群落受含水率、pH值的影响较大，真菌则受pH值、TP的影响较大；檫木凋落物中细菌群落受TK、有机C、C/P比值的影响较大，真菌群落受pH值、C/P和C/N比值影响较大；针阔混合凋落物中细菌群落受除TK、TP以及C/P比值之外的其他因素影响较大，而真菌群落受除有机C、含水率之外的其他因素影响较大；针灌混合凋落物中细菌群落受TP、TK影响较大，真菌群落受C/N比值、TP及TN影响较大。由此可以看出，虽然凋落物性质对微生物群落结构的影响比较复杂，但总体上C/N和C/P比值是影响两个气候区微生物群落结构的主导因素，其次是pH值。

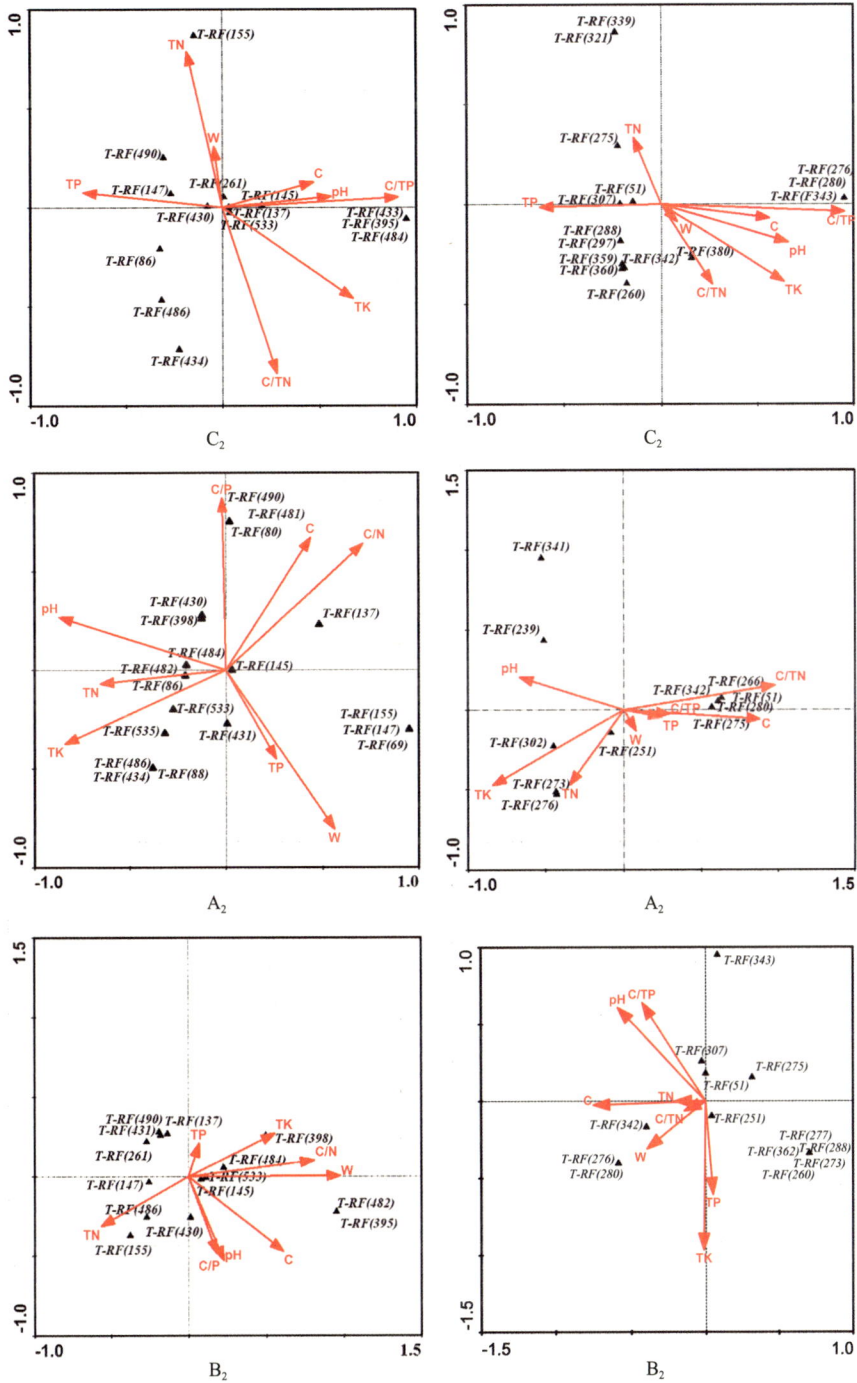

图8-7 温带不同类型凋落物优势微生物与环境变量的相关分析

Fig.8-7 The relationships between dominant microbes and environmental variables in temperate zone

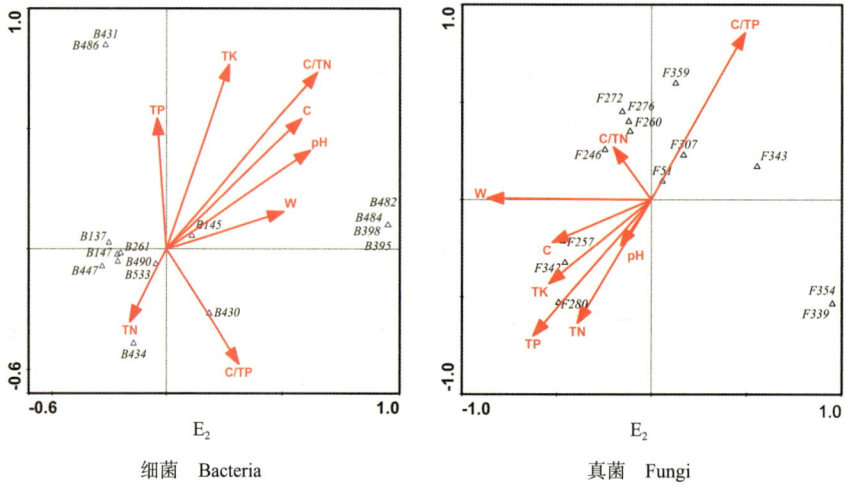

细菌　Bacteria　　　　真菌　Fungi

图8-7　温带不同类型凋落物优势微生物与环境变量的相关分析（续）

Fig.8-7　The relationships between dominant microbes and environmental variables in temperate zone

C：碳；TN：全氮；TP：全磷；TK：全钾；W：含水率。以下同

C stands for organic carbon；TN stands for total nitrogen；TP stands for total phosphorus；TK stands for total potassium；W stands for water content. The same below

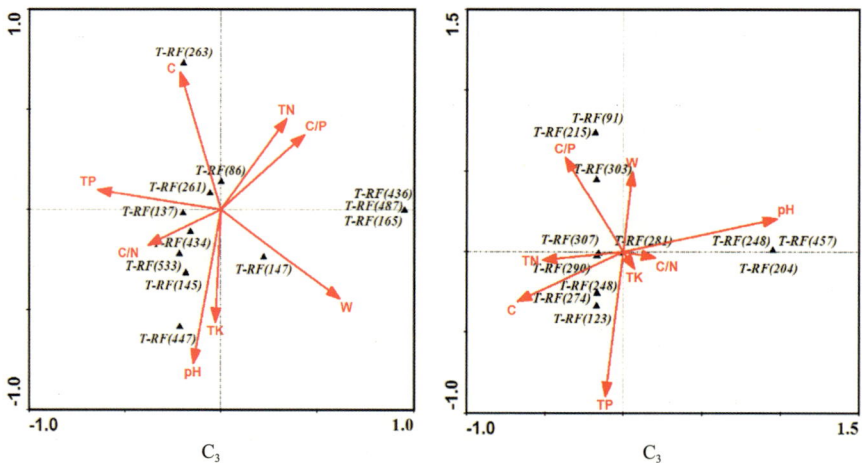

图8-8　北亚热带不同类型凋落物优势微生物与环境变量的相关分析

Fig.8-8　The relationships between dominant microbes and environmental variables in north subtropical zone

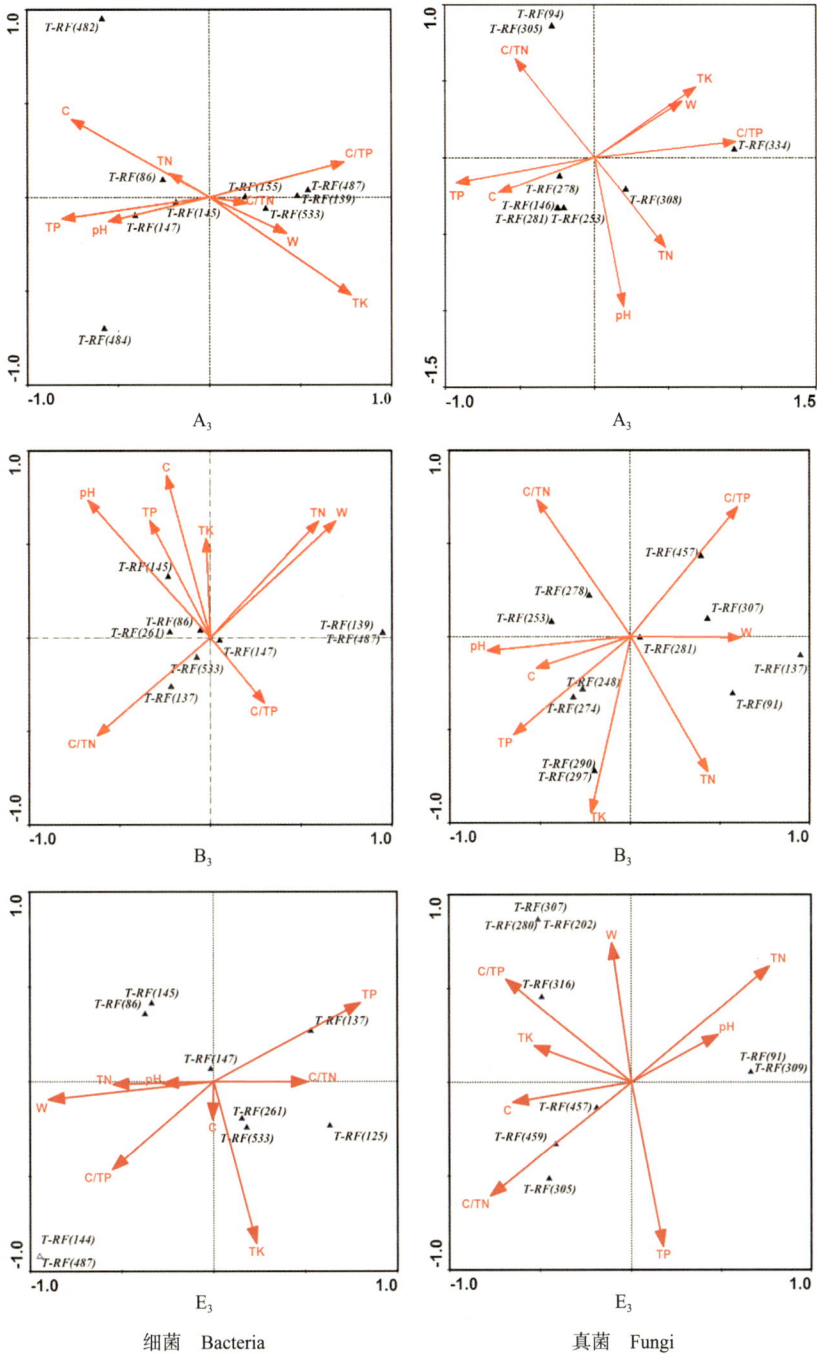

图8-8 北亚热带不同类型凋落物优势微生物与环境变量的相关分析（续）

Fig.8-8 The relationships between dominant microbes and environmental variables in north subtropical zone

8.3 / 林分密度对凋落物分解过程的影响
Effects of stand density on enzyme activities and mirobial community composition in litter deomposition

分别在温带地区和北亚热带亚高山区高密度林分（H）与低密度林分（L）收集林下未分解层的凋落物、装入分解袋，再分别将凋落物分解袋放置在 2 个生态气候区高密度林分与低密度林下，经过近 500d 的分解后测定酶活性与微生物群落结构，以研究分解环境对凋落物分解过程中的酶活性与微生物群落的影响。

8.3.1 林分密度对凋落物分解过程中酶活性的影响

温带地区低密度林下凋落物分解过程中的淀粉酶、内切纤维素酶及漆酶活性高于高密度林分，而几丁质酶与酸性磷酸酶则低于高密度林分，碱性磷酸酶则无一致性趋势，如图 8-9。北亚热带亚高山区，除酸性磷酸酶外，高密度林下凋落物分解过程中其他酶活性均高于低密度林分，如图 8-10。随着分解的进行，淀粉酶与磷酸酶活性呈波动下降的趋势，漆酶活性基本呈逐渐增加的趋势，内切纤维素酶在一定范围内波动，在温带地区波动范围更大。温带地区，除漆酶外，其他酶活性也同样在分解试验的第 322d 活性最低。

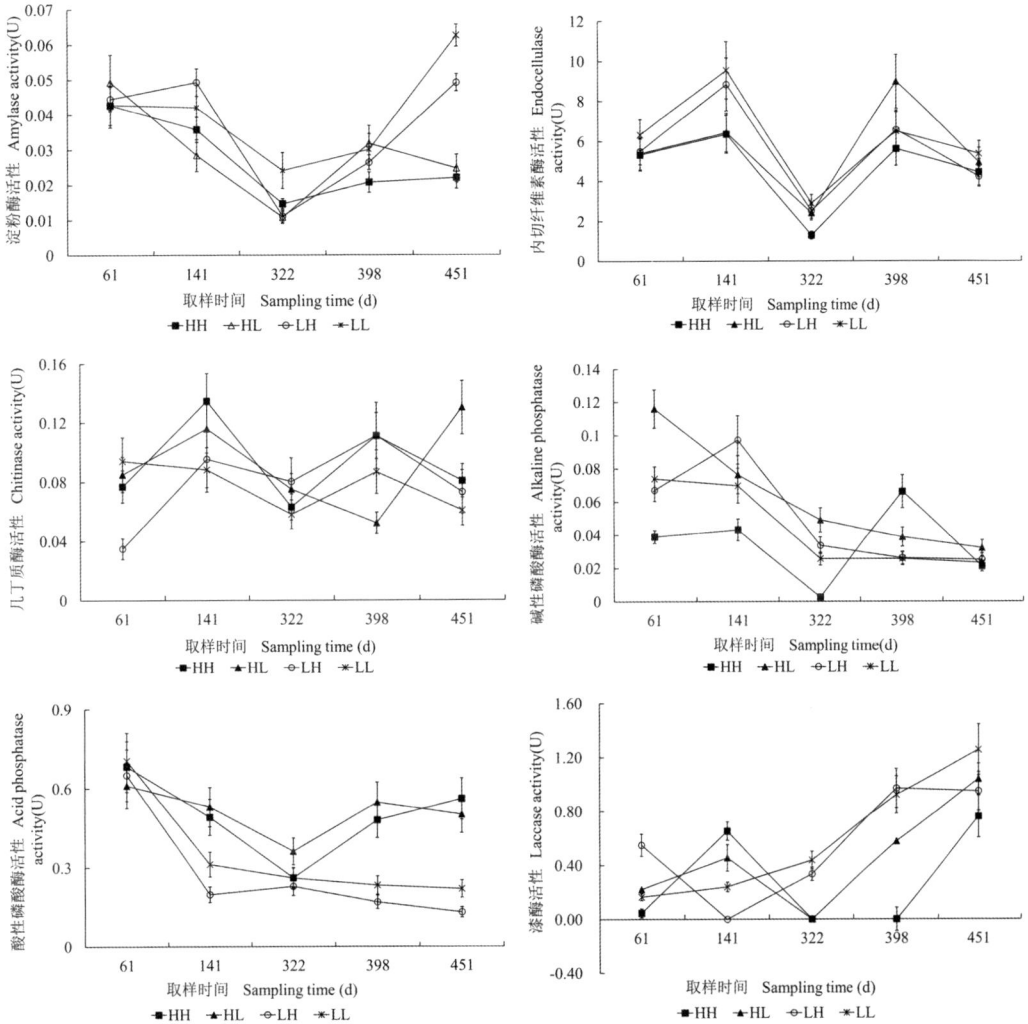

图8-9 温带地区不同密度林分下凋落物分解过程中酶活性变化特征

Fig.8-9 Enzyme activities of litter from different density stands in temperate zone

HH: 来源于高密度林分的凋落物放置在高密度林下分解；HL: 来源于低密度林分的凋落物放置在高密度林下分解；LH: 来源于高密度林分的凋落物放置在低密度林下分解；LL: 来源于低密度林分的凋落物放置在低密度林下分解。以下同

HH stands for the litter from higher density stand was placed in higher density stand to decompose; HL stands for the litter from lower density stand was placed in higher density stand to decompose; LH stands for the litter from higher density stand was placed in lower density stand to decompose; LL stands for the litter from lower density stand was placed in lower density stand to decompose. The same below

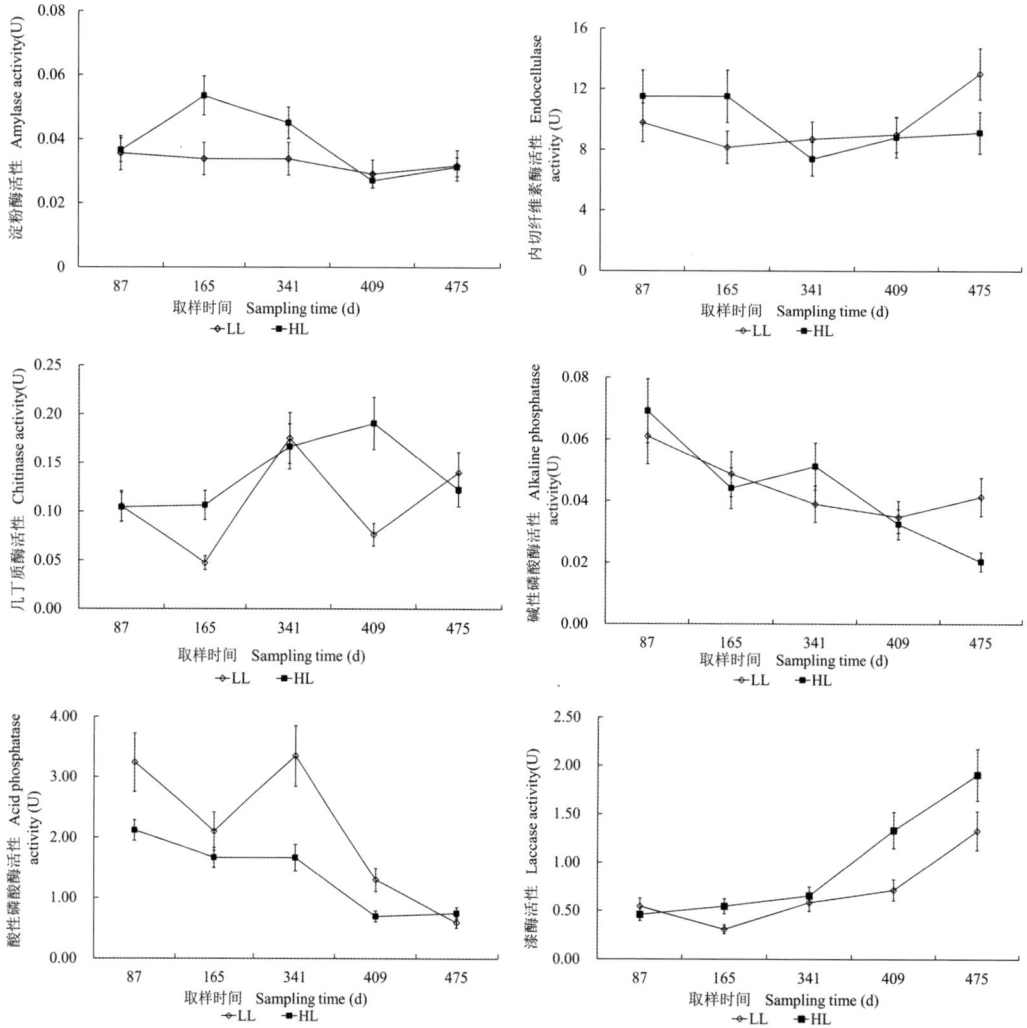

图8-10　北亚热带不同密度林下凋落物分解过程中酶活性变化特征

Fig.8-10　Enzyme activities of litter in the different density stands in north subtropical zone

8.3.2　林分密度对凋落物分解过程中微生物群落结构的影响

由图 8-11 可知，温带地区低密度林下凋落物分解过程中真菌与细菌数量均高于高密度林分，尤其是细菌数量远高于高密度林分，低密度林下收集的凋落物分解过程真菌与细菌数量均高于高密度林下收集的凋落物。随分解的进行，细菌与真菌基因拷贝数均表现出先上升后降低又缓慢上升的季节性波动。在高温、高湿的雨季细菌基因拷贝数相对较低，而春季与秋季细菌基因拷贝数较高。由图 8-12 可知，北亚热带亚高山区则与温带地区刚好相反，高密度林下凋落物分解过程中真菌与细菌数量均高于低密度林分。真菌数量随分解进行呈下降趋势，细菌数量呈先下降后上升的趋势，真菌与细菌数量均无明显的季节变化。

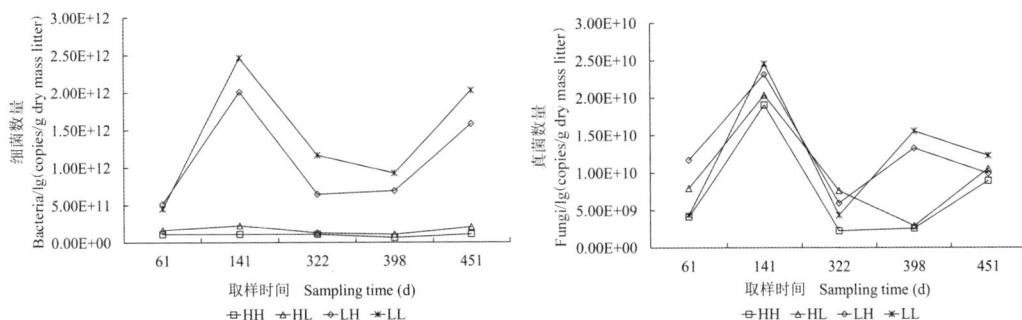

图8-11　温带地区不同密度林下凋落物分解过程中微生物数量的变化

Fig.8-11　Bacterial and fungal gene copies of litter from different density stands in the different density stands in the temperate zone

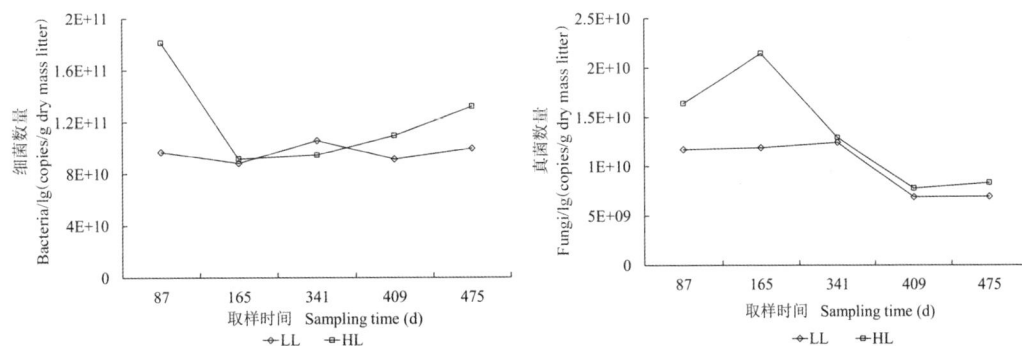

图8-12　北亚热带不同密度林下凋落物分解过程中微生物数量的变化

Fig.8-12　Bacterial and fungal gene copies of litter in the different density stands in north subtropical zone

　　采用主成分分析法对温带地区高密度与低密度林下凋落物分解过程中优势微生物群落的相似性进行分析，如图8-13。在PCA图中优势细菌群落明显按林分密度分布，而与收集自高密度林分或低密度林分的凋落物关系较小；真菌群落分布相对复杂，但也基本按林分密度分布。温带地区，伴随分解进行细菌 *T-RF*（145）、*T-RF*（533）和真菌 *T-RF*（51）、*T-RF*（307）无论在高密度林下还是在低密度林下均为优势菌，从低密度林分收集的凋落物分解过程中优势真菌、细菌变化较大（图8-14）。由图8-15可知，北亚热带亚高山区，伴随分解进行细菌 *T-RF*（147）和真菌 *T-RF*（457）无论在高密度林下还是低密度林下均为优势菌，优势真菌与细菌在高密度林下变化较大。2个生态气候区优势细菌种类相似，优势真菌种类差异较大。

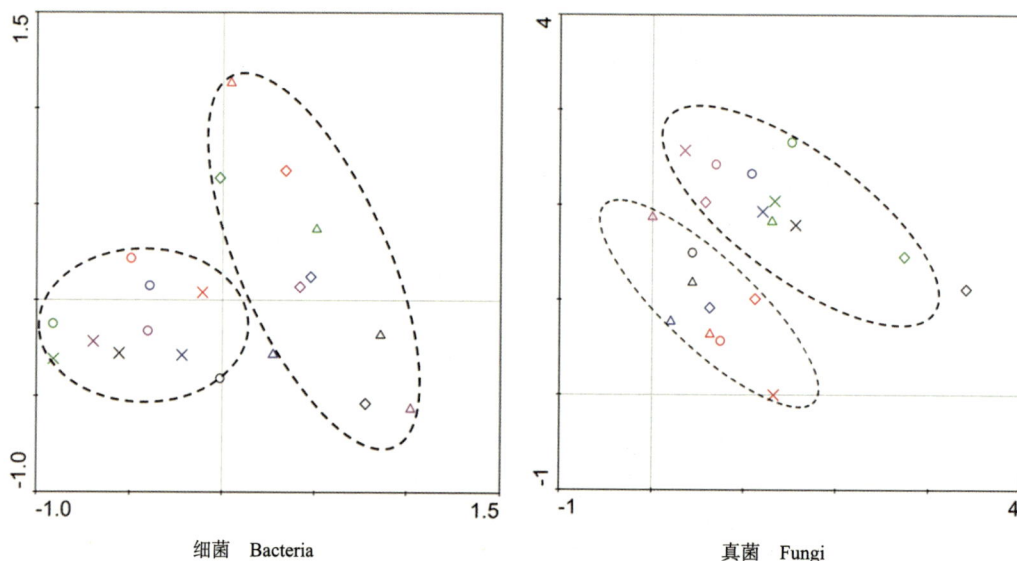

细菌　Bacteria　　　　　　　　　　　真菌　Fungi

图8-13　温带地区不同密度林下凋落物分解过程中优势微生物PCA分析

Fig.8-13　The principal component analysis of dominant taxa in the litter from different density stands in the different density stands in temperate zone

◊ 来源于高密度林分的凋落物放置在高密度林下分解；△ 来源于低密度林分的凋落物放置在高密度林分分解；× 来源于高密度林分的凋落物放置在低密度林分分解；○ 来源于低密度林分的凋落物放置在低密度林分分解。红色标记，第一次取样；蓝色标记，第二次取样；绿色标记，第三次取样；紫色标记，第四次取样；黑色标记，第五次取样

◊ stands for the litter from higher density stand was placed in higher density stand to decompose; △ stands for the litter from lower density stand was placed in higher density stand to decompose; × stands for the litter from higher density stand was placed in lower density stand to decompose; ○ stands for the litter from lower density stand was placed in lower density stand to decompose. Red colour, first sampling; Blue colour, second sampling; Green colour, third sampling; Purple colour, fourth sampling; Black colour, fifth sampling

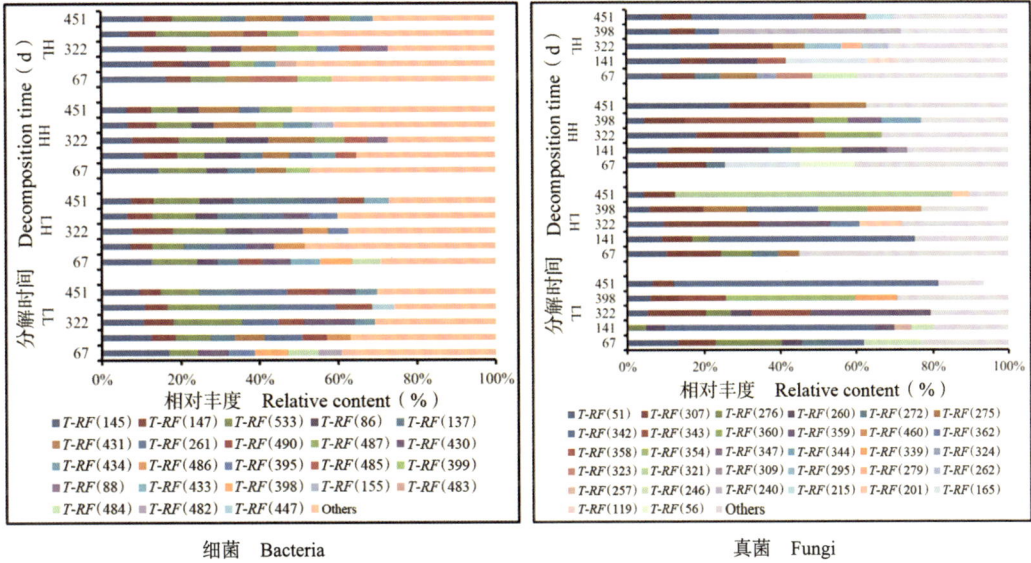

图8-14 温带地区不同密度林下凋落物分解过程中优势微生物的变化特征

Fig.8-14 The dominant terminal restriction fragments in the litters from different density stands in the different density stands in temperate zone

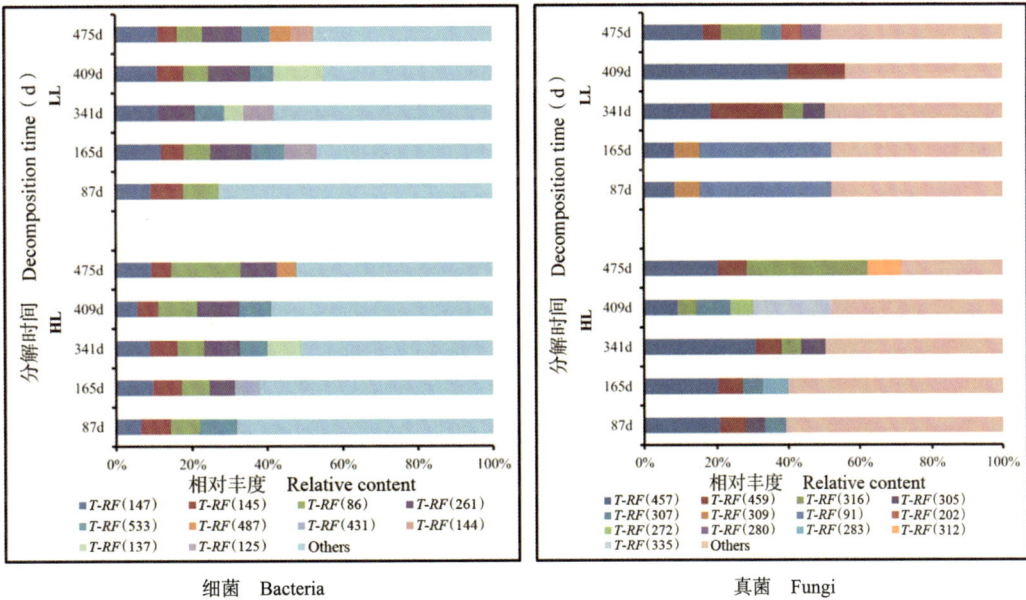

图8-15 北亚热带不同密度林下凋落物分解过程中优势微生物的变化特征

Fig.8-15 The dominant terminal restriction fragments of litters in the different density stands in north subtropical zone

8.3.3 凋落物分解过程中微生物与凋落物性质的相关分析

温带地区，低密度林下收集自低密度林分的凋落物分解过程中细菌群落受 Ca、Mg、TN、SP、C/P 比的影响较大，而收集自高密度林分的凋落物分解中细菌群落受 TN、含水率、SK、C、C/N 值、TP、C/P 比的影响较大，如图 8-16。高密度林下除 TN、SN、TP、含水率外的其他环境因素对收集自低密度林分的凋落物分解过程中细菌群落的影响较大，而所有的环境因素对收集自高密度的林分的凋落物分解过程中细菌群落的影响都较大。

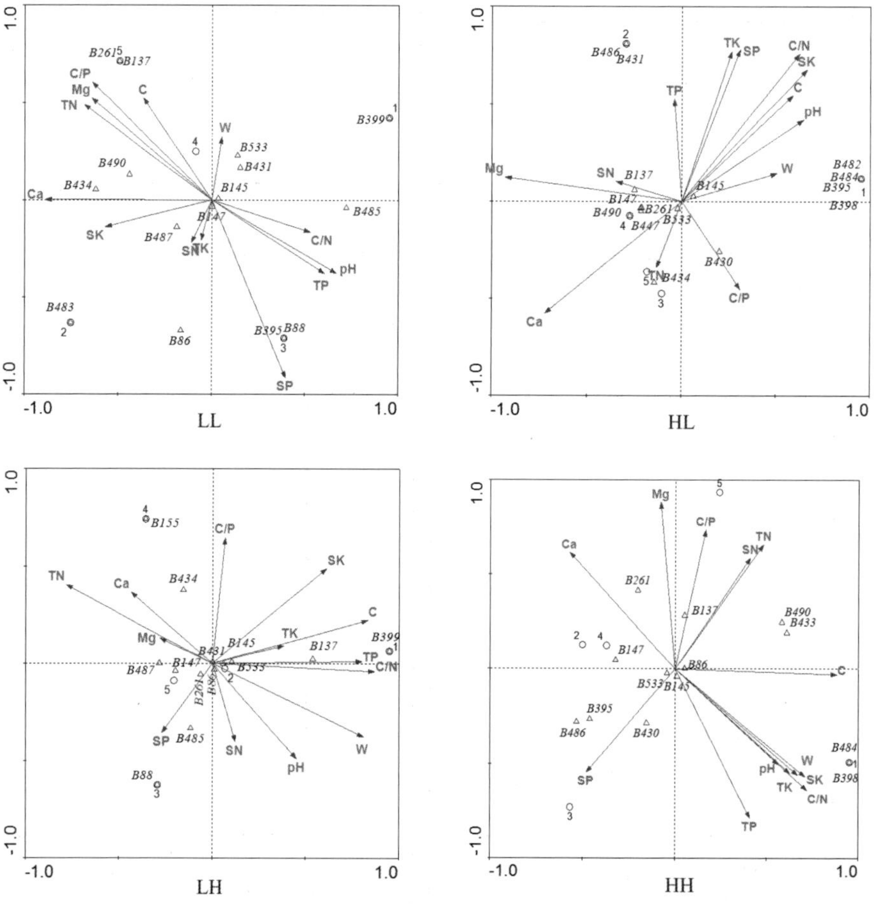

图8-16 温带地区不同密度林下细菌与凋落物性质相关分析

Fig.8-16 The relationships between dominant bacteria and environmental variables in temperate zone

C：碳；TN：全N；TP：全P；TK：全K；W：含水率；SK：速效；SN：速效N。以下同

C stands for organic carbon；TN stands for total nitrogen；TP stands for total phosphorus；TK stands for total potassium；W stands for water content；SK stands for available potassium；SP stands for available phosphorus；SN stands for available nitrogen. The same below

温带地区，除C、SP、含水率外的其他环境因素对低密度林下收集自低密度林分的凋落物分解过程中主要真菌群落的影响较大，SN、TN、含水率、C/N值、TP对收集自高密度林分的凋落物分解过程中真菌群落的影响较大。含水率、SN、TP、TN、Ca、C/P比对高密度林下收集自低密度林分的凋落物分解过程中真菌群落的影响较大，SP、TP、SN、TN、Mg、C/P比对收集自高密度林分的凋落物分解过程中真菌群落的影响较大，如图8-17。

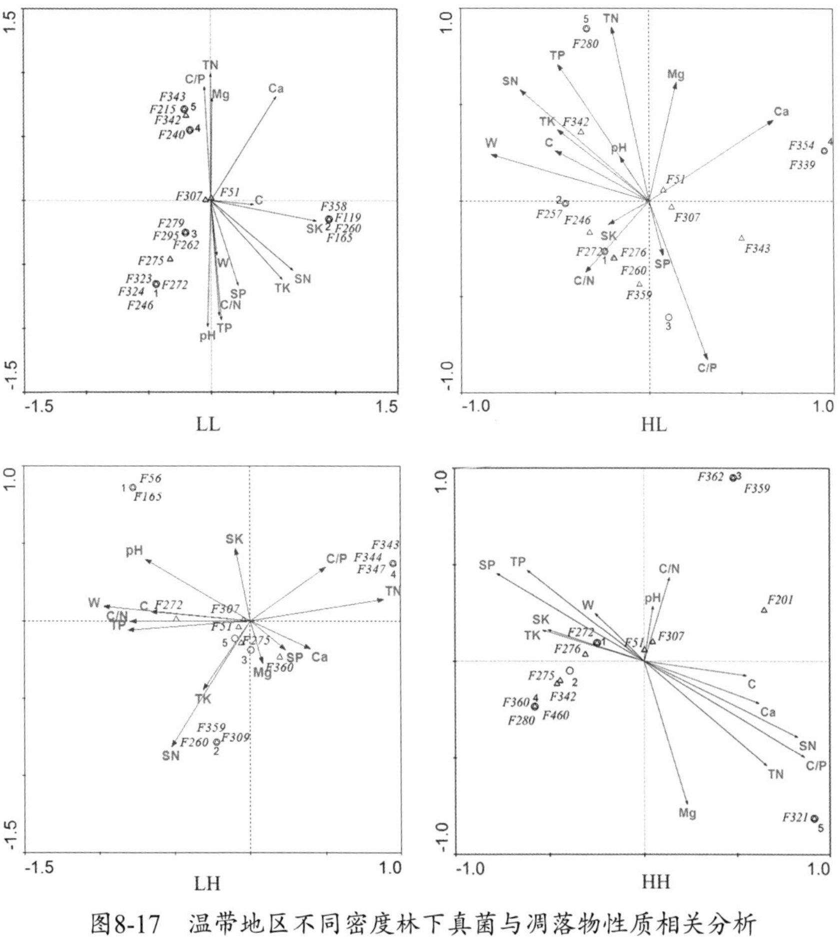

图8-17 温带地区不同密度林下真菌与凋落物性质相关分析

Fig.8-17 The relationships between dominant fungi and environmental variables in the temperate zone

北亚热带亚高山区，TK、TP、SP、C/P比对高密度林下凋落物分解过程中细菌群落结构的影响较大，除C/P比外的其他环境因素对低密度林下凋落物分解过程中细菌群落结构的影响较大，如图8-18。除pH、TK、C外的其他环境因素对高密度林下凋落物分解过程中真菌群落的影响较大。低密度林下，分解前期与真菌、细菌群落结构存在紧密相关性的环境因素较多，分解后期具有相关性的环境因素较少，如图8-19。

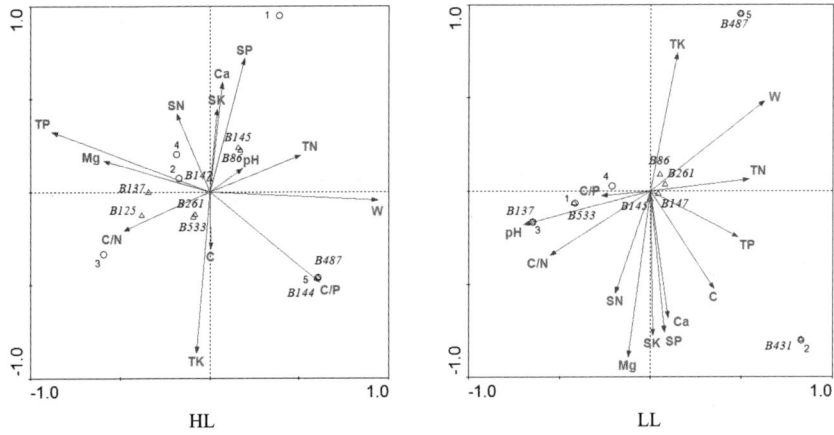

图8-18　北亚热带不同密度林下细菌与凋落物性质相关分析

Fig.8-18　The relationships between dominant bacteria and environmental variables in north subtropical zone

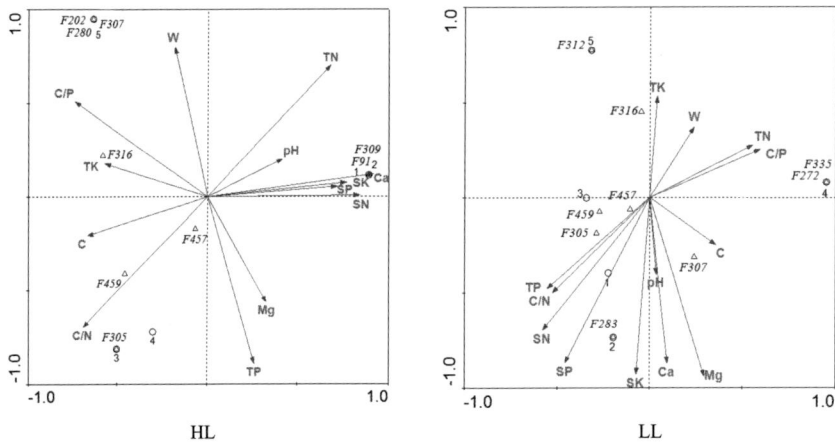

图8-19　北亚热带不同密度林下真菌与凋落物性质相关分析

Fig.8-19　The relationships between dominant fungi and environmental variables in north subtropical zone

8.4 / 讨论
Discussion

8.4.1 凋落物性质对分解过程中酶活性与微生物群落结构的影响

针阔混合凋落物在分解过程中多对酶活性产生协同影响，随着分解进行与阔叶凋落物的酶活性差异逐渐减小，针灌混合凋落物的酶活性也高于针叶凋落物。凋落物性质对酶活性的影响与分解速率的变化趋势一致。已发表的研究结果也表明酶活性影响凋落物分解，可以反映凋落物的分解速率（Fioretto et al., 2000；Mooshammer et al., 2012；Waring, 2013），但单一酶活性与凋落物分解速率的变化趋势不完全一致，这可能是由于在凋落物分解过程中由多种酶协同发挥作用（Sinsabaugh et al., 2008；Waring, 2013），在分解的不同阶段起主导作用的酶也不相同（Waring, 2013）。淀粉酶主要分解简单的有机物，在凋落物分解初期发挥作用，而在分解后期其活性急剧下降；漆酶主要分解难降解物，随着分解的进行其活性逐渐增强；内切纤维素酶活性在分解过程中一直维持在较高的水平，这可能与凋落物中纤维素含量较高有关。总体上较高的分解速率意味着较强的酶活性，但对于单一酶活性还要具体分析。北亚热带亚高山区的酶活性要高于温带地区，温带地区表现出明显的季节变化，这主要归因于环境因素的差异。

温带与北亚热带亚高山区凋落物性质不同对微生物数量的影响也不同。温带地区针阔混合凋落物对微生物数量产生的协同效应随分解而增强，与分解速率的变化趋势一致，而北亚热带亚高山区针阔混合和针灌混合凋落物对细菌数量产生协同影响，对真菌数量有拮抗作用。北亚热带亚高山区针叶凋落物中真菌数量最高，而针叶的分解速率最慢，说明该区微生物数量不是加速针阔混合凋落物分解的主导因素，针阔混合后微生物种类发生变化，或者针阔混合后创造了更丰富的生态位吸引了更多种类的中小型土壤动物等加速了凋落物分解。北亚热带亚高山区伴随凋落物分解微生物数量呈下降趋势，温带地区没有观察到此现象，由此推测微生物在温带地区凋落物分解中的作用高于北亚热带亚高山地区。伴随凋落物分解，针阔混合凋落物对真菌、细菌产生的"非加性效应"不同（Lunghini et al.，2013；Santonja et al.，2017），这可能是由于真菌和细菌在不同分解阶段发挥作用。

两个生态气候区的微生物群落结构与优势菌种类也各不相同，尤其是优势真菌种类完全不同。伴随分解进行不同类型凋落物中优势真菌种类的变化较大，表明真菌对环境变化和凋落物质量更为敏感，同时也对凋落物分解速率有着重要影响（Kaisermann et al.，2015；He et al.，2019；Li et al.，2019）。针叶凋落物与阔叶凋落物中优势真菌与细菌的种类均不同，这与以往的研究结果一致（Hector et al.，2000；Xu et al.，2017）。针叶与阔叶或灌草凋落物混合后均出现新的优势菌株，进一步证实多样性的生态位可以诱导更多的分解者（Wu et al.，2014），并可能在加速凋落物分解过程中起到重要作用。

即使是同一种凋落物中，对细菌和真菌影响较大的环境因素也不同。针叶与阔叶或灌草凋落物混合后由于凋落物性质更加复杂，对真菌和细菌影响较大的环境因素也随之变化，表明微生物对环境变量和凋落物质量的变化都很敏感（Knapp et al.，2008；Zhao et al.，2017；Xu et al.，2020）。两个气候区对微生物影响较大的环境变量相似，包括pH、C/N值和C/P比，这与以往的研究结果相同。

8.4.2 林分密度对分解过程中酶活性与微生物群落结构的影响

温带地区低密度林下凋落物分解过程中酶活性高于高密度林分，而北亚热带亚高山地区高密度林下凋落物分解的酶活性高于低密度林分，进一步解释了第7章温带地区低密度林下凋落物分解速率高于高密度林分、北亚热带亚高山地区高密度林下凋落物分解速率高于低密度林分的研究结果。这可能是由于温带地区气温较低，低密度林分较强的光照、较高的林内温度更有利于微生物等分解者生存，进而促进了酶活性，而在北亚热带亚高山区，由于海拔较高低密度林分紫外线强烈等原因，不利于微生物等分解者的生存（宋新章 等，2013）。

温带地区低密度林下凋落物分解过程中真菌与细菌的数量均高于高密度林分，而北亚热带亚高山区高密度林下凋落物分解的真菌与细菌的数量高于低密度林分，主要是由于环境差异导致。优势细菌与真菌群落明显按林分密度分布，表明微生物群落结构除了受凋落物质量的影响外，同时还受环境因素的影响。同一种凋落物在不同密度林分条件下的分解过程中微生物群落与环境因素的相关性也存在差异。收集自低密度林分的凋落物，其分解过程中酶活性、真菌与细菌的数量均高于收集自高密度林分的凋落物，这主要是由于低密度林下植被较丰富，收集自低密度林分的凋落物林下灌草凋落物占比较收集自高密度林分的凋落物林下灌草凋落物占比提高了一倍，明显提高了凋落物的质量。张鼎华等（2001）研究也表明随间伐强度的增大林下植被丰富度增加，土壤微生物数量及酶活性明显上升，土壤物理性质以及速效养分也得到明显提高。

8.5 / 结论
Brief summary

　　凋落物性质、林分密度可通过影响凋落物分解过程中分解酶活性、分解者活性（微生物）影响凋落物分解。凋落物类型对凋落物分解过程中酶活性和微生物群落结构有显著影响，凋落物的 C/N 值、C/P 比和 pH 值是影响微生物组成的主要环境变量；针阔混合凋落物分解过程中各类酶活性和真菌与细菌数量总体上显著高于针叶凋落物，针灌混合凋落物中的酶活性和真菌与细菌数量也多高于针叶凋落物，酶活性的影响基本表现为协同作用；相比于北亚热带地区，凋落物性质对温带地区凋落物分解速率的影响更大。不同生态气候区林分密度对凋落物分解的影响不一致，温带地区低密度林分中凋落物分解与养分释放较快，大部分酶活性、真菌和细菌数量高于高密度林分，而北亚热带亚高山地区高密度林下凋落物分解的酶活性和微生物数量高于低密度林分。不同密度林下凋落物分解过程中优势真菌和细菌的类群基本相同，90% 以上的真菌隶属于子囊菌门，优势细菌以变形菌门、拟杆菌门和放线菌门为主，但优势真菌和细菌在分解过程中发展为优势菌的时段存在差异。

　　经营中可以通过针阔混交以及通过合理的密度管理调控林下植被等措施，提高针叶林凋落物质量，改善分解环境，从而加速凋落物分解，以缓解日本落叶松人工林中龄林和近熟林阶段林地养分状况的恶化。此外，从促进凋落物分解和保持林地长期生产力角度，建议温带地区近熟林阶段（30a 生左右）以林分密度 600 ～ 700 株 /hm² 为宜，北亚热带地区以林分密度 900 ～ 1000 株 /hm² 为宜。

9

Effects of mixed coniferous and broad-leaved litter on the sturcture and functional pathway of microbial community in litter decomposition

混交林凋落物对微生物群落结构和功能途径的影响

森林凋落物的分解对土壤养分恢复的重要性已被多项相关结果证实（Bardgett，2005；Manzoni et al.，2010）。针叶纯林凋落物分解率和养分周转率低，导致土壤肥力和林地生产力下降（Wang et al.，2012；Schall and Ammer，2013），不同类型混合凋落物可促进其分解和养分周转（Finzi and Canham，1998；Albers et al.，2004；Gartner and Cardon，2004；Laganière et al.，2010；Handa et al.，2014）。针叶和阔叶凋落物理化性质存在着很大差异，针叶凋落物通常具有较高的 C/N 值和木质素浓度、较低的 pH 值（Zhou et al.，2008），通过与阔叶凋落物混合，改变了针叶凋落物的物理和化学组成，为作为分解者的微生物提供更多的生态位（Yan et al.，2010），进而影响微生物群落结构和功能（Santschi et al.，2017）。事实上，针阔混合凋落物中的真菌和细菌丰度通常要高于单一凋落物（Zhang et al.，2019b），微生物群落组成和多样性也显著不同（Aneja et al.，2006；Kubartová et al.，2009；Santonja et al.，2017；Pereira et al.，2019），从而引起微生物群落代谢功能的改变（Li et al.，2015）。但凋落物质量与微生物群落结构的变化如何影响代谢功能潜力，在很大程度上仍是未知的。

采用 T-RFLP 技术与 DGGE 技术结合，虽适用于大样本微生物生态研究，但无法对微生物种类进行定性分析。因此，本章以北亚热带亚高山区日本落叶松人工林、檫木人工林、日本落叶松与檫木混交林三种人工林为研究对象，分析年分解周期内在自然分解条件下不同类型人工林林下凋落物的化学性质与分解过程，并应用宏基因组测序技术研究细菌和真菌的群落组成和功能基因丰度，以明确针阔混合凋落物对细菌和真菌群落结构和代谢功能途径的影响，以及导致不同类型人工林细菌和真菌群落结构和功能途径差异的主导因素。

9.1 / 研究方法
Research methods

9.1.1　实验设计与取样

凋落物分解试验样地见 2.2.4。每个样地由 5 个独立的子样本点组成，根据"S"形取样方法分别收集三种林分的林下凋落物，林地原有凋落物不清除（Du et al.，2019）。从 2016 年 11 月完全落叶后开始监测自然条件下凋落物分解情况，分别于第 60d（冬季）、第 150d（春季）、第 270d（夏季）和第 360d（秋季）对凋落物 L 层进行采样，确保随着时间的推移凋落物的分解程度越来越高（Schneider et al.，2012；Liu et al.，2016b）。取样时为避免污染，使用无菌手套和自封袋收集样本，用冰盒和干冰带回实验室。每个样地的样本充分均匀混合后，分成三份均匀混合子样本：第一份均匀混合子样本冷冻保存在 –80℃ 冰箱中，用于提取 DNA 和宏基因组测序；第二份均匀混合子样本保存在 4℃ 冰箱中，并在 1 个月内完成酶活性测定；第三份均匀混合子样本在 65℃ 干燥至恒重，用于测定凋落物养分浓度和木质纤维素各组分含量。

9.1.2　凋落物养分含量测定

根据 DIN/ISO 10694，用 Vario EL III，C–H–N–O–S 元素分析仪（德国 Elementar Analysensysteme 股份有限公司）通过干燃烧法测定总 C 和 N 浓度。根据制造商规范，采用 iCAP 6300 ICP–OES 光谱仪（美国热科学公司）使用电感耦合等离子体（ICP）光发射光谱法（ICP–OES）测定总 K 和 P 浓度。将凋落物和去离子水 1∶20（m/v）混合后，用 pH 计测量 pH 值（Fioretto et al.，2000）。在 65℃ 干燥至恒重，测定凋落物的含水量。使用 2mol/L KCl 提取硝态氮（$NO_3^- -N$）和铵态氮（$NH_4^+ -N$），在连续流动离子自动分析仪（标量 SANplus 分段流动分析仪，荷兰）上进行分析。

223

9.1.3　微生物群落结构研究

（1）DNA 提取、文库构建和宏基因组测序

由于刚凋落的新鲜凋落物中微生物丰度较低，因此仅选择了 36 个样品进行宏基因组测序。用 E.Z.N.A.DNA 试剂盒（Omega Bio-tek，Norcross，GA，USA）从 36 个凋落物样品中提取 DNA 用于宏基因组测序。DNA 浓度和纯度分别用 TBS-380 微型荧光计（Turner Bio Systems，Sunnyvale，CA，USA）和 NanoDrop 2000 分光光度计（Thermo Fisher，Waltham，MA，USA）进行定量，用 1% 琼脂糖凝胶电泳检测提取的 DNA 质量。使用 CoVARIS M220 聚焦超声仪（基因有限公司，香港，中国）将 DNA 片段分割成平均大小约 300bp 的配对进行末端宏基因组文库构建。使用 TruSeq™DNA 样本制备试剂盒（Illumina，San Diego，CA，USA）制备成对末端文库。将含有全补体测序引物杂交位点的适配器连接到钝端片段上。按照制造商的说明（www.Illumina.com），在 Illumina HiSeq 4000 平台（中国上海 Majorbio Bio Pharm 科技有限公司）上使用 HiSeq 3000/4000 PE 和 HiSeq 3000/4000 SBS 执行成对末端测序。

（2）测序质量控制和组装

使用 Sickle 软件（https://github.com/najoshi/sickle）过滤掉低质量读数（长度 < 50bp，质量值 < 20，或含有 N 个碱基）。采用基于 de Bruijn 算法的 SOAPdenovo 1.06 软件（http://soap.genomics.org.cn）做短片段的组装。然后检查每个样本中是否存在 K-MER，其变化范围为读取长度的 1/3 ~ 2/3。保留长度大于 500bp 的序列进行统计学检验。通过评估每个组件所产生序列的质量和数量，选择获得最小序列数目 N50 和 N90 最大值作为最佳 K-MER。取出长度大于 500bp 的序列，将其断裂成无缝隙的连续序列，使用 Contigs 进一步做基因预测和注释。

（3）生物信息学分析

用 Meta-Gene 软件（http://metagene.cb.k.u-tokyo.ac.jp/）对 36 个宏基因组样本的开放阅读框（ORF）进行预测，使用国家生物技术信息中心（NCBI）的翻译表（http://www.NCBI.nlm.nih.gov/Taxonomy/taxonomyhome.html/index.cgi）检索长度为 100bp 的预测 ORF，符合检测标准后将其翻译成氨基酸序列。利用 CD ~ HIT 软件（http://www.bioinformatics.org/CD-HIT/）将 95% 序列同源性（90% 覆盖率）的所有序列聚类为非冗余基因目录。质量控制筛选后使用 SOAPaligner 软件（http://soap.genomics.org.cn/）将 reads 定位到具有 95% 同源性的代表基因，评估每个样本中的基因丰度，然后通过所有物种的总基因丰度来计算物种丰度，并根据分类学水平建立丰度图，相对丰度则通过每个样本中单个物种的丰度与总物种丰度之比计算得出。分类注释采用 BLASTP 软件（版本 2.2.28+；http://blast.ncbi.nlm.nih.gov/blast.cgi）将非冗余基因目录与 ncbi NR 数据库对齐，评估截止值为 $1e^{-5}$（Altschul et al.，1997）。

9 混交林凋落物对微生物群落结构和功能途径的影响

9 Effects of mixed coniferous and broad-leaved litter on the structure and functional pathway of microbial community in litter decomposition

为了检验木质纤维素降解相关基因的多样性，首先根据碳水化合物活性酶（CAZy）数据库（Lombard et al.，2013）检查获得的高质量未组装读数，然后对照 CAZy 数据库（5.0 版；http：//www.cazy.org/），使用 hmmscan 软件（http：//hmmer.janelia.org/search/hmmscan）分析，e 值截止值为 $1e^{-5}$。使用 BLASTP 对 eggNOG 数据库（v4.5）进行同源蛋白质组簇（COG）的 ORFs 注释，e 值截止值为 $1e^{-5}$。KEGG 途径注释利用 BLASTP search（版本 2.2.28+）根据京都基因和基因组百科全书数据库（www.genome.jp/keeg）进行，e 值截止值为 $1e^{-5}$。

9.1.4 数据统计分析

使用 SPSS 软件（20.0 版本，IBM，Armonk，NY，USA）对数据进行处理和统计分析。采用重复测量方差分析（RMANOVA）方法确定不同林分类型和取样时间在木质纤维素组分含量、酶活性以及微生物类群和基因家族相对丰度等是否存在显著性差异（Zhang et al.，2017），P 值 < 0.05 具有统计学意义。两个自变量因素分别是 "林分类型"（日本落叶松、檫木和混交林）和 "取样时间"（60d、150d、270d 和 360d）。分析前进行数据正态分布检验，如果不符合正态性假设，则需进行对数转换处理。当主效应差异显著，采用最小显著性差异（LSD）进行分组平均数多重比较。

使用 Origin 9.1（Originab，Northampton，MA，USA）绘制折线图。基于 Bray-Curtis 距离矩阵的置换方差分析（PERMANOVA）使用 R 软件中的 "vegan" 包处理，以确定不同凋落物类型中的细菌和真菌群落是否存在差异（Zhang et al.，2019b）。使用 STAMP 软件对每个取样日期的所有微生物分类群进行方差分析（Parks et al.，2014），以确定不同凋落物类型中显著差异的微生物类群。使用 R 包 "pheatmap"（Sun and Badgley，2019）将功能基因的相对丰度可视化为热图。使用 R 中基于 Bray-Curtis 相异距离的 "vegan" 包（Otsing et al.，2018）进行非度量多维标度分析（NMDS）、相似性分析（ANOSIM）及基于距离的冗余分析（db-RDA），确定最能解释微生物群落差异的环境变量（Meier et al.，2017），解析微生物种类、酶活性和木质纤维素成分含量之间的关系以及氮代谢相关微生物属、酶活性、功能基因和凋落物氮素特征之间的关系（Xu et al.，2018）。

Mantel 分析用于测试木质纤维素各组分含量、木质纤维素酶活性与微生物群落组成相关变量及与凋落物分解相关的功能基因之间的成对相关性（Shi et al.，2018）。以不同类型凋落物中的微生物为样本，使用 Python 软件包 networkx（Mandakovic et al.，2018）构建了共存网络，仅选择相对丰度大于 3% 的显性属进行网络分析，以降低成对比较和网络的复杂度（Huang et al.，2018）。微生物群落共存网络依据物种间强正相关（$r > 0.7$）和强负相关（$r < -0.7$）关系构建，同时具有高平均系数、高中心系数和高关联系数的物种被定义为关键分类群（Banerjee et al.，2018）。

9.2 / 凋落物化学性质
Chemical properties of litter

凋落物中的 C、N、P、K 含量、含水率和 pH 值均受凋落物类型和分解时段的显著影响。檫木凋落物的初始总 C 含量和全 N 含量最高（521.7g/kg；22.9g/kg），其次是针阔混合凋落物（500.6g/kg；16.5g/kg），最低的是日本落叶松凋落物（452.1g/kg；14.1g/kg），三种凋落物类型间的初始总 C 含量和全 N 含量差异均达到显著水平（F=78.33，$P < 0.001$；F=42.74，$P < 0.05$）（图 9–1）。随着分解的进行各种类型凋落物的总 C 含量均表现为逐渐降低的趋势（F=101.68，$P < 0.001$），混合凋落物的总 C 含量在 60d 和 150d 时显著高于日本落叶松凋落物（F=156.57，$P < 0.001$；F=52.03，$P < 0.01$）。不同林分凋落物全 N 含量的变化趋势与总 C 含量的变化不同，但混合凋落物的总 N 含量在 60d（F=7.94，$P < 0.05$）、150d（F=69.90，$P < 0.01$）和 270d（F=50.39，$P < 0.01$）时显著高于日本落叶松凋落物。三种类型凋落物的 pH 值随分解的进行均表现为逐渐降低的趋势（F=157.18，$P < 0.001$），混合凋落物的 pH 值更接近于檫木凋落物，均显著高于日本落叶松凋落物（F=355.95，$P < 0.001$）。三种类型凋落物的全 K 含量随分解的进行均表现为先降低后升高的趋势（F=28.49，$P < 0.001$），而总 P 含量表现为稳定升高的趋势（F=13.27，$P < 0.01$）。

9 混交林凋落物对微生物群落结构和功能途径的影响

9 Effects of mixed coniferous and broad-leaved litter on the sturcture and functional pathway of microbial community in litter decomposition

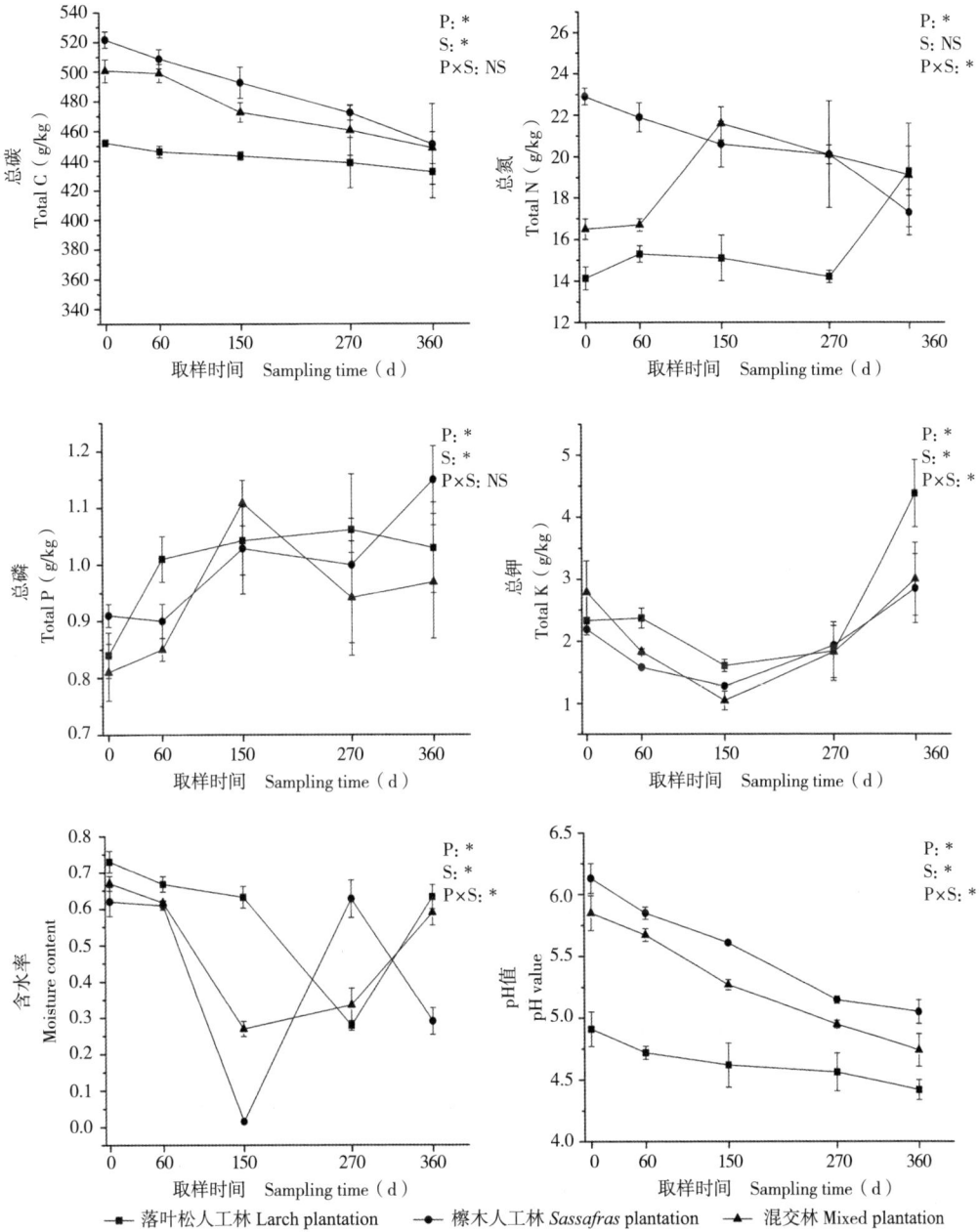

图9-1 凋落物分解过程中的C、N、P和K含量、含水率和pH值

Fig.9-1 Litter C，N，P，and K concentrations，moisture content and pH during decomposition

数值为平均值±标准差。P: 人工林类型；S: 取样时间。NS: 无显著性差异: * P<0.05

Values are means±standard deviation. P stands for plantation type; S stands for sampling time. NS stands for denotes not significant; * P< 0.05

9.3 / 微生物群落组成与功能途径
Microbial community composition and functional pathways

9.3.1 细菌群落组成与功能途径

经微生物宏基因组测序分别在日本落叶松、檫木和混合凋落物中检测到 13742 种、13699 种和 13629 种细菌，不重复计数的细菌种类共 14378 种，其中 12919 种为三种凋落物共有 [图 9-2（a）]。NMDS 分析表明，檫木和日本落叶松凋落物的细菌群落结构在分解 60 和 150d 时存在显著差异（ANOSIM，R=0.81，P=0.01），混合凋落物与日本落叶松凋落物中的细菌群落结构在 60d、150d 和 270d 时存在显著差异（ANOSIM，R=0.38，P=0.01）[图 9-2（b）]。

共鉴定出细菌门 82 个，相对丰度在 1% 以上的有 11 个，其中变形菌门（55.2%）和放线菌门（26.7%）在三种凋落物中都是优势菌群 [图 9-2（c）]。三种凋落物中酸杆菌（Acidobacteria）的比例随着分解进程逐渐增加，拟杆菌（Bacteroidetes）的比例逐渐降低。混合凋落物中变形菌门相对丰度（57.3%）高于日本落叶松凋落物（47.0%），酸杆菌的相对丰度（3.3%）低于日本落叶松凋落物（9.3%）。在纲水平上，α- 变形菌（Alphaproteobacteria，31.9%）和放线菌（Actinobacteria，23.5%）是三种凋落物的优势菌群。随着分解的进行，日本落叶松凋落物中嗜热菌（放线菌门，Thermoleophilia）的比例从 3.6% 降至 1.7%，而混合凋落物中嗜热菌的比例从 0.2% 升至 3.1%。值得注意的是，β- 变形菌（Betaproteobacteria）在日本落叶松凋落物中相对丰度为 27.4%，在混交林中却高达 33.4%，酸杆菌和索利氏菌 [（酸杆菌门），Acidobacteriia and Solibacteres（Acidobacteria）] 的结果则相反 [图 9-2（d）]。

根据 COG 功能分类，获得 8 条细菌代谢功能途径（附表 A-1）。最丰富的功能途径是氨基酸的运输和代谢，其次是能量的产生和转化，最后是碳水化合物的运输和代谢，表明不同凋落物类型和取样时间对细菌氨基酸和碳水化合物代谢功能基因的相对丰度有显著影响（F=3.04，$P < 0.05$；F=2.80，$P < 0.05$）。细菌碳水化合物和氨基酸代谢功能基因的丰

9　混交林凋落物对微生物群落结构和功能途径的影响

9 Effects of mixed coniferous and broad-leaved litter on the structure and functional pathway of microbial community in litter decomposition

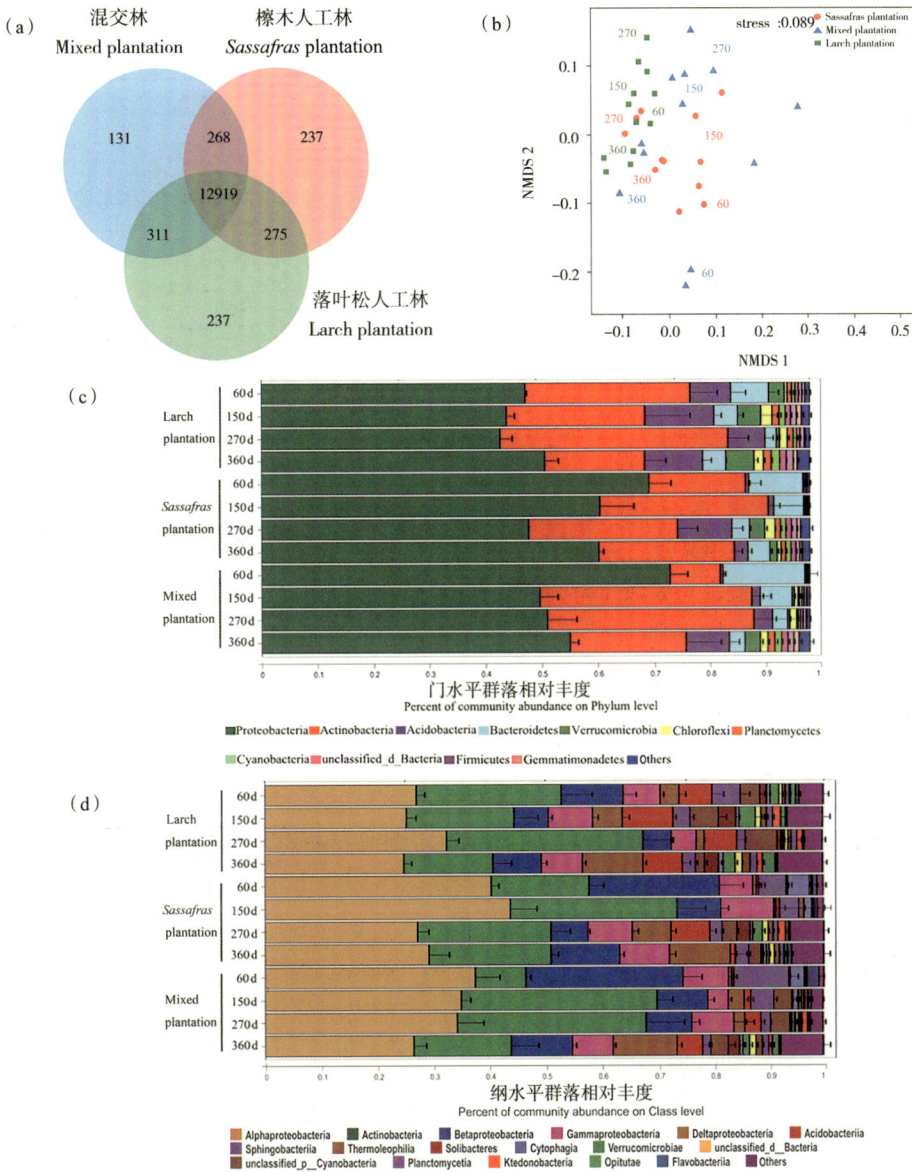

图9-2　三种凋落物类型的细菌群落组成

Fig.9-2　Bacterial community composition in three litter types

（a）三种凋落物类型唯一和共有细菌种类的韦恩图；（b）细菌群落组成的非度量多维标度排序；（c）门分类水平的细菌群落组成；（d）纲分类水平的细菌群落组成。误差线表示标准差，数字是凋落物分解的天数

（a）Venn diagram of exclusive and shared bacterial species under three litter types；（b）Non-metric multidimensional scaling ordination of bacterial community composition；（c）Bacterial community structure at the level of phylum；（d）The composition of bacterial community at the level of class. Error bars indicate standard deviation，the numerals are days of litter decomposition

度在 360d 时最低，在 270d 时混合凋落物中细菌氨基酸和碳水化合物代谢功能基因的丰度比日本落叶松凋落物显著减少（F=23.76，$P < 0.01$；F=26.08，$P < 0.01$）[图 9-3（a）]。

为了确定凋落物分解中主要负责氨基酸和碳水化合物代谢功能的细菌类群，对相对丰度大于 1% 的细菌进行物种与功能贡献度分析[图 9-3（b），图 9-3（c）]，发现氨基酸和碳水化合物代谢功能基因主要来自 α- 变形杆菌、放线菌、β- 变形杆菌、γ- 变形杆菌

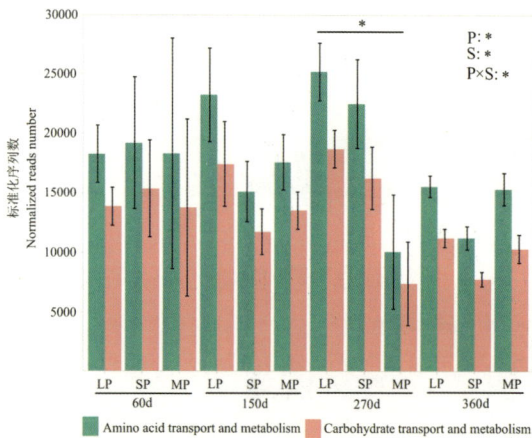

（a）氨基酸和碳水化合物代谢功能基因的比较
（a）Comparison of amino acid and carbohydrate metabolism functional genes

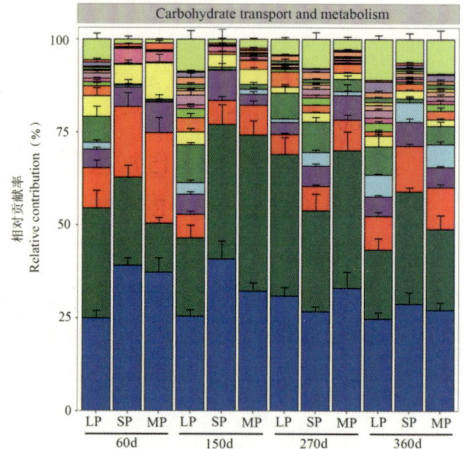

（c）碳水化合物运输和代谢的分类群
（c）Taxonomic groups involved in carbohydrate transport and metabolism

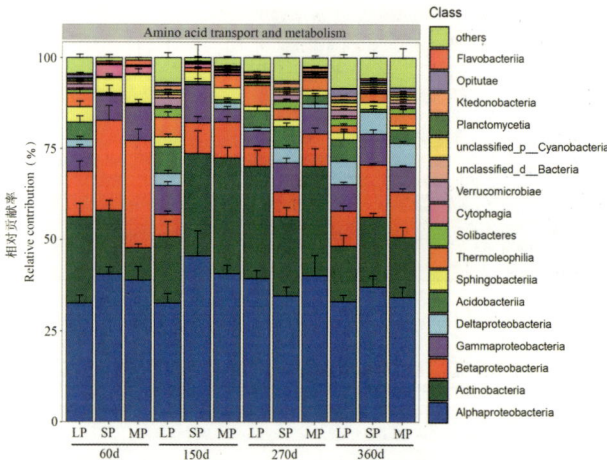

（b）氨基酸转运和代谢的分类群
（b）Taxonomic groups involved in amino acid transport and metabolism

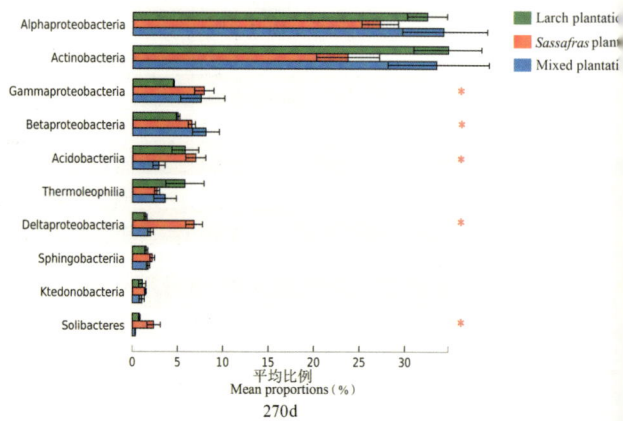

（d）凋落物分解 270d 时细菌类群的相对丰度
（d）The relative abundance of bacterial class at 270 days of litter decomposition

图9-3　三种凋落物类型中细菌群落代谢功能分析

Fig.9-3　Metabolic function analysis of bacterial community in three litter types

SP：檫木人工林；MP：混交林；LP：日本落叶松人工林。误差线表示标准差

SP stands for *sassafras* plantation; MP stands for mixed plantation; LP stands for larch plantation. Error bars indicate standard deviation

9 混交林凋落物对微生物群落结构和功能途径的影响

9 Effects of mixed coniferous and broad-leaved litter on the structure and functional pathway of microbial community in litter decomposition

（Gammaproteobacteria）和酸杆菌。酸杆菌和索利氏菌（均为酸杆菌门）是导致日本落叶松和混合凋落物在凋落物分解 270d 时碳水化合物和氨基酸代谢功能基因丰度差异的主要分类群 [图 9-3（d）]，混合凋落物中酸杆菌和索利氏菌对氨基酸和碳水化合物代谢的贡献率（分别为 2.3%、0.3% 和 3.3%、0.3%）显著低于日本落叶松凋落物（分别为 4.6%、0.6% 和 6.9%、0.7%）。

9.3.2 真菌群落组成及功能途径

共检测到不重复计数的真菌 1467 种。在日本落叶松、檫木和混合凋落物中分别检测出 1066 种、1275 种和 1276 种，其中三种凋落物共有 930 种 [图 9-4（a）]。NMDS 分析结果表明，分解 60d、150d 和 270d 时混合凋落物和日本落叶松凋落物的真菌群落组成存在显著差异（ANOSIM，R=0.73，P=0.01），分解 60d 和 150d 时檫木和日本落叶松凋落物的真菌群落组成存在显著差异（ANOSIM，R=0.92，P=0.01）[图 9-4（b）]。

如图 9-4（c）所示，子囊菌门（92.6%）和担子菌门（6.2%）是三种凋落物分解过程中的优势真菌，尤其是子囊菌在混合凋落物中的比例远高于日本落叶松凋落物。随着凋落物的分解，日本落叶松凋落物真菌群落中担子菌的比例逐渐降低（从 13.9% 降至 8.2%），而檫木凋落物和混合凋落物中担子菌的比例逐渐增加，分别从 0.5% 升到 5.1% 和 1.4% 升到 4.6%。在纲分类水平上，粪壳菌（Sordariomycetes，27.9%）和锤舌菌（Leotiomycetes，30.4%）是真菌优势菌群 [图 9-4（d）]。日本落叶松凋落物分解过程中伞菌（Agaricomycetes）类群比例逐渐下降（从 13.4% 下降到 7.6%），而檫木凋落物和混合凋落物中伞菌类群比例分别从 0.3% 升至 4.9% 和 1.2% 升至 4.1%。此外，混合凋落物中的座囊菌（Dothideomycetes，24.5%）比例远高于日本落叶松凋落物（10.6%）。

根据 COG 功能分类，获得 8 条真菌代谢功能途径（附表 A-2）。结果表明，最丰富的是与碳水化合物运输和代谢有关的基因，其次是与能量生产和转化有关的基因，然后是氨基酸运输和代谢相关的基因。真菌氨基酸和碳水化合物代谢功能基因的相对丰度受凋落物类型和取样时间影响显著（F=9.84，P < 0.001；F=8.79，P < 0.001）。真菌碳水化合物和氨基酸代谢功能基因丰度在分解 360d 时最低，在 60d 和 150d 时混合凋落物中氨基酸和碳水化合物代谢功能基因的丰度显著高于日本落叶松凋落物（F=10.74，P < 0.05；F=9.95，P < 0.05；F=31.28，P < 0.01；F=34.16，P < 0.01）[图 9-5（a）]。

为了确定主导碳水化合物和氨基酸代谢的分类群，对真菌纲分类群进行了物种与功能贡献度分析 [图 9-5（b）、图 9-5（c）]，发现其功能基因主要来自粪壳菌、锤舌菌、座囊菌和散囊菌（均为子囊菌门）。锤舌菌和座囊菌丰度变化是引起日本落叶松和混合凋落物在 60d 和 150d 碳水化合物和氨基酸代谢功能基因丰度显著差异的主要原因 [图 9-5（d）]，混合凋落物中锤舌菌和座囊菌（38.1%、20.6% 和 32.9%、22.5%）对碳水化合物和氨基酸代谢的平均贡献率均高于日本落叶松凋落物（31.4%、11.5% 和 32.4%、14.5%）。

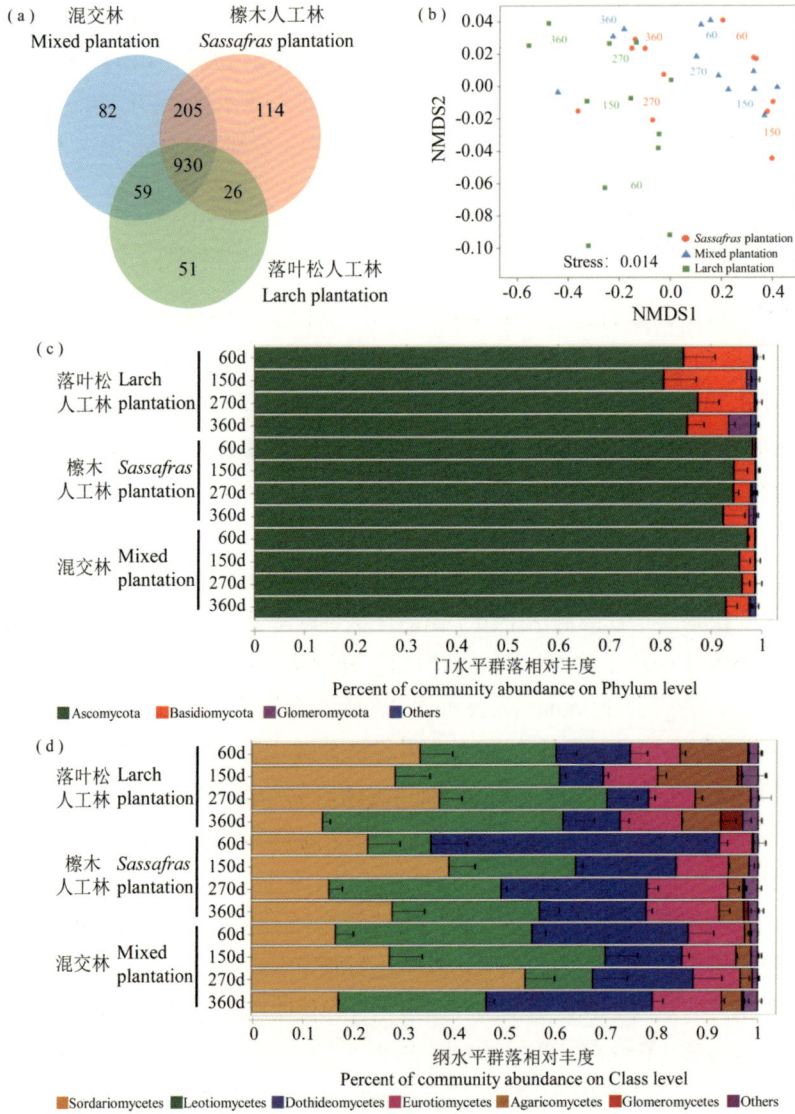

图9-4　三种凋落物类型中的真菌群落组成

Fig.9-4　Fungal community composition in three litter types

（a）三种凋落物类型下唯一和共有的真菌种类的韦恩图；（b）真菌群落组成的非度量多维标度排序，数字表示凋落物分解的天数；（c）门分类水平下的真菌群落组成；（d）纲分类水平下的真菌群落的组成；误差线表示标准差

（a）Venn diagram of exclusive and shared fungal species under three litter types；（b）Non-metric multidimensional scaling ordination of fungal community composition，the numerals represent the days of litter decomposition；（c）Fungal community structure at the level of phylum；（d）The composition of fungal community at the level of class. Error bars indicate standard deviation

9　混交林凋落物对微生物群落结构和功能途径的影响

9 Effects of mixed coniferous and broad-leaved litter on the structure and functional pathway of microbial community in litter decomposition

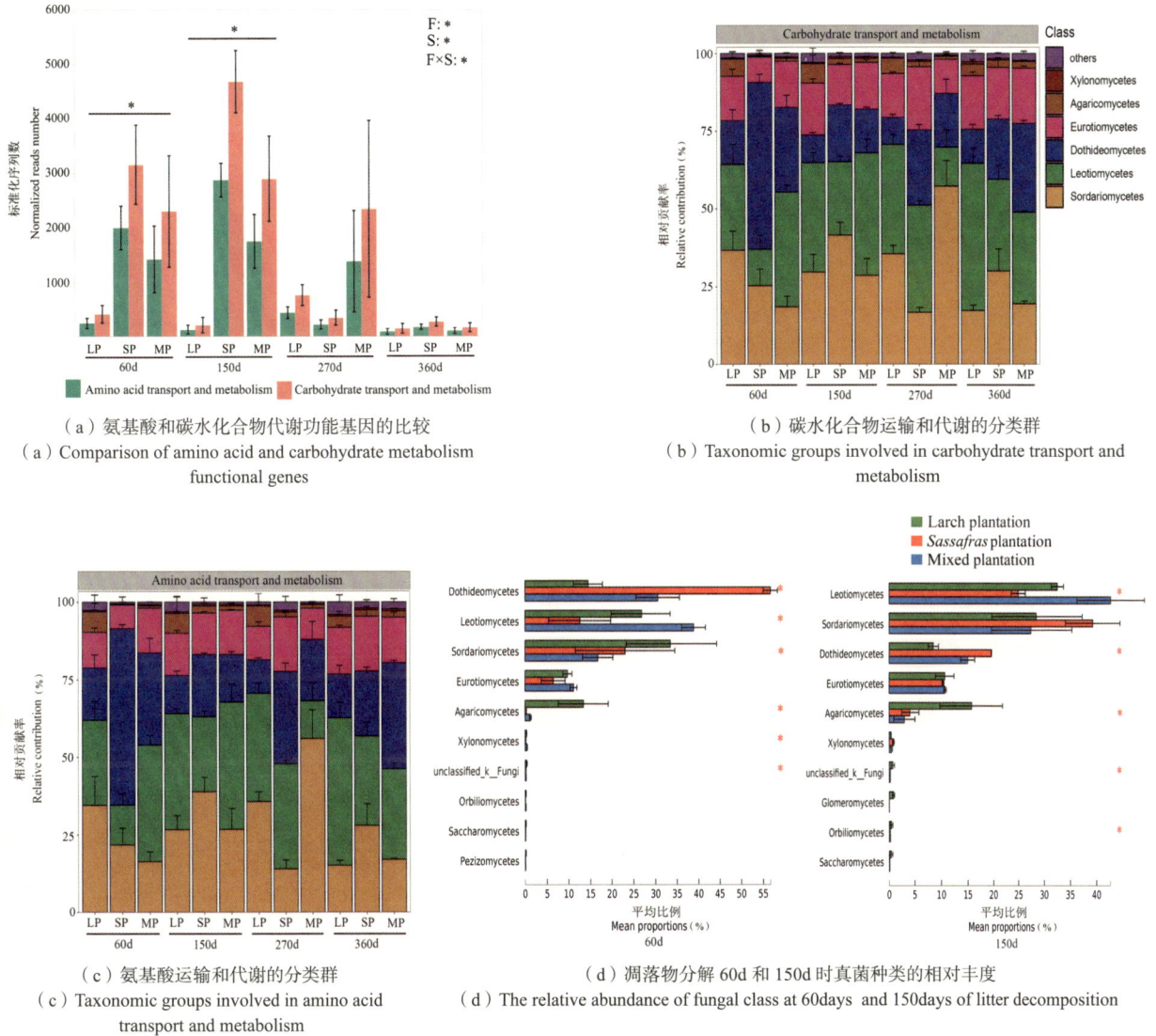

（a）氨基酸和碳水化合物代谢功能基因的比较
（a）Comparison of amino acid and carbohydrate metabolism functional genes

（b）碳水化合物运输和代谢的分类群
（b）Taxonomic groups involved in carbohydrate transport and metabolism

（c）氨基酸运输和代谢的分类群
（c）Taxonomic groups involved in amino acid transport and metabolism

（d）凋落物分解 60d 和 150d 时真菌种类的相对丰度
（d）The relative abundance of fungal class at 60days and 150days of litter decomposition

图9-5　三种凋落物类型中真菌群落代谢功能分析

Fig.9-5　Metabolic functions analysis of fungal community in three litter types

图中标注了重复测量方差分析的结果，误差线指示标准差

The results of repeated measures analysis of variance are reported, error bars indicate standard deviation

9.4 / 环境因子对细菌和真菌群落组成与功能途径的影响

Effects of environmental factores on composition and functional pathway of bacteria and fungi community

基于距离的冗余分析（db-RDA）结果表明，影响细菌群落组成的主要环境因子是凋落物 pH 值、总 C 和总 N 含量（R^2=0.44，$P < 0.01$；R^2=0.40，$P < 0.01$；R^2=0.31，$P < 0.01$）。β- 变形菌和放线菌是受环境因素影响最显著的 2 个菌群 [图 9-6（a）]，放线菌和酸杆菌与凋落物 pH 值和总 C 含量呈负相关。细菌氨基酸代谢、能量生产和转化两个功能途径受环境因素影响最显著。pH 值、总 C 含量和温度对细菌代谢功能途径有显著影响（R^2=0.39，$P < 0.01$；R^2=0.29，$P < 0.01$；R^2=0.17，$P < 0.05$）[图 9-6（b）]。

显著影响真菌群落组成的主要环境因子为凋落物 pH 值、总 C 含量、含水率和总 K 含量（R^2=0.34，$P < 0.01$；R^2=0.28，$P < 0.01$；R^2=0.35，$P < 0.01$；R^2=0.28，$P < 0.01$）。粪壳菌和座囊菌受环境因素影响最显著 [图 9-6（c）]，多数真菌类群的丰度与 pH 值和总 C 含量正相关。真菌碳水化合物代谢和次生代谢产物的生物合成、转运和分解代谢受环境因子影响最显著，代谢功能途径受 pH 值、总 C 和总 K 含量影响最显著（R^2=0.35，$P < 0.01$；R^2=0.28，$P < 0.01$；R^2=0.23；$P < 0.05$）[图 9-6（d）]。综上分析，凋落物 pH 值和总 C 含量对细菌和真菌的群落结构和功能途径有显著影响。

9　混交林凋落物对微生物群落结构和功能途径的影响

9 Effects of mixed coniferous and broad-leaved litter on the structure and functional pathway of microbial community in litter decomposition

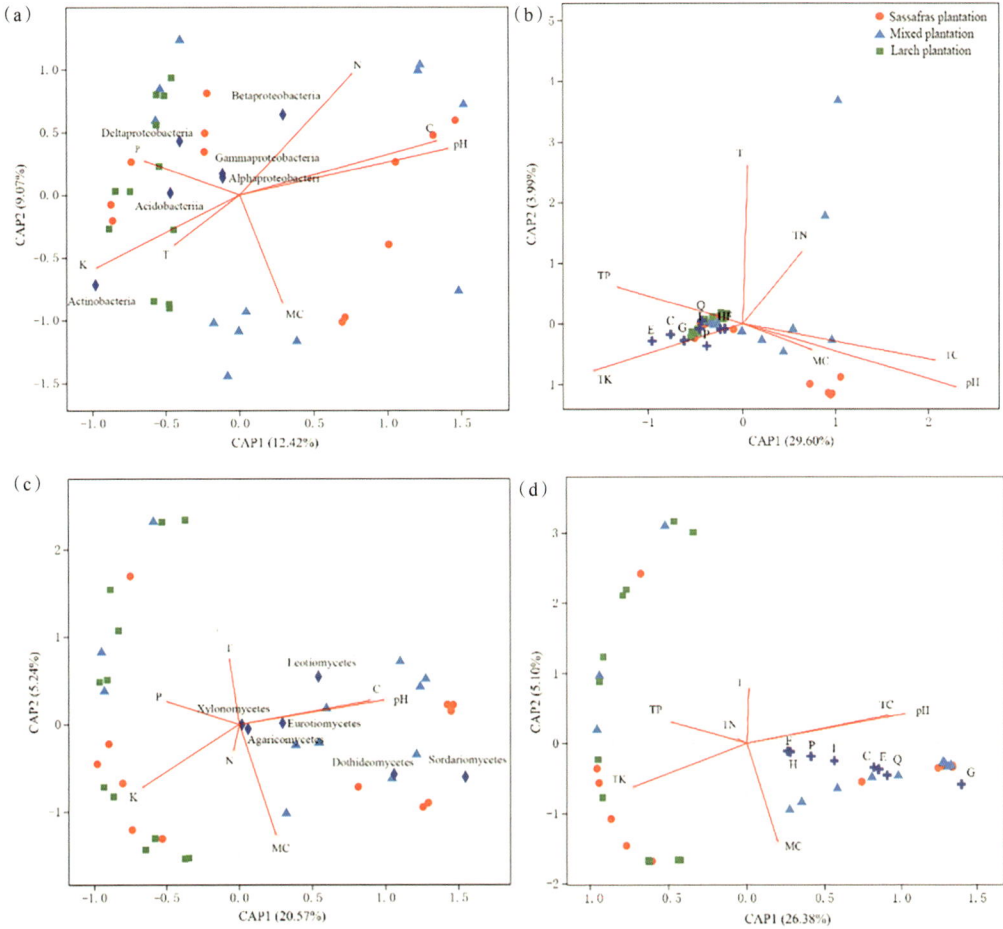

图9-6　凋落物分解过程中微生物群落与环境因子的相关性

Fig.9-6　The correlation between microbial community and environmental factors during litter decomposition

（a）细菌群落；（b）细菌COG功能分类；（c）真菌群落；（d）真菌COG功能分类。TN：凋落物总N含量，TC：凋落物总C含量；TP：凋落物总P含量；TK：凋落物总K含量；MC：凋落物含水量；T：凋落物温度。E：氨基酸转运与代谢；C：能量生产与转化；G：碳水化合物转运与代谢；P：无机离子转运与代谢；I：脂质转运与代谢；Q：次生代谢产物生物合成、转运与分解代谢；H：辅酶转运与代谢；F：核苷酸转运与代谢。◇符号代表微生物类；+表示COG功能分类

（a）Bacterial community；（b）COG functional classi fication of bacteria；（c）fungal community；（d）COG functional classification of fungi. TN stands for total litter nitrogen concentration；TC stands for total litter carbon concentration；TP stands for total litter phosphorus concentration；TK stands for total litter potassium concentration；MC stands for litter moisture content；T stands for litter temperature. E stands for amino acid transport and metabolism；C stands for energy production and conversion；G stands for carbohydrate transport and metabolism；P stands for inorganic ion transport and metabolism；I stands for lipid transport and metabolism；Q stands for secondary metabolites biosynthesis，transport and catabolism；H stands for coenzyme transport and metabolism；F stands for nucleotide transport and metabolism. Diamond represents microbial classes；Plus represents COG functional classifications

9.5 / 讨论
Discussion

　　凋落物化学成分或微环境的不同会导致微生物生物量和群落组成产生差异（Malosso et al.，2004；Das et al.，2007；Xu et al.，2013）。在凋落物分解的不同阶段细菌和真菌的群落结构存在显著差异（Purahong et al.，2014；Urbanová et al.，2015）。变形菌和子囊菌是凋落物分解早期最丰富的类群，是主要的分解者（Voříšková and Baldrian，2012；Zhang et al.，2017）。本研究也发现细菌群落中变形菌占主导地位，真菌群落中子囊菌占主导地位。此外，凋落物分解过程中微生物群落会发生演替，酸杆菌和担子菌的相对丰度随时间的推移而增加，拟杆菌和子囊菌的相对丰度则随时间而减少，该结果也被以往的研究所证实（Voříšková and Baldrian，2012；Purahong et al.，2016）。因此，可以认为在凋落物分解中，随着易分解利用的化合物逐渐减少，担子菌可能比子囊菌更容易利用难降解化合物（Voříšková and Baldrian，2012），由于可以很好地适应低 pH 值的微环境和低 C 有效性物质，酸杆菌随着分解的进行逐渐增多（Fierer et al.，2007），日本落叶松和混合凋落物中嗜热菌和伞菌的比例则呈现相反的趋势，这可能是由混合凋落物和日本落叶松凋落物的化学组成差异和空间异质性造成的（Beckers et al.，2017）。

　　混合凋落物的微生物群落结构与单一凋落物的微生物群落结构存在显著不同（Aneja et al.，2006；Chapman and Newman，2010；Prescott and Grayston，2013；Santonja et al.，2017）。混交林相比于针叶纯林，改变了凋落物碳和矿物质养分含量，从而为分解微生物提供了更广泛的基质（Hooper and Vitousek，1998；Hättenschwiler et al.，2011；Leff et al.，2015）。凋落物分解的第 60d、150d 和 270d 时，混合凋落物与日本落叶松凋落物的细菌和真菌群落结构明显不同，而与檫木凋落物的群落结构相似，360d 时三种凋落物的微生物群落趋于相似。因此，混合凋落物仅在分解的前 270d 显著影响微生物群落组成，具有时效性。

9　混交林凋落物对微生物群落结构和功能途径的影响

9 Effects of mixed coniferous and broad-leaved litter on the sturcture and functional pathway of microbial community in litter decomposition

微生物群落结构和代谢功能密切相关（Hättenschwiler et al.，2005）。与日本落叶松凋落物相比，混合凋落物增加了座囊菌的丰度，提升了氨基酸和碳水化合物代谢功能基因的丰度，降低了酸杆菌和索利氏菌的丰度。座囊菌是森林生态系统中凋落物的重要分解者（Boberg et al.，2011），酸杆菌和索利氏菌在木质素降解中发挥重要作用（Bhatnagar et al.，2018）。针叶凋落物通常比阔叶凋落物含有更多的木质素，酸杆菌和索利氏菌的基因丰度较高，因此这两种菌可能在降解日本落叶松凋落物的有机质中起到重要作用。

真菌主要负责含 C 有机物质的分解（Frey et al.，1999；Guggenberger et al.，1999；Pascoal and Cássio，2004），而细菌则主要利用含 N 有机物（Six et al.，2002）。本研究表明真菌富含碳水化合物代谢基因，而细菌富含氨基酸代谢基因，这可能是由于三种类型凋落物中优势分解菌子囊菌主要负责分解纤维素和半纤维素（Pointing and Hyde，2000；Sánchez，2009；Zhang et al.，2016），变形菌主要负责分解蛋白质和氨基酸（Schweitzer et al.，2001；Kazakov et al.，2009）。

植物凋落物质量是影响养分释放的主要因素，其 C/N 值常被认为是衡量凋落物质量的一个重要属性（Silver and Miya，2001；Hu et al.，2006；Strickland et al.，2009）。Brady 和 Weil（1996）研究发现，当剩余凋落物中 C/N 值大于 25 时 N 被固定，而当 C/N < 25 时发生 N 释放（Killham，1994）。本研究中，檫木凋落物的初始 C/N 值为 22.6，随着分解的进行 N 素浓度逐渐降低，表现出分解 – 释放的规律。混合凋落物初始 C/N 值为 30.3，分解中 N 浓度逐渐升高，而在分解 150d 时 C/N 值为 22.0，分解继续进行则 N 浓度逐渐降低，表现出富集 – 释放的规律。日本落叶松凋落物初始 C/N 值在前 270d 大于 25，在 360d 后 C/N 降至 22.8，N 元素释放表现出滞后现象。针叶凋落物 N 元素释放缓慢，而针阔混合凋落物 N 元素的释放明显加快。凋落物分解早期 C/N 值可以控制分解速率（Cotrufo and Ineson，1995；Berg，2000）。本研究表明分解前 270d 混合凋落物的 C/N 值低于日本落叶松，所以其总 C 分解速度更快。

凋落物分解过程中许多环境因素，如凋落物质量、pH 值、温度、含水率等都会对微生物群落产生影响（Zhou et al.，2008；Gareth et al.，2013；Andreas et al.，2014；Lv et al.，2014；Sariyildiz，2014）。凋落物 pH 值和总 C 含量是影响细菌和真菌群落结构和功能的主要因素，这与以往的研究结果一致（Hättenschwiler and Jørgnsen，2010；Manzoni et al.，2010；Rousk et al.，2010）。混合凋落物在分解的 60d、150d 和 270d 比日本落叶松凋落物含有更高的总 C 含量，同时其细菌和真菌群落结构、碳水化合物和氨基酸代谢的功能基因丰度也表现出显著的差异；但在 360d 时，混合凋落物和日本落叶松凋落物的总 C 含量大致相等，这时的细菌和真菌群落结构差异也不显著。因此认为，pH 值和总 C 含量是导致混合凋落物和日本落叶松凋落物中微生物群落结构和功能途径差异的主要原因。

9.6 / 结论
Brief summary

通过宏基因组测序技术共鉴定出细菌门 82 个，相对丰度在 1% 以上的有 11 个，其中变形菌门（55.2%）和放线菌门（26.7%）在三种凋落物中都是优势菌群。在真菌方面，子囊菌门（92.6%）和担子菌门（6.2%）是三种凋落物中的优势菌群，尤其是子囊菌在混合凋落物中的比例显著高于日本落叶松凋落物。相比日本落叶松纯林，日本落叶松和檫木混合凋落物的养分释放速率更高。细菌和真菌群落对混合凋落物的响应方式不同，混合凋落物显著提高了座囊菌（+13.9%）及其碳水化合物和氨基酸代谢相关功能基因的丰度，显著降低了酸杆菌（–4.6%）、索利氏菌（–1.3%）及其碳水化合物和氨基酸代谢相关功能基因的丰度。凋落物的 pH 值和总 C 含量是导致不同类型凋落物间微生物群落组成和代谢途径差异的主导因素。

10

Effects of mixed coniferous and broad-leaved litter on microbial lignocellulose degradation functions during litter decomposition

混交林凋落物对微生物木质纤维素降解功能的影响

木质纤维素包括纤维素、半纤维素和木质素，是森林凋落物的主要组成部分（Berg，2000；Berg and McClaugherty，2003）。木质纤维素降解是凋落物分解、养分转化和植物养分供应的重要过程（Sayer，2006；Manzoni et al.，2008；Talbot and Treseder，2011），而木质纤维素较难降解是造成针叶纯林凋落物分解效率低的主要因素（Criquet，2002；Steffen et al.，2007）。研究表明不同类型凋落物混合可能对顽固类型的凋落物分解有极显著影响（Gartner and Cardon，2004；Li et al.，2009；Pereira et al.，2019）。

　　微生物释放的细胞外酶在木质纤维素的降解中起着至关重要的作用（Fioretto et al.，2007）。内切葡聚糖酶、外切葡聚糖酶和 β- 葡萄糖苷酶用于纤维素水解，甘露糖酶、木聚糖酶和 β- 木糖苷酶用于半纤维素分解，锰过氧化物酶、木质素过氧化酶和漆酶用于木质素降解（Waldrop et al.，2000；Valášková et al.，2007）。这些酶活性均与真菌类群密切相关，因此真菌群落在木质纤维素降解中起着不可替代的作用（Osono，2007；Zhang et al.，2019b）。例如，子囊菌和担子菌释放的纤维素酶、几丁质酶、漆酶和过氧化物酶在木质素和纤维素降解中具有重要作用（Andersson et al.，2004），锤舌菌、座囊菌和粪壳菌（均为子囊菌门）为主要的纤维素酶生产菌（Schneider et al.，2012）。混合凋落物可能通过改变微生物群落的物种组成影响与木质纤维素降解有关酶的特性和活性来调控木质纤维素的降解过程，但混合凋落物在分解过程中是如何影响木质纤维素降解速率、胞外酶活性、微生物群落组成和木质纤维素降解功能基因之间的关系目前尚不清晰。研究表明，不同种类微生物的碳水化合物活性基因具有保守性和多样性，但可以通过中介酶，即碳水化合物活性酶（CAZymes）来追踪含碳化合物的周转，如糖苷水解酶（GHs）和辅助活性酶（AAs）分别与多糖和木质素的降解相关（Lombard et al.，2013），为探索与木质纤维素降解相关的潜在微生物功能类群或功能基因提供了机会。然而，木质纤维素降解途径中涉及的微生物类群及降解功能基因家族的种类还不清楚，尚需进一步的研究明确。因此，本章利用宏基因组测序技术分析混合凋落物对木质纤维素降解基因和凋落物分解过程中相关功能微生物的影响，分析细菌和真菌在木质纤维素降解中的作用，阐明混合凋落物对微生物功能类群和木质纤维素降解基因的影响。

10.1 / 研究方法
Research methods

10.1.1 实验设计与取样

凋落物分解试验设计与取样方法见 9.1.1。

10.1.2 凋落物木质纤维素含量测定

纤维素、半纤维素、木质素的测定采用中性和酸性洗涤剂连续萃取，然后强酸水解，其含量按照国家可再生能源实验室程序进行测定（Sluiter et al., 2008；DeMartini et al., 2011）。凋落物中木质纤维素的相对含量计算公式：（纤维素含量 + 半纤维素含量 + 木质素含量）/ 凋落物总量。

10.1.3 凋落物分解酶活性测定

测定了包括内切葡聚糖酶、β- 葡萄糖苷酶、漆酶、外切葡聚糖酶、甘露聚糖酶、木质素过氧化物酶、β- 木糖苷酶、木聚糖酶和锰过氧化物酶在内的木质纤维素分解过程中 9 种胞外酶的活性。

内切葡聚糖酶、外切葡聚糖酶、甘露聚糖酶和木聚糖酶活性测定使用二硝基水杨酸法（Kandeler et al., 1999），酶活力单位定义为释放 1.0μmol 还原糖的量。β- 葡萄糖苷酶和 β- 木糖苷酶的活性采用对硝基苯酚基质法测定（Kourtev, 2002；Waldrop et al., 2004），酶活力单位定义为释放 1.0μmol 对硝基苯酚氢的量。漆酶的活性采用 2，20- 叠氮二（3- 乙基噻唑啉 –6- 磺酸）作为底物测定（Ullrich et al., 2005）。木质素过氧化物酶活性在琥珀酸乳酸缓冲液（100mol，pH 值 4.5）中测定（Valášková et al., 2007），使用藜芦醇估计木质素过氧化酶的活性（Collins et al., 1996），酶活力单位定义为 1.0μmol 反应产物每小时的酶生成量。

以尿素（10%w/v）为底物，将凋落物样品在 37℃下孵育 24 小时，并在 578nm 下利用比色法测定释放的 NH_3，测定脲酶活性（Hu et al., 2006）。用三氯乙酸（0.92m）提取释放的芳香氨基酸，再用 Folin-Ciocalteu 试剂比色来测定蛋白酶活性（Kandeler, 1999），以 μmol-Tyr（酪氨酸当量）$g^{-1}h^{-1}$ 表示。以 N- 乙酰基 $-\beta$-D- 氨基葡萄糖为底物，在 410nm 处测定反应产物硝基苯酚的吸光度，测定几丁质酶活性（Kourtev et al., 2002）。

所有检测均采用平行对照。将灭活的凋落物酶溶液加入到反应底物中，进行相同的处理作为空白对照，并以每克原始叶干物质的质量计算酶活性。

10.1.4　木质纤维素降解途径的构建

DNA 提取、文库构建和宏基因组测序生物信息学分析见 9.1.3。木质纤维素各组分含量由气相色谱法确定，功能基因种类及丰度信息由 CAZy 数据库注释结果确定。最后，综合有关木质纤维素组分、宏基因组 CAZy 注释和相关参考文献的信息（Wongwilaiwalin et al., 2013；Mhuantong et al., 2015），绘制出木质纤维素的主要降解途径。

10.2 / 木质纤维素降解及其酶活性
Lignocellulose degradation and its enzyme activities

10.2.1 木质纤维素降解

木质纤维素占凋落物总量的 60% 以上［图 10-1（d）］。日本落叶松凋落物的半纤维素和木质素占比较高（5.3%；65.3%），而檫木凋落物的纤维素占比较高（13.4%）［图 10-1（a）～图 10-1（c）］。纤维素、半纤维素和木质素含量随着凋落物的分解逐渐降低，一年后混合凋落物中纤维素、半纤维素和木质素的降解率分别为 45.1%、49.5% 和 20.0%，显著高于日本落叶松凋落物（分别为 23.0%、36.0% 和 15.5%）。混合凋落物的木质纤维素降解率为 25.9%，高于日本落叶松凋落物的降解率（17.8%）。

纤维素的主要成分是葡聚糖，半纤维素的主要成分是阿拉伯聚糖、木聚糖、甘露聚糖和半乳聚糖。日本落叶松凋落物中阿拉伯聚糖和甘露聚糖的初始含量最高（14.7mg/g、15.8mg/g），而檫木凋落物中木聚糖和半乳聚糖的含量最高（5.7mg/g、21.2mg/g）［图 10-1（e）～图 10-1（h）］。除木聚糖和葡聚糖外，其他木质纤维素组分受凋落物类型和取样时间的影响显著（$P < 0.05$）。经过 1a 的分解，日本落叶松凋落物中阿拉伯聚糖、木聚糖、甘露聚糖和半乳聚糖的分解率分别为 43.1%、74.7%、45.2% 和 20.8%，檫木凋落物的相应分解率分别为 38.4%、74.8%、46.9% 和 40.8%，混合凋落物的相应分解率分别为 44.3%、82.8%、38.3% 和 49.3%，混合凋落物中木聚糖和半乳聚糖的分解速率显著高于日本落叶松凋落物［图 10-1（e）、图 10-1（g）］（$P < 0.05$）。

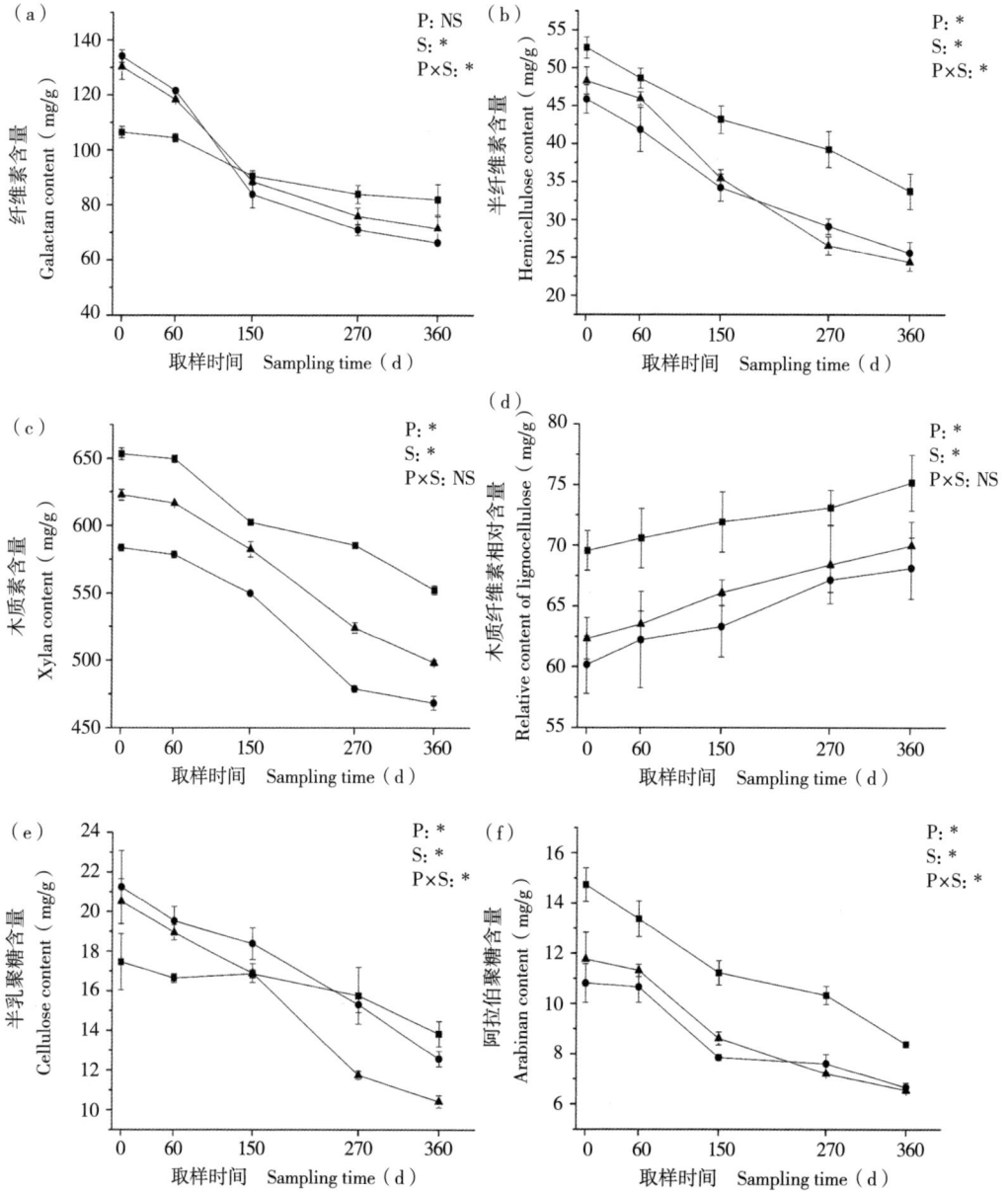

图10-1　凋落物分解过程中木质纤维素各组分的含量

Fig.10-1　Contents of lignocellulose components during litter decomposition

10 混交林凋落物对微生物木质纤维素降解功能的影响

10 Effects of mixed coniferous and broad-leaved litter on microbial lignocellulose degradation functions during litter decomposition

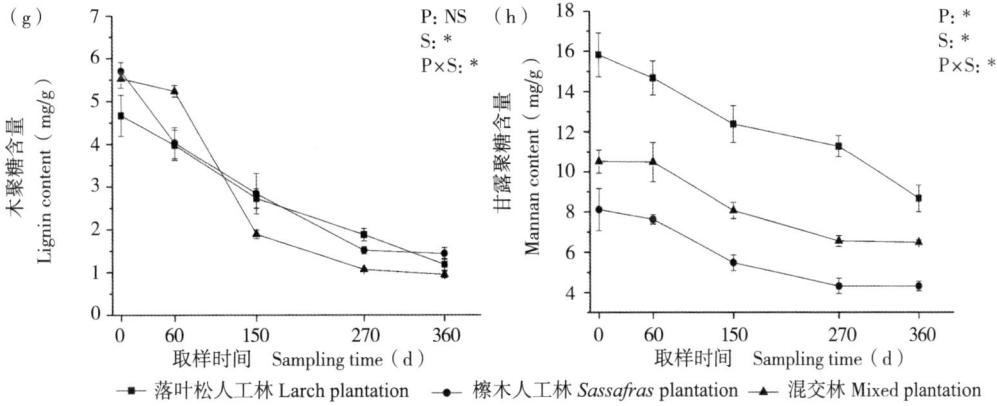

图10-1　凋落物分解过程中木质纤维素各组分的含量（续）

Fig.10-1　Contents of lignocellulose components during litter decomposition

数值表示为平均值±标准差（SD）。P：人工林类型；S：取样时间；NS：差异不显著（$P > 0.05$）；
$* P < 0.05$，以下同

Values are presented as the means ± standard deviation (SD). P stands for plantation type; S stands for sampling time; NS stands for not significant ($P > 0.05$); $* P < 0.05$. The same bellow

10.2.2　木质纤维素降解酶活性

除木聚糖酶活性外，其他8种木质纤维素降解酶活性均受凋落物类型和取样时间影响显著（$P < 0.05$）（图10–2）。分解的前270d，混合凋落物中与纤维素、半纤维素和木质素分解相关的酶活性均显著高于日本落叶松凋落物（$P < 0.05$），其中外切葡聚糖酶、β-葡萄糖苷酶和β-木糖苷酶活性的排序为檫木凋落物>混合凋落物>日本落叶松凋落物，内切葡聚糖酶、甘露聚糖酶、木质素过氧化酶、锰过氧化物酶和漆酶活性的排序为混合凋落物>檫木凋落物>日本落叶松凋落物。分解的第360d，除外切葡聚糖酶和β-木糖酶活性外，其他与木质纤维素降解相关的酶活性在不同凋落物类型间差异不显著（$P > 0.05$）。多数木质纤维素降解酶活性在150d或270d达到高峰。

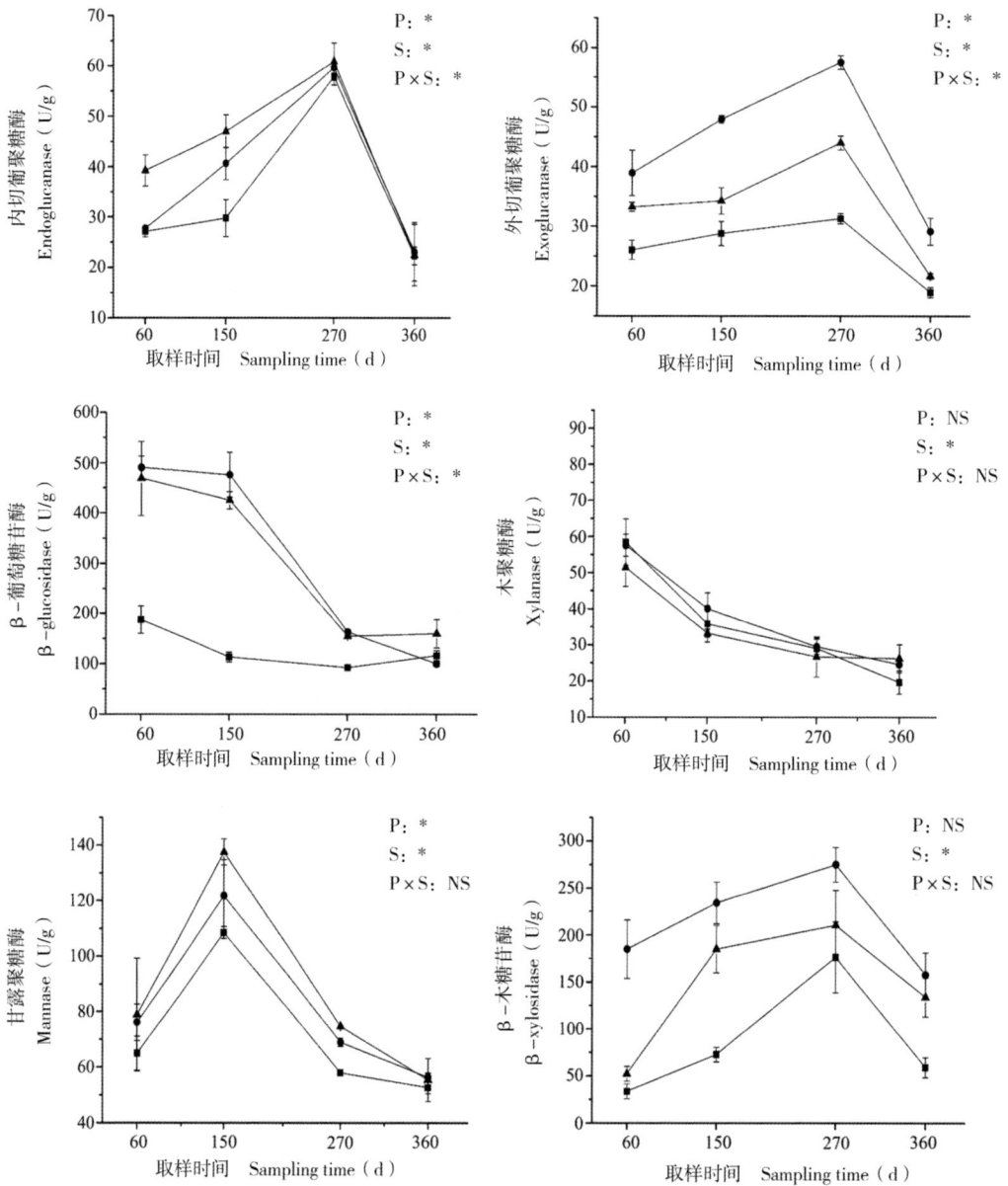

图10-2 凋落物分解过程中的酶活性变化

Fig.10-2 Activities of extracellular enzymes during litter decomposition

10 混交林凋落物对微生物木质纤维素降解功能的影响

10 Effects of mixed coniferous and broad-leaved litter on microbial lignocellulose degradation functions during litter decomposition

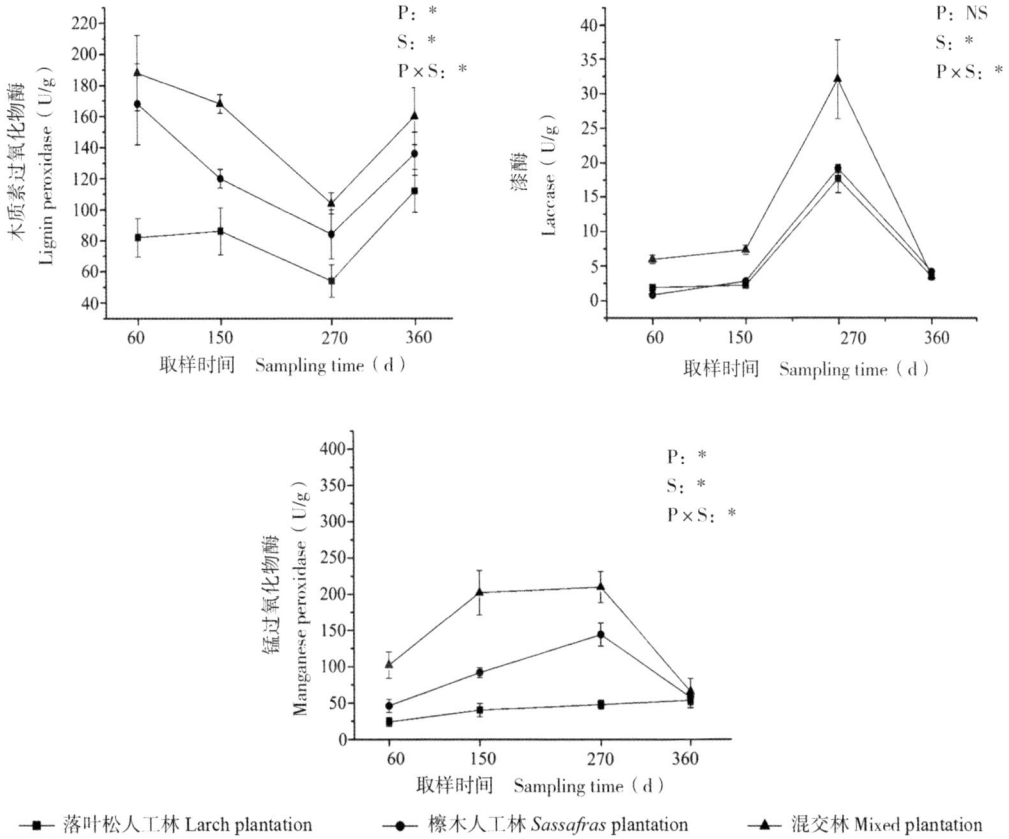

——■—— 落叶松人工林 Larch plantation ——●—— 檫木人工林 *Sassafras* plantation ——▲—— 混交林 Mixed plantation

图10-2 凋落物分解过程中的酶活性变化（续）

Fig.10-2 Activities of extracellular enzymes during litter decomposition

10.3 / 木质纤维素降解的微生物群落组成

Microbial community composition of lignocellulose degradation

三种类型凋落物中共发现 136 个细菌纲，其中 α- 变形菌纲（31.8%）和放线菌纲（23.8%）是优势菌纲 [图 10-3（a）]。不同凋落物类型间细菌种类差异不显著（$P > 0.05$）。PERMANOVA 结果表明，三种凋落物的细菌群落组成均存在显著差异（F=7.06，R^2=0.76，$P < 0.01$），混合凋落物中 β- 变形菌纲（变形菌门）的相对丰度显著高于日本落叶松凋落物，但酸杆菌和索利氏菌相对丰度的变化趋势则相反（$P < 0.05$）。纲分类水平上，三种凋落物中鞘氨醇细菌（拟杆菌门）的相对丰度随分解时间的增加而降低。

日本落叶松凋落物、檫木凋落物和混合凋落物分解中分别发现 36、37 和 39 个真菌纲，其中共有 36 个真菌纲，粪壳菌（29.3%）和锤舌菌（30.1%）是主导真菌类群 [图 10-3（b）]。混合凋落物中真菌种类数目显著高于日本落叶松凋落物。PERMANOVA 分析发现，三种类型凋落物中真菌群落组成差异显著（F=7.54，R^2=0.78，$P < 0.01$）。混合凋落物中座囊菌纲（子囊菌门）的相对丰度显著高于日本落叶松凋落物，但伞菌纲（担子菌门）的相对丰度低于日本落叶松凋落物。檫木和混合凋落物分解过程中伞菌纲（担子菌门）的相对丰度逐渐增加，而日本落叶松凋落物分解过程中伞菌纲的相对丰度逐渐减少。

10 混交林凋落物对微生物木质纤维素降解功能的影响

10 Effects of mixed coniferous and broad-leaved litter on microbial lignocellulose degradation functions during litter decomposition

(a)

落叶松 Larch 人工林 plantation
60d
150d
270d
360d

檫木 Sassafras 人工林 plantation
60d
150d
270d
360d

混交林 Mixed plantation
60d
150d
270d
360d

纲水平群落相对丰度
Percent of community abundance on Class level

■ Alphaproteobacteria ■ Actinobacteria ■ Betaprotebacteria ■ Gammaproteobacteria ■ Deltaproteobacteria ■ Acidobacteriia
■ Sphingobacteriia ■ Thermoleophilia ■ Solibacteres ■ Cytophagia ■ Verrucomicrobiae ■ Unclassified_d_Bacteria
■ Unclassified_p_Cyanobacteria ■ Planctomycetia ■ Ktedonobacteria ■ Opitutae ■ Flavobacteriia ■ Others

(b)

落叶松 Larch 人工林 plantation
60d
150d
270d
360d

檫木 Sassafras 人工林 plantation
60d
150d
270d
360d

混交林 Mixed plantation
60d
150d
270d
360d

纲水平群落相对丰度
Percent of community abundance on Class level

■ Sordariomycetes ■ Leotiomycetes ■ Dothideomycetes ■ Eurotiomycetes ■ Agaricomycetes ■ Glomeromycetes ■ Others

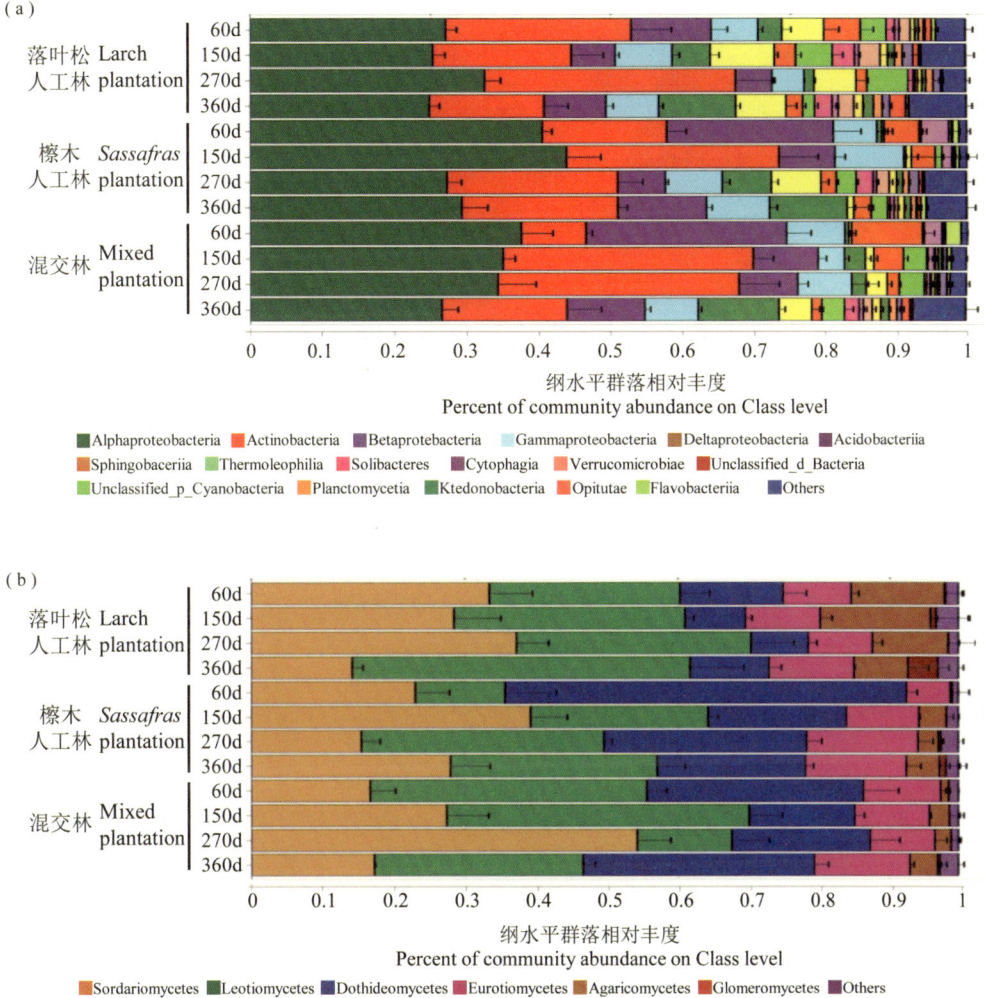

图10-3　三种类型凋落物中的细菌（a）和真菌（b）相对丰度

Fig.10-3　Relative abundances of bacterial（a）and fungal（b）classes found in three plantation types

10.4 / 木质纤维素降解相关基因家族和功能分类

Gene families and functional classification associated with lignocellulose degradation

10.4.1　木质纤维素降解相关基因家族

由图 10-4 可知，三种类型凋落物中细菌木质纤维素降解基因丰度排序为檫木凋落物 > 混合凋落物 > 日本落叶松凋落物，真菌木质纤维素降解基因丰度的排序为混合凋落物 > 檫木凋落物 > 日本落叶松凋落物。檫木凋落物中细菌纤维素（4.51%）和半纤维素降解基因（6.95%）的平均丰度最高，混合凋落物中真菌纤维素（3.51%）和木质素降解基因（6.90%）的平均丰度最高。

RMANOVA 分析表明，细菌纤维素和半纤维素降解基因丰度受凋落物类型和取样时间影响显著，而木质素降解基因丰度仅受取样时间影响显著（$P < 0.05$）。在凋落物分解 150d 时，混合凋落物中细菌纤维素和半纤维素降解基因的丰度显著高于日本落叶松凋落物；在凋落物分解 360d 时，混合凋落物中细菌木质素降解基因的丰度显著高于日本落叶松凋落物（$P < 0.05$）。在细菌半纤维素降解基因中（图 10-5），半乳聚糖和阿拉伯聚糖降解基因的丰度仅受取样时间的影响（$P < 0.05$），而木聚糖和甘露聚糖降解基因的丰度则同时受凋落物类型和取样时间的影响。混合凋落物中与细菌木聚糖降解相关的基因丰度在 150d 时显著高于日本落叶松凋落物。在细菌纤维素和半纤维素降解基因家族中，GH3 和 GH1 的丰度最高，且在凋落物分解的 60d 和 150d 时，混合凋落物中上述基因丰度显著高于日本落叶松凋落物［图 10-6（a）］。在木质素降解基因家族中，混合凋落物中选择性地上调了细菌锰过氧化物酶（AA2 和 AA6）的丰度。

RMANOVA 分析表明，真菌纤维素和半纤维素降解基因的丰度仅受取样时间影响显著（$P < 0.05$）。不同类型凋落物间的真菌木质素降解基因丰度差异显著。在分解的 270d 时，混合凋落物中真菌纤维素、半纤维素和木质素降解基因丰度显著高于日本落叶松凋落物。

10 混交林凋落物对微生物木质纤维素降解功能的影响

10 Effects of mixed coniferous and broad-leaved litter on microbial lignocellulose degradation functions during litter decomposition

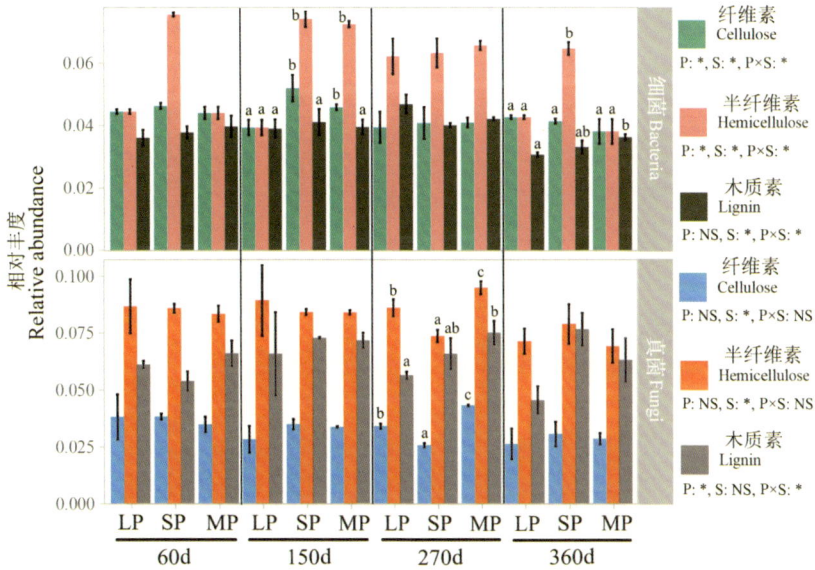

图10-4　凋落物分解过程中细菌和真菌木质纤维素降解基因的相对丰度

Fig.10-4　Relative abundances of bacterial and fungal lignocellulose-degrading genes during litter decomposition

数值表示为平均值±标准差。不同小写字母表示平均值之间存在显著的配对差异（P＜0.05）

Values are presented as the means±SD. Different lowercase letters indicate significant pair-wise differences among means（P＜0.05）

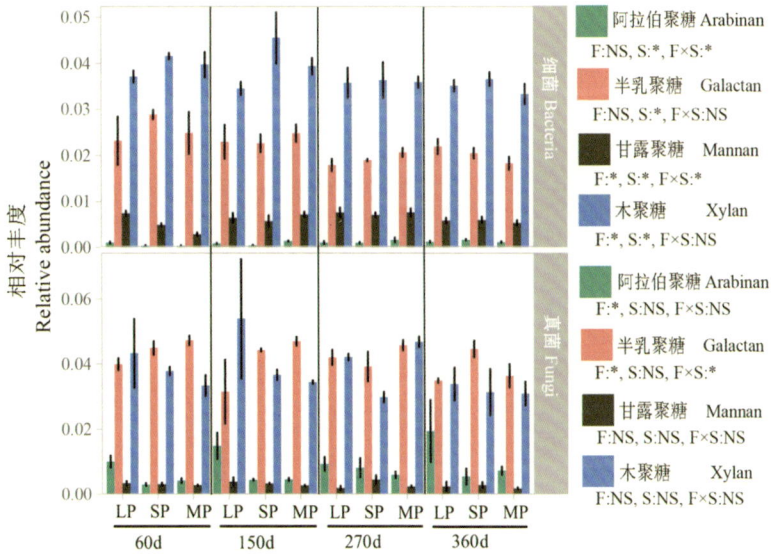

图10-5　细菌和真菌半纤维素组分降解基因的相对丰度

Fig.10-5　Relative abundances of bacterial and fungal hemicellulose components-degrading genes

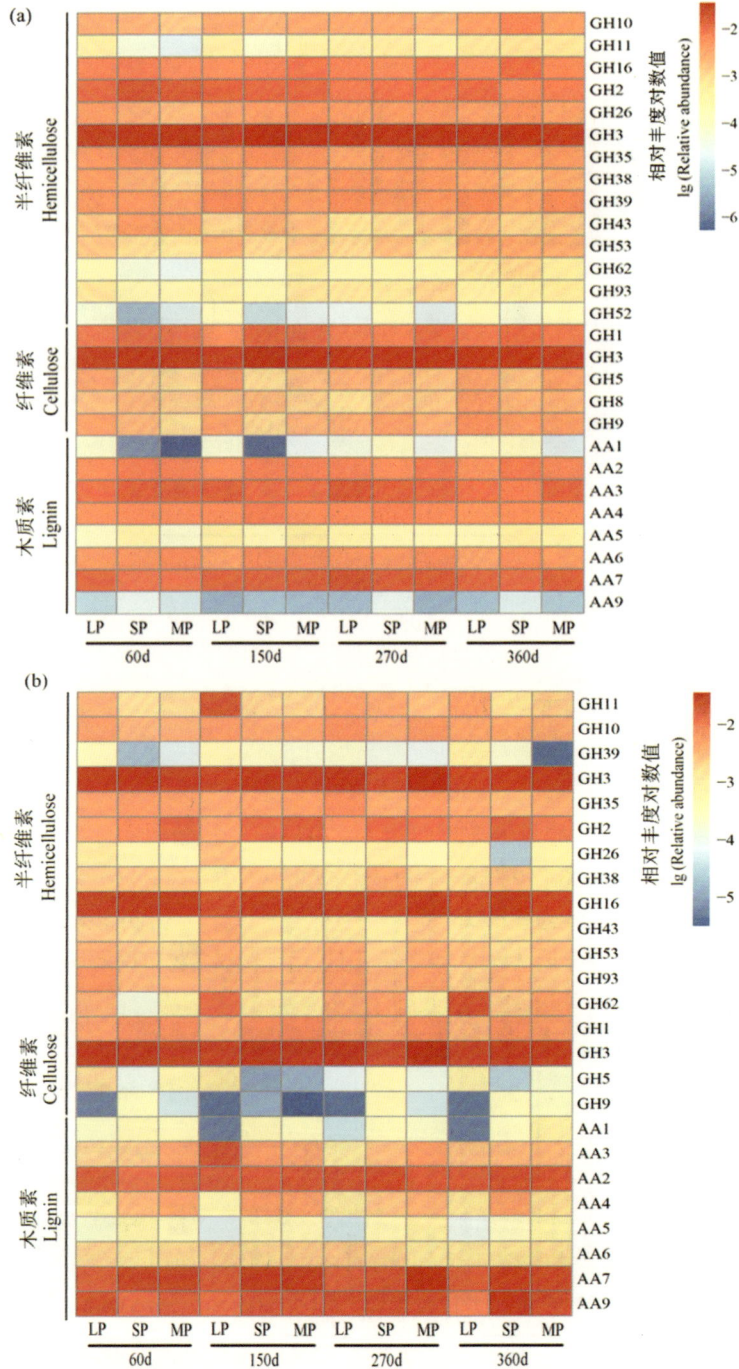

图10-6　细菌（a）和真菌（b）木质纤维素降解基因家族的相对丰度

Fig.10-6　Relative abundance of bacterial (a) and fungal (b) each gene families in lignocellulose degradation

10 混交林凋落物对微生物木质纤维素降解功能的影响

10 Effects of mixed coniferous and broad-leaved litter on microbial lignocellulose degradation functions during litter decomposition

在真菌半纤维素降解基因中（图 10-5），半乳聚糖和阿拉伯糖降解基因仅受凋落物类型的影响（$P < 0.05$）。混合凋落物中与真菌半乳聚糖降解相关的基因丰度在 150d 时显著高于日本落叶松凋落物，而阿拉伯聚糖降解基因则相反。在分解的 150d 和 270d 时，混合凋落物中最丰富的真菌木质纤维素降解基因家族 GH3、GH16 和 AA7 的丰度显著高于日本落叶松凋落物［图 10-6（b）］。

10.4.2　木质纤维素降解途径

综合有关木质纤维素组分、宏基因组 CAZy 注释和相关参考文献（Wongwilaiwalin et al.，2013；Mhuantong et al.，2015）的信息，绘制出木质纤维素的主要降解途径，如图 10-7。纤维素主要由葡聚糖组成，分解过程涉及 5 个酶基因家族，分别由 GH5、GH8、GH9、GH1 和 GH3 基因家族的成员编码。

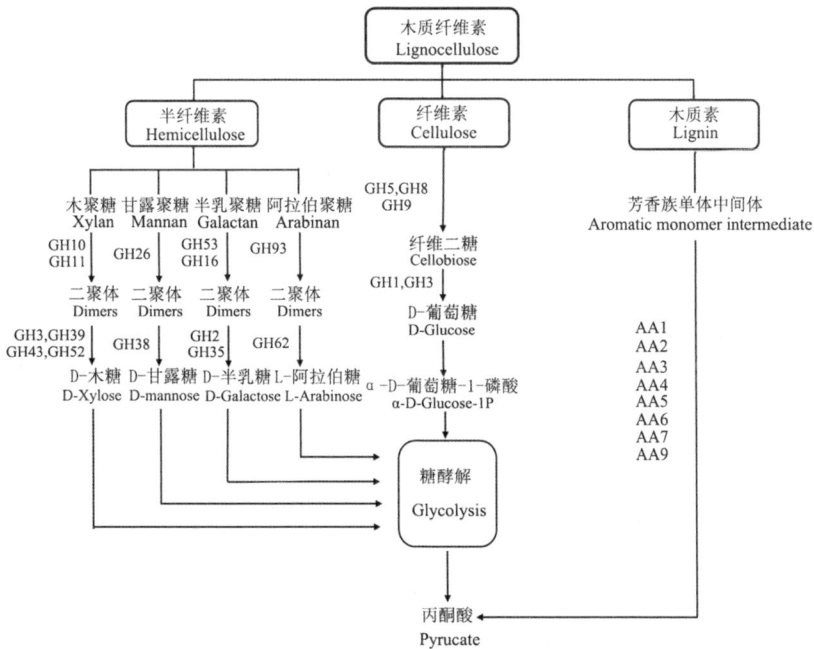

图10-7　木质纤维素降解途径及其相关酶基因家族

Fig.10-7　The lignocellulosic degradation pathway and its related enzyme gene families

半纤维素的主要成分是木聚糖、甘露聚糖、半乳聚糖和阿拉伯聚糖，其分解涉及 14 个酶基因家族。木聚糖分解相关酶主要由 GH10、GH11、GH3、GH39、GH43 和 GH52 基因家族成员编码；甘露聚糖分解相关的酶主要由 GH26 和 GH38 基因家族成员编码；半乳糖分解相关的酶主要由 GH53、GH16、GH2 和 GH35 基因家族成员编码；阿拉伯糖分解相关的酶主要由 GH93 和 GH62 基因家族成员编码。

芳香族单体的中间体是木质素的主要组分。木质素分解涉及 8 个酶基因家族：AA1、AA2、AA3、AA4、AA5、AA6、AA7 和 AA9。

10.4.3　木质纤维素降解功能细菌和真菌类群

根据酶基因家族与物种功能贡献度分析，将相对丰度＞1% 的微生物类群定义为降解木质纤维素主导菌群（图 10-8）。细菌木质纤维素降解基因主要来自放线菌、α- 变形菌和 β- 变形菌。真菌木质纤维素降解基因主要来源于粪壳菌、锤舌菌和座囊菌。在 1a 的分解过程中，混合凋落物 β- 变形菌中总纤维素、半纤维素和木质素降解基因所占比例显著高于日本落叶松凋落物（分别为 7.9%、5.6%、14.4% 和 4.0%、2.8% 和 9.2%；P ＜ 0.05）。在细菌半纤维素降解基因家族中，混合凋落物中的 β- 变形菌的木聚糖和半乳聚糖降解基因的比例明显高于日本落叶松凋落物［图 10-9（a）］；在真菌木质纤维素降解基因家族中，混合凋落物中座囊菌含有的总纤维素、半纤维素和木质素降解基因的比例显著高于日本落叶松凋

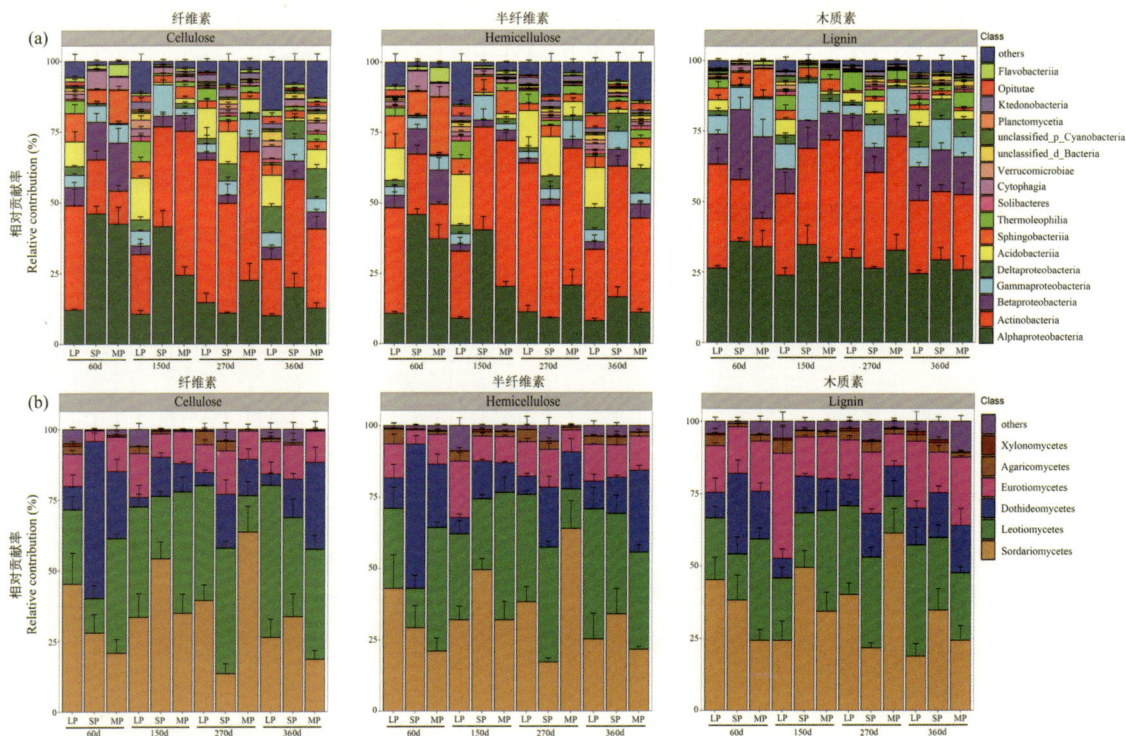

图10-8　细菌（a）和真菌（b）类群对木质纤维素降解功能基因丰度的贡献率

Fig.10-8　Contribution of each bacterial（a）and fungal（b）class to the abundances of lignocellulose degrading functional genes

10 混交林凋落物对微生物木质纤维素降解功能的影响

10 Effects of mixed coniferous and broad-leaved litter on microbial lignocellulose degradation functions during litter decomposition

落物（分别为 18.8%、17.5%、12.7% 和 4.8%、7.8% 和 9.4%，$P < 0.05$）。混合凋落物中的座囊菌半纤维素降解基因（木聚糖、甘露聚糖、半乳聚糖和阿拉伯聚糖）的比例显著高于日本落叶松凋落物 [图 10-9（b）]。由图 10-3 可知，混合凋落物中 β- 变形菌和座囊菌的相对丰度显著高于日本落叶松凋落物。放线菌纤维素、半纤维素和木质素的降解基因丰度在混合凋落物分解的 150d 时达到高峰，而粪壳菌在混合凋落物分解的 270d 时达到高峰。

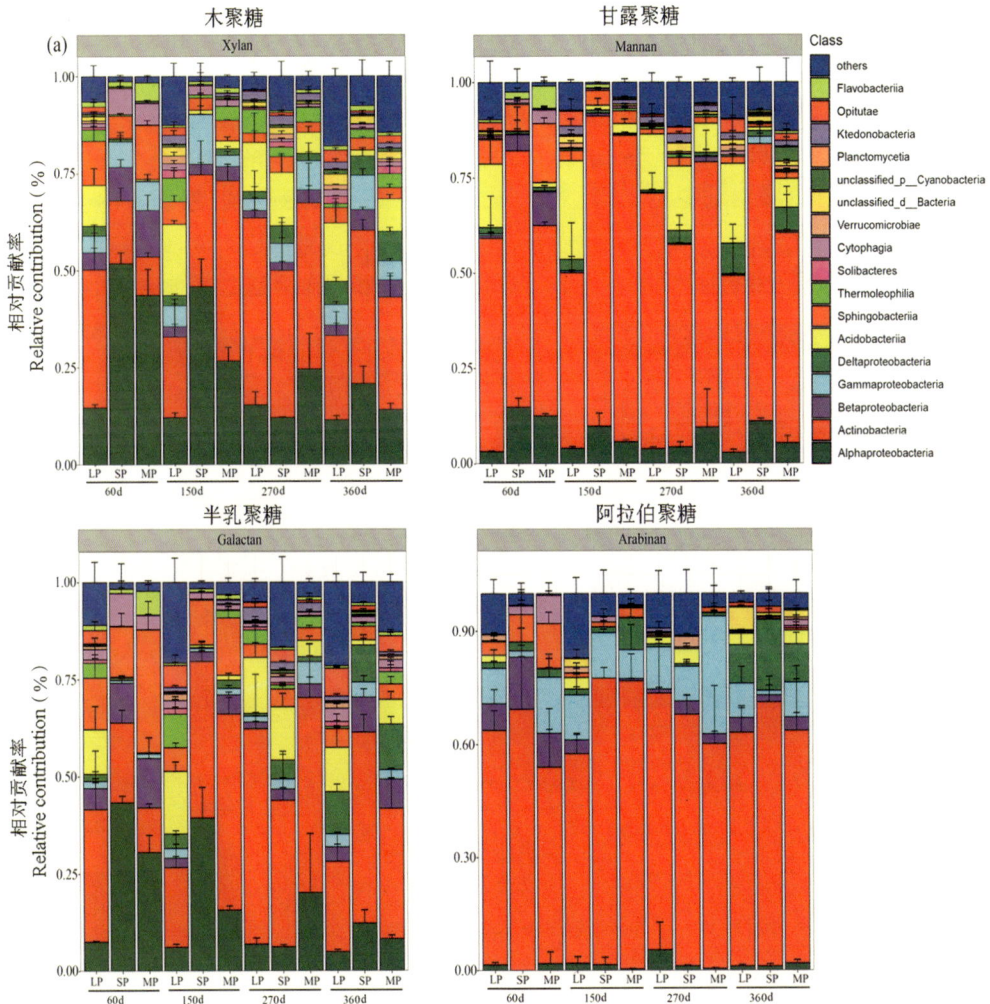

图10-9　细菌（a）和真菌（b）类群对半纤维素降解功能基因丰度的贡献率

Fig.10-9　Contribution of each bacterial (a) and fungal (b) class to the abundance of hemicellulose components degrading functional genes

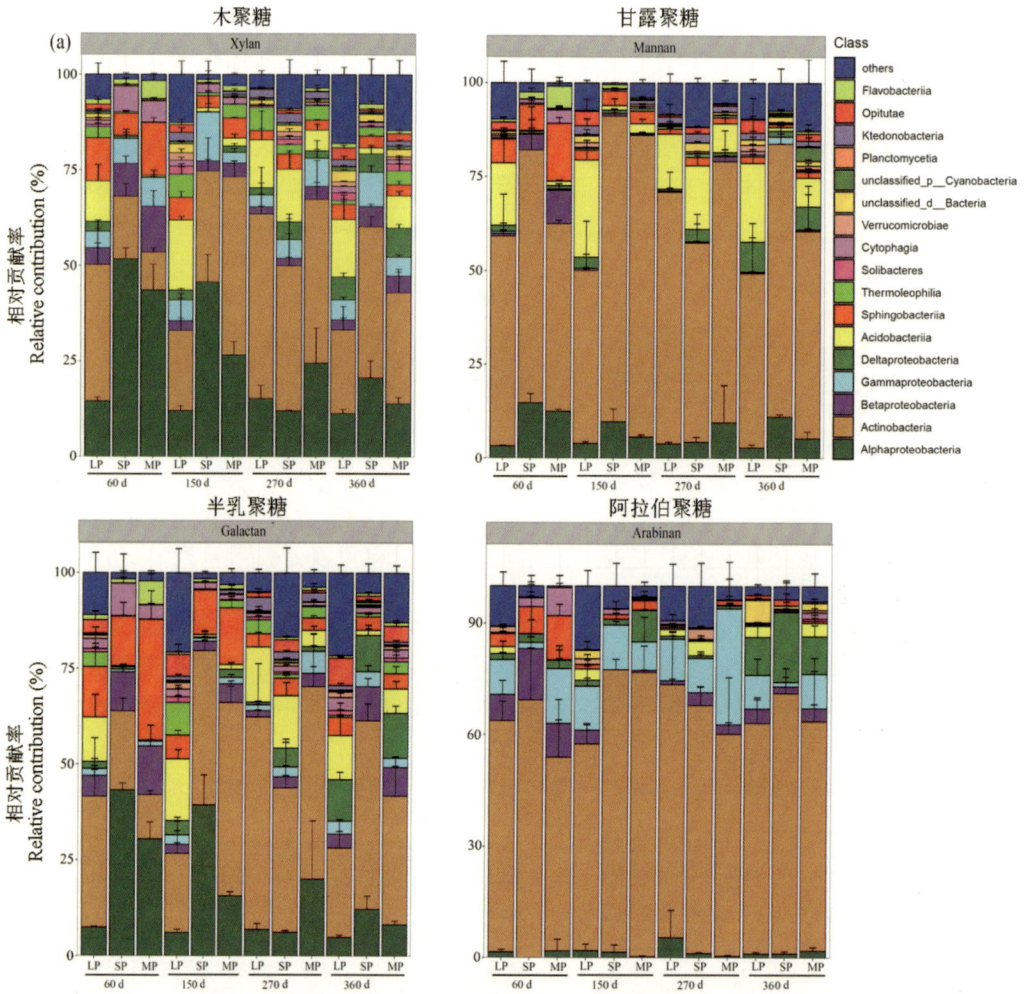

图10-9　细菌（a）和真菌（b）类群对半纤维素降解功能基因丰度的贡献率（续）

Fig.10-9　Contribution of each bacterial (a) and fungal (b) class to the abundance of hemicellulose components degrading functional genes

10.5 / 凋落物分解中微生物群落、酶活性与木质纤维素含量的关系

Relationship among mirobial community, enzyme activities and lignocellulos content during litter decomposition

细菌类群 RDA 排序结果表明，木质纤维素各组分含量（葡聚糖、木聚糖、半乳聚糖、阿拉伯聚糖和木质素）和酶活性（内切葡聚糖酶、β- 葡萄糖苷酶、木聚糖酶、木质素过氧化物酶）与细菌群落组成显著相关（$P < 0.05$）。木聚糖和半乳聚糖含量对细菌群落组成的影响最大［图 10-10（a）、图 10-10（b）］。α- 变形菌和 β- 变形菌的丰度与凋落物分解过程中多数木质纤维素组分含量和降解酶的活性正相关；酸性细菌和放线菌的丰度与木质纤维素组分含量（葡聚糖、木聚糖、半乳聚糖、木质素和阿拉伯聚糖）和酶活性（β- 葡萄糖苷酶、木聚糖酶和木质素过氧化酶）负相关。

真菌类群 RDA 排序结果表明，木质素各组分（葡聚糖、木聚糖和半乳聚糖）含量和酶活性（外切葡聚糖酶、β- 葡萄糖苷酶、木聚糖酶、甘露聚糖酶、木质素过氧化酶、漆酶、锰过氧化物酶）与真菌群落组成显著相关（$P < 0.05$）。葡聚糖和半乳聚糖的含量对真菌群落组成影响显著［图 10-10（c）、图 10-10（d）］。座囊菌和粪壳菌等多数真菌类群丰度与木质纤维素组分含量和木质纤维素降解酶活性正相关。在凋落物分解的 150d 和 270d 前，檫木凋落物和混合凋落物中真菌类群的丰度与木质纤维素组分（葡聚糖、木聚糖和半乳聚糖）含量及多数木质纤维素降解酶活性正相关。RDA 分析结果表明，与檫木凋落物和混合凋落物相比，日本落叶松凋落物含有较少的座囊菌和粪壳菌［图 10-10（c）］，且多数木质纤维素降解酶活性较低［图 10-10（d）］。

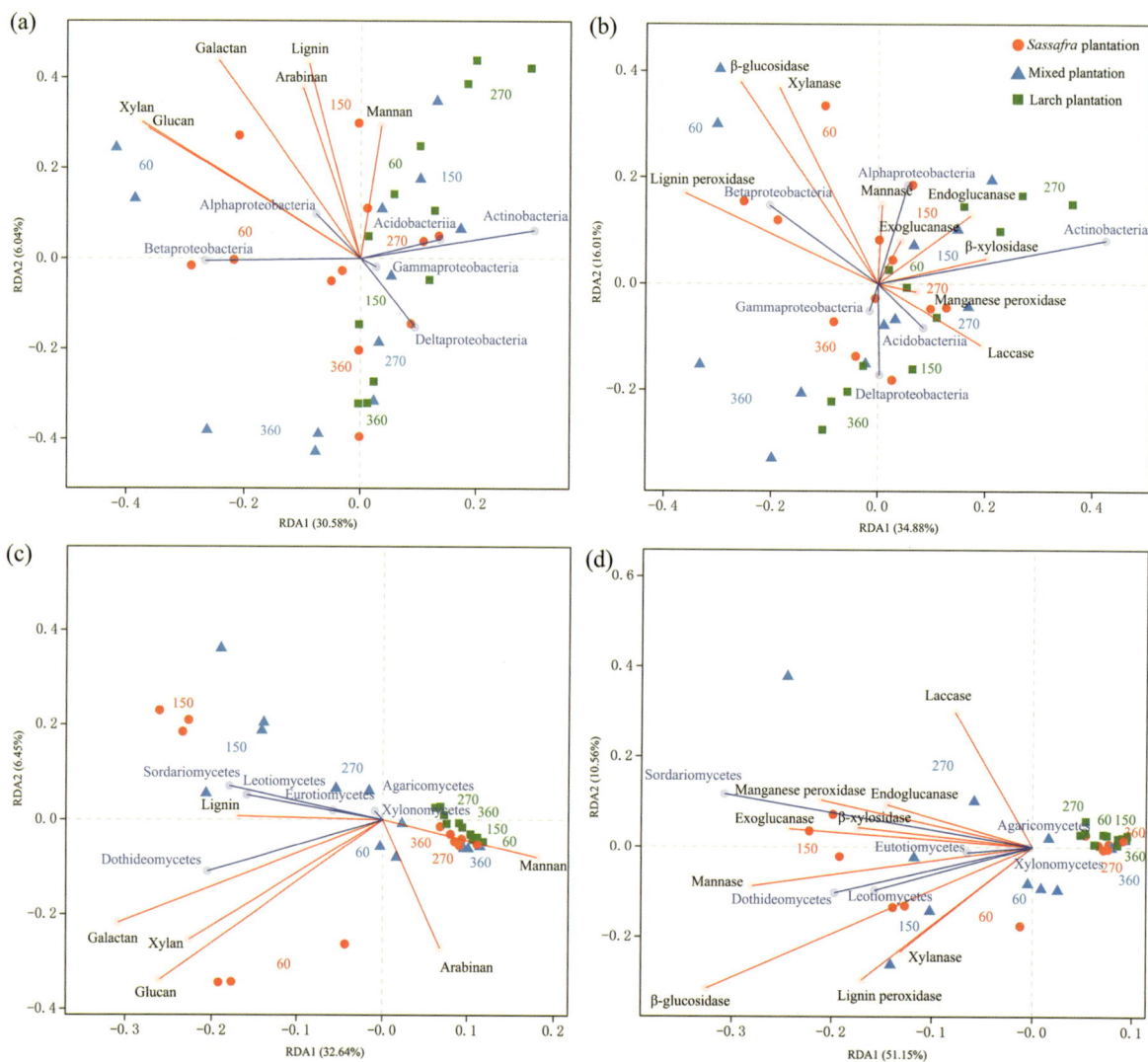

图10-10　微生物种类、木质纤维素成分含量和酶活性之间的相关性

Fig.10-10　Redundancy analysis to determine correlations between microbial classes, contents of lignocellulose components, and enzymatic activities

（a）细菌类群与木质纤维组分含量；（b）细菌类群与酶活性；（c）真菌类群与木质纤维素组分含量；
（d）真菌类群与酶活性的关系。图中的数字代表凋落物分解的天数

（a）bacterial classes and contents of lignocellulose components;（b）bacterial classes and enzymatic activity;
（c）fungal classes and contents of lignocellulose components;（d）fungal classes and enzymatic activity.
Numerical values indicate the number of days of litter decomposition

10.6 / 讨论
Discussion

不同类型凋落物的纤维素、半纤维素和木质素含量不同（Valášková et al., 2007），针叶凋落物中的木质素含量一般高于阔叶凋落物（Novo–Uzal et al., 2012），而木质素含量高的凋落物通常分解缓慢（Talbot et al., 2012）。研究发现，在三种类型的凋落物中，日本落叶松凋落物木质素含量最高，其分解速率最慢，与檫木混交后混合凋落物的木质纤维素降解速率高于日本落叶松纯林。纤维素、半纤维素和木质素的降解速率在凋落物分解的第150d 或 270d 达到高峰，此时正值春季和夏季，高温高湿的环境促进了微生物群落的生长，提高了降解酶的活性。Wang 等（2014）也发现 4～11 月的凋落物分解率高于 1～4 月和 11月至翌年 1 月。树种特性对混合凋落物分解有着重要影响（Vivanco and Austin, 2008），日本落叶松和檫木混交后凋落物分解存在潜在的协同作用，而 Sheffer 等（2015）也发现松树和橡木混合凋落物以非加性方式抑制分解，这可能是由于不同质量的凋落物启动效应上的差异影响着微生物群落和酶的周转（Wutzler and Reichstein, 2013）。

　　酶活性在凋落物分解中发挥着重要作用（Allison and Vitousek, 2004；Kang and Freeman, 2009），木质纤维素的降解也需要一系列酶的参与。β- 葡萄糖苷酶活性是纤维素分解过程中的关键酶（Berlemont and Martiny, 2013）；半纤维素酶是由一组降解木聚糖、甘露聚糖和不同杂多糖的酶组成，其中木聚糖酶和 β- 木糖苷酶最为重要（Valášková et al., 2007）；锰过氧化物酶是最常见的木质素修饰过氧化物酶，参与 Mn^{3+} 螯合物对木质素的初始降解（Hofrichter, 2002；Martínez et al., 2005）。研究发现，β- 葡萄糖苷酶、β- 木糖苷酶和锰过氧化物酶的活性在日本落叶松凋落物、檫木凋落物和混合凋落物间差异显著。混合凋落物中 8 种木质纤维素降解酶（不含木聚糖酶）活性显著高于日本落叶松凋落物，且漆酶、木质素过氧化酶和锰过氧化物酶的活性均高于单一凋落物（日本落叶松、檫木），该结果与 Hu 等（2006）、Singh 等（2012）和 Wang 等（2008）报道的结果一致。Zhang 等

（2019b）研究认为酶活性受树种特性和凋落物分解时间的影响，本研究也证实纤维素酶降解（β-葡萄糖苷酶、内切葡聚糖酶、外源葡聚糖酶）、半纤维素降解（甘露聚糖酶和β-木糖苷酶）、木质素降解（漆酶和锰过氧化物酶）的酶活性在分解第150d或270d时达到最高峰值，与木质纤维素分解最快的时间一致。

混合凋落物微生物群落组成的改变会引起酶活性发生变化（Waldrop et al.，2000）。真菌降解木质纤维素的基因主要来源于粪壳菌和锤舌菌，细菌降解木质纤维素的基因则主要来源于α-变形菌和放线菌。α-变形菌、β-变形菌、座囊菌和粪壳菌的丰度与多数木质纤维素组分含量和酶活性呈正相关，这与之前的研究结果一致，表明α-变形菌和β-变形菌具有多种木质纤维素降解基因（Pandit et al.，2016）。座囊菌和粪壳菌是木质纤维素的高效分解者，能够产生大量的木质纤维素酶（Yu et al.，2017），Schneider 等（2012）和 Zhang 等（2019b）也证实了α-变形菌、β-变形菌、粪壳菌和座囊菌是不同类型凋落分解的主要优势菌。混合凋落物分解中β-变形菌和座囊菌的相对丰度显著高于日本落叶松凋落物，且高丰度的凋落物分解菌（β-变形菌和座囊菌）与木质纤维素降解呈正相关，进一步解释了日本落叶松和檫木混合凋落物中木质纤维素降解较快的原因。

微生物群落组成和功能基因丰度的变化密切相关（Hättenschwiler et al.，2005）。不同环境下，微生物功能类群和木质纤维素降解基因的类型和丰度不同（Cardenas et al.，2015；Žifčáková et al.，2017），进而导致木质纤维素组分降解率的变化。檫木凋落物中细菌木质纤维素降解基因的相对丰度最高，其次是混合凋落物和日本落叶松凋落物。混合凋落物中真菌木质纤维素降解基因相对丰度最高，其次是檫木凋落物和日本落叶松凋落物。在凋落物分解第150d，混合凋落物中放线菌和木质纤维素降解相关功能基因的相对丰度显著高于日本落叶松凋落物；在凋落物分解的第270d，混合凋落物中木质纤维素降解相关的粪壳菌和功能基因的相对丰度均显著提高。与粪壳菌不同，放线菌丰度与木质纤维素含量和降解酶活性呈负相关，这可能是因为放线菌对木质纤维素分解的实际贡献很小，而粪壳菌对木质纤维素分解的贡献更大（Baldrian，2008）。虽然放线菌具有丰富的纤维素、半纤维素和木质素降解基因，但凋落物分解过程中放线菌的基因转录效率可能较低，糖苷水解酶和辅助酶的活性还是主要来自于真菌（Žifčáková et al.，2017）。

为了更准确地评估凋落物分解模式的影响变量和因素，利用 Mantel 分析开发了基于微生物群落组成、酶活性、木质纤维素降解基因家族和木质纤维素组分含量间成对相关分析的概念模型，如图10-11，用以描述木质纤维素含量、酶活性、微生物群落组成和功能基因间的关系。木质纤维素含量与细菌和真菌群落组成及酶活性显著相关，与凋落物分解过程中多数木质纤维素降解功能基因丰度无显著相关性。由于微生物群落存在功能冗余（Bani et al.，2019），基因丰度的变化可能不如群落组成那样显著（Philippot et al.，2013）。这一方面可能是由于木质纤维素降解基因丰度随凋落物质量衰减的变化不如群落组成敏感，另一方面丰富的木质纤维素分解基因可以使整个微生物群落从木质纤维素生物量中获取能量

10 混交林凋落物对微生物木质纤维素降解功能的影响

10 Effects of mixed coniferous and broad-leaved litter on microbial lignocellulose degradation functions during litter decomposition

和营养，而不因单个微生物的分类或其相对丰度的改变而变化（Mhuantong et al.，2015），从而使得木质纤维素含量与其降解功能基因的丰度无显著相关性。真菌木质纤维素降解基因通过编码木质纤维素降解酶间接影响木质纤维素降解。然而，细菌降解木质纤维素的基因与木质纤维素的降解并不直接相关。因此，细菌分解者可能不是影响不同类型凋落物中木质纤维素降解的主要驱动因素。以往在蛋白质组学上的研究也得出了类似的结论：真菌主要负责木质纤维素的分解，而未检测到细菌水解酶（Schneider et al.，2012）。Allison（2012）开发了一个可以将微生物群落组成与凋落物理化性质和酶特性联系起来的模型，以预测凋落物分解率。但是，该模型没有统计木质纤维素降解功能基因与凋落物分解率的关系。本研究构建的模型表明，木质纤维素的降解与微生物群落组成和胞外酶活性密切相关，但与木质纤维素降解基因没有明显的直接关系。

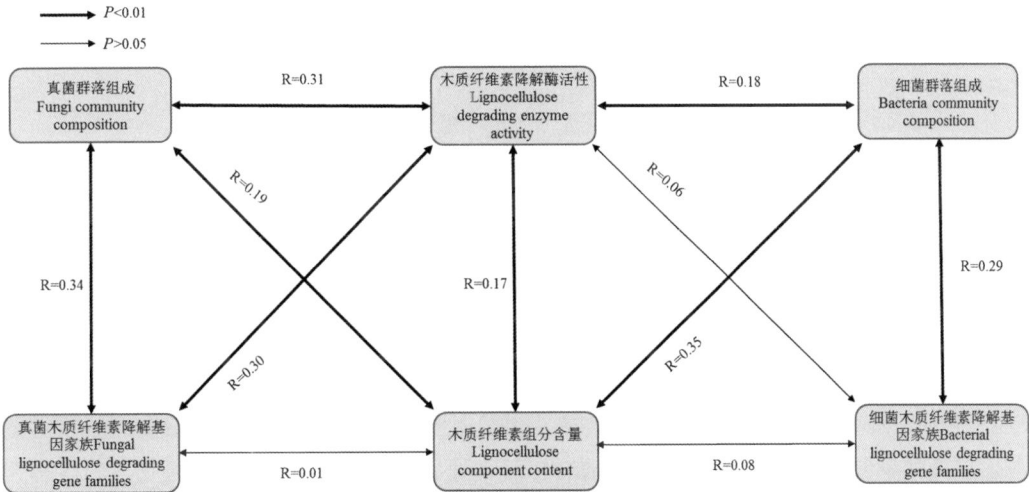

图10-11　细菌和真菌对木质纤维素降解调控的模型图

Fig.10-11　Graphical model of the regulation of lignocellulose degradation by bacteria and fungi

10.7 / 结论
Brief summary

　　三种类型凋落物中共发现 136 个细菌纲，α– 变形菌纲（31.8%）和放线菌纲（23.8%）均是优势菌纲。日本落叶松凋落物、檫木凋落物和混合凋落物分解中分别发现 36、37 和 39 个真菌纲，其中 36 个为共有真菌纲，粪壳菌（29.3%）和锤舌菌（30.1%）是主导真菌类群。日本落叶松和檫木混合凋落物改变了微生物群落和木质纤维素降解基因组成，显著提高了细菌和真菌 β- 葡萄糖苷酶（GH3）、细菌锰过氧化物酶（AA2 和 AA6）和真菌氧化酶（AA3、AA5 和 AA7）基因家族的丰度，促进了木质纤维素的降解。与日本落叶松纯林相比，日本落叶松和檫木混交后显著提高了凋落物中纤维素（+22.16%）、半纤维素（+13.59%）和木质素（+4.54%）的降解速率以及木质纤维素降解酶活性，混合凋落物中参与木质纤维素降解的 β- 变形菌和座囊菌的相对丰度显著高于日本落叶松凋落物。凋落物类型显著影响细菌纤维素与半纤维素及真菌木质素降解基因组成，Mantel 分析表明凋落物中木质纤维素含量与细菌和真菌群落组成及酶活性显著相关，且真菌是木质纤维素的主要分解者。

11

Effects of mixed coniferous and broad-leaved litter on microbial nitrogen metabolism pathway during litter decomposition

混交林凋落物对微生物 N 代谢功能的影响

N是所有生物体不可缺少的组成元素，也是合成蛋白质和核酸等关键细胞化合物的必要物质。森林生态系统中凋落物分解伴随着有机N的矿化，是向土壤归还N元素的重要手段（Cardenas et al.，2018）。针叶凋落物的分解常常受其低N含量和高C/N值的限制（Xiong et al.，2013），因此针叶纯林的生产力也主要受制于N元素的供给能力（Menge et al.，2012）。通常认为，针阔混合凋落物与单一针叶凋落物相比，其较高的养分含量会加速分解并增加养分矿化率（Olofsson and Oksanen，2002），表现出N释放的增加和物质循环的改善（Zeng et al.，2018），但混合凋落物促进N矿化和归还土壤的机制尚不清楚。微生物群落在N循环的调控中起着至关重要的作用（Balser and Firestone，2005）。N循环过程是由微生物群落介导的包括N矿化、固化和各种氧化还原反应等一系列重要的生物地球化学途径（Galloway et al.，2004；Gruber and Galloway，2008），通过共生模式分析来揭示这些相互联系的功能途径与相关微生物群落之间的关系（Bissett et al.，2013；Cardona et al.，2016），使得参与N代谢的核心微生物类群的鉴定成为可能。

　　宏基因组测序技术可以评估控制关键土壤过程（如C、N代谢）的功能途径多样性，特别是不以微生物生态微阵列为靶点的新基因家族和无法获得引物的基因家族（Zhou et al.，2015；Tu et al.，2015），已应用于土壤生态系统的N代谢研究（Tu et al.，2017；Sun and Badgle，2019）。然而，混合凋落物N特性、微生物群落组成和N代谢途径之间的关系、微生物N循环途径是如何根据微生物群落组成而发生变化，以及混合凋落物对N代谢功能微生物类群和N代谢途径的影响目前尚不清楚。因此，本章主要分析参与N代谢的功能微生物类群、功能基因及其对混合凋落物的响应方式，并对N代谢途径中的关键基因及其在微生物分类组成中的相对比例进行评估。

11.1 / 研究方法
Research methods

11.1.1 实验设计与取样

凋落物分解试验设计与取样方法见 9.1.1。

11.1.2 N 代谢途径的构建

DNA 提取、文库构建和宏基因组测序生物信息学分析见 9.1.3。NR 基因种类与 KEGG（Kyoto Encyclopedia of Genes and Genomes）数据库经 BLAST（版本 2.2.28+）比对后（Kanehisa et al., 2004），由 KOBAAS 2.0 分配 KEGG 功能注释结果（Qin et al., 2010）。N 代谢途径依据 KEGG 数据库中 ko00910 的注释结果和相关文献构建（Tu et al., 2017）。

11.2 / 凋落物 N 素特性和酶活性

Nitrogen properties and enzyme activities of litter

凋落物类型和取样时间对凋落物 C/N 值、NO_3^--N 和 NH_4^+-N 含量、蛋白酶、几丁质酶和脲酶活性均有显著影响。凋落物分解初始 C/N 值依次为日本落叶松凋落物（32.0）>混合凋落物（30.3）>檫木凋落物（22.8）[图 11-1（a）]。檫木凋落物的 C/N 值在分解的 270d 之前均低于日本落叶松凋落物，混合凋落物的 C/N 值在 150d 和 270d 时低于日本落叶松凋落物。

日本落叶松凋落物分解过程中 NH_4^+-N 含量逐渐降低，而檫木凋落物和混合凋落物中 NH_4^+-N 含量随分解的进行变化趋势一致，在分解的第 150d 后上升 [图 11-1（b）]，且三种类型凋落物间差异显著。凋落物分解过程中 NO_3^--N 含量整体呈降低的趋势，且分解前 270d 三种凋落物中 NO_3^--N 含量差异显著 [图 11-1（c）]，混合凋落物中的 NO_3^--N 含量平均比日本落叶松凋落物高 75.4mg/kg。

混合凋落物中脲酶活性最高 34μmol/（g·h），其次是檫木凋落物和日本落叶松凋落物（图 11-1d），混合凋落物分解过程中的脲酶活性显著高于日本落叶松凋落物。分解前 270d，混合凋落物和檫木凋落物中的蛋白酶和几丁质酶活性显著高于日本落叶松凋落物 [图 11-1（e）、图 11-1（f）]。蛋白酶和几丁质酶活性在檫木凋落物中最高，分别在分解第 150d [42μmol/（g·h）] 和 270d [59μmol/（g·h）] 达到高峰。

11 混交林凋落物对微生物 N 代谢功能的影响

11 Effects of mixed coniferous and broad-leaved litter on microbial nitrogen metabolism pathway during litter decompostition

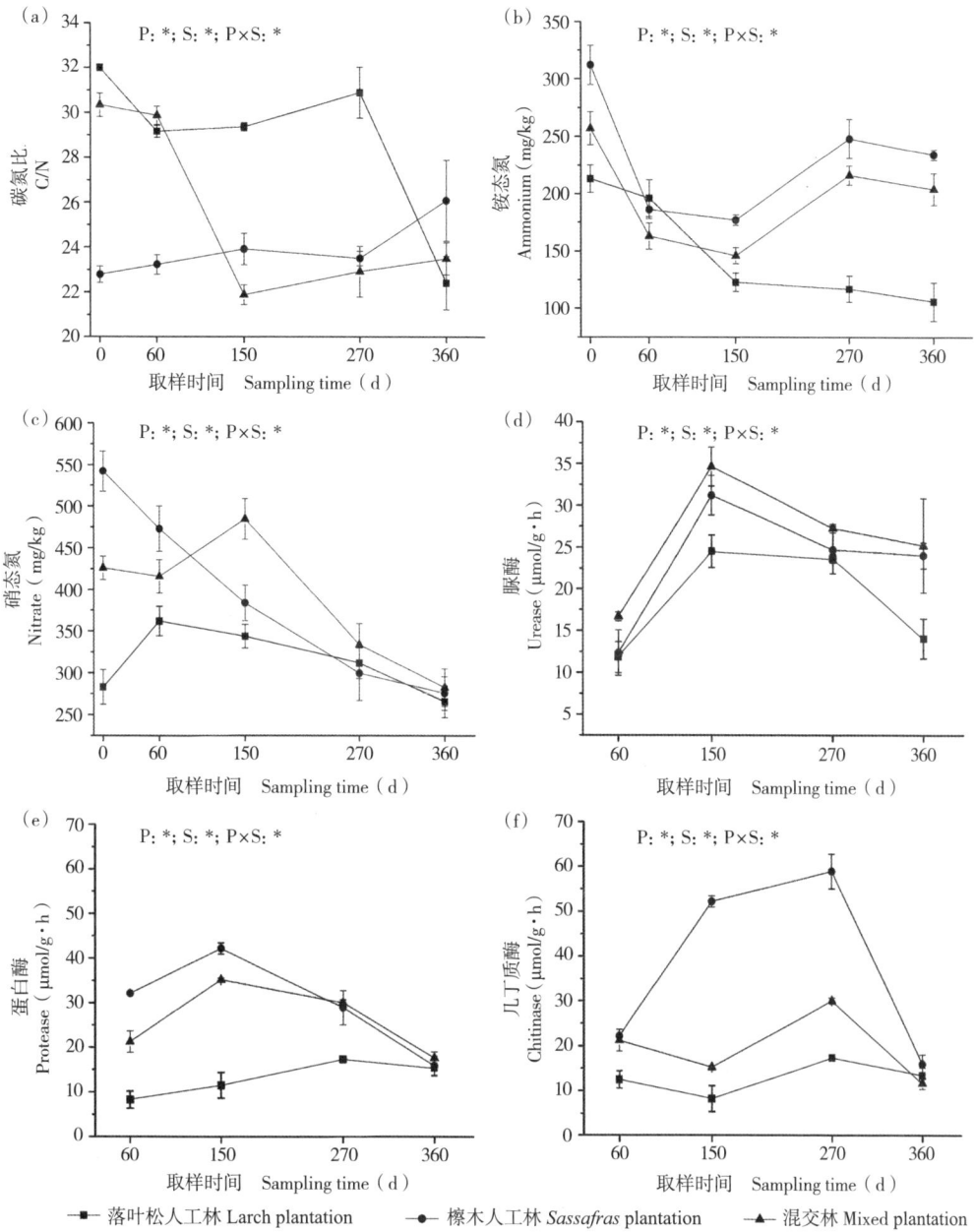

图11-1 凋落物N特性和酶活性

Fig.11-1 Litter nitrogen properties and enzyme activities

P：人工林类型；S：取样时间。* $P < 0.05$。数值表示为平均值±标准差。以下同

P stands for plantation type; T stands for sampling time. * $P < 0.05$. Values are presented as the means ± standard deviatin. The same bellow

11.3 / 凋落物分解中微生物的 N 代谢途径

Microbial nitrogen metabolism pathway during litter decomposition

　　根据宏基因组 KEGGN 代谢注释的结果，重建了凋落物分解过程中 N 代谢途径（图 11-2），包括硝化、反硝化、异化硝酸盐还原、同化硝酸盐还原、固 N 和有机 N 降解，同时为了研究凋落物分解过程中微生物 N 代谢功能潜力的变化，分析了与 N 代谢相关的微生物类群和功能基因。结果表明，N 代谢功能基因主要来源于根瘤菌、伯克氏菌和鞘氨醇单胞菌。日本落叶松凋落物中根瘤菌参与有机 N 降解、固 N、同化硝酸盐还原和异化硝酸盐还原的比例高于混合凋落物，而混合凋落物中参与同化硝态 N 还原和异化硝态 N 还原的伯克氏菌比例高于日本落叶松凋落物，且参与有机 N 降解的鞘氨醇单胞菌的比例更高。

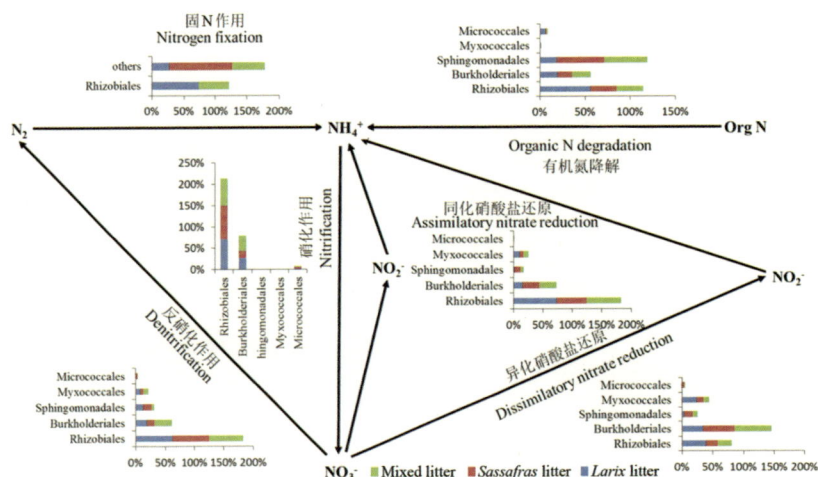

图11-2　三种类型凋落物中参与N代谢过程的微生物类群

Fig.11-2　The taxonomic groups involved in nitrogen metabolism processes among three types of litter

11.4 / 凋落物分解中 N 代谢功能微生物类群和相关基因

Functional microbial communities and related genes of nitrogen metabolism during litter decomposition

为了进一步探究三种类型凋落物分解过程中的微生物氮代谢途径变化，分析了与 N 转化相关的前 10 种微生物类群和功能基因的相对丰度。结果表明，根瘤菌（Rhizobiales）、伯克氏菌（Burkholderiales）和鞘氨醇单胞菌（Sphingomonadales）是三种凋落物类型中主要的 N 代谢相关类群（图 11-3），其中伯克氏菌和鞘氨醇单胞菌的相对丰度均随着分解的进行而降低，在 270d 以前混合凋落物中伯克氏菌和鞘氨醇单胞菌的相对丰度显著高于日本落叶松凋落物。檫木凋落物的伯克氏菌相对丰度一直显著高于日本落叶松凋落物，而根瘤菌的相对丰度低于日本落叶松凋落物，特别是在第 270d 时根瘤菌的相对丰度显著低于日本落叶松凋落物。在属分类水平上，日本落叶松凋落物中最丰富的属是慢生根瘤菌［根瘤菌目，*Bradyrhizobium*（Order Rhizobiales）］（图 11-4），檫木凋落物和混合凋落物中初期最丰富的属为鞘氨醇单胞菌［鞘氨醇单胞菌目，*Sphingomonas*（Order Sphingomonadales）］，随着分解进行紫色杆菌和鞘氨醇单胞菌的相对丰度逐渐减少，而慢生根瘤菌变为优势属，在分解 270d 之前混合凋落物中鞘氨醇单胞菌和紫色杆菌（*Janthinobacterium*）的相对丰度显著高于日本落叶松凋落物，而慢生根瘤菌的相对丰度则显著低于日本落叶松凋落物。

RMANOVA 结果表明，与细菌有机 N 降解、同化硝酸盐还原、反硝化和硝化相关的基因丰度因凋落物类型而异（$P < 0.05$）（图 11-5）。与细菌有机 N 降解、异化硝酸盐还原、反硝化和硝化相关的基因丰度随着时间发生显著变化，在分解前 270d 混合凋落物中与细菌有机 N 降解相关基因的丰度显著高于日本落叶松凋落物，而与同化硝酸盐还原相关的基因则显著低于日本落叶松凋落物。真菌群落中，与有机 N 降解和同化硝酸盐还原相关基因的丰度因凋落物类型而异。取样时间仅对真菌反硝化相关基因丰度有显著影响，在分解第 270d 时混合凋落物中有机 N 降解相关基因的丰度显著低于日本落叶松凋落物，而同化硝酸盐还原相关基因的丰度则相反。

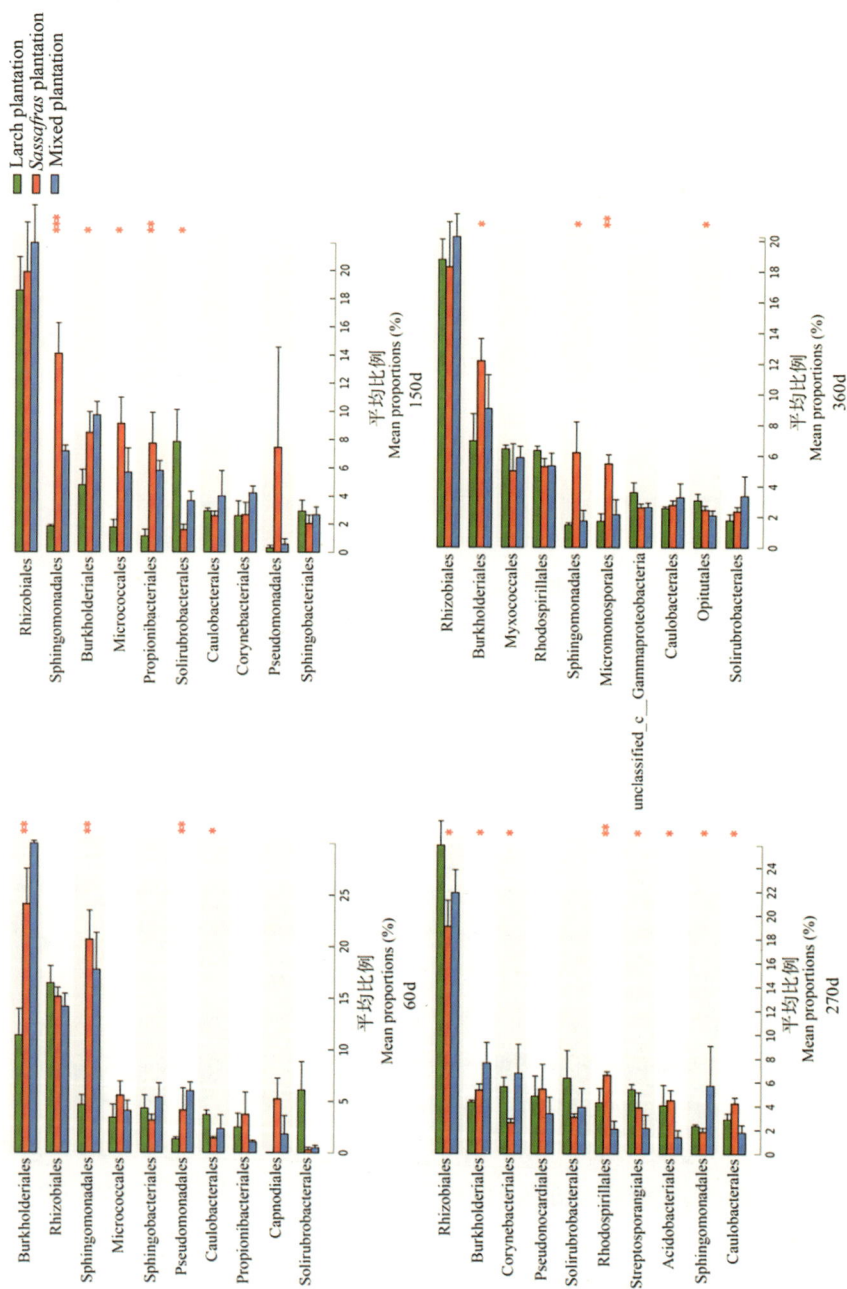

图11-3　凋落物分解过程中N代谢相关微生物类群目分类水平上的相对丰度

Fig.11-3　Relative abundance of microbial taxa involved in nitrogen metabolism during litter decomposition at the order levels

*P<0.05；**P<0.01；***P<0.001。数值表示为平均值±标准差

Values are presented as the means±standard deviation

11 混交林凋落物对微生物 N 代谢功能的影响

11 Effects of mixed coniferous and broad-leaved litter on microbial nitrogen metabolism pathway during litter decomposition

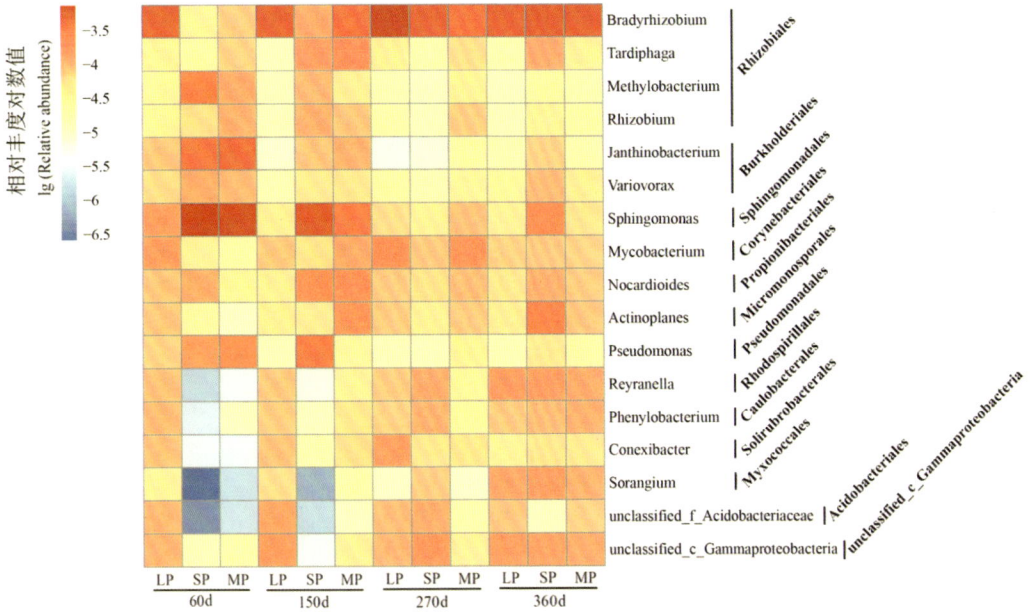

图11-4 凋落物分解过程中N代谢相关微生物类群属分类水平上的相对丰度

Fig.11-4 Relative abundance of microbial taxa involved in nitrogen metabolism during litter decomposition at genus levels

LP：落叶松人工林；SP：檫木人工林；MP：混交林

LP：Larch plantation；SP：*Sassafras* plantation；MP：mixed plantation

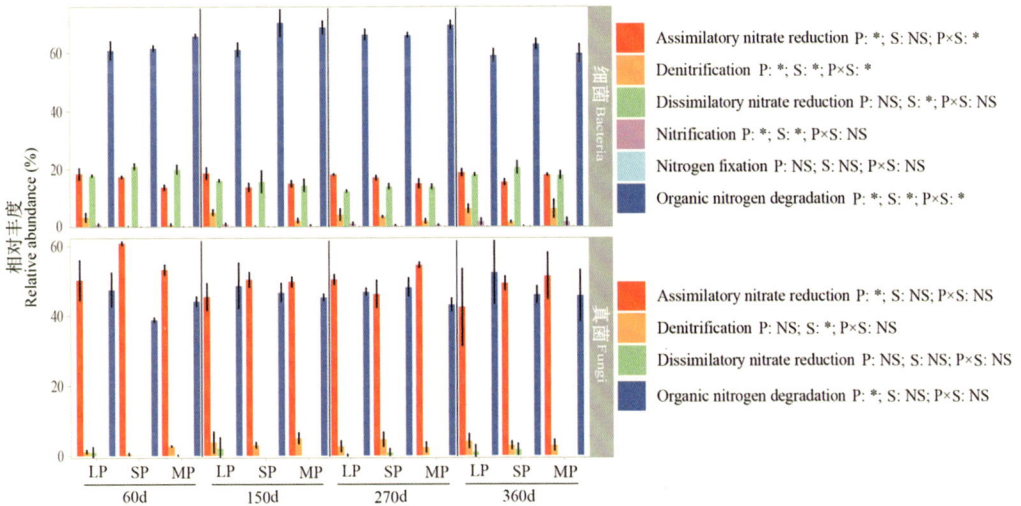

图11-5 N代谢途径中功能基因的相对丰度

Fig.11-5 Relative abundances of functional genes in nitrogen metabolism pathways

细菌群落N代谢功能基因中谷氨酸脱氢酶（EC：1.4.1.2）、硝酸单加氧酶（EC：1.13.12.16）和脲酶（EC：3.5.1.5）最为丰富［图11-6（a）］。差异分析表明，与日本落叶松凋落物相比，在分解的前270d，混合凋落物显著提高了谷氨酸脱氢酶丰度（EC：1.4.1.2），降低了铁氧还蛋白硝酸还原酶（EC：1.7.7.2）和铁氧还蛋白亚硝酸盐还原酶（EC：1.7.7.1）的丰度。

真菌群落中谷氨酸脱氢酶（EC：1.4.1.2）、亚硝酸盐还原酶［NAD（P）H］（EC：1.7.1.4）和硝酸还原酶［NAD（P）H］（EC：1.7.1.1；1.7.1.2；1.7.1.3）是最丰富的功能基因［图11-6（b）］。混合凋落物中硝酸盐单加氧酶（EC：1.13.12.16）和硝酸还原酶［NAD（P）H］（EC：1.7.1.1；1.7.1.2；1.7.1.3）的丰度分别在分解的前150d和270d显著高于日本落叶松凋落物；而谷氨酸脱氢酶（EC：1.4.1.2）的丰度在分解的前270d显著低于日本落叶松凋落物。总体而言，混合凋落物中与有机N降解和硝酸盐同化还原有关的细菌和真菌基因丰度与日本落叶松凋落物有显著差异。

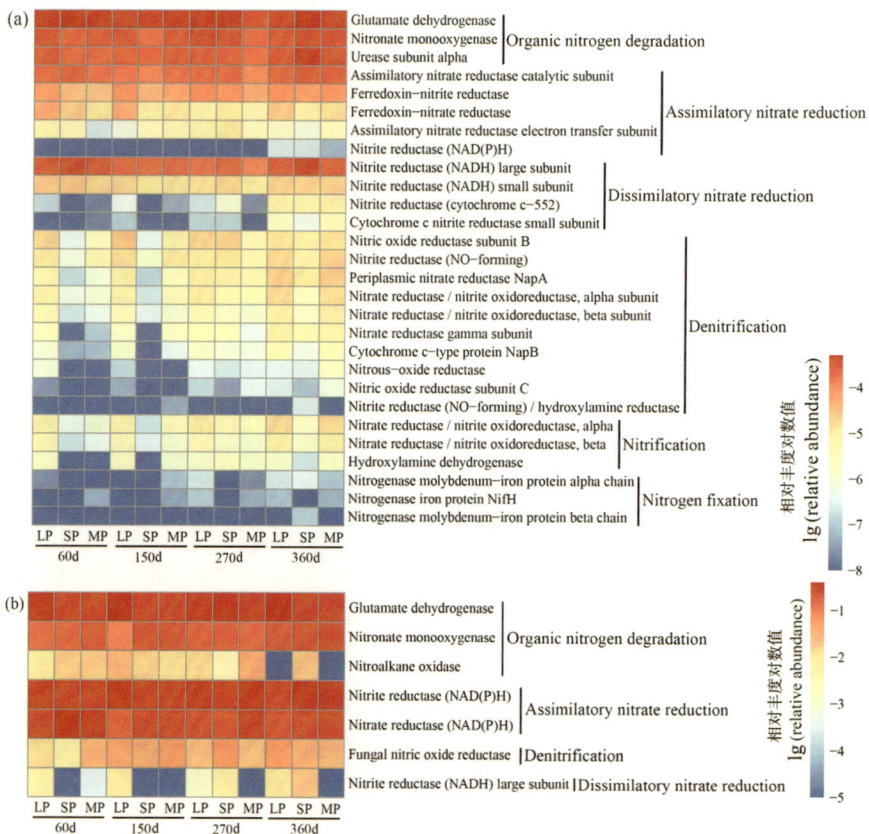

图11-6 凋落物分解N代谢途径中细菌（a）和真菌（b）功能基因的相对丰度

Fig.11-6 Relative abundances of bacterial（a）and fungal（b）each functional gene in nitrogen metabolism during litter decomposition

11.5 / 凋落物分解中微生物群落的网络分析

Network analysis of micobial communities in litter decomposition

　　使用 Python 软件包"networkx"对细菌和真菌群落进行共生网络分析，通过计算网络的节点度分布、网络的直径、网络的平均最短路径及节点联通性、紧密系数、介数中心性等属性，来解析三种类型凋落物分解中微生物的共生网络特征。整个共生网络由 58 个节点组成，平均相邻系数为 7.14，聚类系数为 0.65（图 11-7）。三种类型凋落物中的细菌和真菌群落网络结构存在显著差异。混合凋落物的共存网络结构比两种单一凋落物简单，微生物种间的负相关性也比两种单一凋落物少，真菌类群种类多于日本落叶松凋落物。共存网络中檫木凋落物和混合凋落物中的细菌和真菌之间存在正相关性［图 11-7（a）］，优势属慢生根瘤菌和鞘氨醇单胞菌的丰度呈负相关，而日本落叶松凋落物中优势菌属慢生根瘤菌（α- 变形菌）的丰度与分枝杆菌（*Mycobacterium*）、链霉菌（*Streptomyces*）和弗兰克氏菌（*Frankia*）的丰度呈正相关，鞘氨醇单胞菌的丰度与多数其他属的丰度呈正相关［图 11-7（b）、图 11-7（c）］。网络分析表明，分枝杆菌是日本落叶松凋落物分解中的关键类群，而鞘氨醇单胞菌则是混合凋落物和檫木凋落物分解中的关键类群。

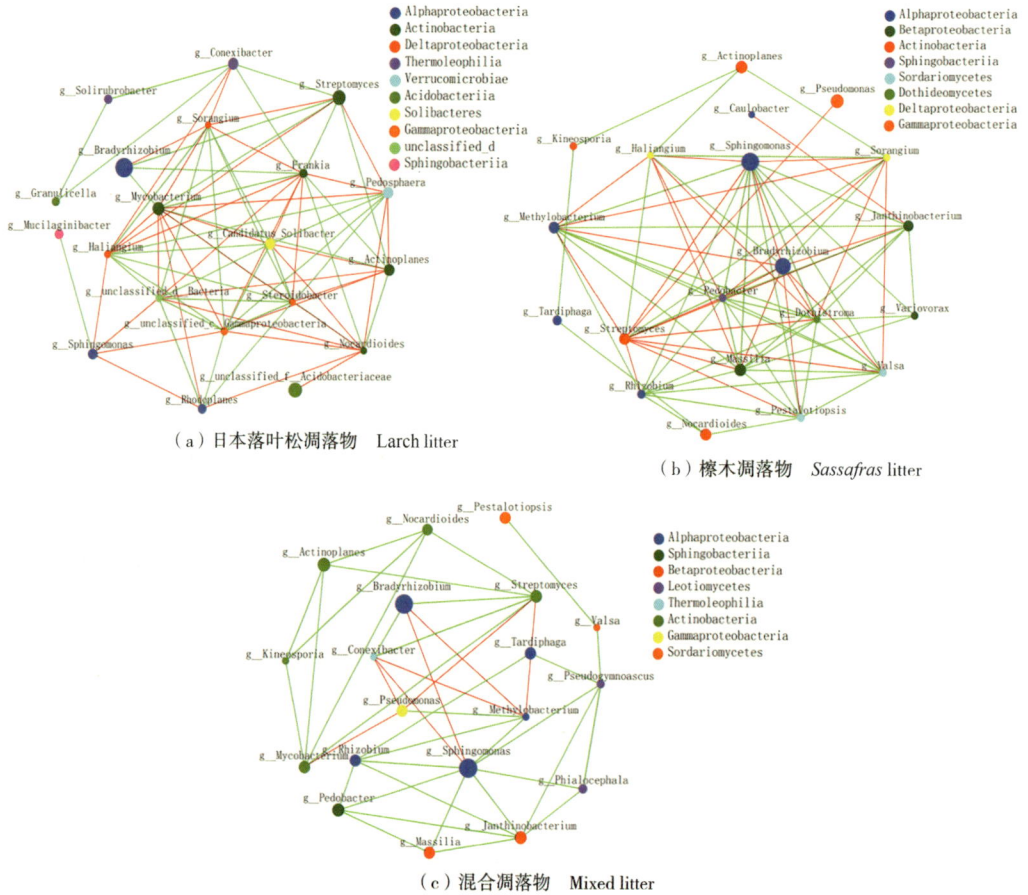

（a）日本落叶松凋落物　Larch litter

（b）檫木凋落物　*Sassafras* litter

（c）混合凋落物　Mixed litter

图11-7　三种类型凋落物中细菌和真菌群落的网络分析

Fig.11-7　Network analyses of bacterial and fungal communities in three litter types

节点的大小代表属的丰度高低，线的颜色表示正相关和负相关，红色表示属间负相关，绿色表示属间正相关

The size of nodes represents the abundance of genera. The color of the line indicates positive and negative correlation，red stand for negative correlation between genera，green stand for positive correlation between genera

11.6 / 微生物群落组成、N 代谢基因 与凋落物 N 特性的关系

Relationship among microbial community composition, nitrogen metabolism genes and litter nitrogen properities

　　RDA 结果表明，PH 值、硝酸盐、C/N 值和蛋白酶对细菌群落组成有显著影响（R^2=0.77，$P < 0.01$；R^2=0.55，$P < 0.01$；R^2=0.37，$P < 0.01$；R^2=0.33，$P < 0.05$）[图 11-8（a）]，鞘氨醇单胞菌和紫色杆菌的丰度与 PH 值、蛋白酶活性和硝酸盐含量呈正相关。PH 值、硝酸盐、蛋白酶和脲酶活性对真菌群落有显著影响（R^2=0.62，$P < 0.01$；R^2=0.48，$P < 0.01$；R^2=0.53，$P < 0.01$；R^2=0.34，$P < 0.05$），多数真菌属的丰度与 PH 值、硝酸盐、蛋白酶和脲酶活性呈正相关，其中拟盘多毛孢菌的相关性最强 [图 11-8（b）]。

　　Db-RDA 结果表明，细菌 N 代谢基因的丰度受硝酸盐、PH 值和脲酶活性影响显著（R^2=0.40，$P < 0.01$；R^2=0.29，$P < 0.01$；R^2=0.28，$P < 0.01$）[图 11-8（c）]。亚硝酸盐还原酶（NADH）和谷氨酸脱氢酶的丰度与硝酸盐含量和 PH 值呈正相关，而硝态 N 单加氧酶和铁氧还蛋白还原酶与硝酸盐含量和 PH 值呈负相关。真菌 N 代谢基因的丰度受 PH 值、硝酸盐含量和蛋白酶活性影响显著（R^2=0.40，$P < 0.01$；R^2=0.22，$P < 0.05$；R^2=0.23，$P < 0.05$）[图 11-8（d）]，硝酸还原酶 [NAD（P）H]、亚硝酸盐还原酶 [NAD（P）H] 和谷氨酸脱氢酶的丰度与 PH 值和硝酸盐含量呈正相关。

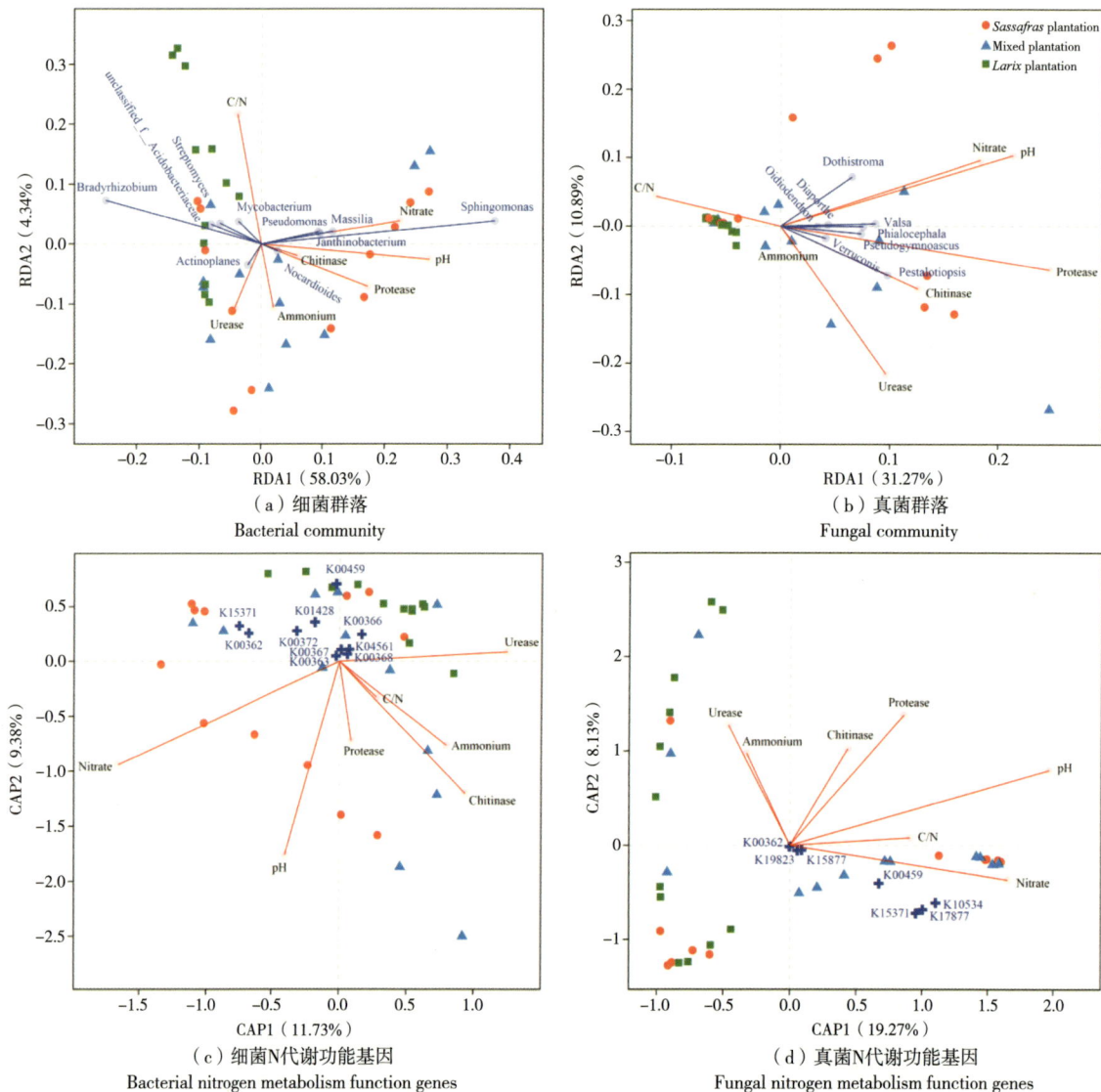

图11-8　凋落物N特性与细菌群落组成和N代谢功能基因的相关性分析

Fig.11-8　Correlation analysis of nitrogen characteristics of litter, bacterial community composition and nitrogen metabolism function genes

功能基因编号的缩写见表11-1

The abbreviations of nitrogen metabolism functional genesnumber were presented in Tab. 11-1

11 混交林凋落物对微生物 N 代谢功能的影响

11 Effects of mixed coniferous and broad-leaved litter on microbial nitrogen metabolism pathway during litter decomposition

表11-1 N代谢功能基因编号的缩写

Tab.11-1 The abbreviations of nitrogen metabolism function genes number

KO 编号 KO number	功能描述 Function description
K00366	Ferredoxin-nitrite reductase（EC：1.7.7.1）
K02305	Nitric oxide reductase subunit C
K00363	Nitrite reductase （NADH）small subunit（EC：1.7.1.15）
K00372	Assimilatory nitrate reductase catalytic subunit（EC：1.7.99.4）
K15371	Glutamate dehydrogenase（EC：1.4.1.2）
K02568	Cytochrome c-type protein NapB
K00362	Nitrite reductase （NADH）large subunit（EC：1.7.1.15）
K02567	Periplasmic nitrate reductase NapA（EC：1.7.99.4）
K00368	Nitrite reductase （NO-forming）（EC：1.7.2.1）
K00371	Nitrate reductase / nitrite oxidoreductase，beta subunit（EC：1.7.5.1 1.7.99.4）
K00360	Assimilatory nitrate reductase electron transfer subunit（EC：1.7.99.4）
K00376	Nitrous-oxide reductase（EC：1.7.2.4）
K00370	Nitrate reductase / nitrite oxidoreductase，alpha subunit（EC：1.7.5.1 1.7.99.4）
K03385	Nitrite reductase （cytochrome c-552）（EC：1.7.2.2）
K01428	Urease subunit alpha（EC：3.5.1.5）
K00367	Ferredoxin-nitrate reductase（EC：1.7.7.2）
K15864	Nitrite reductase （NO-orming）/ hydroxylamine reductase（EC：1.7.2.1 1.7.99.1）
K02586	Nitrogenase molybdenum-iron protein alpha chain（EC：1.18.6.1）
K02588	Nitrogenase iron protein NifH（EC：1.18.6.1）
K00374	Nitrate reductase gamma subunit（EC：1.7.5.1 1.7.99.4）
K17877	Nitrite reductase （NAD（P）H）（EC：1.7.1.4）
K00459	Nitronate monooxygenase（EC：1.13.12.16）
K02591	Nitrogenase molybdenum-iron protein beta chain（EC：1.18.6.1）
K04561	Nitric oxide reductase subunit B（EC：1.7.2.5）
K15876	Cytochrome c nitrite reductase small subunit
K10534	Nitrate reductase［NAD（P）H］（EC：1.7.1.1 1.7.1.2 1.7.1.3）
K15877	Fungal nitric oxide reductase（EC：1.7.1.14）
K19823	Nitroalkane oxidase（EC：1.7.3.1）
K10535	Hydroxylamine dehydrogenase（EC：1.7.2.6）

11.7 / 讨论
Discussion

凋落物分解中的 N 代谢是一个涉及多种微生物类群的复杂过程，三类凋落物中检测到硝化、反硝化、异化硝酸盐还原、同化硝酸盐还原、固 N 和有机 N 降解 6 个由微生物介导的 N 代谢过程，却没有发现厌氧氨氧化相关的功能基因。这可能是因为厌氧氨氧化发生在严格的厌氧环境中，而凋落物层不适合厌氧微生物的生长和繁殖（Humbert et al.，2010）。尽管反硝化作用通常也发生在厌氧环境中（Herbert，1999），但由于一些硝酸盐还原菌是兼性厌氧菌，同时拥有好氧和厌氧呼吸所需的酶，所以也可以发生在好氧环境中。

研究表明，凋落物分解中的每一个 N 代谢过程均有众多微生物类群参与其中，符合 N 代谢过程高度多样的系统发育分布（Nelson et al.，2016）。由于微生物群落功能冗余的限制，凋落物分解中维持 N 代谢活跃需要较高的微生物多样性（Philippot et al.，2013）。本研究分析的 6 个主要 N 代谢过程中与硝酸盐还原（同化和异化）和有机 N 降解相关的基因丰度最高、涉及的微生物类群多样性也最高，这可能是因为硝酸盐还原和有机 N 降解为微生物提供了能量和营养（Condron et al.，2010；Moreno-Vivián et al.，1999）。而与其他 N 代谢过程相比，固 N 作用相关的微生物种类较少，这是由凋落物中丰富的氮源已能够满足微生物生长繁殖的需求决定的。

根瘤菌、伯克氏菌和鞘氨醇单胞菌是负责 N 代谢过程的 3 个主要微生物类群，它们携带着丰富的 N 代谢功能基因，是 N 循环的优势菌种，参与多条 N 代谢过程（Nelson et al.，2015）。在属分类水平上，鞘氨醇单胞菌以富含反硝化功能基因而著称（Fang et al.，2018），紫色杆菌也与 N 循环有关，可以利用一些氨基酸物质（Lowell et al.，2009；Summers et al.，2013）。功能基因主要来自伯克氏菌和鞘氨醇单胞菌，在分解的前 270d 混合凋落物中的伯克氏菌和鞘氨醇单胞菌的相对丰度显著高于日本落叶松凋落物，表明与阔叶凋落物混合促进了有机 N 降解和硝酸盐还原等相关类群 N 代谢的功能潜力。由于微生物群落的功能

11 混交林凋落物对微生物 N 代谢功能的影响

11 Effects of mixed coniferous and broad-leaved litter on microbial nitrogen metabolism pathway during litter decomposition

冗余，基因丰度的变化可能不如群落组成的变化那么明显（Philippot et al., 2013）。三种类型凋落物中与细菌有机 N 降解、同化硝酸盐还原、反硝化和硝化相关的基因丰度差异显著，但与真菌 N 代谢相关的基因丰度差异不显著，表明细菌群落组成和功能基因丰度受 N 含量的影响，而真菌群落组成则受 C 含量的调节（Wang et al., 2019b；2019c），细菌对 C/N 值的需求可能更低，对 C/N 值的变化更为敏感（Keiblinger et al., 2010；Riggs and Hobbie, 2016）。

微生物共存网络模式能够通过揭示微生物之间的相互作用和生态位结构来评估微生物群落功能（Banerjee et al., 2018；Ma et al., 2018a）。微生物介导的有机 N 降解增强为微生物类群提供了更多的 N 源和生态位，从而缓解了微生物之间的竞争并增加了微生物之间的合作（Costello et al., 2012；Lin et al., 2019）。与日本落叶松凋落物相比，混合凋落物网络结构中的真菌种类较多而细菌种类较少，微生物群落间负线性相关较少而网络结构更简单，表明混合凋落物的微生物共存网络模式比单一凋落物更稳定（Fan et al., 2018；Zhang et al., 2019b）。混合凋落物中与铵态 N 产生有关的细菌功能基因丰度显著高于日本落叶松凋落物，如谷氨酸脱氢酶基因（与有机 N 降解有关）丰度在分解的前 270d 持续递增。谷氨酸和铵态 N 几乎是所有细胞生物合成反应的关键 N 源，也是微生物群落的首选 N 源（Magasanik, 1993；Wong et al., 2008）。有机 N 降解是微生物从凋落物分解中获得 N 源的主要途径，混合凋落物的有机 N 分解酶（脲酶、蛋白酶和几丁质酶）的活性高于日本落叶松凋落物。在 C、N 有效性较低的针叶凋落物中，调节脲酶、蛋白酶和几丁质酶的活性对微生物群落以及对促进有机 N 的降解至关重要（Geisseler et al., 2010）。混合凋落物中参与同化硝酸盐还原的真菌功能基因丰度高于日本落叶松凋落物。具体来看，在分解的前 270d 混合凋落物中硝酸还原酶［NAD（P）H］的丰度较高，表明分解过程中有向土壤 N 素循环提供更多植物可直接利用 NH_4^+–N 的趋势。

混合凋落物较日本落叶松凋落物具有更高的 pH 值和硝酸盐含量，这是导致两者之间微生物群落组成和丰度差异的主要因素（Balser and Firestone, 2005；Liu et al., 2015；Urbanová et al., 2015）。与慢生根瘤菌不同，鞘氨醇单胞菌和紫色杆菌与 pH 值和硝酸盐含量正相关，其他研究也有同样发现（Zhalnina et al., 2015）。鞘氨醇单胞菌能利用复杂的基质，是凋落物分解中细菌优势种（Zeng et al., 2019）。相较于日本落叶松凋落物，混合凋落物中较高的 pH 值和硝酸盐含量是导致鞘氨醇单胞菌和紫色杆菌丰度增加的主要原因。慢生根瘤菌的丰度与 C/N 值呈正相关，可能是由于慢生根瘤菌本身的固 N 作用使其可以在 N 含量较低的日本落叶松凋落物中生存（Bedmar et al., 2005）。此外，硝酸盐含量的增加可以使 N 循环中的关键功能基因高度富集，进而导致其功能改变（Bowen et al., 2011；Xu et al., 2014）。这些研究进一步印证了硝酸盐含量与鞘氨醇单胞菌、紫色杆菌和 N 代谢关键功能基因的丰度呈正相关的结论。

11.8 / 结论
Brief summary

　　根瘤菌、伯克氏菌和鞘氨醇单胞菌是三种类型凋落物中主要的 N 代谢功能类群，其中伯克氏菌和鞘氨醇单胞菌的相对丰度均随凋落物分解的进行而逐渐降低。冗余分析结果表明，凋落物的 pH 值和 NO_3^-–N 含量是影响微生物 N 代谢潜力的主导因素。与日本落叶松凋落物相比，混合凋落物显著提高了凋落物的 pH 值（+0.7）、硝态 N 含量（+143mg/kg），增强了蛋白酶、脲酶和几丁质酶的活性，提高了鞘氨醇单胞菌（+5.8%）和紫色杆菌（+1.9%）的相对丰度及 N 代谢功能潜力。混合凋落物主要通过影响细菌和真菌的有机 N 降解和同化硝酸盐还原相关基因的丰度来调控微生物 N 代谢过程。混合凋落物中真菌的谷氨酸脱氢酶、细菌的硝酸盐单加氧酶和硝酸还原酶基因丰度显著高于日本落叶松凋落物。共存网络分析表明，混合凋落物与单一凋落物相比具有简单且稳定的微生物共存网络模式，微生物种间负相关性少，多样性高。

12

Implications for sustainable management of larch plantation

落叶松人工林可持续经营的思考

自 1992 年联合国环境与发展大会以来，森林可持续经营的研究伴随着实践进入了一个全新的时期（张守攻 等，2001）。大面积单一化的人工林存在易发生严重的病虫危害、抗自然灾害和大气污染能力差、维护地力能力弱、土壤质量下降和林地生产力退化等各种风险，有关人工林的稳定性和可持续经营更成为全球的研究热点，其中代表性的有德国和欧洲的近自然林业（其主要思想是将占优势的人工林，通过发展择伐、混交林、天然更新等方式逐步改变为天然林或接近天然林的人工林）和美国的生态系统经营（其主要思想是从完整的生态系统考虑一切经营活动，不仅重视森林的生产性功能，还重视森林的稳定性和维持生物多样性等多种价值），我国的林学家也针对我国的国情和林情开展了人工林经营的有效探索。人工林可持续经营的实质及其主要目标是长期生产力的维持。人工林长期生产力维持主要体现在提高人工林的稳定性、全面提升人工林的生长量和质量，从而达到生产力、经济效益、生态效益和社会效益最佳、可持续经营的目的。采取的技术措施可归纳为 4 个方面：①遗传控制，即在人工林的营建中选择适合林地和培育目标要求的，生长量大、抗性强、经济性状好的优良种植材料，包括种源、家系和无性系等，并由混系造林逐渐向家系林业和无性系林业发展，优良种植材料选育除注重传统的生长性状外，更加重视抗性育种和材质育种，使得人工林生产力越来越高、抗性越来越强、出材和木材品质越来越好，达到"优质、高产、抗逆、稳定和高效"的目标；②立地控制或地力维护，随着人工林集约化经营程度的提高，适地适种源、适品系已成为发展趋势，更要注重精确的立地类型划分与立地质量评价和更为严格的立地控制，并要求树木或品种植在最适生的范围内，做到适地适树适品种，维护地力，发挥林地生产力；③密度控制，是从人工林营建时的初植密度到培育周期结束，不断地按照培育目标和树种或品种特性对人工林不同发育阶段单位面积林分密度和保留林木生长空间进行调整，从而改变林冠的郁闭度与林内的光辐射和光

环境，提高保留林木的光合能力和生产力，促进林下植被的发育，增加人工林的生物多样性，有利于人工林群落的形成，同时通过密度控制改善林木的干形生长和促进自然整枝，更有利于木材品质的提高；④植被管理，是对人工林采取保护、利用、发展和清除植被的各种经营管理措施，包括发展多树种造林与混交林、保护人工林内的天然植被并充分利用天然更新树木、适当降低人工林的林分密度并促进林下植被的发育等，从而改善人工林群落结构，提升人工林的稳定性和长期生产力（张守攻 等，2002；盛炜彤，2014）。

落叶松是我国东北、内蒙古林区以及华北、西北、西南高山针叶林的主要森林组成树种（王战，1992）。根据我国第九次森林资源清查报告，我国落叶松人工林面积达 316 万 hm^2，蓄积量 2.37 亿 m^3，占全国人工林总面积的 5.54%，占人工林总蓄积的 7.01%，在我国林业产业和生态建设中占有极其重要的地位。因此，总结本书的主要研究成果，并在此基础上提出合理的经营建议，期望能为我国落叶松人工林可持续经营和长期生产力维持提供理论和实践的借鉴。

12.1 / 日本落叶松人工林养分特征
Characteristics of nutrients in *Larix kaempferi* plantation

　　本书对比分析了温带低山丘陵区、暖温带中山区和北亚热带亚高山区3个生态气候区幼龄林、中龄林、近熟林、成熟林4个发育阶段日本落叶松人工林生态系统中乔木层、林下植被层、凋落物层、土壤层的养分含量（N、P、K、Ca、Mg）、养分积累与分配规律及养分利用效率，揭示了养分在植物–土壤–凋落物循环中的流动规律，以阐明维持日本落叶松人工林生产力的形成机理和生态过程，为物质循环、能量交换等研究提供基础资料，也为维护人工林生态系统的稳定及其可持续经营提供依据。

　　乔木层针叶中养分含量最高，树枝、树皮、树根中养分含量居中，树干中养分含量最低；中龄林—成熟林阶段树干占到植被层生物量的45%～71%，但养分含量却仅占总养分积累量的26%～33%。灌木层和草本层的养分含量远高于乔木层各器官（除针叶外），林下植被层生物量仅占总生物量的1%～9%，但养分积累量占比却是生物量占比的3～7.5倍。日本落叶松人工年凋落量、凋落物层现存量和养分储量均表现出随林分生长发育先升后降的趋势，年凋落量在中龄阶段达最大值（3911.7kg/hm²），成熟林阶段年凋落物量为3314.2kg/hm²，此时灌木叶在凋落物中占较大比重（33.78%）；凋落物层现存量稍有滞后，在近熟林阶段达到最大（暖温带为12.26t/hm²，温带为26.56t/hm²），成熟林阶段降为5820kg/hm²；凋落物层养分储量也同样在近熟林阶段达到最大，为501.53kg/hm²，成熟林阶段降至297.43kg/hm²；凋落物层真菌和细菌基因拷贝数及酶活性均呈现出幼龄林阶段最高、中龄林或近熟林阶段最低，成熟林阶段有所恢复的规律，且近熟林阶段凋落物未分解层优势微生物种类与其他3个发育阶段存在较大差异；养分年归还量随林分发育而增大，成熟林阶段最大，为142.37kg/hm²。不同发育阶段林分年养分归还量和凋落物层养分储量，均以Ca和N的积累量最大，K和Mg的积累量居中，P的积累量最小。

　　土壤质量随林分发育的变化趋势与凋落物现存量刚好相反，在中龄林或近熟林阶段土壤理化性质最差，表现为土壤密度最大，毛管孔隙度和最大持水量降至最低，且土壤有机质、N、P、K、Mg、Ca 含量较低，而至成熟林阶段土壤理化性质、生物学特征有明显改善；土壤几丁质酶、淀粉酶与 β- 葡萄糖苷酶活性也在中龄林或近熟林阶段降至最低；细菌基因拷贝数在中龄林阶段显著低于其他阶段，氨氧化细菌基因拷贝数在中龄林和近熟林阶段显著低于其他 2 个阶段，成熟林阶段有所回升，真菌基因拷贝数基本呈现出随林分发育而升高的趋势，成熟林阶段显著高于其他阶段。主成分分析结果也同样表明，从中龄林 - 近熟林阶段土壤质量土壤理化性质出现衰退，土壤养分含量下降，土壤物理性质变差，但是近熟林 - 成熟林阶段土壤养分含量逐渐得到了恢复，物理性质也明显得到了改善，不存在明显的地力衰退现象。无论是 1 代林还是 2 代林，均在中龄林（16a 生）时土壤有机质、速效养分含量和土壤酶活性呈下降趋势，在近熟林（30a 生）时降至最低值，土壤容重和凋落物现存量显著高于其他时期；1 代林至成熟林（47a 生）时土壤性质得以恢复，至 2 代林幼龄林（8a 生）时土壤有效养分含量与土壤酶活性均略高于 1 代林成熟林（47a 生），说明 1 代林和 2 代林间不存在理化性质可测的地力衰退现象。通过分析不同时间序列下林下植被发育和凋落物层现存量与土壤性质的关系发现，凋落物现存量与土壤含水量、有机质、全 N、水解 N 和有效 K 含量以及土壤 β- 葡萄糖苷酶、几丁质酶、纤维素水解酶和多酚氧化酶活性呈显著负相关，与土壤容重呈显著正相关。与细菌相比，土壤真菌主导了日本落叶松人工林土壤多功能性，适度间伐显著增加了夏季子囊菌门的相对丰度，而显著降低了夏秋季担子菌门的相对丰度。此外，适度间伐显著提高了土壤有效养分含量、酶活性、真菌多样性和土壤多功能性，林下植被生物量和多样性与土壤多功能性和真菌丰富度呈显著正相关，间伐通过改变真菌群落组成调节和维持土壤多功能性。

从养分生物循环角度，日本落叶松人工林幼龄林阶段对养分有着高归还、高吸收、低存留的特征，但净生产力较低；中龄林和近熟林阶段净生产力相对较高，对养分有着高吸收、低归还、高存留的特点，养分消耗较大；成熟林阶段对养分有着低吸收、高归还的特点，养分消耗相对较小，有利于林地土壤养分的积累，具有较高的净生产力，养分利用效率比幼龄林阶段提高 42.3%。与杉木、油松等其他针叶树种相比，日本落叶松人工林有着高效的物质循环系统和较高的养分循环速率。

不同生态气候区，土壤养分含量与储量及落叶松养分积累与通常的直观认识相比存在一定差异。温带土壤 N 库高于暖温带；暖温带土壤 K 库高达 83.99 ~ 94.47t/hm^2，是温带土壤 K 库（16.57 ~ 17.85t/hm^2）的 5 倍；土壤水解 N、有效 P 和速效 K 的储量，均表现为温带区高于暖温带区，表征温带与暖温带相比有着更高的土壤速效养分供应能力。温带日本落叶松积累更多的 N（成熟林占 41.4%），而暖温带积累更多的 Ca（成熟林 44.3%）。此外，凋落物现存量在生态气候区上也表现出明显的差异，温带 4 个发育阶段日本落叶松凋落物现存量分别是暖温带的 5.8 倍、2.3 倍、2.1 倍和 1.9 倍。

12.2 / 日本落叶松人工林凋落物分解特征

Characteristics of litter decomposition in *Larix kaempferi* plantation

针对日本落叶松人工林中龄林和近熟林阶段林内凋落物现存量高、林地质量下降等现象，在温带、暖温带和北亚热带 3 个生态气候区中龄林或近熟林内采用埋置凋落物分解袋法，研究不同林分密度及不同类型凋落物分解过程与养分释放动态变化，并以温带和北亚热带凋落物分解试验为基础，采用实时荧光定量 PCR（qPCR）技术与末端限制性酶切片段长度多态性（T–RFLP）技术，研究 2 个生态气候区不同凋落物类型及林分密度对凋落物分解过程中酶活性与微生物群落结构的影响，利用典范对应分析与相关分析对微生物群落特征与酶活性、养分含量及环境因素相关性进行综合分析，探寻凋落物分解的关键因子及凋落物分解过程中微生物的作用机制和影响，为加速人工林养分循环和改善林地质量提供理论依据。

不同生态气候区、林分密度、凋落物性质对凋落物的分解率均有显著影响。针阔混合凋落物或针灌草混合凋落物的分解速率显著高于针叶凋落物，实施针阔混交、增加林下灌草比例等，均可加速日本落叶松人工林凋落物的分解，其中通过引进乡土阔叶树种的针阔混交模式效果最佳。与日本落叶松针叶纯林相比，温带针阔（核桃楸）混合凋落物分解95% 所需时间缩短约 4a 时间，针叶与灌草混合分解 95% 的时间缩短约 1.5a 时间；北亚热带针阔（檫木）混合凋落物分解 95% 的时间缩短约 2a 时间，针叶与灌草混合凋落物分解95% 所需时间缩短 1.5a。北亚热带凋落物的分解速率明显快于温带地区，其中针叶凋落物分解 95% 所需时间较温带要缩短 3～4a。温带和暖温带低密度林下的同质凋落物分解率明显高于高密度林下，其养分残余率低于高密度林下，试验结果表明，降低林分密度不仅增加了林下灌草的比例，同时也改善了林内环境，更有利于促进凋落物的分解和养分释放。

凋落物性质和林分密度通过影响凋落物分解过程中分解酶活性、微生物群落结构而影响凋落物分解。凋落物类型对凋落物分解过程中酶活性和微生物群落结构影响显著，凋落物的 C/N 比、C/P 比和 pH 值是影响微生物组成的主要环境变量；针阔混合凋落物分解过程中各类酶活性和真菌与细菌数量总体上显著高于针叶凋落物，针灌混合凋落物中的酶活性和真菌与细菌数量也多高于针叶凋落物。与北亚热带地区相比，凋落物性质对温带地区凋落物分解速率的影响更大，温带地区低密度林下凋落物分解过程中酶活性和微生物数量高于高密度林分。

12.3 / 日本落叶松与檫木混交林凋落物分解的微生物碳氮代谢功能

Functions of microbial carbon and nitrogen metabolism during litter decomposition in Larch and *Sassafras* plantations

　　以北亚热带亚高山区日本落叶松人工林、檫木人工林、日本落叶松和檫木混交林为研究对象，应用宏基因组测序技术和色谱技术，结合养分含量和分解酶活性测定，研究了三种类型人工林凋落物分解过程中养分释放、酶活性变化和微生物群落结构以及碳氮代谢功能特征等，明确了参与木质纤维素降解的主导功能微生物类群和途径中关键降解酶的基因家族种类，揭示了针阔混合凋落物加速分解的微生物机制。

　　相比日本落叶松纯林，日本落叶松和檫木混交林提高了日本落叶松的平均胸径（+0.9cm）和平均树高（+1.2m）生长量，日本落叶松和檫木混合凋落物显著提高了总 C 含量（+48.5g/kg）和总 N 含量（+2.4g/kg），加速了凋落物的养分释放速率。凋落物 pH 值和 C 含量是影响不同类型凋落物微生物群落组成和代谢途径差异的主导因素。三种凋落物中共鉴定出细菌门 82 个，相对丰度在 1% 以上的有 11 个，其中变形菌门（55.2%）和放线菌门（26.7%）在三种凋落物中都是优势菌群。真菌方面，子囊菌门（92.6%）和担子菌门（6.2%）是三种凋落物中的优势菌群。子囊菌和座囊菌及其碳水化合物和氨基酸代谢相关功能基因的相对丰度在混合凋落物中的比例远高于日本落叶松凋落物。培育阔叶与针叶树种的混交林会促进林下凋落物养分释放，有助于林地土壤肥力恢复。

　　森林凋落物中木质纤维素的降解是一个复杂的微生物过程，涉及多种细菌和真菌类群。在三种类型凋落物中共发现 136 个细菌纲，α- 变形菌纲（31.8%）和放线菌纲（23.8%）均是优势菌纲。日本落叶松凋落物、檫木凋落物和混合凋落物中分别发现 36、37 和 39 个真菌纲，其中 36 个真菌纲为共有，粪壳菌（29.3%）和锤舌菌（30.1%）是主导真菌群落。与日本落叶松凋落物相比，混合凋落物中纤维素（+22.16%）、半纤维素（+13.59%）和木质

288

素（+4.54%）降解速率的增加与木质纤维素降解相关酶（外切葡聚糖酶、内切葡聚糖酶、β-葡萄糖苷酶、β-木糖苷酶活性、甘露聚糖酶、木质素过氧化酶、锰过氧化物酶、漆酶）活性增加以及参与木质纤维素降解的β-变形菌（+6%）和座囊菌（+13.9%）丰度增加密切相关。木质纤维素含量与细菌和真菌群落组成及酶活性显著相关（R=0.18～0.35），与凋落物分解过程中大多数木质纤维素降解功能基因的丰度无显著相关性。真菌分解者对凋落物分解过程中木质纤维素的降解起主导作用。日本落叶松与檫木的混合凋落物改变了微生物群落和木质纤维素降解基因的组成，显著提高了细菌和真菌β-葡萄糖苷酶（GH3）、细菌锰过氧化物酶（AA2和AA6）和真菌氧化酶（AA3、AA5和AA7）基因家族的丰度，加速了木质纤维素的降解。

根瘤菌、伯克氏菌和鞘氨醇单胞菌是三种类型凋落物分解中参与N代谢过程的主要功能类菌群，其中伯克氏菌和鞘氨醇单胞菌的相对丰度均随着分解的进行逐渐降低，且在分解270d之前混合凋落物中的伯克氏菌和鞘氨醇单胞菌相对丰度显著高于日本落叶松凋落物。RDA结果表明，凋落物的pH值和NO_3^--N含量是影响微生物N代谢潜力的主要因素。针阔混合凋落物显著提高了凋落物的pH值（+0.7）、硝态N含量（+143mg/kg），增强了蛋白酶、脲酶和几丁质酶的活性，加速了有机N的转化和释放。混合凋落物主要通过影响细菌和真菌的有机N降解和同化硝酸盐还原过程相关基因的丰度来调控微生物N代谢进程。相比于日本落叶松凋落物，混合凋落物在分解过程中提高了鞘氨醇单胞菌（+5.8%）和紫色杆菌（+1.9%）的相对丰度及N代谢功能潜力。通过对比分析单一和混合凋落物中微生物功能类群和N代谢基因丰度的变化，揭示了混合凋落物对细菌和真菌N代谢途径的影响。通过构建微生物共存网络模型明确了不同凋落物类型中的核心菌群，与单树种纯林相比，混交林凋落物中的微生物群落具有简单且稳定的微生物共存网络模式，网络结构中的物种更丰富，种间负相关性少。

12.4 / 落叶松人工林经营建议
Suggestions for silvicultural management of larch plantation

　　落叶松人工林发育至中龄林和近熟林阶段存在潜在地力退化的趋势,但通过合理的营林措施能够达到维持林地土壤质量和长期生产力的目的。

　　(1)在中龄林和近熟林阶段适时开展适度间伐,通过合理的密度管理调控林下植被等措施,降低林分密度,改善林内光照和微环境,促进林下植被生长发育,改变凋落物的化学组分,更有利于加速凋落物的分解和养分及时归还,提高土壤有效养分含量、酶活性、微生物多样性和土壤多功能性,缓解中龄林和近熟林阶段地力退化的趋势。林下植被生物量和多样性与土壤多功能性显著正相关,间伐通过改变真菌群落组成调节和维持土壤多功能性,适度间伐(林分郁闭度降至0.7)更利于促进落叶松人工林林下植被生长发育、维持土壤多功能性和真菌多样性,而低强度间伐(间伐后郁闭度0.8以上),不仅对林下植被多样性和生物量无显著影响,还会显著降低土壤多功能性。从促进凋落物分解和保持林地长期生产力角度,建议温带地区近熟林阶段(30a 生左右)林分保留密度以 600~700 株 /hm² 为宜,北亚热带地区林分保留密度以 900~1000 株 /hm² 为宜。

　　(2)适当延长轮伐期至成熟林阶段(主伐年龄提高到40a以上),主伐时采用树干收获,避免全株利用,同时为了减少养分的损失,尽量将枝、叶等采伐剩余物归还于林地内,并保留凋落物层,使其自然分解养分得以归还,以减轻采伐对养分循环和林地生产力造成的负面影响,促进土壤养分的代际平衡。

　　(3)以培育目标为短轮伐期、全树收获的纸浆材等集约经营的工业人工林,初植密度大、不经间伐或仅一次间伐就进行主伐利用,则需根据立地营养条件采取适当施肥等营林措施,以平衡采伐带走大量生物量的营养损失,避免出现土壤质量下降及地力衰退现象,这对于凋落物分解相对缓慢的温带地区更为重要。

　　(4)提倡在不同区域适度发展落叶松与核桃楸、水曲柳、栎类、檫木等乡土珍贵阔叶树种的混交林,以提高落叶松人工林养分循环效率,更好地维护林地土壤质量及长期生产力。

结　语

CONCLUDING REMARKS

我国人工林面积达 7954.28 万 hm², 占世界人工林总面积的 27%, 居世界首位。如何维持人工林的稳定性和林地的长期生产力, 已成为人工林培育中重点关注的问题。

国内有关人工林长期生产力或地力维护的研究大体可分为两个阶段。第一阶段, 20 世纪 80 年代至 21 世纪初, 主要集中于是否存在地力衰退及其主导因素, 众多学者相继报道了杉木、杨树、桉树、落叶松、马尾松人工林地力衰退和生产力下降等问题, 认为不合理的森林经营, 如炼山整地、采伐剩余物清理、连栽、短轮伐期、全树采伐利用、造林密度大等是导致地力衰退的根本原因, 并提出了合理的营林措施。第二阶段, 是实践阶段, 主要集中于人工林长期生产力的维持研究, 近 10 年来对杉木、马尾松、油松、落叶松等人工林研究表明, 通过合理的营林措施, 在众多学者的共同努力下人工林地力衰退问题得以很好的改善, 并初显成效。

与杉木、桉树、杨树、马尾松等速生用材树种相比, 落叶松作为少数秋季落叶的针叶树种, 年凋落量大而针叶分解缓慢, 同时大面积的纯林经营, 有着较长轮伐期 (40a), 且立地质量相对较好。养分贫瘠是人工林地力衰退假说之一, 在落叶松人工林生态系统养分积累与分配上, 土壤层占养分总储量的 95%, 成熟林乔木层仅占 3% ~ 5%, 因此由采伐而损失的养分量对土壤养分库影响甚微, 即土壤养分储量具有相对的稳定性。凋落物分解缓慢而凋落物现存量大是落叶松人工林中龄林至近熟林阶段土壤质量变差的主因, 通过林分密度的调控和群落结构的调整, 改善林内环境、促进林下植被发育、改变凋落物质量可加速凋落物的分解与养分释放, 针阔混交显著提高了硝态氮含量, 从而加速凋落物层有机氮的转化和释放。

森林生态系统的养分循环发生于土壤、植被、地表层凋落物和大气四大分室之间, 本书仅对土壤、植被和凋落物三者关系进行研究, 只有将森林水文循环、养分的输入输出测定结合起来, 才能更深刻更全面地了解养分循环的本质和规律。由于木质素结构极其复杂多样，微生物的木质纤维素降解基因家族及其表达也是复杂多变的，木质素降解的具体途径尚不清楚，未来需要综合运用转录组学和蛋白质组学等方法，明确微生物群落功能的变化和木质素的降解途径，为人工林可持续经营、林分生产力提升和森林生物质资源的开发利用奠定理论基础。

　　诚然，不同树种有着自身的生物学特性，笔者希望本书的研究结果，能为我国落叶松人工林经营和长期生产力维持提供理论上和实践上的借鉴，同时本书也可供林业科研和教学、林业行政管理及从事林业生产的技术人员参考。

参考文献
REFERENCES

拜得珍, 纪中华, 沙毓沧, 2007. 元谋干热区两年生木豆人工林营养循环和养分利用效率[J]. 生态学报, 27(3): 1093–1098.

曹建华, 李小波, 赵春梅, 等, 2007. 森林生态系统养分循环研究进展[J]. 热带农业科学, 27(6): 68–79.

曹娟, 闫文德, 项文化, 等, 2015. 湖南会同3个林龄杉木人工林土壤碳、氮、磷化学计量特征[J]. 林业科学, 51(7): 1–8.

常雅军, 陈琦, 曹靖, 等, 2011. 甘肃小陇山不同针叶林凋落物量、养分储量及持水特性[J]. 生态学报, 31(9): 2392–2400.

陈楚莹, 廖利平, 汪思龙, 2000. 杉木人工林生态学[M]. 北京: 科学出版社.

陈楚莹, 张家武, 周崇莲, 等, 1990. 改善杉木人工林的林地质量和提高生产力的研究[J]. 应用生态学报(2): 3–12.

陈法霖, 江波, 张凯, 等, 2011. 退化红壤丘陵区森林枯落物初始化学组成与分解速率的关系[J]. 应用生态学报, 22(3): 565–570.

陈法霖, 张凯, 郑华, 等, 2011. PCR-DGGE技术解析针叶和阔叶枯落物混合分解对土壤微生物群落结构的影响[J]. 应用与环境生物学报, 17(2): 145–150.

陈法霖, 郑华, 欧阳志云, 等, 2011. 土壤微生物群落结构对凋落物组成变化的响应[J]. 土壤学报, 48(3): 603–611.

陈慧清, 李晓晨, 于学峰, 等, 2018. 土壤生态系统微生物多样性技术研究进展[J]. 地球与环境, 46(2): 204–209.

陈金磊, 张仕吉, 李雷达, 等, 2020. 亚热带不同植被恢复阶段林地凋落物层现存量和养分特征[J]. 生态学报, 40(12): 4073–4086.

陈立新, 2003. 落叶松人工林土壤质量变化规律与调控措施的研究[D]. 北京: 中国林业科学研究院.

陈立新, 陈祥伟, 段文标, 1998. 落叶松人工林凋落物与土壤肥力变化的研究[J]. 应用生态学报, 9(6): 581–586.

陈立新, 肖洋, 2006. 大兴安岭落叶松林地不同发育阶段土壤肥力演变与评价[J]. 中国水土保持科学, 4(5): 50–55.

陈灵芝, 黄建辉, 严昌荣, 等, 1997. 中国森林生态系统养分循环[M]. 北京: 气象出版社.

陈琦, 尹粉粉, 曹靖, 等, 2010. 秦岭西部不同发育阶段油松和日本落叶松人工林土壤酶活性变化和分布特征[J]. 生态与农村环境学报, 26(5): 466–471.

陈日升, 康文星, 周玉泉, 等, 2018. 杉木人工林养分循环随林龄变化的特征[J]. 植物生态学报, 83(2): 173–184.

陈永亮, 韩士杰, 2002. 胡桃楸,落叶松纯林及其混交林根际土壤有效磷特性的研究[J]. 应用生态学报, 13(7): 790–794.

崔宁洁, 张丹桔, 刘洋, 等, 2014. 不同林龄马尾松人工林林下植物多样性与土壤理化性质[J]. 生态学杂志, 33(10): 2610–2617.

邓仁菊, 杨万勤, 冯瑞芳, 等, 2009. 季节性冻融期间亚高山森林枯落物的质量损失及元素释放[J]. 生态学报, 29(10): 5730–5735.

丁宝永, 徐立英, 张世英, 1989. 兴安落叶松人工林营养元素的分析[J]. 生态学报, 9(1): 71–76.

董爱荣, 吕国中, 吴庆禹, 等, 2004. 小兴安岭凉水自然保护区森林土壤真菌的多样性[J]. 东北林业大学学报, 32(1): 8–10.

董世仁, 沈国舫, 聂道平, 等, 1986. 油松人工林养分循环的研究II. 油松人工林营养元素动态特性[J]. 北京林业大学学报(1): 1–20.

董志颖, 洪慢, 胡晗静, 等, 2017. 过量氮输入对寡营养海水细菌群落代谢潜力的影响[J]. 环境科学学报, 38(2): 1–17.

杜国坚, 洪利兴, 陈福祥, 等, 2001. 杉木连栽地力衰退效应研究[J]. 林业科技开发, 15(4): 11–13.

杜忠, 蔡小虎, 包维楷, 等, 2016. 林下层植被对上层乔木的影响研究综述[J]. 应用生态学报, 27(3): 963–972.

樊后保, 李燕燕, 孙新, 等, 2005. 马尾松纯林及其与阔叶树混交林的凋落量与养分通量[J]. 应用与环境生物学报, 11(5): 521–527.

范晓旭, 2010. 利用PCR-DGGE法对樟子松有机枯落物层真菌多样性及高频菌株酶活研究[D]. 哈尔滨: 黑龙江大学.

冯宗炜, 陈楚莹, 王开平, 等, 1985. 亚热带杉木纯林生态系统中营养元素的积累、分配和循环的研究[J]. 植物生态学报, 9(4): 245–256.

傅懋毅, 方敏瑜, 谢锦种, 等, 1989. 竹林养分循环 I.毛竹纯林的叶凋落物及其分解[J]. 林业科学研究, 2(3): 207–213.

高成杰, 李昆, 唐国勇, 等, 2014. 云南干热河谷印楝和大叶相思人工纯林与混交林养分循环特征[J]. 应用生态学报, 25(7): 1889–1897.

高甲荣, 1987. 秦岭火地塘油松人工林养分生物循环研究[J]. 西北林学院学报, 2(1): 23–34.

高敏, 马香丽, 杨晋宇, 等, 2017. 冀北山地华北落叶松人工林与白桦混交改造模式对土壤动物群落的影响[J]. 林业科学, 53(1): 70–79.

郭剑芬, 杨玉盛, 陈光水, 等, 2006. 森林凋落物分解研究进展[J]. 林业科学, 42(4): 93–100.

郭晋平, 丁颖秀, 张芸香, 2009. 关帝山华北落叶松林枯落物分解过程及其养分动态[J]. 生态学报, 29(10): 5684–5695.

国家林业局, 1999. 森林土壤水分—物理性质的测定 LY/T 1215–1999[S].

国家林业局, 2008. 荒漠生态系统定位观测技术规范 LY/T 1752–2008[S].

郝杰杰, 宋福强, 田兴军, 等, 2006. 几株半知菌对马尾松落叶的分解[J].林业科学, 42(11): 69–75.

何帆, 王得祥, 雷瑞德, 2011. 秦岭火地塘林区四种主要树种凋落叶分解速率[J]. 生态学杂志, 30(3): 521–

526.

贺纪正, 袁超磊, 沈菊培, 等, 2012. 土壤宏基因组学研究方法与进展[J]. 土壤学报, 49 (1): 155–164.

侯学煜, 陈昌笃, 王獻溥, 1957. 中国植被与主要土类的关系[J]. 土壤学报 (1): 19–48.

胡海波, 张金池, 陈顺伟, 等, 2001. 亚热带基岩海岸防护林土壤的酶活性[J]. 南京林业大学学报（自然科学版）, 25(4): 21–15.

胡亚林, 汪思龙, 黄宇, 等, 2005. 凋落物化学组成对土壤微生物学性状及土壤酶活性的影响[J]. 生态学报, 25 (10): 2662–2668.

胡延杰, 翟明普, 武觋文, 等, 2002. 杨树刺槐混交林及纯林土壤微生物数量及活性与土壤养分转化关系的研究[J]. 土壤, 34(1): 42–46.

黄建辉, 陈灵芝, 韩兴国, 2000. 几种常微量元素在辽东栎枝条分解过程中的变化特征[J]. 生态学报, 20(2): 229–234.

纪文婧, 程小琴, 韩海荣, 等, 2016. 不同林龄华北落叶松人工林生物量及营养元素分布特征[J]. 应用与环境生物学报, 22(2): 277–284.

蒋建, 2006. 南方主要造林树种养分利用效率研究[D]. 福州: 福建农林大学.

蒋云峰, 2013. 长白山针阔混交林主要凋落物分解及土壤动物的作用[D]. 长春:东北师范大学.

焦如珍, 林承栋, 1997. 杉木人工林不同发育阶段林下植被, 土壤微生物, 酶活性及养分的变化[J]. 林业科学研究, 10(4): 373–379.

金小麒, 1991. 华北地区针叶林下凋落物层化学性质的研究[J]. 生态学杂志, 10(6): 24–29.

康冰, 刘世荣, 蔡道雄, 等, 2009. 马尾松人工林林分密度对林下植被及土壤性质的影响[J]. 应用生态学报, 20(10): 2323–2331.

孔爱辉, 耿玉清, 余新晓, 2013. 北京低山区栓皮栎林和油松林土壤酶活性研究[J]. 土壤, 45(2): 264–270.

雷丽群, 卢立华, 农友, 等, 2017. 不同林龄马尾松人工林土壤碳氮磷生态化学计量特征[J]. 林业科学研究, 30(6): 954–960.

李国雷, 刘勇, 李瑞生, 等, 2008. 油松人工林土壤质量的演变[J]. 林业科学, 44(9): 76–81.

李海涛, 于贵瑞, 李家永, 等, 2007. 井冈山森林枯落物分解动态及磷、钾释放速率[J]. 应用生态学报, 18(2): 233–240.

李惠通, 张芸, 魏志超, 等, 2017. 不同发育阶段杉木人工林土壤肥力分析[J]. 林业科学研究, 30(2): 322–328.

李慧蓉, 2005. 白腐真菌生物学与生物技术[M]. 北京：化学工业出版社.

李培芝, 范世华, 张颂云, 1991. 日本落叶松人工林针叶中矿质营养元素的季节吸收特点及其相互关系[J]. 应用生态学报, 2(3): 207–213.

李清雪, 朱雅娟, 贾志清, 等, 2014. 沙丘不同部位中间锦鸡儿人工林土壤养分特性及植物群落特征[J]. 林业科学研究, 27(5): 677–682.

李香真, 郭良栋, 李家宝, 等, 2016. 中国土壤微生物多样性监测的现状和思考[J]. 生物多样性, 24(11): 1240–1248.

李雪峰, 韩士杰, 胡艳玲, 等, 2008. 长白山次生针阔混交林叶凋落物中有机物分解与碳、氮和磷释放的关系[J]. 应用生态学报, 19(2): 245–251.

李宜浓, 周晓梅, 张乃莉, 等, 2016. 陆地生态系统混合凋落物分解研究进展[J]. 生态学报, 36(16): 4977–4987.

李英花, 周莉, 吴健, 等, 2017. 辽东日本落叶松人工混交林凋落物混合分解特征[J]. 生态学杂志, 36(11): 57–63.

李志安, 邹碧, 丁永祯, 等, 2004. 森林凋落物分解重要影响因子及其研究进展[J]. 生态学杂志, 23(6): 77–83.

梁晓兰, 潘开文, 王进闯, 2008. 花椒(*Zanthoxylum bungeanum*)凋落物分解过程中酚酸的释放及其浸提液对土壤化学性质的影响[J]. 生态学报, 28(10): 4676–4684.

廖观荣, 钟继洪, 李淑仪, 2003. 桉树人工林生态系统养分循环和平衡研究 I.桉树人工林生态系统养分贮存[J]. 生态环境, 12(2): 150–154.

廖观荣, 钟继洪, 李淑仪, 2003. 桉树人工林生态系统养分循环和平衡研究 II. 桉树人工林生态系统的养分循环[J]. 生态环境, 12(3): 296–299.

廖利平, 马越强, 汪思龙, 等, 2000. 杉木与主要阔叶造林树种叶凋落物的混合分解[J]. 植物生态学报, 24(1): 27–33.

林波, 刘庆, 吴彦, 等, 2004. 森林凋落物研究进展[J]. 生态学杂志, 23(1): 60–64.

林开敏, 章志琴, 曹光球, 等, 2006. 杉木与楠木叶枯落物混合分解及其养分动态[J]. 生态学报, 26(8): 2732–2738.

林娜, 刘勇, 李国雷, 等, 2010. 抚育间伐对人工林凋落物分解的影响[J]. 世界林业研究, 23(3): 44–47.

刘爱琴, 范少辉, 林开敏, 等, 2005. 不同栽植代数杉木林养分循环的比较研究[J]. 植物营养与肥料学报, 11(2): 273–27.

刘福德, 姜岳忠, 王华田, 等, 2005. 杨树人工林连作效应的研究[J]. 水土保持学报, 19(2): 102–106.

刘广路, 范少辉, 官凤英, 等, 2011. 毛竹凋落叶组成对叶凋落物分解的影响[J]. 生态学杂志, 30(8): 1598–1603.

刘慧敏, 韩海荣, 程小琴, 等, 2021. 不同密度调控强度对华北落叶松人工林土壤质量的影响[J]. 北京林业大学学报, 43(6): 50–59.

刘继明, 黄柄军, 徐演朋, 等, 2013. 河南公鸡山自然保护区典型森林类型土壤微生物群落功能多样性[J]. 林业资源管理(1): 76–85

刘强, 彭少麟, 2010. 植物凋落物生态学[M]. 北京: 科学出版社.

刘强, 彭少麟, 毕华, 等, 2005. 热带亚热带森林凋落物交互分解的养分动态[J]. 北京林业大学学报, 27(1): 24–32.

刘世荣, 1992. 兴安落叶松人工林生态系统营养元素生物地球化学循环特征[J]. 生态学杂志, 11(5): 1–6.

刘世荣, 李春阳, 1993. 落叶松人工林养分循环过程与潜在地力衰退趋势的研究[J]. 东北林业大学学报, 21(2): 21–25.

刘颖, 韩士杰, 林鹿, 2009. 长白山4种森林凋落物分解过程中养分动态变化[J]. 东北林业大学学报, 37(8): 28–30.

刘勇, 李国雷, 李瑞生, 等, 2008. 密度调控对油松人工林土壤肥力的影响[J]. 西北林学院学报, 23(6): 18–23.

刘增文, 2009. 森林生态系统的物质积累与循环[M]. 北京: 中国林业出版社.

刘增文, 李雅素, 2003. 刺槐人工林养分利用效率[J]. 生态学报, 23(3): 444–449.

骆宗诗, 向成华, 慕长龙, 2007. 绵阳官司河流域主要森林类型凋落物含量及动态变化[J]. 生态学报, 27(5): 1772–1781.

马芳芳, 贾翔, 赵卫, 等, 2017. 间伐强度对辽东落叶松人工林土壤理化性质的影响[J]. 生态学杂志, 36(4): 971–977.

马祥庆, 刘爱琴, 马壮, 等, 2000. 不同代数杉木林养分积累和分布的比较研究[J]. 应用生态学报, 11(4): 201–506.

聂道平, 1991. 森林生态系统营养元素的生物循环[J]. 林业科学研究, 4(4): 435–439.

聂道平, 1993. 不同立地条件的杉木人工林生产力和养分循环[J]. 林业科学研究, 6(6): 643–650.

聂道平, 沈国舫, 董事仁, 等, 1986. 油松人工林养分循环的研究III. 养分元素生物循环和林分养分平衡[J]. 北京林业大学学报(2): 8–13.

潘维俦, 田大伦, 雷志星, 等, 1983. 杉木人工林养分循环的研究(二)丘陵区速生杉木林的养分含量、积累速率和生物循环[J]. 中南林学院学报, 3(1): 1–16.

潘维俦, 田大伦, 李利村, 等, 1981. 杉木人工林养分循环的研究(一)不同生育阶段杉木林的产量结构和养分动态[J]. 中南林学院学报, 1(1): 7–13.

齐泽民, 王开运, 2010. 川西亚高山林线交错带植被凋落物量及养分归还动态[J]. 生态学杂志, 29(3): 434–438.

齐泽民, 王开运, 宋光煜, 等, 2004. 川西亚高山箭竹群落枯枝落叶层生物化学特性[J]. 生态学报, 24(6): 1230–1236.

强慧妮, 田宝玉, 江贤章, 等, 2009. 宏基因组学在发现新基因方面的应用[J]. 生物技术, 19(4): 82–85.

秦武明, 2008. 马占相思近熟林养分循环研究[J]. 广西农业生物科学, 27(3): 270–275.

邱明红, 岑选才, 陈毅青, 等, 2017. 森林生态系统凋落物的生产与分解[J]. 中国野生植物资源, 36(5): 45–52.

邱新彩, 彭道黎, 李伟丽, 等, 2018. 北京延庆区不同林龄油松人工林土壤理化性质[J]. 应用与环境生物学报, 24(2): 221–229.

邵元元, 邹莉, 王志英, 2011. 落叶松人工林土壤养分与微生物群落的变化动态[J]. 东北林业大学学报, 39(1): 82–84.

佘婷, 田野, 2020. 森林生态系统凋落物多样性对分解过程和土壤微生物特性影响研究进展[J]. 生态科学, 39(1): 213–223.

沈国舫, 1991. 集约育林–世界林业研究的主要课题[J]. 世界林业研究(3): 1–6.

沈国舫, 董世仁, 聂道平, 等, 1985. 油松人工林养分循环的研究I. 营养元素的含量及分布[J]. 北京林学院学报(4): 1–14.

沈国舫, 贾黎明, 翟明普, 1998. 沙地杨树刺槐人工混交林的改良土壤功能及养分互补关系[J]. 林业科学, 34(5): 12–20.

沈萍, 2000. 微生物学[M]. 北京: 高等教育出版社.

盛炜彤, 2014. 中国人工林及其育林体系[M]. 北京: 中国林业出版社.

盛炜彤, 范少辉, 2002. 杉木及其人工林自身特性对长期立地生产力的影响[J]. 林业科学研究, 15(6): 629–636.

盛炜彤, 范少辉, 马祥庆, 等, 2005. 杉木人工林长期生产力保持机制研究[M]. 北京: 科学出版社.

盛炜彤, 杨承栋, 1997. 关于杉木林下植被对改良土壤性质效应的研究[J]. 生态学报, 17(4): 377–385.

史凤友, 陈喜全, 陈乃全, 等, 1991. 胡桃楸落叶松人工混交林的研究[J]. 东北林业大学学报, 19: 32–34.

斯波尔S H, 巴恩斯B V, 1982. 森林生态学[M]. 赵克绳, 周祉, 译. 北京: 中国林业出版社.

宋蒙亚, 李忠佩, 刘明, 等, 2014. 不同林地凋落物组合对土壤速效养分和微生物群落功能多样性的影响[J]. 生态学杂志, 33(9): 2454–2461.

宋新章, 卜涛, 张水奎, 等, 2013. UV–B 辐射对青冈凋落叶化学组成和分解的影响[J]. 环境科学, 34(6): 2355–2360.

宋新章, 江红, 张慧玲, 等, 2008. 全球环境变化对森林凋落物分解的影响[J]. 生态学报, 28(9): 4414–4424.

孙海, 王秋霞, 张春阁, 等, 2018. 不同树叶凋落物对人参土壤理化性质及微生物群落结构的影响[J]. 生态学报, 38(10): 3603–3615.

孙志虎, 金光泽, 牟长城, 2009. 长白落叶松人工林长期生产力维持的研究[M]. 北京: 科学出版社.

唐万鹏, 李吉跃, 胡兴宜, 等, 2009. 江汉平原杨树人工林连栽对林地土壤质量的影响[J]. 华中农业大学学报, 28(6): 750–755.

田大伦, 宁晓波, 1995. 不同龄组马尾松林凋落物量及养分归还量研究[J]. 中南林学院学报, 15(2): 163–169.

田大伦, 沈燕, 康文星, 等, 2011. 连栽第1和第2代杉木人工林养分循环的比较[J]. 生态学报(17): 5025–5032.

王博, 周志勇, 张欢, 等, 2020. 针阔混交林中兴安落叶松比例对土壤化学性质和酶化学计量比的影响[J]. 浙江农林大学学报, 37(4): 611–622.

王丹, 戴伟, 王兵, 等, 2016. 杉木人工林不同发育阶段土壤性质变化的研究[J]. 北京林业大学学报, 32(03): 59–63.

王鄂生, 1990. 代谢调控[M]. 北京: 高等教育出版社.

王宏星, 孙晓梅, 陈东升, 等, 2012. 甘肃小陇山日本落叶松人工林不同发育阶段土壤理化性质的变化[J]. 林业科学研究, 25(3): 294–301.

王洪君, 宫芳, 郑宝仁, 等, 1997. 落叶松人工林的土壤理化性质[J]. 东北林业大学学报, 25(3): 75–79.

王希华, 黄建军, 闫恩荣, 2004. 天童国家森林公园若干树种叶水平上养分利用效率的研究[J]. 生态学杂志, 23(4): 13–16.

王欣, 2002. 燕山山地华北落叶松人工林叶枯落物分解特性研究[D]. 保定: 河北农业大学.

王战, 1992. 中国落叶松树[M]. 北京: 中国林业出版社.

温肇穆, 梁宏温, 黎跃, 1991. 杉木成熟林乔木层营养元素生物循环的研究[J]. 植物生态学报, 15(1): 36–45.

温肇穆, 梁樑, 1991. 马尾松的生产力和营养元素生物循环[J]. 广西农学院学报, 10(1): 49–57.

巫志龙, 周新年, 郑丽凤, 等, 2007. 人工针阔混交林择伐后凋落物及土壤养分含量分析[J]. 福建林学院学报, 27(4): 318–321.

吴明, 赵佳宝, 孔玉华, 等, 2015. 侧柏-山毛桃混交林枯落物分解动态与养分归还的研究[J]. 河南农业大学学报, 49(3): 320–324.

夏传格, 宁晨, 罗赵慧, 等, 2020. 不同年龄毛竹林养分分布及生物循环特征[J]. 生态学报, 40(11): 172–182.

夏菁, 魏天兴, 陈佳澜, 等, 2010. 黄土丘陵区人工林养分循环特征[J]. 水土保持学报, 24(3): 89–93.

项文化, 田大伦, 2002. 不同年龄阶段马尾松人工林养分循环的研究[J]. 植物生态学报, 26(1): 89–95.

肖慈英, 黄青春, 阮宏华, 2002. 松、栎纯林及混交林凋落物分解特性研究[J]. 土壤学报, 39(5): 763–767.

肖洋, 陈丽华, 余新晓, 2008. 北京密云麻栎-侧柏人工柏林生态系统N、P、K的生物循环[J]. 北京林业大学学报(S2): 68–71.

谢会成, 杨茂生, 2002. 华北落叶松人工林营养元素的生物循环[J]. 南京林业大学学报, 26(5): 48–52.

徐大平, 杨曾状, 何其轩, 1998. 马占相思中龄林地上部分生物量及养分循环的研究[J]. 林业科学研究, 11(6): 592–59.

许晓静, 张凯, 刘波, 等, 2007. 森林凋落物分解研究进展[J]. 中国水土保持科学, 5(4): 108–114.

闫恩荣, 2006. 常绿阔叶林退化过程中土壤的养分库动态及植物的养分利用策略[D]. 上海: 华东师范大学.

闫文德, 田大伦, 康文星, 等, 2003. 速生阶段第2代杉木林养分循环的动态模拟[J]. 浙江师范大学学报(自然科学版), 26(2): 167–172.

严昌荣, 陈灵芝, 黄建辉, 等, 1999. 中国东部主要松林营养元素循环的比较研究[J]. 植物生态学报, 23(4): 351–360.

严海元, 辜夕容, 申鸿, 2010. 森林凋落物的微生物分解[J]. 生态学杂志, 29(9): 1827–1835.

阎德仁, 王晶莹, 杨茂仁, 1997. 落叶松人工林土壤衰退趋势[J]. 生态学杂志, 16(2): 62–66.

杨承栋, 2009. 造林树种土壤质量演化与调控机理[M]. 北京: 科学出版社.

杨承栋, 2016. 我国人工林土壤有机质的量和质下降是制约林木生长的关键因子[J]. 林业科学, 52(12): 1–12.

杨承栋, 孙启武, 焦如珍, 等, 2003. 大青山一二代马尾松土壤性质变化与地力衰退关系的研究[J]. 土壤学报(2): 267–273.

杨会侠, 汪思龙, 范冰, 等, 2010. 不同林龄马尾松人工林年凋落量与养分归还动态[J]. 生态学杂志, 29(12): 2334–2340.

杨明, 汪思龙, 张伟东, 等, 2010. 杉木人工林生物量与养分积累动态[J]. 应用生态学报, 21(7): 1674–1680.

杨世桦, 杨承栋, 董玉红, 等, 2013. I–69杨人工林养分循环的研究[J]. 林业科学研究, 26(1): 1–7.

杨万勤, 王开运, 2002. 土壤酶研究动态与展望[J]. 应用与环境生物学报, 8(5): 564–570.

杨万勤, 王开运, 2004. 森林土壤酶的研究进展[J]. 林业科学, 40(2): 152–159.

杨玉盛, 陈光水, 谢锦升, 等, 2002. 杉木–观光木混交林群落N、P养分循环的研究[J]. 植物生态学报, 26(4): 473–480.

杨玉盛, 陈银秀, 何宗明, 等, 2004. 侧柏和杉木人工林凋落物性质的比较[J]. 林业科学, 40(1): 2–10.

姚拓, 杨俊秀, 1997. 森林枯落层及土壤层微生物生态研究[J]. 西北林学院学报, 12(4): 97–103.

尹宝丝, 史常青, 贺康宁, 等, 2019. 高寒区华北落叶松林生长季内地表凋落物层碳氮磷化学计量特征[J]. 应用与环境生物学报, 25(2): 268–274.

尹守东, 2004. 红松和落叶松人工林养分生态学比较研究[D]. 哈尔滨: 东北林业大学.

于拔, 1974. 植物生态学译丛: 第1集[M]. 北京: 科学出版社.

于拔, 1982. 植物生态学译丛: 第4集[M]. 北京: 科学出版社.

于楠楠, 马世明, 刘瑞龙, 等, 2019. 内蒙古苏木山华北落叶松人工林土壤养分变化规律[J]. 干旱区资源与环境, 33(11): 190–194.

于淑玲, 2003. 腐生真菌在有机质分解过程中的作用研究进展[J]. 河北师范大学学报, 27(5): 519–522.

于淑玲, 赵静, 2006. 腐生真菌的消长规律[J]. 生物学通报, 2006, 41(9): 24–25.

余雪标, 白先权, 徐大平, 等, 1999. 不同连栽代次桉树人工林的养分循环[J]. 热带作物学报, 20(3): 60–66.

俞新妥, 张其水, 1989. 杉木连栽林地混交林土壤酶的分布特征的研究[J]. 福建林学院学报(3): 40–46.

负超, 2011. 不同林龄杨树人工林对土壤微生态环境影响研究[D]. 保定: 河北农业大学.

袁亚玲, 张丹桔, 张艳, 等, 2018. 马尾松与阔叶树种凋落叶混合分解初期的酶活性[J]. 应用与环境生物学报, 24(3): 508–517.

张德强, 叶万辉, 余清发, 等, 2000. 鼎湖山演替系列中代表性森林凋落物研究[J]. 生态学报, 20(6): 838–944.

张鼎华, 叶章发, 范必有, 等, 2001. 抚育间伐对人工林土壤肥力的影响[J]. 应用生态学报, 5: 672–676.

张浩, 庄雪影, 2008. 华南4种乡土阔叶树种枯落叶分解能力[J]. 生态学报(5): 517–525.

张克旭, 1998. 代谢控制发酵[M]. 北京: 中国轻工业出版社.

张梅, 郑郁善, 2008. 滨海沙地吊丝单竹林枯落物分解及养分动态研究[J]. 西南林学院学报, 28(3): 4–7.

张鹏, 田兴军, 何兴兵, 等, 2007. 亚热带森林凋落物层土壤酶活性的季节动态[J]. 生态环境, 16(3): 1024–1029.

张瑞清, 孙振钧, 王冲, 等, 2008. 西双版纳热带雨林凋落叶分解的生态过程: 酶活性动态[J].植物生态学报, 32(3): 622–631.

张守攻, 张建国, 潘允中, 等, 2002. 工业人工林的培育和高效利用: 21世纪我国木材供需战略的必然选择[M]. 北京: 中国林业出版社.

张守攻, 朱春全, 肖文发, 等, 2001. 森林可持续经营导论[M]. 北京: 中国林业出版社.

张万儒, 1991. 森林土壤研究的进展[J]. 土壤, 23(4): 214–217.

张希彪, 上官周平, 2005. 黄土丘陵区主要林分生物量及营养元素生物循环特征[J]. 生态学报, 25(3): 527–537.

张希彪, 上官周平, 2006. 黄土丘陵区油松人工林与天然林养分分布和生物循环比较[J]. 生态学报, 26(2): 374–382.

张晓曦, 刘增文, 杜良贞, 等, 2013. 油松与其他树种枯落叶混合分解对养分释放的影响[J].水土保持学报, 27(1): 116–125.

张咏梅, 周国逸, 吴宁, 2004. 土壤酶学的研究进展[J]. 热带亚热带植物学报(1): 83–90.

张宗舟, 张扬, 陈志梅, 2010. 小陇山不同林地土壤微生物多样性研究[J]. 草业科学, 27(11): 66–70.

赵谷风, 蔡延本, 罗媛媛, 等, 2006. 青冈常绿阔叶林枯落物分解过程中营养元素动态[J]. 生态学报, 26(10): 3286–3295.

赵广亮, 王继兴, 王秀珍, 等, 2006. 油松人工林密度与养分循环关系的研究[J]. 北京林业大学学报, 28(4): 40–44.

赵海燕, 徐福利, 王渭玲, 等, 2015. 秦岭地区华北落叶松人工林地土壤养分和酶活性变化[J]. 生态学报, 35(4): 1086–1094.

赵其国, 2002. 中国东部红壤地区土壤退化的时空变化、机理及调控[M]. 北京: 中国科学出版社.

赵勇, 王鹏飞, 樊巍太, 等, 2009. 太行山丘陵区不同龄级栓皮栎人工林养分循环特征[J]. 中国水土保持科学, 7(4): 66–71.

郑路, 卢立华, 2012. 我国森林地表凋落物现存量及养分特征[J]. 西北林学院学报(1): 63–69.

钟国辉, 辛学兵, 2004. 西藏色拉山暗针叶林凋落物层化学性质的研究[J]. 应用生态学报, 15(1): 167–169.

朱教君, 张金鑫, 2016. 关于人工林可持续经营的思考[J]. 科学(上海), 68(4): 37–40.

AERTS R, 1990. Nutrient use efficiency in evergreen and deciduous species from heathlands[J]. Oecologia, 84: 391–397.

ALARCÓN–GUTIÉRREZ E, FLOCH C, ZIARELLI F, et al, 2010. Drying–rewetting cycles and γ–irradiation effects on enzyme activities of distinct layers from a *Quercus ilex* L. litter[J]. Soil biology and biochemistry, 42(2): 283–290.

ALBERS D, MIGGE S, SCHAEFER M, 2004. Decomposition of beech leaves (*Fagus sylvatica*) and spruce needles (*Picea abies*) in pure and mixed stands of beech and spruce[J]. Soil biology and biochemistry, 36: 155–164.

ALLISON S D, 2012. A trait–based approach for modelling microbial litter decomposition[J]. Ecology letters, 15: 1058–1070.

ALLISON S D, VITOUSEK P M, 2004. Extracellular enzyme activities and carbon chemistry as drive of tropical plant litter decomposition[J]. Biotropica, 36: 285–296.

ALONGI D M, CLOUGH B F, ROBERTSON A I, 2005. Nutrient use efficiency in arid–zone forests of the mangroves *Rhizophora stylosa* and avicennia marina[J]. Aquatic Botany, 82(2): 121–131.

ALTSCHUL S, MADDEN T, SCHÄFFER A, et al, 1997. Gapped BLAST and PSI-BLAST: a new generation of protein database search programs[J]. Nucleic acids research, 25: 3389–3402.

ANDERSON J M, 1973. The breakdown and decomposition of sweet chestnut (*Castanea sativa* Mill.) and beech (*Fagus sylvatica* L.) leaf litter in two deciduous woodland soils. I. Breakdown, leaching and decomposition[J].

Oecologia, 12: 251–274.

ANDERSON T, 2003. Microbial eco–physiological indicators to assess soil quality[J]. Agriculture ecosystems and environment, 98: 285–293.

ANDERSSON M, KJØLLER A, STRUWE S, 2004. Microbial enzyme activities in leaf litter, humus and mineral soil layers of European forests[J]. Soil biology and biochemistry, 36(10): 1527–1537.

ANDRÉ F, JONARD M, PONETTE Q, 2010. Biomass and nutrient content of sessile oak [*Quercus petraea* (Matt.) Liebl.] and beech (*Fagus sylvatica* L.) stem and branches in a mixed stand in southern Belgium[J]. Science of the total environment, 408(11): 2285–2294.

ANDREAS B, MARKUS H S, MARCELO S M, 2014. Litter decomposition in a temperate and a tropical stream: the effects of species mixing litter quality and shredders[J]. Freshwater biology, 59: 438–449.

ANDREOTE F D, JIMENEZ D J, CHAVES D, et al, 2012. The microbiome of Brazilian mangrove sediments as revealed by metagenomics[J]. PLoS ONE, 7: E38600.

ANEJA M K, SHARMA S, FLEISCHMANN F, et al, 2006. Microbial colonization of beech and spruce litter–influence of decomposition site and plant litter species on the diversity of microbial community[J]. Microbial ecology, 52: 127–135.

ARES A, NEILL A R, PUETTMANN K J, 2010. Understory abundance, species diversity and functional attribute response to thinning in coniferous stands[J]. Forest Ecology and Management, 260(7): 1104–1113.

ARPIN P, PONGE J F, FAILLE A, et al, 1998. Diversity and dynamics of eco–units in the biological reserves of the Fontainebleau forest (France): contribution of soil biology to a functional approach[J]. European journal of soil biology, 34(4): 167–177.

BALDRIAN P, LÓPEZ–MONDÉJAR R, 2014. Microbial genomics, transcriptomics and proteomics: new discoveries in decomposition research using complementary methods[J]. Applied microbiology and biotechnology, 98: 1531–1537.

BALDRIAN P, SNAJDR J, MERHAUTOVA V, et al, 2013. Responses of the extracellular enzyme activities in hardwood forest to soil temperature and seasonality and the potential effects of climate change[J]. Soil biology and biochemistry, 56: 60–68.

BALDRIAN P, 2008. Enzymes of Saprotrophic Basidiomycetes[M] // BODDY L, FRANKLAND J C, VAN WEST P, Ecology of Saprotrophic Basidiomycetes. New York: Academic Press.

BALSER T C, FIRESTONE M K, 2005. Linking microbial community composition and soil processes in a California annual grassland and mixed–conifer forest[J]. Biogeochemistry, 73: 395–415.

BANERJEE S, SCHLAEPPI K, VAN DER HEIJDEN M G A, 2018. Keystone taxa as drivers of microbiome structure and functioning[J]. Nature reviews microbiology, 16: 567–576.

BANI A, BORRUSO L, MATTHEWS NICHOLASS K J, et al, 2019. Site–specific microbial decomposer communities do not imply faster decomposition: Results from a litter transplantation experiment[J]. Microorganisms, 7(9): 349.

BANKEVICH A, NURK S, ANTIPOV D, et al, 2012. SPAdes: A new genome assembly algorithm and its applications to single–cell sequencing[J]. Journal of computational biology, 19(5): 455–477.

BÁRCENA T G, GUNDERSEN P, VESTERDAL L, 2014. Afforestation effects on SOC in former cropland: Oak and spruce chronosequences resampled after 13 years[J]. Global change biology, 20: 2938–2952.

Bardgett R D, 2005. The biology of soil: a community and ecosystem approach[M]. Oxford: Oxford University Press.

BARLOW J, GARDNER T A, FERREIRA L V, et al, 2007. Litter fall and decomposition in primary, secondary and plantation forests in the Brazilian Amazon[J]. Forest ecology and management, 247: 91–97.

BASTIDA F, TORRES I F, ANDRÉS-ABELLÁN M, et al, 2017. Differential sensitivity of total and active soil microbial communities to drought and forest management[J]. Global change biology, 23: 4185–4203.

BAZILEVICH N I, RODIN L E, 1967. Map-Schemes of Productivity and Biological Cycles in the Main Types of Terrestrial Vegetation, Izv. Vses. Geogr.

BECKERS B, OP DE BEECK M, WEYENS N, et al, 2017. Structural variability and niche differentiation in the rhizosphere and endosphere bacterial microbiome of field-grown poplar trees[J]. Microbiome, 5(1): 1–25.

BEDMAR E J, ROBLES E F, DELGADO M J, 2005. The complete denitrification pathway of the symbiotic, nitrogen-fixing bacterium Bradyrhizobium japonicum[J]. Biochemical society transactions, 33: 141–144.

BENGTSSON-PALME J, RYBERG M, HARTMANN M, et al, 2013. Improved software detection and extraction of ITS1 and ITS2 from ribosomal ITS sequences of fungi and other eukaryotes for analysis of environmental sequencing data[J]. Methods in ecology and evolution, 4: 914–919.

BERG B, 2000. Litter decomposition and organic matter turnover in northern forest soils[J]. Forest ecology and management, 133: 13–22.

BERG B, MCCLAUGHERTY C, 2003. Plant litter-decomposition, humus formation, carbon sequestration [M]. Berlin: Springer-Verlag.

BERG B, WESSEN B, EKBOHM G, 1982. Nitrogen level and lignin decomposition in Scots pine needle litter[J]. Oikos, 38: 291–296.

BERGER T W, INSESBACHER E, MUTSCH F, et al, 2009. Nutrient cycling and soil leaching in eighteen pure and mixed stands of beech and spruce[J]. Forest ecology and management, 258: 2578–2592.

BERLEMONT R, MARTINY A C, 2013. Phylogenetic distribution of potential cellulases in bacteria[J]. Applied and environmental microbiology, 79: 1545–1554.

BERTIN P N, HEINRICH-SALMERON A, PELLETIER E, et al, 2011. Metabolic diversity among main microorganisms inside an arsenic-rich ecosystem revealed by meta- and proteo-genomics[J]. Isme journal, 5: 1735–1747.

BHATNAGAR J M, PEAY K G, TRESEDER K K, 2018. Litter chemistry influences decomposition through activity of specific microbial functional guilds[J]. Ecological monographs, 88: 429–444.

BISSETT A, BROWN M V, SICILIANO S D, et al, 2013. Microbial community responses to anthropogenically induced environmental change: towards a systems approach[J]. Ecology letters, 16: 128–139.

BOBERG J B, IHRMARK K, LINDAHL B D, 2011. Decomposing capacity of fungi commonly detected in Pinus sylvestris needle litter[J]. Fungal ecology, 4: 110–114.

BORKEN W, MATZNER E, 2009. Reappraisal of drying and wetting effects on C and N mineralization and fluxes in soils[J]. Global change biology, 15(4): 808–824.

BORMANN F H, LIKENS G E, 1979. Pattern and process in a forest ecosystem[M]. New York: Springer Verlas.

BOWEN J L, WARD B B, MORRISON H G, et al, 2011. Microbial community composition in sediments resists perturbation by nutrient enrichment[J]. Isme journal, 5: 1540–1548.

BRADFORD M A, TORDOFF G M, EGGERS T, et al, 2002. Microbiota, fauna, and mesh size interactions in litter decomposition[J]. Oikos, 99(2): 317–323.

BRADY N C, WEIL R R, 1996. The nature and properties of soil[M]. 11th ed. Englewood Cliffs: Prentice-Hall.

BRIONES M J I, INESON P, 1996. Decomposition of eucalyptus leaves in litter mixtures[J]. Soil biology and biochemistry, 28(10): 1381–1388.

BURTON J, CHEN C, XU Z, et al, 2010. Soil microbial biomass, activity and community composition in adjacent native and plantation forests of subtropical Australia[J]. Journal of soils and sediments, 10: 1267–1277.

CAI L, CHEN T B, ZHENG S W, et al, 2018. Decomposition of lignocellulose and readily degradable carbohydrates during sewage sludge biodrying, insights of the potential role of microorganisms from a metagenomic analysis[J]. Chemosphere, 201: 127–136.

CAPORASO J G, LAUBER C L, WALTERS W A, et al, 2012. Ultra–high–throughput microbial community analysis on the Illumina HiSeq and MiSeq platforms[J]. Isme journal, 6: 1621–1624.

CARDENAS E, KRANABETTER J M, HOPE G, et al, 2015. Forest harvesting reduces the soil metagenomic potential for biomass decomposition[J]. Isme journal, 9(11): 2465–2477.

CARDENAS E, ORELLANA L H, KONSTANTINIDIS K T, et al, 2018. Effects of timber harvesting on the genetic potential for carbon and nitrogen cycling in five North American forest ecozones[J]. Scientific reports, 8(1): 3142.

CARDONA C, WEISENHORN P, HENRY C, et al, 2016. Network–based metabolic analysis and microbial community modeling[J]. Current opinion in microbiology, 31: 124–131.

CARREIRO M M, SINSABAUGH R L, REPERT D A, et al, 2000. Microbial enzyme shifts explain litter decay responses to simulated nitrogen deposition[J]. Ecology, 81(9): 2359–2365.

CHAPIN F S, 1980. The mineral nutrition of wild plants [J]. Annual review of ecology and systematics, 11(1): 233–260.

CHAPIN F S, MATSON P A, MOONEY H A, 2002. Principles of terrestrial ecosystem Ecology[M]. New York: Springer Verlag.

CHAPMAN S K, NEWMAN G S, 2010. Biodiversity at the plant–soil interface: microbial abundance and community structure respond to litter mixing[J]. Oecologia, 162(3): 763–769.

CHAPMAN S K, NEWMAN G S, HART C S, et al, 2013. Leaf Litter mixtures alter microbial community development: mechanisms for non–additive effects in litter decomposition[J]. PLoS ONE, 8(4): e62671.

CHEN X, LI B L, 2003. Change in soil carbon and nutrient storage after human disturbance of a primary Korean pine forest in Northeast China[J]. Forest ecology and management, 186: 197–206.

CHEN Y, LIU Y, ZHANG J, et al, 2018. Microclimate exerts greater control over litter decomposition and enzyme activity than litter quality in an alpine forest–tundra ecotone[J]. Scientific reports, 8: 14998.

CIZUNGU L, STAELENS J, HUYGENS D, et al, 2014. Litterfall and leaf litter decomposition in a central African tropical mountain forest and Eucalyptus plantation[J]. Forest ecology and management, 326: 109–116.

COLLINS P J, KOTTERMAN M J J, FIELD J A, et al, 1996. Oxidation of anthracene and benzo[a]pyrene by laccases from Trametes versicolor[J]. Applied and environmental microbiology, 62: 4563–4567.

CONDRON L, STARK C, O'CALLAGHAN M, et al, 2010. The role of microbial communities in the formation and decomposition of soil organic matter [M]. Dordrecht: Springer Netherlands.

COSTELLO E K, STAGAMAN K, DETHLEFSEN L, et al, 2012. The application of ecological theory toward an understanding of the human microbiome[J]. Science, 336(80): 1255–1262.

COTRUFO M F, INESON P, 1995. Effects of enhanced atmospheric CO_2 and nutrient supply on the quality and subsequent decomposition of fine roots of *Betula pendula* Roth. and *Picea sitchensis* (Bong.) Carr.[J]. Plant and soil, 170: 267–277.

COTRUFO M F, WALLENSTEIN M D, BOOT C M, et al, 2013. The microbial efficiency–matrix stabilization (mems) framework integrates plant litter decomposition with soil organic matter stabilization: do labile plant inputs form stable soil organic matter?[J] Global change biology, 19(4): 988–995.

CRIQUET S, 2002. Measurement and characterization of cellulase activity in sclerophyllous forest litter[J]. Journal of microbiological methods, 50: 165–173.

CRIQUET S, FARNET A, TAGGER S, et al, 2000. Annual variations of phenoloxidase activities in an evergreen oak litter: influence of certain biotic and abiotic factors[J]. Soil biology and biochemistry, 32(11): 1505–1513.

CRIQUET S, FERRE E, FARNET A, 2004. Annual dynamics of phosphatase activities in an evergreen oak litter: influence of biotic and abiotic factors[J]. Soil biology and biochemistry, 36(7): 1111–1118.

CRIQUET S, TAGGER S, VOGT G, et al, 2002. Endoglucanase and β–glycosidase activities in an evergreen oak litter: annual variation and regulating factors[J]. Soil biology and biochemistry, 34(8): 1111–1120.

CROWTHER T W, BODDY L, JONES T H, 2012. Functional and ecological consequences of saprotrophic fungus–grazer interactions[J]. Isme journal, 6(11): 1992–2001.

CUI Y X, FANG L C, GUO X B, et al, 2018. Ecoenzymatic stoichiometry and microbial nutrient limitation in rhizosphere soil in the arid area of the northern loess plateau, China[J]. Soil biology and biochemistry, 116: 11–21.

DAI X, FU X, KOU L, et al, 2018. C꞉N꞉P stoichiometry of rhizosphere soils differed significantly among overstory trees and understory shrubs in plantations in subtropical China[J]. Canadian journal of forest research, 48(11): 1398–1405.

DAMES J F, SCHOLES M C, STRAKER C J, 2002. Nutrient cycling in a *Pinus patula* plantation in the Mpumalanga Province, South Africa[J]. Applied soil ecology, 20(3): 211–226.

DAS M, ROYER T V, LEFF L G, 2007. Diversity of fungi, bacteria, and actinomycetes on leaves decomposing in a stream[J]. Applied and environmental microbiology, 73(3): 756–767.

DAVIDSON D A, GRIEVE I C, 2006. Relationship between biodiversity and soil structure and function: Evidence from laboratory and field experiments[J]. Applied soil ecology, 33: 176–185.

DE GRAAFF M A, CLASSEN A T, CASTRO H F, et al, 2010. Labile soil carbon inputs mediate the soil microbial community composition and plant residue decomposition rates[J]. New phytologist, 188: 1055–1064.

DEANGELIS K M, CHIVIAN D, FORTNEY J L, et al, 2013. Changes in microbial dynamics during long–term decomposition in tropical forests[J]. Soil biology and biochemistry, 66: 60–68.

DELGADO–BAQUERIZO M, ELDRIDGE D J, OCHOA V, et al, 2017. Soil microbial communities drive the resistance of ecosystem multifunctionality to global change in drylands across the globe[J]. Ecology letters, 20: 1295–1305.

DELMONT T O, MALANDAIN C, PRESTAT E, et al, 2011. Metagenomic mining for microbiologists[J]. Isme journal, 5(12): 1837–1843.

DELMONT T O, PRESTAT E, KEEGAN K P, et al, 2012. Structure, fluctuation and magnitude of a natural grassland soil metagenome[J]. Isme journal, 6(9): 1677–1687.

DEMARTINI J D, STUDER M H, WYMAN C E, 2011. Small–scale and automatable high–throughput compositional analysis of biomass[J]. Biotechnology and bioengineering, 108: 306–312.

DE VRIES F T, GRIFFITHS R I, MARK B, et al, 2018. Soil bacterial networks are less stable under drought than fungal networks[J]. Nature communications, 9(1): 3033.

DU J, NIU J, GAO Z, et al, 2019. Effects of rainfall intensity and slope on interception and precipitation partitioning by forest litter layer[J]. Catena, 172: 711–718.

EBERMAYER E, 1876. Die gesammte lehre der Waldstreu mit Ruecksichit auf die chemische Statik des

Waldbaues, unter Zugrundlegung der in den Koeniglichen Staatsforsten Bayerns angestellten Untersuchungen[M]. Berlin: Juliu Springer.

EICHLEROVÁ I, HOMOLKA L, ŽIFČÁKOVÁ L, et al, 2015. Enzymatic systems involved in decomposition reflects the ecology and taxonomy of saprotrophic fungi[J]. Fungal ecology, 13: 10–22.

ERICK C, KRANABETTER J M, GRAEME H, et al, 2015. Forest harvesting reduces the soil metagenomics potential for biomass decomposition[J]. Isme journal, 9(11): 2465–2476.

FAN K, WEISENHORN P, GILBERT J A, et al, 2018. Wheat rhizosphere harbors a less complex and more stable microbial co–occurrence pattern than bulk soil[J]. Soil biology and biochemistry, 125: 251–260.

FANG W, YAN D, WANG X, et al, 2018. Responses of Nitrogen–Cycling microorganisms to dazomet fumigation[J]. Frontiers in microbiology, 9: 2529.

FENG X, SIMPSON M J, 2019. Temperature and substrate controls on microbial phospholipid fatty acid composition during incubation of grassland soils contrasting in organic matter quality[J]. Soil biology and biochemistry, 41(4): 804–812.

FIERER N, BRADFORD M A, JACKSON R B, 2007. Toward an ecological classification of soil bacteria[J]. Ecology, 88: 1354–1364.

FIERER N, LEFF J W, ADAMS B J, et al, 2012. Cross–biome metagenomic analyses of soil microbial communities and their functional attributes[J]. Proceedings of the national academy of sciences, 109(52): 21390–21395.

FINDLAY S, TANK J, DYE S, et al, 2000. A cross–system comparison of bacterial and fungal biomass in detritus pools of headwater streams[J]. Microbial ecology, 43: 55–66.

FINZI A C, CANHAM C D, 1998. Non–additive effects of litter mixtures on net N mineralization in a northern hardwood forest[J]. Forest ecology and management, 105: 129–136.

FIORETTO A, PAPA S, CURCIO E, et al, 2000. Enzyme dynamics on decomposing leaf litter of *Cistus incanus* and *Myrtus communis* in a Mediterranean ecosystem[J]. Soil biology and biochemistry, 32(13): 1847–1855.

FIORETTO A, PAPA S, PELLEGRINO A, et al, 2007. Decomposition dynamics of Myrtus communis and Quercus ilex leaf litter: Mass loss, microbial activity and quality change[J]. Applied soil ecology, 36: 32–40.

FREY S D, ELLIOTT E T, PAUSTIAN K, 1999. Bacterial and fungal abundance and biomass in conventional and no–tillage agroecosystems along two climatic gradients[J]. Soil biology and biochemistry, 31(4): 573–585.

FROUZ J, 2018. Effects of soil macro– and mesofauna on litter decomposition and soil organic matter stabilization[J]. Geoderma, 332(1): 161–172.

FUHRMAN J A, 2009. Microbial community structure and its functional implications[J]. Nature, 459(7244): 193–199.

FUJII K, UEMURA M, HAYAKAWA C, et al, 2013. Environmental control of lignin peroxidase, manganese peroxidase, and laccase activities in forest floor layers in humid Asia[J]. Soil biology and biochemistry, 57: 109–115.

GALLOWAY J N, DENTENER F J, CAPONE D G, et al, 2004. Nitrogen cycles: Past, present, and future[J]. Biogeochemistry, 70: 153–226.

GANATSIOS H P, TSIORAS P A, PAVLIDIS T, 2010. Water yield changes as a result of silvicultural treatments in an oak ecosystem[J]. Forest ecology and management, 260(8): 1367–1374.

GARCÍA–PALACIOS P, MAESTRE F T, KATTGE J, et al, 2013. Climate and litter quality differently modulate the effects of soil fauna on litter decomposition across biomes[J]. Ecology letters, 16(8): 1045–1053.

GARDES M, BRUNS T D, 1993. ITS primers with enhanced specificity for basidiomycetes-application to the identification of mycorrhizae and rusts[J]. Mol Ecol, 2: 113–118.

GARETH B J, GUY W, ALAN G H, 2013. Long–term ameliorate on of acidity accelerates decomposition in headwater streams[J]. Global change biology, 19: 1100–1106.

GARIBALDI L A, SEMMARTIN M, CHANETON E J, 2007. Grazing–induced changes in plant composition affect litter quality and nutrient cycling in flooding Pampa grasslands[J]. Oecologia, 151: 650–662.

GARTNER T B, CARDON Z G, 2004. Decomposition dynamics in mixed species leaf litter[J]. Oikos, 104(2): 230–246.

GAVINET J, OURCIVAL J M, GAUZERE J, et al, 2020. Drought mitigation by thinning: Benefits from the stem to the stand along 15 years of experimental rainfall exclusion in a holm oak coppice[J]. Forest ecology and management, 473: 118266.

GEBHARDT T, HÄBERLE K H, MATYSSEK R, 2014. The more, the better? Water relations of Norway spruce stands after progressive thinning[J]. Agricultural and forest meteorology, 197: 235–243.

GEISSELER D, HORWATH W R, JOERGENSEN R G, et al, 2010. Pathways of nitrogen utilization by soil microorganisms–A review[J]. Soil biology and biochemistry, 42: 2058–2067.

GHOLZ H L, FISHER R F, 1982. Organic matter production and distribution in slash pine (*Pinus elliottii*) plantations[J]. Ecology, 63: 1827–1839.

GHOLZ H L, FISHER R, PRICHETT W, 1985. Nutrient dynamics in slash pine plantation ecosystems[J]. Ecology, 66(3): 647–659.

GIGUÈRE–TREMBLAY R, LAPERRIERE G, DE GRANDPRÉ A, et al, 2020. Boreal forest multifunctionality is promoted by low soil organic matter content and high regional bacterial biodiversity in Northeastern Canada[J]. Forests, 11(12): 1–18.

GILLIAM F S, 2007. The ecological significance of the herbaceous layer in temperate forest ecosystems[J]. Bioscience, 57(10): 845–858.

GONZALEZ G, SEASTEDT T R, 2001. Soil fauna and plant litter decomposition in tropical and subalpine forests[J]. Ecology, 82: 955–964.

GRUBER N, GALLOWAY J, 2008. An earth–systerm perspective of the global nitrogen cycle[J]. Nature, 451(7176): 293–296.

GUGGENBERGER G, FREY S D, SIX J, et al, 1999. Bacterial and fungal cell–wall residues in conventional and no–tillage agroecosystems[J]. Soil science society of America journal, 63(5): 1188–1198.

GUHR A, BORKEN W, SPOHN M, et al, 2015. Redistribution of soil water by a saprotrophic fungus enhances carbon mineralization[J]. Proceedings of the national academy of sciences of the United States of America, 112(47): 14647–14651.

GULISV, SUBERKROPP K, 2003. Effect of inorganic nutrients on relative contributions of fungi and bacteria to carbon flow from submerged decomposing leaf litter[J]. Microbial ecology, 45: 11–19.

GUO S, HAN X, LI H, et al, 2018. Evaluation of soil quality along two revegetation chronosequences on the Loess Hilly Region of China[J]. Science of the total environment, 633: 808–815.

HANDA I T, AERTS R, BERENDSE F, et al, 2014. Consequences of biodiversity loss for litter decomposition across biomes[J]. Nature, 509: 218–221.

HANDELSMAN J, RONDON M R, BRADY S F, et al, 1998. Molecular biological access to the chemistry of unknown soil microbes: a new frontier for natural products[J]. Chemistry and biology, 5 (10): 245–249.

HARRIS J, 2009. Soil microbial communities and restoration ecology: facilitators or followers?[J] Science, 325(5940): 573–574.

HÄTTENSCHWILER S, FROMIN N, BARANTAL S, 2011. Functional diversity of terrestrial microbial decomposers and their substrates[J]. Comptes rendus biologies, 334: 393–402.

HÄTTENSCHWILER S, JØRGENSEN H B, 2010. Carbon quality rather than stoichiometry controls litter decomposition in a tropical rain forest[J]. Journal of ecology, 98: 754–763.

HÄTTENSCHWILER S, TIUNOV A V, SCHEN A, 2005. Biodiversity and litter decomposition in terrestrial ecosystem[J]. Annual review of ecology evolution and systematics, 36: 191–218.

HE W, MA Z Y, PEI J, et al, 2019. Effects of predominant tree species mixing on lignin and cellulose degradation during leaf litter decomposition in the three gorges reservoir, China[J]. Forests, 10(4): 360.

HE X B, LIN Y H, HAN G M, et al, 2010. The effect of temperature on decomposition of leaf litter from two tropical forests by amicrocosm experiment[J]. European journal of soil biology (46): 200–207.

HECTOR A, BEALE A J, MINNS A, et al, 2000. Consequences of the reduction of plant diversity for litter decomposition: effects through litter quality and microenvironment[J]. Oikos, 90: 357–371.

HENEGHAN L, COLEMAN D C, ZOU X, et al, 1999. Soil microarthropod contributions to decomposition dynamics: a study of tropical and temperate sites[J]. Ecology, 80(6): 1873–1882.

HERBERT R A, 1999. Nitrogen cycling in coastal marine ecosystems[J]. Fems microbiology reviews, 23: 563–590.

HOBBIE S E, REICH P B, OLEKSYN J, et al, 2006. Tree species effects on decomposition and forest floor dynamics in a common garden [J]. Ecology, 87(9): 2288–2297.

HOFRICHTER M, 2002. Review: lignin conversion by manganese peroxidase (MnP)[J]. Enzyme and microbial technology, 30: 454–466.

HOOPER D U, VITOUSEK P M, 1998. Effects of plant composition and diversity on nutrient cycling[J]. Ecological monographs, 68: 121–149.

HOORENS B, AERTS R, STROETENGA M, 2003. Does initial litter chemistry explain litter mixture effects on decomposition?[J]. Oecologia, 137(4): 578–586.

HU Y L, WANG S L, ZENG D H, 2006. Effects of single Chinese fir and mixed leaf litters on soil chemical, microbial properties and soil enzyme activities[J]. Plant and soil, 282: 379–386.

HUANG X, DONG W, WANG H, et al, 2018. Role of acid/alkali–treatment in primary sludge anaerobic fermentation: Insights into microbial community structure, functional shifts and metabolic output by high–throughput sequencing[J]. Bioresource technology, 249: 943–952.

HUMBERT S, TARNAWSKI S, FROMIN N, et al, 2010. Molecular detection of anammox bacteria in terrestrial ecosystems: distribution and diversity[J]. Isme journal, 4: 450–454.

HYTÖNEN J, 2018. Biomass, nutrient content and energy yield of short–rotation hybrid aspen (*P. tremula* × *P. tremuloides*) coppice[J]. Forest ecology and management, 413: 21–31.

INAGAKI Y, KURAMOTO S, TORII A, et al, 2008. Effects of thinning on leaf–fall and leaf–litter nitrogen concentration in hinoki cypress (*Chamaecyparis obtusa* Endlicher) plantation stands in Japan [J]. Forest ecology and management, 255: 1859–1867.

JACOB M, WELAND N, PLATNER C, et al, 2009. Nutrient release from decomposing leaf litter of temperate deciduous forest trees along a gradient of increasing tree species diversity[J]. Soil biology and biochemistry, 41(10): 2122–2130.

JANSSON J K, HOFMOCKEL K S, 2020. Soil microbiomes and climate change[J]. Nature reviews microbiology, 18(1): 35–46.

JING X, SANDERS N J, SHI Y, et al, 2015. The links between ecosystem multifunctionality and above– and belowground biodiversity are mediated by climate[J]. Nature communications, 6: 8159.

JOBBÁGY E G, JACKSON R B, 2004. The uplift of soil nutrients by plants: Biogeochemical consequences across scales[J]. Ecology, 85: 2380–2389.

JOHNSON D W, TUNER J, 2019. Nutrient cycling in forests: A historical look and newer developments[J]. Forest ecology and management, 444: 344–373.

KAISERMANN A, MARON P A, BEAUMELLE L, et al, 2015. Fungal communities are more sensitive indicators to non–extreme soil moisture variations than bacterial communities[J]. Applied soil ecology, 86: 158–164.

KANDELER E, 1999. Xylanase, invertase and protease at the soil–litter interface of a loamy sand[J]. Soil biology and biochemistry, 31: 1171–1179.

KANEHISA M, GOTO S, KAWASHIMA S, et al, 2004. The KEGG resource for deciphering the genome[J]. Nucleic acids research, 32: 277–280.

KANERVA S, SMOLANDER A, 2007. Microbial activities in forest floor layers under silver birch, Norway spruce and Scots pine[J]. Soil biology and biochemistry, 39(7): 1459–1467.

KANG H, FREEMAN C, 2009. Soil enzyme analysis for leaf decomposition in global wetlands[J]. Communications in soil science and plant analysis, 40: 3323–3334.

KANG H, GAO H, YU W, et al, 2018. Changes in soil microbial community structure and function after afforestation depend on species and age: Case study in a subtropical alluvial island[J]. Science of the total environment, 625: 1423–1432.

KANG H, XIN Z, BERG B, et al, 2010. Global pattern of leaf litter nitrogen and phosphorus in woody plants[J]. Annals of forest science, 67(8): 811–811.

KARLEN D L, MAUSBACH M J, DORAN J W, et al, 1997. Soil quality: A concept, definition, and framework for evaluation[J]. Soil science society of America journal, 61(1): 4–10.

KAVVADIAS V A, ALIFRAGIS D, TSIONTSIS A, et al, 2001. Litterfall, litter accumulation and litter decomposition rates in four forest ecosystems in northern Greece[J]. Forest ecology and management, 114: 113–127.

KAZAKOV A E, RODIONOV D A, ALM E, et al, 2009. Comparative genomics of regulation of fatty acid and branched–chain amino acid utilization in Proteobacteria[J]. Journal of bacteriology, 191: 52–64.

KEBLI H, BRAIS S, KERNAGHAN G, et al, 2012. Impact of harvesting intensity on wood–inhabiting fungi in boreal aspen forests of Eastern Canada[J]. Forest ecology and management, 279: 45–54.

KEIBLINGER K M, HALL E K, WANEK W, et al, 2010. The effect of resource quantity and resource stoichiometry on microbial carbon–use–efficiency[J]. Fems microbiology ecology, 73: 430–440.

KILLHAM K, 1994. Soil ecology[M]. Cambridge: Cambridge University Press.

KIM C, JEONG J, CHO H S, et al, 2010. Carbon and nitrogen status of litterfall, litter decomposition and soil in even–aged larch, red pine and rigitaeda pine plantations[J]. Journal of plant research, 123: 403–409.

KIM S, LI G, HAN S H, et al, 2018. Thinning affects microbial biomass without changing enzyme activity in the soil of *Pinus densiflora* Sieb. et Zucc. forests after 7 years[J]. Annals of forest science, 75(1): 13.

KIM S, LI G, HAN S H, et al, 2019. Microbial biomass and enzymatic responses to temperate oak and larch forest thinning: Influential factors for the site–specific changes[J]. Science of the total environment, 651: 2068–2079.

KIMMINS J P, 2005. Forest ecology[M]. Beijing: China's forestry press.

KNAPP A K, BEIER C B, DAVID D, et al, 2018. Consequences of more extreme precipitation regimes for terrestrial ecosystems[J]. Bioscience, 58: 811–821.

KORB J E, JOHNSON N C, COVINGTON W W, 2004. Slash pile burning effects on soil biotic and chemical properties and plant establishment: recommendations for amelioration[J]. Restoration ecology, 12(1): 52–62.

KOUKOL O, NOVÁK F, HRABAL R, et al, 2006. Saprotrophic fungi transform organic phosphorus from spruce needle litter[J]. Soil biology and biochemistry, 38: 3372–3379.

KOURTEV P S, EHRENFELD J G, HUANG W Z, 2002. Enzyme activities during litter decomposition of two exotic and two native plant species in hardwood Forests of New Jersey[J]. Soil biology and biochemistry, 34(9): 1207–1218.

KUBARTOVÁ A, MOUKOUMI J, BÉGUIRISTAIN T, et al, 2007. Microbial diversity during cellulose decomposition in different forest stands: I. Microbial communities and environmental conditions[J]. Microbial ecology, 54(3): 393–405.

KUBARTOVÁ A, RANGER J, BERTHELIN J, et al, 2009. Diversity and decomposing ability of saprophytic fungi from temperate forest litter[J]. Microbial ecology, 58(1): 98–107.

KUZNETSOVA T, LUKJANOVA A, MANDRE M, et al, 2011. Aboveground biomass and nutrient accumulation dynamics in young black alder, silver birch and Scots pine plantations on reclaimed oil shale mining areas in Estonia[J]. Forest ecology and management, 262(2): 56–64.

KYASCHENKO J, CLEMMENSEN K E, HAGENBO A, et al, 2017. Shift in fungal communities and associated enzyme activities along an age gradient of managed *Pinus sylvestris* stands[J]. Isme journal, 11: 863–874.

KYASCHENKO J, CLEMMENSEN K E, KARLTUN E, et al, 2017. Below–ground organic matter accumulation along a boreal forest fertility gradient relates to guild interaction within fungal communities[J]. Ecology letters, 20(12): 1546–1555.

LACLAU J P, LEVILLAIN J, DELEPORTE P, et al, 2010. Organic residue mass at planting is an excellent predictor of tree growth in Eucalyptus plantations established on a sandy tropical soil[J]. Forest ecology and management, 260: 2148–2159.

LAGANIÈRE J, PARÉ D, BRADLEY R L, 2010. How does a tree species influence litter decomposition? Separating the relative contribution of litter quality, litter mixing, and forest floor conditions[J]. Canadian journal of forest research, 40: 465–475.

LARSEN, J B, NIELSEN A B, 2007. Nature–based forest management–Where are we going? Elaborating forest development types in and with practice[J]. Forest ecology and management, 238(1/3): 107–117.

LEFF J W, JONES S E, PROBER S M, et al, 2015. Consistent responses of soil microbial communities to elevated nutrient inputs in grasslands across the globe[J]. Proceedings of the national academy of sciences, 112: 10967–10972.

LI J, DELGADO–BAQUERIZO M, WANG J T, et al, 2019. Fungal richness contributes to multifunctionality in boreal forest soil[J]. Soil biology and biochemistry, 136: 107526.

LI P, LI Y C, ZHENG X Q, et al, 2018. Rice straw decomposition affects diversity and dynamics of soil fungal community, but not bacteria[J]. Journal of soil and sediments, 18: 248–258.

LI Q, MOORHEAD D L, DEFOREST J L, et al, 2009. Mixed litter decomposition in a managed Missouri Ozark forest ecosystem[J]. Forest ecology and management, 257: 688–694.

LI T Y, KANG F F, HAN H R, et al, 2015. Responses of soil microbial carbon metabolism to the leaf litter composition in liaohe river nature reserve of northern hebei province, china[J]. Chinese journal of applied ecology, 26(3): 715–722.

LI X, 1996. Nutrient cycling in a Chinese–fir stand on a poor site in Yishan, Guangxi[J]. Forest ecology and management, 89: 115–123.

LI Y, BEZEMER T M, YANG J, et al, 2019. Changes in litter quality induced by N deposition alter soil microbial communities[J]. Soil biology and biochemistry, 130(1): 33–42.

LIAO L P, MA Y Q, WANG S L, et al, 2000. Decomposition of leaf litter of Chinese fir in mixture with major associated broad–leaved plantation species [J]. Acta phytoecologica sinica, 24(1): 27–33.

LIEBIG J, PLAYFAIR L, WEBSTER J W, 1840. Organic chemistry in its applications to agriculture and physiology [M]. London: Taylor and Walton.

LIECHTY H O, MROZ G D, REED D D, 1986. The growth and yield responses of a high site quality red pine plantation to seven thinning treatments and two thinning intervals[J]. Canadian journal of forest research, 16(3): 513–520.

LIN W R, WANG P H, CHEN W C, et al, 2016. Responses of soil fungal populations and communities to the thinning of *Cryptomeria japonica* forests[J]. Microbes and environments, 31(1): 19–26.

LIN Y, YE G, KUZYAKOV Y, et al, 2019. Long–term manure application increases soil organic matter and aggregation, and alters microbial community structure and keystone taxa[J]. Soil biology and biochemistry, 134: 187–196.

LIU C C, LIU Y G, GUO K, 2016. Mixing litter from deciduous and evergreen trees enhances decomposition in a subtropical karst forest in southwestern China[J]. Soil biology and biochemistry, 101: 44–54.

LIU D, KEIBLINGER K M, LEITNER S, et al, 2016. Is there a convergence of deciduous leaf litter stoichiometry, biochemistry and microbial population during decay?[J]. Geoderma, 272: 93–100.

LIU J, XIA H J, WANG J Z, et al, 2012. Bioactive Characteristics of Soil Microorganisms in Different–aged Orange (*Citrus reticulate*) Plantations[J]. Agricultural science and technology, 13(6): 1277–1281.

LIU P, SUN O J, HUANG J, et al, 2007. Nonadditive effects of litter mixtures on decomposition and correlation with initial litter N and P concentrations in grassland plant species of northern China[J]. Biology and fertility of soils, 44(1): 211–216.

LIU S R, LI X M, NIU L M, 1998. The degradation of soil fertility in pure larch plantations in the northeastern part of China[J]. Ecol Eng, 10: 75–86.

LIU S, 1995. Nitrogen cycling and dynamic analysis of man made larch forest ecosystem[J]. Plant and soil, 1(168): 391–397.

LIU S, REN H, SHEN L, et al, 2015. pH levels drive bacterial community structure in sediments of the Qiantang River as determined by 454 pyrosequencing[J]. Frontiers in microbiology, 6: 285.

LIU Y, SHEN X, CHEN Y M, et al, 2019. Litter chemical quality strongly affects forest floor microbial groups and ecoenzymatic stoichiometry in the subalpine forest[J]. Annals of forest science, 76(4): 106.

LLADÓ S, LÓPEZ–MONDÉJAR R, BALDRIAN P, 2017. Forest soil bacteria: diversity, involvement in ecosystem processes, and response to global change[J]. Microbiology and molecular biology reviews, 81(2): 1–27.

LOMBARD V, RAMULU H G, DRULA E, et al, 2013. The carbohydrate–active enzymes database (CAZy) in 2013[J]. Nucleic acids research, 42: 490–495.

LOWELL J L, GORDON N, ENGSTROM D, et al, 2009. Habitat heterogeneity and associated microbial community structure in a small–scale floodplain hyporheic flow path[J]. Microbial ecology, 58: 611–620.

LUCAS–BORJA ME, CANDEL D, JINDO K, et al, 2012. Soil microbial community structure and activity in monospecific and mixed forest stands, under Mediterranean humid conditions[J]. Plant and soil, 354(1/2): 359–370.

LUNGHINI D, GRANITO V M, LONARDO D P, 2013. Fungal diversity of saprotrophic litter fungi in a Mediterranean maquis environment[J]. Mycologia, 105: 1499–1515.

LUO C Y, XU G P CHAO Z G, et al, 2010. Effect of warming and grazing on litter mass loss and temperature sensitivity of litter and dung mass loss on the Tibetan plateau[J]. Global change biology, 16: 1606–1617.

LV Y, WANG C, JIA Y, et al, 2014. Effects of sulfuric, nitric, and mixed acid rain on litter decomposition, soil microbial biomass, and enzyme activities in subtropical forests of China[J]. Applied soil ecology, 79: 1–9.

MA B, LV X, CAI Y, et al, 2018. Liming does not counteract the influence of long–term fertilization on soil bacterial community structure and its co–occurrence pattern[J]. Soil biology and biochemistry, 123: 45–53.

MA J, KANG F, CHENG X, et al, 2018 Moderate thinning increases soil organic carbon in *Larix principis–rupprechtii* (Pinaceae) plantations[J]. Geoderma, 329: 118–128.

MA S, CONCILIO A, OAKLEY B, et al, 2010. Spatial variability in microclimate in a mixed–conifer forest before and after thinning and burning treatments[J]. Forest ecology and management, 259(5): 904–915.

MA X Q, HEAL K V, LIU A Q, et al, 2007. Nutrient cycling and distribution in different–aged plantations of Chinese fir in southern China[J]. Forest ecology and management, 243: 61–67.

MAESTRE F T, DELGADO–BAQUERIZO M, JEFFRIES T C, et al, 2015. Increasing aridity reduces soil microbial diversity and abundance in global drylands[J]. Proc Natl Acad Sci USA, 112: 15684–15689.

MAGASANIK B, 1993. The regulation of nitrogen utilization in enteric bacteria[J]. Journal of cellular biochemistry, 51: 34–40.

MALOSSO E, ENGLISH L, HOPKINS D W, et al, 2004. Use of 13 C–labelled plant materials and ergosterol, PLFA and NLFA analyses to investigate organic matter decomposition in Antarctic soil[J]. Soil biology and biochemistry, 36(1): 165–175.

MANDAKOVIC D, ROJAS C, MALDONADO J, et al, 2018. Structure and co–occurrence patterns in microbial communities under acute environmental stress reveal ecological factors fostering resilience[J]. Scitentific reports, 8(1): 5875.

MANZONI S, JACKSON R B, TROFYMOW J A, et al, 2008. The global stoichiometry of litter nitrogen mineralization[J]. Science, 321(5889): 684–686.

MANZONI S, TROFYMOW J A, JACKSON R B, et al, 2010. Stoichiometric controls on carbon, nitrogen, and phosphorus dynamics in decomposing litter[J]. Ecological monographs, 80 (1): 89–106.

MARTÍNEZ A T, SPERANZA M, RUIZ–DUENAS F J, et al, 2005. Biodegradation of lignocellulosics: microbial, chemical, and enzymatic aspects of the fungal attack of lignin[J]. International microbiology, 8: 195–204.

MARTIUS C, HÖFER H, CARCIA M V B, et al, 2004. Microclimate in agroforestry systems in central Amazonia: does canopy closure matter to soil organisms[J]. Agroforestry systems, 60(3): 291–304.

MASAI E, KATAYAMA Y, FUKUDA M, 2007. Genetic and biochemical investigations on bacterial catabolic pathways for lignin–derived aromatic compounds[J]. Bioscienee, bioteehnology, and biochemistly, 71(1): 1–15.

MASON W L, ZHU J J, 2014. Silviculture of planted forests managed for multifunctional objectives: lessons from Chinese and British experiences[M]. Netherlands: Springer.

MCDANIEL M D, KAYE J P, KAYE M W, 2013. Increased temperature and precipitation had limited effects on soil extracellular enzyme activities in a post–harvest forest[J]. Soil biology and biochemistry, 56: 90–98.

MCDONALD M A, HEALEY J R, 2000. Nutrient cycling in secondary forests in the Blue Mountains of Jamaica[J]. Forest ecology and management, 139(1): 257–278.

MCMAHON D, VERGÜTZ L, VALADARES S, et al, 2019. Soil nutrient stocks are maintained over multiple rotations in Brazilian Eucalyptus plantations[J]. Forest ecology and management, 448: 364–375.

MCMAHON S K, WILLIAMS M A, BOTTOMLEY P J, et al, 2005. Dynamics of microbial communities during decomposition of carbon–13 labeled ryegrass fractions in soil[J]. Soil science society of America journal, 69(4): 1238–1247.

MCTIERNAN K B, COUTEAUX M, BERG B, et al, 2003. Changes in chemical composition of *Pinus sylvestris* needle litter during decomposition along a European coniferous forest climatic transect[J]. Soil biology and biochemistry, 35: 801–812.

MCTIERNAN K B, INESON P, COWARD P A, 1997. Respiration and nutrient release from tree leaf litter mixtures[J]. Oikos, 78(3): 527–538.

MEIER D V, PJEVAC P, BACH W, et al, 2017. Niche partitioning of diverse sulfur–oxidizing bacteria at hydrothermal vents[J]. Isme journal, 11: 1545–1558.

MENGE D N L, HEDIN L O, PACALA S W, 2012. Nitrogen and phosphorus limitation over long–term ecosystem development in terrestrial ecosystems[J]. PLoS ONE, 7: e42045.

MHUANTONG W, CHAROENSAWAN V, KANOKRATANA P, et al, 2015. Comparative analysis of sugarcane bagasse metagenome reveals unique and conserved biomass–degrading enzymes among lignocellulolytic microbial communities[J]. Biotechnology for biofuels, 8: 1–16.

MOHAN J E, COWDEN C C, BAAS P, et al, 2014. Mycorrhizal fungi mediation of terrestrial ecosystem responses to global change: Mini–review[J]. Fungal ecology, 10(1): 3–19.

MOORE T R, TROFYMOW J A, TAYLOR B, et al, 1999. Litter decomposition rates in Canadian forests[J]. Global change biology, 5: 75–82.

MOOSHAMMER M, WANEK W, HÄMMERLE I, et al, 2014. Adjustment of microbial nitrogen use efficiency to carbon: nitrogen imbalances regulates soil nitrogen cycling[J]. Nature communications, 5: 3694.

MOOSHAMMER M, WANEK W, SCHNECKER J, et al, 2012. Stoichiometric controls of nitrogen and phosphorus cycling in decomposing beech leaf litter[J]. Ecology, 93: 770–782.

MORENO–VIVIÁN C, CABELLO P, MARTÍNEZ–LUQUE M, et al, 1999. Prokaryotic nitrate reduction: molecular properties and functional distinction among bacterial nitrate reductases[J]. Journal of bacteriology, 181: 6573–6584.

MORO M J, DOMINGO F, 2000. Litter decomposition in four woody species in a Mediterranean climate: weight loss, N and P dynamics[J]. Annals of botany, 86(6): 1065–1071.

MOSCA E, MONTECCHIO L, SELLA L, et al, 2007. Short–term effect of removing tree competition on the ectomycorrhizal status of a declining pedunculate oak forest (*Quercus robur* L.)[J]. Forest ecology and management, 244(1/3): 129–140.

MUSHINSKI R M, GENTRY T J, BOUTTON T W, 2018. Organic matter removal associated with forest harvest leads to decade scale alterations in soil fungal communities and functional guilds[J]. Soil biology and biochemistry, 127: 127–136.

N'DRI J K, GUÉI AM, EDOUKOU E F, et al, 2018. Can litter production and litter decomposition improve soil properties in the rubber plantations of different ages in Coˆte d'Ivoire?[J]. Nutrient cycling in agroecosystems, 111(2/3): 203–215.

NANKO K, ONDA Y, KATO H, et al, 2016. Immediate change in throughfall spatial distribution and canopy water balance after heavy thinning in a dense mature Japanese cypress plantation[J]. Ecohydrology, 9: 300–314.

NELSON M B, BERLEMONT R, MARTINY A C, et al, 2015. Nitrogen cycling potential of a grassland litter microbial community[J]. Applied and environmental microbiology, 81(20): 7012–7022.

NELSON M B, MARTINY A C, MARTINY J B H, 2016. Global biogeography of microbial nitrogen–cycling traits in soil[J]. Proceedings of the national academy of sciences, 113: 8033–8040.

NIEMINEN M, SARKKOLA S, LAURÉN A, 2017. Impacts of forest harvesting on nutrient, sediment and dissolved organic carbon exports from drained peatlands: A literature review, synthesis and suggestions for the future[J]. Forest ecology and management, 392: 13–20.

NILSSON M C, WARDLE D A, DAHLBERG A, 1999. Effects of plant litter species composition and diversity on the boreal forest plant–soil system[J]. Oikos, 86(1): 16–26.

NOVO–UZAL E, POMAR F, ROS L V G, et al, 2012. Evolutionary history of lignins[J]. Advances in botanical research, 61: 309–350.

OLOFSSON J, OKSANEN L, 2002. Role of litter decomposition for the increased primary production in areas heavily grazed by reindeer: a litterbag experiment[J]. Oikos, 96: 507–515.

OLSON J S, 1963. Energy storage and the balance of producers and decomposers in ecological systems[J]. Ecology, 44(2): 322–331.

OSONO T, 2005. Colonization and succession of fungi during decomposition of Swida controversa leaf litter[J]. Mycologia, 97(3): 589–597.

OSONO T, 2007. Ecology of ligninolytic fungi associated with leaf litter decomposition[J]. Ecological research, 22: 955–974.

OSONO T, TAKEDA H, 2004. Potassium, calcium and magnesium dynamics during litter decomposition in a cool temperate forest[J]. Journal of forest research, 9(1): 23–31.

OTSING E, BARANTAL S, Anslan S, et al, 2018. Litter species richness and composition effects on fungal richness and community structure in decomposing foliar and root litter[J]. Soil biology and biochemistry, 125: 328–339.

OVERBY S T, OWEN S M, HART S C, 2015. Soil microbial community resilience with tree thinning in a 40–year–old experimental ponderosa pine forest[J]. Applied Soil Ecology, 93: 1–10.

PANDEY R R, SHARMA G, TRIPATHI S K, et al, 2007. Litterfall, litter decomposition and nutrient dynamics in a subtropical natural oak forest and managed plantation in northeastern India [J]. Forest ecology and management, 240: 96–104.

PANDIT P D, GULHANE, M K, KHARDENAVIS A A, et al, 2016. Mining of hemicellulose and lignin degrading genes from differentially enriched methane producing microbial community[J]. Bioresource technology, 216: 923–930.

PANG X, NING W, QING L, et al, 2009. The relation among soil microorganism, enzyme activity and soil nutrients under subalpine coniferous forest in Western Sichuan[J]. Acta ecologica sinica, 29(5): 286–292.

PARKS D H, TYSON G W, HUGENHOLTZ P, et al, 2014. STAMP: statistical analysis of taxonomic and functional profiles[J]. Bioinformatics, 30(21): 3123–3124.

PARLADÉ J, QUERALT M, PERA J, et al, 2019. Temporal dynamics of soil fungal communities after partial and total clear–cutting in a managed Pinus sylvestris stand[J]. Forest ecology and management, 449: 117456.

PASCOAL C, CÁSSIO F, 2004. Contribution of fungi and bacteria to leaf litter decomposition in a polluted river[J]. Applied and environmental microbiology, 70(9): 5266–5273.

PECO B, NAVARRO E, CARMONA C P, et al, 2017. Effects of grazing abandonment on soil multifunctionality: The role of plant functional traits[J]. Agriculture, Ecosystems and environment, 249: 215–225.

PELTONIEMI K, STRAKOVÁ P, FRITZE H, et al, 2012. How water–level drawdown modifies litter–decomposing fungi and actinobacteria communities in boreal peatlands[J]. Soil biology and biochemistry, 51: 20–34.

PEREIRA A P A, DURRER A, GUMIERE T, et al, 2019. Mixed Eucalyptus plantations induce changes in microbial communities and increase biological functions in the soil and litter layers[J]. Forest ecology and management, 433: 332–342.

PERI P L, GARGAGLIONE V, PASTUR G M, 2006. Dynamics of above– and below–ground biomass and nutrient accumulation in an age sequence of Nothofagus antarctica forest of Southern Patagonia[J]. Forest ecology and management, 233: 85–99.

PERI P L, GARGAGLIONE V, PASTUR G M, 2008. Above– and belowground nutrients storage and biomass accumulation in marginal Nothofagus antarctica forests in Southern Patagonia[J]. Forest ecology and management, 255(7): 2502–2511.

PERŠOH D, SEGERT J, ZIGAN A, et al, 2013. Fungi community composition shifts along a leaf degradation gradient in a European beech forest[J]. Plant and soil, 362(1/2): 175–186.

PHILIPPOT L, SPOR A, HÉNAULT C, et al, 2013. Loss in microbial diversity affects nitrogen cycling in soil[J]. Isme journal, 7: 1609–1619.

PINCHUK G E, HILL E A, GEYDEBREKHT O V, et al, 2010. Constraint–based model of Shewanella oneidensis MR–1 metabolism: a tool for data analysis and hypothesis generation[J]. PLoS computational biology, 6 (6): e1000822.

POINTING S B, HYDE K D, 2000. Lignocellulose–degrading marine fungi[J]. Biofouling, 15: 221–229.

POLYAKOVA O, BILLOR N, 2007. Impact of deciduous tree species on litterfall quality, decomposition rates and nutrient circulation in pine stands[J]. Forest ecology and management, 253(1/3): 11–18.

PONGE J F, 2003. Humus forms in terrestrial ecosystems: a framework to biodiversity[J]. Soil biology and biochemistry, 35(7): 935–945.

PREECE C, VERBRUGGEN E, LIU L, 2019. Effects of past and current drought on the composition and diversity of soil microbial communities[J]. Soil biology and biochemistry, 131(6): 28–39.

PRESCOTT C E, GRAYSTON S J, 2013. Tree species influence on microbial communities in litter and soil: Current knowledge and research needs[J]. Forest ecology and management, 309: 19–27.

PU X, CHENG H, TYSKLIND M, et al, 2014. Responses of soil carbon and nitrogen to successive land use conversion in seasonally frozen zones[J]. Plant and soil, 387: 117–130.

PURAHONG W, HOPPE B, KAHL T, et al, 2014. Changes within a single land–use category alter microbial diversity and community structure: molecular evidence from wood–inhabiting fungi in forest ecosystems[J]. Journal of environmental management, 139: 109–119.

PURAHONG W, WUBET T, LENTENDU G, 2016. Life in leaf litter: novel insights into community dynamics of bacteria and fungi during litter decomposition[J]. Molecular ecology, 25: 4059–4074.

QIAO Y F, MIAO S J, SILVA L C R, et al, 2014. Understory species regulate litter decomposition and accumulation of C and N in forest soils: A long–term dual–isotope experiment[J]. Forest ecology and management, 329: 318–327.

QIN H, WANG H L, STRONG J P, et al, 2014. Rapid soil fungi community response to intensive management in a bamboo forest developed from rice paddies[J]. Soil biology and biochemistry, 68: 177–184.

QIN J, LI R, RAES J, et al, 2010. A human gut microbial gene catalogue established by metagenomic sequencing[J]. Nature, 464: 59–65.

RAJ A, REDDY M M, CHANDRA R, et al, 2007. Biodegradation of kraft–lignin by *Bacillus* sp. isolated from sludge of pulp and paper mill[J]. Biodegradation, 18: 783–792.

RANGER J, TURPAULT M P, 1999. Input–output nutrient budgets as a diagnostic tool for sustainable forest management[J]. Forest ecology and management, 122: 139–154.

RIGGS C E, HOBBIE S E, 2016. Mechanisms driving the soil organic matter decomposition response to nitrogen enrichment in grassland soils[J]. Soil biology and biochemistry, 99: 54–65.

ROMANIUK R, GIUFFRÉ L, COSTANTINI A, et al, 2011. Assessment of soil microbial diversity measurements as indicators of soil functioning in organic and conventional horticulture systems[J]. Ecological indicators, 11(5): 1345–1353.

ROUSK J, BÅÅTH E, BROOKES P C, et al, 2010. Soil bacterial and fungal communities across a pH gradient in an arable soil[J]. Isme journal, 4: 1340–1351.

SAIYA–CORK K, SINSABAUGH R, ZAK D, 2002. The effects of long term nitrogen deposition on extracellular enzyme activity in an Acer saccharum forest soil[J]. Soil biology and biochemistry, 34(9): 1309–1315.

SALAMANCA E F, KANEKO N, KATAGIRI S, 1998. Effects of leaf litter mixtures on the decomposition of *Quercus serrata* and *Pinus densiflora* using field and laboratory microcosm methods[J]. Ecological engineering, 10(1): 53–73.

SALMON S, MANTEL J, FRIZZERA L, et al, 2006. Changes in humus forms and soil animal communities in two developmental phases of Norway spruce on an acidic substrate[J]. Forest ecology and management, 237(1): 47–56.

SÁNCHEZ C, 2009. Lignocellulosic residues: Biodegradation and bioconversion by fungi[J]. Biotechnology advances, 27: 185–194.

SANTONJA M, RANCON A, FROMIN N, 2017. Plant litter diversity increases microbial abundance, fungal diversity, and carbon and nitrogen cycling in a Mediterranean shrubland[J]. Soil biology and biochemistry, 111: 124–134.

SANTSCHI F, GOUNAND, I, HARVEY E, et al, 2017. Leaf litter diversity and structure of microbial decomposer communities modulate litter decomposition in aquatic systems[J]. Functional ecology, 32: 522–532.

SARIASLANI F S, DALTON H, 1989. Microbial enzymes for oxidation of organic molecules[J]. Critical reviews in biotechnology, 9(3): 171–257.

SARIYILDIZ T, 2014. Biochemical and environmental controls of litter decomposition[J]. International immunopharmacology, 10: 377–384.

SAYER E J, 2006. Using experimental manipulation to assess the roles of leaf litter in the functioning of forest ecosystems[J]. Biological reviews of the Cambridge philosophical society, 81: 1–31.

SCHALL P, AMMER C, 2013. How to quantify forest management intensity in Central European forests[J]. European journal of forest research, 132 (2): 379–396.

SCHIMEL J P, HÄTTENSCHWILER S, 2007. Nitrogen transfer between decomposing leaves of different N status[J]. Soil biology and biochemistry, 39(7): 1428–1436.

SCHMIDT P, DICKOW K, ROCHA A A, et al, 2008. Soil macrofauna and decomposition rates in southern Brazilian Atlantic rainforests[J]. Ecotropica, 14: 89–100.

SCHNECKER J, WILD B, TAKRITI M, et al, 2015. Microbial community composition shapes enzyme patterns in topsoil and subsoil horizons along a latitudinal transect in Western Siberia[J]. Soil biology and biochemistry, 83: 106–115.

SCHNEIDER T, KEIBLINGER K M, SCHMID E, et al, 2012. Who is who in litter decomposition? Metaproteomics reveals major microbial players and their biogeochemical functions[J]. Isme journal, 6: 1749–1762.

SCHWEITZER B, HUBER I, AMANN R, et al, 2001. α– and β–Proteobacteria control the consumption and release of amino acids on lake snow aggregates[J]. Applied and environmental microbiology, 67: 632–645.

SEASTEDT T R, CROSSLEY D A J, 1980. Effects of microarthropods on the seasonal dynamics of nutrients in forest litter[J]. Soil biology and biochemistry, 12(4): 337–342.

SEIDL R, RAMMER W, LEXER M J, et al, 2011. Adaptation options to reduce climate change vulnerability of sustainable forest management in the Austrian Alps[J]. Canadian journal of forest research, 41(4): 694–706.

SEMMARTIN M, AGUIAR M R, DISTEL R A, et al, 2004. Litter quality and nutrient cycling affected by grazing–induced species replacements along a precipitation gradient[J]. Oikos, 107: 148–160.

SHEFFER E, CANHAM C D, KIGEL J, et al, 2015. Countervailing effects on pine and oak leaf litter decomposition in human–altered Mediterranean ecosystems[J]. Oecologia, 177: 1039–1051.

SHI S, HERMAN D J, HE Z, et al, 2018. Plant roots alter microbial functional genes supporting root litter decomposition[J]. Soil biology and biochemistry, 127: 90–99.

SILVER W L, HALL S J, GONZÁLEZ G, 2014. Differential effects of canopy trimming and litter deposition on litterfall and nutrient dynamics in a wet subtropical forest[J]. Forest ecology and management, 332: 47–55.

SILVER W L, MIYA R K, 2001. Global patterns in root decomposition: comparisons of climate and litter quality effects[J]. Oecologia, 129: 407–419.

SIMOES D, MCNEILL D, KRISTIANSEN B, et al, 1997. Purification and partial characterisation of a 1.57 kDa thermostable esterase from Bacillus stearothermophilus[J]. Fems microbiology letters, 147(1): 151–156.

SINGH A K, RAI A, BANYAL R, et al, 2018. Plant community regulates soil multifunctionality in a tropical dry forest[J]. Ecological indicators, 95: 953–963.

SINGH K P, SINGH B, SINGH R R, 2012. Changes in physico–chemical, microbial and enzymatic activities during restoration of degraded sodic land: Ecological suitability of mixed forest over monoculture plantation[J]. Catena, 96: 57–67.

SINGH K P, SINGH P K, TRIPATHI S K, 1999. Litterfall, litter decomposition and nutrient release patterns in four native tree species raised on coal mine spoil at Singrauli, India[J]. Biology and fertility of soil, 29: 371–378.

SINSABAUGH R L, ANTIBUS R K, LINKINS A E, et al, 1993. Wood decomposition: nitrogen and phosphorus dynamics in relation to extracellular enzyme activity[J]. Ecology, 74(5): 1586–1593.

SINSABAUGH R L, CARREIRO M, REPERT D, 2002. Allocation of extracellular enzymatic activity in relation to litter composition, N deposition, and mass loss[J]. Biogeochemistry, 60(1): 1–24.

SINSABAUGH R L, LAUBER C L, WEINTRAUB M N, et al, 2008. Stoichiometry of soil enzyme activity at global scale[J]. Ecology letters, 11: 1252–1264.

SIX J, FELLER C, DENEF K, et al, 2002. Soil organic matter, biota and aggregation in temperate and tropical soils–Effects of no–tillage[J]. Agronomie, 22: 755–775.

SLUITER A, HAMES B, RUIZ R, et al, 2008. Determination of structural carbohydrates and lignin in biomass[M]. USA: NREL.

SMAL H, LIGĘZA S, PRANAGAL J, et al, 2019. Changes in the stocks of soil organic carbon, total nitrogen and phosphorus following afforestation of post–arable soils: A chronosequence study[J]. Forest ecology and management, 451: 117536.

SONG F Q, FAN X, SONG R, 2010. Review of mixed forest litter decomposition researches[J]. Acta ecologica sinica, 30(4): 221–225.

STEFFEN K T, CAJTHAML T, ŠNAJDR J, et al, 2007. Differential degradation of oak (*Quercus petraea*) leaf litter by litter–decomposing basidiomycetes[J]. Research in microbiology, 158: 447–455.

STEINWANDTER M, SCHLICK–STEINER B C, STEINER F M, et al, 2019. One plus one is greater than two: mixing litter types accelerates decomposition of low–quality alpine dwarf shrub litter[J]. Plant and soil, 438(1/2): 405–419.

STEMMER M, GERZABEK M H, KANDELER E, et al, 1998. Organic matter and enzyme activity in particle–size fractions of soils obtained after low–energy sonication[J]. Soil biology and biochemistry, 30(1): 9–17.

STRICKLAND M S, OSBURN E, LAUBER C, et al, 2009. Litter quality is in the eye of the beholder: initial decomposition rates as a function of inoculum characteristics[J]. Functional ecology, 23: 627–636.

SUI X, FENG F J, LOU X, et al, 2012. Relationship between microbial community and soil properties during natural succession of forest land[J]. African journal of microbiology research, 6(42): 7028–7034.

SUMMERS E S, PAOLETTI M G, Beggio M, et al, 2013. Comparative microbial community composition from secondary carbonate (moonmilk) deposits: implications for the Cansiliella servadeii cave hygropetric food web[J]. International journal of speleology, 42: 181–192.

SUN S, BADGLEY B D, 2019. Changes in microbial functional genes within the soil metagenome during forest ecosystem restoration[J]. Soil biology and biochemistry, 135: 163–172.

SWIFT M J, HEAL O W, ANDERSON J M, 1979. Decomposition in terrestrial ecosystems[M]. California: Univ of California Press.

TALBOT J M, TRESEDER K K, 2011. Ecology: Dishing the dirt on carbon cycling[J]. Nature climate change, 1: 144–146.

TALBOT J M, YELLE D J, NOWICK J, et al, 2012. Litter decay rates are determined by lignin chemistry[J]. Biogeochemistry, 108: 279–295.

TANG Y, YU G, ZHANG X, et al, 2018. Changes in nitrogen–cycling microbial communities with depth in temperate and subtropical forest soils[J]. Applied soil ecology, 124: 218–228.

THUILLE A, BUCHMANN N, SCHULZE E D, 2000. Carbon stocks and soil respiration rates during deforestation, grassland use and subsequent Norway spruce afforestation in the Southern Alps, Italy[J]. Tree physiology, 20: 849–857.

TIUNOV A V, 2009. Particle size alters litter diversity effects on decomposition[J]. Soil biology and biochemistry, 41(1): 176–178.

TRESEDER K K, HOLDEN S R, 2013. Fungal carbon sequestration[J]. Science, 340(6127): 1528–1529.

TRESEDER K K, MARUSENKO Y, ROMERO–OLIVARES A L, et al, 2016. Experimental warming alters potential function of the fungal community in boreal forest[J]. Global change biology, 22(10): 3395–3404.

TRIPATHI S K, SUMIDA A, SHIBATA H, et al, 2006. Leaf litterfall and decomposition of different above- and belowground parts of birch (*Betula ermanii*) trees and dwarf bamboo (*Sasa kurilensis*) shrubs in a young secondary forest in Northern Japan[J]. Biology and fertility of soils, 43: 237–246.

TROGISCH S, HE J S, HECTOR A, et al, 2016. Impact of species diversity, stand age and environmental factors on leaf litter decomposition in subtropical forests in China[J]. Plant and soil, 400: 337–350.

TU Q, HE Z, WU L, et al, 2017. Metagenomic reconstruction of nitrogen cycling pathways in a CO_2–enriched grassland ecosystem[J]. Soil biology and biochemistry, 106: 99–108.

TU Q, YU H, HE Z, et al, 2015. GeoChip 4: a functional gene–array–based high–throughput environmental technology for microbial community analysis[J]. Molecular ecology resources, 14: 914–928.

TURNER J, LAMBERT M J, 1986. Effects of forest harvesting nutrient removals on soil nutrient reserves [J]. Oecologia, 70: 140–148.

TURNER J, LAMBERT M J, 2008. Nutrient cycling in age sequences of two Eucalyptus plantation species [J]. Forest ecology and management, 255(5/6): 1701–1712.

TYSON G W, CHAPMAN J, HUGENHOLTZ P, et al, 2004. Community structure and metabolism through reconstruction of microbial genomes from the environment[J]. Nature, 428: 37–43.

ULLRICH R, HUONG L M, DUNG N L, et al, 2015. Laccase from the medicinal mushroom Agaricus blazei: production, purification and characterization[J]. Applied microbiology and biotechnology, 67: 357–363.

URBANOVÁ M, ŠNAJDR J, BALDRIAN P, 2015. Composition of fungal and bacterial communities in forest litter and soil is largely determined by dominant trees[J]. Soil biology and biochemistry, 84: 53–64.

URI V, AOSAAR J, VARIK M, et al, 2014. The dynamics of biomass production, carbon and nitrogen accumulation in grey alder [*Alnus incana* (L.) Moench] chronosequence stands in Estonia[J]. Forest ecology and management, 327: 106–117.

UROZ S, COURTY P E, PIERRAT J C, et al, 2013. Functional profiling and distribution of the forest soil bacterial communities along the soil mycorrhizosphere continuum[J]. Microbial ecology, 66(2): 404–415.

VAIERETTI M V, CINGOLANI A M, PÉREZ HARGUINDEGUY N, et al, 2013. Effects of differential grazing on decomposition rate and nitrogen availability in a productive mountain grassland[J]. Plant and soil, 371: 675–691.

VALÁŠKOVÁ V, SNAJDR J, BITTNER B, et al, 2007. Production of lignocellu–lose–degrading enzymes and degradation of leaf litter by saprotrophic basidiomycetes isolated from a Quercus petraea forest[J]. Soil biologyand biochemistry, 39: 2651–2660.

VALDÉS J, PEDROSO I, QUATRINI R, et al, 2008. Comparative genome analysis of Acidithiobacillus ferrooxidans, A. thiooxidans and A. caldus: Insights into their metabolism and ecophysiology [J]. Hydrometallurgy, 94: 180–184.

VANGANSBEKE P, DE SCHRIJVER A, DE FRENNE P, et al, 2015. Strong negative impacts of whole tree harvesting in pine stands on poor, sandy soils: A long–term nutrient budget modelling approach[J]. Forest ecology and management, 356: 101–111.

VANHALA P, KARHU K, TUOMI M, et al, 2008. Temperature sensitivity of soil organic matter decomposition in southern and northern areas of the boreal forest zone[J]. Soil biology and biochemistry, 40(7): 1758–1764.

VITOUSEK P M, 1984. Litterfall, nutrient cycling and nutrient limitation in tropical forests[J]. Ecology, 65(1): 285–298.

VITOUSEK P M, GERRISH G, DOUGLAS R, et al, 1995. Litterfall and nutrient cycling in four Hawaiian montane rainforests[J]. Tropical ecology, 11(2): 189–203.

VITOUSEK P, 1982. Nutrient cycling and nutrient use efficiency[J]. The American naturalist, 119: 553–572.

VIVANCO L, AUSTIN A T, 2008. Tree species identity alters forest litter decomposition through long–term plant and soil interactions in Patagonia, Argentina[J]. Journal of ecology, 96: 727–736.

VOŘÍŠKOVÁ J, BALDRIAN P, 2012. Fungal community on decomposing leaf litter undergoes rapid successional changes[J]. Isme journal, 7: 477–486.

WALDROP M P, BALSER T C, FIRESTONE M K, 2000. Linking microbial community composition to function in a tropical soil[J]. Soil biology and biochemistry, 32: 1837–1846.

WALDROP M P, ZAK D R, SINSABAUGH R L, et al, 2004. Nitrogen deposition modifies soil carbon storage through changes in microbial enzymatic activity[J]. Ecological applications, 14(4): 1172–1177.

WANG D, BORMANN F H, LUGO A E, et al, 1991. Comparison of nutrient use efficiency and biomass production in five tropical tree taxa [J]. Forest ecology and management, 46: 1–21.

WANG D, OLATUNJI O A, XIAO J, 2019. Thinning increased fine root production, biomass, turnover rate and understory vegetation yield in a Chinese fir plantation[J]. Forest ecology and management, 440: 92–100.

WANG H, LIU S, WANG J, 2012. Effects of trees species mixture on soil organic carbon stocks and greenhouse gas fluxes in subtropical plantations in China[J]. Forest ecology and management, 300: 4–13.

WANG Q K, WANG S L, HUANG Y, 2008. Comparisons of litterfall, litter decomposition and nutrient return in a monoculture Cunninghamia lanceolata and a mixed stand in southern China[J]. Forest ecology and management, 255(3/4): 1210–1218

Wang W B, Chen D S, Sun X M, et al, 2019. Impacts of mixed litter on the structure and functional pathway of microbial community in litter decomposition[J]. Applied soil ecology, 144: 72–82.

WANG W B, ZHANG Q, SUN X M, et al, 2019. Effects of mixed–species litter on bacterial and fungal lignocellulose degradation functions during litter decomposition[J]. Soil biology and biochemistry, 141: 107690.

WANG H M, WANG W J, CHEN H F, et al, 2014. Temporal changes of soil physic–chemical properties at different soil depths during larch afforestation by multivariate analysis of covariance[J]. Ecology and evolution, 4(7): 1039–1048.

WARDLE D A, BARDGETT R D, KLIRONOMOS J N, et al, 2004. Ecological linkages between aboveground and belowground biota[J]. Science, 304(5677): 1629–1633.

WARDLE D A, BONNER K I, NICHOLSON K S, 1997. Biodiversity and plant litter: experimental evidence which does not support the view that enhanced species richness improves ecosystem function[J]. Oikos, 79(2): 247–258.

WARDLE D A, NILSSON M C, ZACKRISSON O, et al, 2003. Determinants of litter mixing effects in a Swedish boreal forest[J]. Soil biology and biochemistry, 35(6): 827–835.

WARING B G, 2013. Exploring relationships between enzyme activities and leaf litter decomposition in a wet tropical forest[J]. Soil biology and biochemistry, 64: 89–95.

WARING R H, SCHLESINGER W H, 1985. Forest ecosystems concepts and management[M]. New York: Academic Press.

WARREN C R, MCGRATH J F, ADAMS M A, 2001. Water availability and carbon isotope discrimination in conifers[J]. Oecologia, 127(4): 476–486.

WELCH N T, BELMONT J M, RANDOLPH J C, 2007. Summer ground layer biomass and nutrient contribution to above–ground litter in an Indiana temperate deciduous forest[J]. American midland naturalist, 157(1): 11–26.

WENG S H, KUO S R, GUAN B T, et al, 2007. Microclimatic responses to different thinning intensities in a Japanese cedar plantation of northern Taiwan[J]. Forest ecology and management, 241(1/3): 91–100.

WETTERSTEDT J, PERSSON T, ÅGERN G, 2010. Temperature sensitivity and substrate quality in soil organic matter decomposition: results of an incubation study with three substrates[J]. Global change biology, 16(6): 1806–1819.

WHITHAM T G, DIFAZIO S P, SCHWEITZER J A, et al, 2008. Extending genomics to natural communities and ecosystems[J]. Science, 320(5875): 492–495.

WONG K H, HYNES M J, DAVIS M A, 2008. Recent advances in nitrogen regulation: a comparison between Saccharomyces cerevisiae and filamentous fungi[J]. Eukaryotic cell, 7: 917–925.

WONGWILAIWALIN S, LAOTHANACHAREON T, MHUANTONG W, et al, 2013. Comparative metagenomic analysis of microcosm structures and lignocellulolytic enzyme systems of symbiotic biomass– degrading consortia[J]. Applied microbiology and biotechnology, 97: 8941–8954.

WRIGHT M S, COVICH A P, 2005. Relative importance of bacteria and fungi in a tropical headwater stream: Leaf decomposition and invertebrate feeding preference[J]. Microbial ecology, 49: 536–546.

WU F Z, PENG C H, YANG W Q, et al, 2014. Admixture of alder (*Alnus formosana*) litter can improve the decomposition of eucalyptus (*Eucalyptus grandis*) litter[J]. Soil biology and biochemistry, 73: 115–121.

WUTZLER T, REICHSTEIN M, 2013. Priming and substrate quality interactions in soil organic matter models[J]. Biogeosciences, 10: 2089–2103.

XIONG Y, FAN P, FU S, et al, 2013. Slow decomposition and limited nitrogen release by lower order roots in eight Chinese temperate and subtropical trees[J]. Plant and soil, 363: 19–31.

XIONG Y, XIA H, LI Z, et al, 2008. Impacts of litter and understory removal on soil properties in a subtropical Acacia mangium plantation in China[J]. Plant and soil, 304: 179–188.

XIONG Y, ZENG H, XIA H, et al, 2014. Interactions between leaf litter and soil organic matter on carbon and nitrogen mineralization in six forest litter–soil systems[J]. Plant and soil, 379: 217–229.

XU H, YU M, CHENG X, 2021. Abundant fungal and rare bacterial taxa jointly reveal soil nutrient cycling and multifunctionality in uneven-aged mixed plantations[J]. Ecological indicators, 129: 107932.

XU J, LIU S, SONG S, et al, 2018. Arbuscular mycorrhizal fungi influence decomposition and the associated soil microbial community under different soil phosphorus availability[J]. Soil biology and biochemistry, 120: 181–190.

XU M, LI X, KUYPER T W, et al, 2021. High microbial diversity stabilizes the responses of soil organic carbon decomposition to warming in the subsoil on the Tibetan Plateau[J]. Global Change Biology, 27(10): 2061–2075.

XU M, ZHANG Q, XIA C, et al, 2014. Elevated nitrate enriches microbial functional genes for potential bioremediation of complexly contaminated sediments[J]. Isme journal, 8: 1932–1944.

XU W, SHI L, CHAN O, 2013. Assessing the effect of litter species on the dynamic of bacteria and fungi communities during leaf decomposition in microcosm by molecular techniques[J]. PLoS ONE, 8: e84613.

XU X N, HIRATA E, 2005. Decomposition patterns of leaf litter of seven common canopy species in a subtropical forest: N and P dynamics[J]. Plant and soil, 273(1/2): 279–289.

XU X N, SHIBATA H, ENOKI T, 2006. Decomposition patterns of leaf litter of seven common canopy species in a subtropical forest: Dynamics of mineral nutrients[J]. Journal of forest research, 7(1): 1–6.

XU Y, DU A, WANG Z, et al, 2020. Effects of different rotation periods of Eucalyptus plantations on soil physiochemical properties, enzyme activities, microbial biomass and microbial community structure and diversity[J]. Forest ecology and management, 456: 117683.

XU Z, YU G, ZHANG X, et al, 2017. Biogeographical patterns of soil microbial community as influenced by soil characteristics and climate across Chinese forest biomes[J]. Applied soil ecology, 267: 123–136.

YAMAMOTO N, OTAWA K, NAKAI Y, 2010. Diversity and abundance of ammonia-oxidizing bacteria and ammonia-oxidizing archaea during cattle manure composting[J]. Microbial ecology, 60: 807–815.

YAN H Y, GU X R, SHEN H, 2010. Microbial decomposition of forest litter: A review[J]. Chinese journal of ecology, 29: 1827–1835.

YAN T, LÜ X T, ZHU J J, et al, 2018. Changes in nitrogen and phosphorus cycling suggest a transition to phosphorus limitation with the stand development of larch plantations[J]. Plant and soil, 422: 385–396.

YAN T, ZHU J J, YANG K, et al, 2017. Nutrient removal under different harvesting scenarios for larch plantations in northeast China: Implications for nutrient conservation and management[J]. Forest ecology and management, 400: 150–157.

YAN Y, ZHANG Q, BUYANTUEV A, et al, 2020. Plant functional β diversity is an important mediator of effects of aridity on soil multifunctionality[J]. Science of the total environment, 726: 138529.

YANG K, ZHU J J, XU S, et al, 2018. Conversion from temperate secondary forests into plantations (*Larix* spp.): impact on belowground carbon and nutrient pools in northeastern China[J]. Land degradation and development, 29: 4129–4139.

YANG S J, REN N J, LI Y H, et al, 2007. Biodegradation of three different wood chips by Pseudomonas sp. PKE117[J]. International biodeterioration and biodegradation, 60(2): 90–95.

YANG W Q, 2006. Forest Soil Ecology[M]. Chengdu: Sichuan Sci-Tech Publishing House.

YANG X D, CHEN J, 2009. Plant litter quality influences the contribution of soil fauna to litter decomposition in humid tropical forests, southwestern China[J]. Soil biology and biochemistry, 41(5): 910–918.

YANG Y S, GUO J F, CHEN G S, et al, 2004. Litterfall, nutrient return, and leaf-litter decomposition in four plantations compared with a natural forest in subtropical China[J]. Annals of forest science, 61(5): 465–476.

YARIE J, 1980. The role of understory vegetation in the nutrient of forested ecosystems in the mountain hemlock biogeoclimatic zone[J]. Ecology, 23(6): 1498–1514.

YU C, HARROLD D R, CLAYPOOL J T, et al, 2017. Nitrogen amendment of green waste impacts microbial community, enzyme secretion and potential for lignocellulose decomposition[J]. Process biochemistry, 52: 214–222.

ZENG L, HE W, TENG M, et al, 2018. Effects of mixed leaf litter from predominant afforestation tree species on decomposition rates in the Three Gorges Reservoir, China[J]. Science of total environment, 639: 679–686.

ZENG Q, LIU Y, ZHANG H, et al, 2019. Fast bacterial succession associated with the decomposition of Quercus wutaishanica litter on the Loess Plateau[J]. Biogeochemistry, 144: 119–131.

ZHALNINA K, DIAS R, DE QUADROS P D, et al, 2015. Soil pH determines microbial diversity and composition in the park grass experiment[J]. Microbial ecology, 69: 395–406.

ZHANG L, ADAMS J M, DUMONT M G, et al, 2019. Distinct methanotrophic communities exist in habitats with different soil water contents[J]. Soil biology and biochemistry, 132(1): 143–152.

ZHANG L, JIA Y, ZHANG X, et al, 2016. Wheat straw: An inefficient substrate for rapid natural lignocellulosic composting[J]. Bioresource technology, 209: 402–406.

ZHANG W, LU Z, YANG K, et al, 2017. Impacts of conversion from secondary forests to larch plantations on the structure and function of microbial communities[J]. Applied soil ecology, 111: 73–83.

ZHANG W, YANG K, LYU Z, et al, 2019. Microbial groups and their functions control the decomposition of coniferous litter: A comparison with broadleaved tree litters[J]. Soil biology and biochemistry, 133: 196–207.

ZHAO B, XING P, WU Q L, et al, 2017. Microbes participated in macrophyte leaf litters decomposition in freshwater habitat[J]. Fems microbiology ecology, 93(10): 1–15.

ZHAO F Z, REN C J, HAN X H, et al, 2019. Trends in soil microbial communities in afforestation ecosystem modulated by aggradation phase[J]. Forest ecology and management, 441: 167–175.

ZHAO K, FAHEY T J, LIANG D, et al, 2019. Effects of long–term successive rotations, clear–cutting and stand age of prince Rupprecht's larch (*Larix principis-rupprechtii* Mayr) on soil quality[J]. Forests, 10: 2–19.

ZHENG H F, CHEN Y M, LIU Y, et al, 2018. Litter quality drives the differentiation of microbial communities in the litter horizon across an alpine tree line ecotone in the eastern Tibetan plateau[J]. Scientific reports, 8: 10029.

ZHOU G Y, GUAN L L, WEI X H, et al, 2007. Litterfall production along successional and altitudinal gradients of subtropical monsoon evergreen broadleaved forests in Guangdong, China [J]. Plant ecology, 188: 77–89.

ZHOU G Y, GUAN L L, WEI X H, et al, 2008. Factors influencing leaf litter decomposition; an intersite decomposition experiment across China[J]. Plant and soil, 311: 61–72.

ZHOU J, HE Z, YANG Y, et al, 2015. High–throughput metagenomic technologies for complex microbial community analysis: open and closed formats[J]. MBio, 6: e02288–14.

ZHOU L L, CAI L P, HE Z M, et al, 2016. Thinning increases understory diversity and biomass, and improves soil properties without decreasing growth of Chinese fir in southern China[J]. Environmental science and pollution research, 23: 24135–24150.

ZHOU T, WANG C, ZHOU Z, 2020. Impacts of forest thinning on soil microbial community structure and extracellular enzyme activities: A global meta–analysis[J]. Soil biology and biochemistry, 149: 107915.

ZHOU X, DONG H, LAN Z, et al, 2017. Vertical distribution of soil extractable organic C and N contents and total C and N stocks in 78–year–old tree plantations in subtropical Australia[J]. Environmental science and pollution research, 24(28): 1–9.

ŽIFčÁKOVÁ L, VĕTROVSKÝ T, LOMBARD V, et al, 2017. Feed in summer, rest in winter: microbial carbon utilization in forest topsoil[J]. Microbiome, 5(1): 122.

附　录

APPENDICES

附表 A-1　细菌 COG 功能分类
Tab. A-1　Bacterial COG function classification

COG 种类 COG categories	LP-60	SP-60	MP-60	LP-150	SP-150	MP-150	LP-270	SP-270	MP-270	LP-360	SP-360	MP-360
能量生产与转化 Energy production and conversion	14178.491	14544.217	13586.916	17495.371	11070.892	13328.018	19913.496	17347.411	7992.7796	11692.554	8644.564	11784.567
氨基酸转运与代谢 Amino acid transport and metabolism	18306.171	19223.849	18343.592	23275.373	15141.218	17609.591	25210.133	22507.674	10080.157	15573.247	11233.923	15346.046
核苷酸转运与代谢 Nucleotide transport and metabolism	4044.8233	4267.6068	3943.6687	4957.2338	3375.7202	3774.5574	4907.7176	4751.2097	2103.9334	3290.6595	2428.5166	3157.1449
碳水化合物转运与代谢 Carbohydrate transport and metabolism	13885.015	15392.72	13787.168	17450.881	11757.51	13547.571	18724.34	16270.767	7406.9761	11226.502	7770.0912	10320.222
辅酶转运与代谢 Coenzyme transport and metabolism	5098.1373	5768.5234	5191.1933	6524.6598	4099.4958	4780.7082	6781.9287	6242.8789	2680.0829	4107.3718	2856.9706	3958.972
脂质转运与代谢 Lipid transport and metabolism	8226.443	7935.5449	7299.7769	9954.6914	6202.5389	7867.018	12122.726	10409.622	4774.6387	6417.2204	4845.6235	6640.0755
无机离子转运与代谢 Inorganic ion transport and metabolism	12198.022	16488.436	16392.296	14735.478	12068.895	13182.649	15929.866	14194.5	6772.1329	9914.5946	7594.1675	9613.1652
次生代谢产物生物合成、 转运与分解代谢 Secondary metabolites biosynthesis, transport and catabolism	5848.8694	4917.1332	4367.2193	8206.3756	3749.7572	5861.4916	9982.0675	8345.0493	3537.518	5424.193	3676.1025	5125.186

表中的数字是指序列数。每个样本中的总序列数被统一规范化为一百万。以下同

The numbers in table refer to read numbers. The total number of reads in each sample was normalized to one million. The same below

322

附表A-2 真菌COG功能分类

Tab.A-2 Fungal COG function classification

COG种类 COG categories	LP-60	SP-60	MP-60	LP-150	SP-150	MP-150	LP-270	SP-270	MP-270	LP-360	SP-360	MP-360
能量生产与转化 Energy production and conversion	347.11	1914.65	1554.82	173.45	2887.84	1816.39	556.63	245.50	1415.90	106.85	180.94	130.55
氨基酸转运与代谢 Amino acid transport and metabolism	251.12	1994.27	1418.15	130.53	2873.52	1746.03	441.41	224.49	1380.76	93.39	178.20	107.50
核苷酸转运与代谢 Nucleotide transport and metabolism	80.81	527.49	410.59	42.52	895.57	527.11	141.01	65.91	455.17	25.62	52.65	32.27
碳水化合物转运与代谢 Carbohydrate transport and metabolism	415.64	3152.86	2298.61	214.73	4675.57	2895.47	761.67	349.85	2341.86	150.06	276.12	167.12
辅酶转运与代谢 Coenzyme transport and metabolism	77.93	672.42	454.69	40.08	901.40	551.51	138.41	69.98	448.78	26.62	53.57	33.76
脂质转运与代谢 Lipid transport and metabolism	173.57	1340.45	966.50	87.15	1919.33	1171.03	307.39	158.52	909.71	59.80	124.57	76.45
无机离子转运与代谢 Inorganic ion transport and metabolism	120.67	981.91	686.66	57.53	1362.05	837.86	216.03	106.79	671.41	39.06	89.46	51.25
次生代谢产物生物合成、 转运与分解代谢 Secondary metabolites biosynthesis, transport and catabolism	220.38	2102.35	1269.54	102.51	2842.28	1620.92	367.77	173.59	1523.37	66.70	156.39	88.77

表目录

FIGURE DIRECTORY

图目录

TABLE DIRECTORY

插 图

ILLUSTRATION

图 1　温带 8a 生日本落叶松人工林（拍摄于辽宁省清原大孤家林场）

图 2　温带 17a 生日本落叶松人工林（拍摄于辽宁省清原大孤家林场）

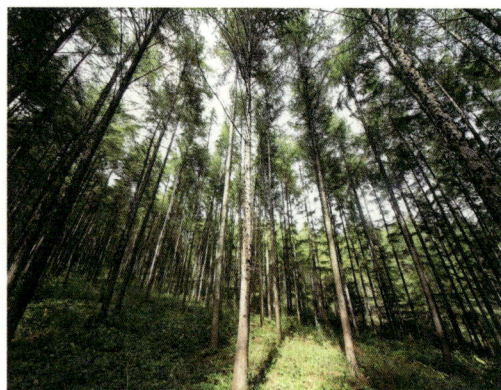

图 3　温带 24a 生日本落叶松人工林（拍摄于辽宁省清原大孤家林场）

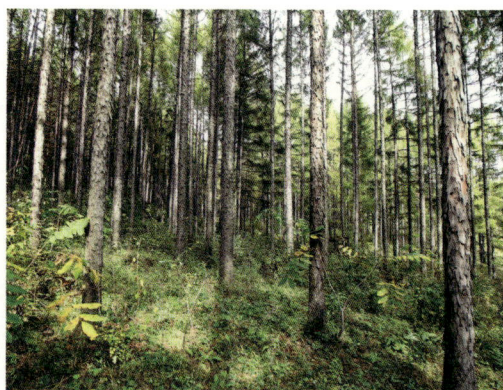

图 4　温带 41a 生日本落叶松人工林（拍摄于辽宁省清原大孤家林场）

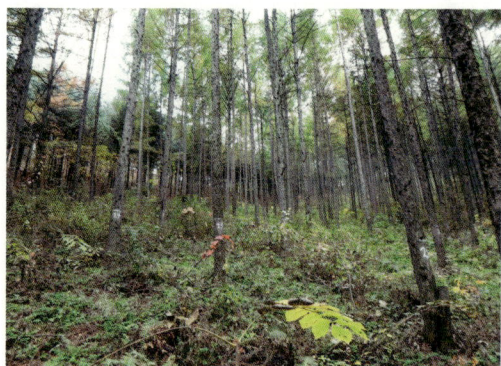

图 5　温带 30a 生低密度（625 株 /hm^2）日本落叶松人工林凋落物分解试验样地（拍摄于辽宁省清原大孤家林场）

图 6　温带 29a 生高密度（925 株 /hm^2）日本落叶松人工林凋落物分解试验样地（拍摄于辽宁省清原大孤家林场）

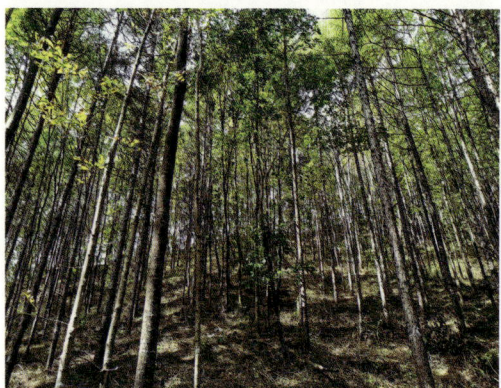

图 7　温带日本落叶松 – 水曲柳混交林（拍摄于辽宁省清原大孤家林场）

图 8　日本落叶松人工林凋落物分解试验布设（拍摄于辽宁省清原大孤家林场）

图 9　暖温带 6a 生日本落叶松人工林（拍摄于甘肃省小陇山高桥林场）

图 10　暖温带 15a 生日本落叶松人工林（拍摄于甘肃省小陇山李子林场）

图 11　暖温带 35a 生日本落叶松人工林（拍摄于甘肃省小陇山沙坝试验基地）

图 12　北亚热带 9a 生日本落叶松人工林（拍摄于湖北省建始长岭岗林场）

图 13　北亚热带 26a 生低密度（550 株 /hm²）日本落叶松凋落物分解试验布设（拍摄于湖北省建始长岭岗林场）

图 14　北亚热带 26a 生高密度（1083 株 /hm²）日本落叶松凋落物分解试验布设（拍摄于湖北省建始长岭岗林场）

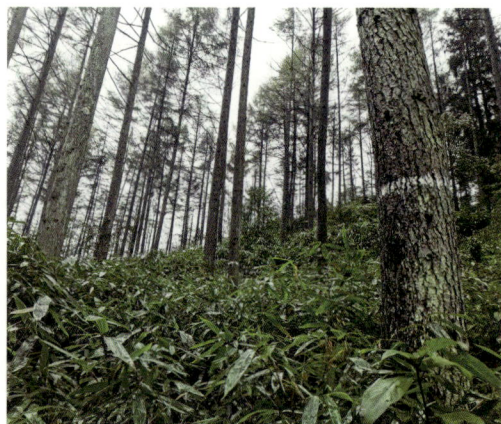

图 15 北亚热带 44a 生日本落叶松人工林（拍摄于湖北省建始长岭岗林场）

图 16 北亚热带日本落叶松－檫木混交林（拍摄于湖北省建始长岭岗林场）

图 17 北亚热带 35a 生檫木人工林（拍摄于湖北省建始长岭岗林场）

图 18 北亚热带檫木人工林林下凋落物（拍摄于湖北省建始长岭岗林场）

图 19 北亚热带日本落叶松与檫木混交林林下凋落物（拍摄于湖北省建始长岭岗林场）

图 20 北亚热带日本落叶人工林林下凋落物（拍摄于湖北省建始长岭岗林场）

图 21　日本落叶松样地调查与生物量测定（拍摄于辽宁省清原大孤家林场）

图 22　日本落叶松枝解析外业调查（拍摄于辽宁省清原大孤家林场）

图 23　日本落叶松枝生物量测定（拍摄于辽宁省清原大孤家林场）

图 25　日本落叶松人工林年凋落物收集框布设
（拍摄于甘肃省小陇山沙坝试验基地）

图 24　日本落叶松人工林土壤调查与环刀取样
（拍摄于甘肃省小陇山李子林场）

图 25　日本落叶松无性系示范林（拍摄于辽宁省清原大孤家林场，李世明摄）

图 26　日本落叶松人工林（拍摄于辽宁省清原大孤家林场，王悦摄）

图 27　日本落叶松大径材培育（拍摄于辽宁省清原城郊林场）

图 28　最早引种日本落叶松（拍摄于湖北省建始长岭岗林场，许业洲摄）

图 29　日本落叶松人工林（拍摄于湖北省建始长岭岗林场，张世平摄）

图 30　最早引种的日本落叶松林（拍摄于湖北省建始长岭岗林场，卢琦摄）